安徽省水利职工教育省级规划教材

水资源管理基础

主　编　李宗尧　王德胜　王　强
副主编　高建峰　刘军号

黄河水利出版社
·郑州·

内 容 提 要

本书为安徽省水利职工教育省级规划教材。全书共分5篇27章，主要讲述水资源基本知识、水资源现状及开发利用、水资源保护、水资源评价、建设项目水资源论证、水资源监管、行政许可、节水型社会建设、最严格水资源管理制度等水资源管理方面的内容。本书一方面较好地阐述了水资源开发利用与保护方面的新理论、新技术和新方法；另一方面通过案例分析，突出了可操作性，注重培养水政水资源管理技术人员解决工作中遇到问题的能力。

本书为基层水资源管理技术人员的培训教材，也可供职业技术教育院校水文与水资源工程专业、水利水电建筑工程专业、水利工程专业、水利水电工程管理专业等相关专业的师生和工程技术人员学习参考，是一本比较实用的工具书。

图书在版编目(CIP)数据

水资源管理基础/李宗尧，王德胜，王强主编. —郑州：黄河水利出版社，2015.9
ISBN 978-7-5509-1256-4
安徽省水利职工教育省级规划教材

Ⅰ.①水… Ⅱ.①李…②王…③王… Ⅲ.①水资源管理-技术培训-教材 Ⅳ.①TV213.4

中国版本图书馆CIP数据核字(2015)第235985号

组稿编辑：王路平　电话：0371-66022212　E-mail：hhslwlp@163.com

出 版 社：黄河水利出版社
地址：河南省郑州市顺河路黄委会综合楼14层　邮政编码：450003
发行单位：黄河水利出版社
发行部电话：0371-66026940、66020550、66028024、66022620(传真)
E-mail：hhslcbs@126.com
承印单位：河南承创印务有限公司
开本：787 mm×1 092 mm　1/16
印张：27
字数：620千字　印数：1—4 000
版次：2015年9月第1版　印次：2015年9月第1次印刷

定价：58.00元

《水资源管理基础》

编审委员会

主　审　金问荣　李兴旺　王家先

副主审　王振龙　丁　峰

编　委　王德胜　王　强　李宗尧　高建峰

　　　　刘军号　朱岳松　何　继　于　玲

　　　　张　峰　尚新红　张祥霖　柳　鹏

秘　书　谢继良　尚新红　周为国

主　编　李宗尧　王德胜　王　强

副主编　高建峰　刘军号

参　编　何　继　于　玲　张　峰　朱岳松

　　　　柳　鹏　张祥霖　苏　琳　尚新红

　　　　尚晓三

前 言

水是生存之本、文明之源、生态之要。

近年来,随着工业化、城镇化的快速推进和全球气候变化影响的加剧,我国水安全呈现出新老问题交织的严峻形势,水资源短缺、水生态损害、水环境污染等问题愈加凸显,已经成为经济社会发展的突出瓶颈。节约水资源、保障水安全,事关"四个全面"战略部署,事关民族永续发展,事关国家长治久安。

水资源是基础性自然资源、战略性经济资源和生态环境控制性关键要素。水资源管理的目标就是在有限的水资源量情况下,最大限度地满足人类生活和社会经济发展对水的需求,即合理开发、利用、配置、节约、保护和管理水资源,防治水害,实现水资源的可持续利用,适应国民经济和社会发展的需要。

党的十八大以来,以习近平同志为总书记的党中央,从战略和全局高度,对保障国家水安全做出一系列重大决策部署,明确提出"节水优先、空间均衡、系统治理、两手发力"的新时期水利工作方针。节水优先是建设节水型社会,保障国家水安全的战略选择。当前和今后一个时期,要把全面落实最严格的水资源管理制度作为重要抓手,着力强化水资源开发利用控制、用水效率控制、水功能区限制纳污的"三条红线"的先导作用和刚性约束,实施用水总量控制、用水效率控制、水功能区限制纳污和水资源管理责任与考核等"四项制度",严格控制高耗水产业和项目,从源头上拧紧水资源需求管理的阀门。

安徽省水资源相对短缺,人均水资源占有量仅为全国平均水平的1/2,淮河以北地区人均水资源只占全省平均水平的1/2,是严重的缺水地区。人均水资源占有量相对较少,工业用水和生活用水增速很快,未来水污染形势严峻,水资源的保障问题如果解决不好,将严重制约安徽省的经济发展。因此,建立完善的考核指标体系和管理制度体系,实行最严格的水资源管理,推进节水型社会建设、强化依法节水管水,是安徽省水资源管理的当务之急。

管理靠人才,但安徽省基层水政水资源管理人才匮乏,知识结构、年龄结构、学历结构不尽合理,整体能力和素质有待提升。为此,安徽省水利厅水资源处、安徽水利水电职业技术学院联合编写了《水资源管理基础》。本书针对基层水政水资源管理人员的特点,结合安徽省实际,简明扼要地阐述了水资源管理的基本知识和基本理论,力图将新理念、新技术和新规范融入教材之中,突出针对性、实用性和前瞻性,并结合案例,强调理论联系实际,用最新的理论成果和管理技术手段解决安徽省水资源管理中的突出问题。编者本着突出实用、注重专业性和可读性的有机结合,注重知识的系统性,深入浅出、图文并茂、紧扣时代要求的原则进行编写。

本书内容力求深浅适宜,避免偏深偏多;文字力求精炼,通俗易懂,可读性强;尽可能反映近年来水资源管理方面的新理念、新方法、新技术、新工艺、新规范。

本书编写人员及编写分工如下：第一篇由安徽水利水电职业技术学院高建峰、于玲编写；第二篇由安徽水利水电职业技术学院刘军号、王强和安徽省水利科学研究院尚新红编写；第三篇由安徽水利水电职业技术学院何继和安徽省水利厅水资源处王德胜、苏琳编写；第四篇由安徽水利水电职业技术学院李宗尧、张祥霖和安徽省水利厅水资源处朱岳松编写；第五篇由安徽水利水电职业技术学院张峰、安徽省水利厅水资源处柳鹏、安徽省水利科学研究院尚晓三编写。本书由李宗尧、王德胜和王强担任主编，由高建峰、刘军号担任副主编，由安徽省水利厅金问荣、安徽水利水电职业技术学院李兴旺、安徽省水利厅水资源处王家先担任主审。安徽省水利厅水资源处谢继良、安徽水利水电职业技术学院周为国负责全书统稿工作，安徽省水利科学研究院王振龙、安徽省水文局丁峰对全书进行了技术审查。

本书在编写过程中，得到了安徽省水利厅、安徽省水文局、合肥市水务局、安徽水利水电职业技术学院等单位的大力支持，在此一并表示感谢！

由于编者水平所限，书中难免存在错误和不妥之处，恳请广大学员和读者批评指正。

编　者

2015 年 6 月

目　录

第三篇　取用水管理

第四篇 节约用水

第五篇 水资源和水生态保护

第一篇　水资源基本知识

第一章　水资源概述

水资源是一种宝贵的自然资源，是人类赖以生存和社会生产必不可少又无法替代的重要物质资源。自然界的水资源尽管能够循环，而且可以逐年得到补充和恢复，但对于某一时段、某一区域来说，可供人们日常生活和生产使用的水量是有限的，不少国家和地区已多次发生水荒。近些年来，由于生产的发展、生活水平的提高，用水量逐年增大，加之用水浪费和污染，水资源管理已成为各国倍加关注的重大问题。为了人类生存和保持世界经济可持续发展，对现有水资源进行综合开发利用、科学管理是摆在世界各国面前的一项长远而又艰巨的历史重任。

第一节　水资源的概念

天然水资源即地球上所有的气态、液态或固态的天然水。人类可利用的水资源，主要指某一地区逐年可以恢复和更新的淡水资源，即通常所说的水资源。地球上的水可分为两大类：一类是永久储量，它的更替周期长，更新缓慢，如深层地下水；另一类是年内可以恢复储量，它积极参与全球水循环，逐年得到更新，在较长时间内保持动态平衡。只有年内可恢复的水资源才可以为人类所利用。

从水质的角度出发，地球上的水又有淡水、咸水之分。海洋水、矿化地下水以及地表咸水湖泊中的水都是咸水，不能为人类所利用。这一类水占地球水储量的绝大部分。地球上的淡水只有 0.35 亿 km^3，占总储量的 2.5%。

水是生命之源，是人类赖以生存，社会、经济赖以发展的重要物质资源。水的用途十分广泛，不仅可用于农业灌溉、工业生产、城乡生活，而且还可用于发电、航运、生产养殖、旅游娱乐、改善生态环境等。水在人类生活中占有特殊重要的地位。

水资源的主要特点归纳为以下几点：

(1)水资源的再生性和重复利用性。全球淡水资源只有 0.35 亿 km^3，但经长期的天然消耗和人类的取用，并不见减少，原因就在于淡水体处于水的循环系统中，不断得到大气降水的补给，此即水资源具有循环性再生的特点。

水资源与其他资源的区别在于它具有一定的重复利用性。发电用过的水并不影响工农业生产和生活应用,航运用水仍可用于其他方面。水资源量虽然有限,只要合理规划、科学管理、有序利用,就可以充分发挥其效益。

(2)水资源时空分布不均匀性。从时程分布上看,水资源年际、年内分配都不均匀。以北京气象站观测资料为例,丰水年与枯水年降水量相差达6倍以上;在年内,85%以上的水量集中在6~9月(汛期),其他月份(枯水期)则降水量较少。

空间分布是指区域性分布情况。水资源的区域性变差很大,纬度40°~60°范围内降雨量明显高于其他地区,沿海地区也高于内陆地区。

(3)地表水和地下水的相互转化性。地表水和地下水是水资源的统一体,它们之间存在密切联系并可相互转化。河川径流中包括一部分地下水的排泄水量;而地下水又承受地表水的入渗补给。地下水过分开采,必然导致河川径流和泉水的减少。

(4)水资源经济上的两重性。一个地区降水量适时适量,自然是风调雨顺的丰收年。水量过多或过少的时间和地点,往往会出现洪、涝、旱、碱等自然灾害。而水资源开发利用不当,也会引起人为灾害,如垮坝事故、土壤次生盐碱、水质污染、环境恶化、地面下沉和地震等,造成经济上的损失。因此,在水资源开发利用和管理中,应达到兴利和除害的双重目的。

第二节 世界水资源

地球上水的总量约有13.86亿km^3,其中海水13.38亿km^3,占96.5%;陆地上的水约有0.48亿km^3,占总水量的3.5%。

在陆地水量中,扣除地下矿化水和地表湖泊咸水,地球上的淡水只有约0.35亿km^3,仅占总量的2.53%,见表1-1。在淡水中占很大比重的是处于两极地带的冰盖和高山冰川,永久性积雪、冻土中的水量目前还难以被开发利用,仅有0.35%是在河流、湖泊、土壤中,可以被人类利用。

表1-1 地球上的水体分布

项目	总水量($\times10^6$ km^3)	占总水量百分比(%)	淡水量($\times10^6$ km^3)	占淡水量百分比(%)
总水量	1 385.984 61	100	35.029 21	100
海洋水	1 338.0	96.5		
地下水	23.4	1.688	10.53	30.06
土壤水	0.016 5	0.001	0.016 5	0.05
冰川与永久雪盖	24.064 1	1.74	24.064 1	68.7
其中:南极	21.6	1.56	21.6	61.7
格陵兰岛	2.34	0.17	2.34	6.68
北极	0.083 5	0.006	0.083 5	0.24
山岳	0.040 6	0.003	0.040 6	0.12
永冻土底冰	0.3	0.022	0.3	0.86

续表 1-1

项目	总水量（$\times10^6$ km^3）	占总水量百分比（%）	淡水量（$\times10^6$ km^3）	占淡水量百分比（%）
地表水	0.189 99	0.014	0.104 59	0.3
其中：湖泊	0.176 4	0.013	0.091	0.26
沼泽	0.011 47	0.000 8	0.011 47	0.03
河川	0.002 12	0.000 2	0.002 12	0.006
大气中水	0.012 9	0.001	0.012 9	0.04
生物内水	0.001 12	0.000 1	0.001 12	0.003

可见，地球上水的总量虽多，但是能被人类利用的淡水资源却十分有限。水资源主要靠降雨补充。世界上大气降水在地域和时空的分布很不均匀，在北半球范围内，随着纬度的增高，降水量明显减小；南半球降水量也有随着纬度的增高而呈减小的趋势，但在40°～60°范围内的降水量明显增大。此外，沿海区域与内陆也有显著的差异，沿海地区降水量明显高于内陆地区，少则几倍，多则十几倍，所以各大洲的水资源量相差很大。大洋洲的一些岛屿，如新西兰、伊里安、塔斯马尼亚等，年降水量几乎高达 3 000 mm，淡水资源最为丰富；南美洲的水资源也比较丰富，年平均降水量约为 1 600 mm；而非洲一些国家和地区，由于干旱少雨，有 2/3 的国土面积为无永久性河流的荒漠、半荒漠，年降水量不足 200 mm。世界各大洲陆面水资源分布情况详见表 1-2。

表 1-2　世界各大洲陆面水资源分布

洲名	面积（$\times10^4$ km^2）	年降水量		年径流量	
		mm	km^2	mm	km^3
欧洲	1 050	789	8 290	306	3 210
亚洲	4 347.5	742	32 260	332	14 430
非洲	3 012	742	22 350	151	4 550
北美洲	2 420	756	18 300	339	8 200
南美洲	1 780	1 600	28 480	660	11 750
大洋洲	133.5	2 700	3 600	1 560	2 080
澳大利亚	761.5	456	3 470	40	300
南极洲	1 398	165	2 310	165	2 310
全部陆地	14 902.5	799	119 060	314	46 830

注： * 不包括澳大利亚，但包括塔斯马尼亚岛、斯西兰岛和伊里安岛等岛屿。

人类的生活和各种生产活动离不开水，同时水又是人类赖以生存的地球环境的基本要素，这样一种自然资源一旦缺乏，必将严重影响经济及人类社会活动，危害人类生存。

在过去的 300 年中，人类用水量增加了 35 倍多，尤其是在近几十年里，取水量每年递增 4%～8%，发展中国家增加幅度最大，而工业化国家的用水状况趋于稳定。由于世界

各地人口、社会经济发展及水资源数量的差异性，人均年用水量地区性差别较大，发达地区（如北美）的人均年用水总量高达 1 700 ~ 1 800 m^3，是发展中地区和工农业落后地区（如亚洲、非洲）的 3 ~ 8 倍。21 世纪以来，全球水资源的利用量总体上为 0. 324 万 km^3，其中 69% 用于农业，23% 用于工业，8% 为居民用水。世界各地用水量差异极大，在工业发达的欧洲，用水量有近 54% 用于工业，而在亚洲和非洲地区，农业用水量占总用水量的 80% 以上，主要用于农田灌溉。20 世纪 90 年代以来，发展中国家工业用水量、生活用水量在不断增加，但对全球水资源利用的影响十分有限。全球水资源与工业、农业和生活中的分配比例的大框架仍没有较大的改变。

第三节　中国水资源

我国疆域辽阔，国土面积 960 万 km^2，由于地处季风气候区域，每年夏季来自热带及太平洋低纬度上的温暖而潮湿气团，随着强盛的东南季风侵入我国东南地区，引起大量降雨。从西南的印度洋和东北的鄂霍次克到来的水汽，对我国西南和东北地区所获充足雨量，亦起重要作用。这些水汽引起丰沛的降雨和径流，使我国成为世界上水资源比较丰富的国家之一。

水利部门在 21 世纪初全国第二次水资源评价工作中，对水资源估算结果为：全国多年平均河川径流量为 27 328 亿 m^3，地下水资源量为 8 226 亿 m^3；二者重复量为 7 149 亿 m^3，扣除重复计算量后，全国多年平均年水资源总量为 28 405 亿 m^3。

需要注意的是，地下水资源中仅包括积极参与水循环的浅层地下水，深层地下水为永久储量，不予计入。鉴于浅层地下水与河川径流有互相转化补给的复杂关系，因而其间有重复的计算水量，必须予以扣除。

如果将全国水资源按流域分为 11 个分区，则各分区的计算面积、年降水总量、年河川径流总量、年地下水资源总量、年水资源总量分别列于表 1-3。

表 1-3　全国水资源分区年降水总量、年河川径流总量、年地下水资源总量、年水资源总量

分区	计算面积（km^2）	年降水		年河川径流		年地下水资源总量（亿 m^3）	年水资源总量（亿 m^3）
		总量（亿 m^3）	深（mm）	总量（亿 m^3）	深（mm）		
黑龙江流域片	903 418	4 476	495	1 166	129	431	1 352
辽河流域片	345 072	1 901	551	487	141	194	577
海滦河流域片	318 161	1 781	560	288	91	265	421
黄河流域片	794 712	3 691	464	661	83	406	744
淮河流域片	329 211	2 830	360	741	225	393	961
长江流域片	1 808 500	19 360	1 071	9 513	526	2 464	9 613
珠江流域片	580 641	8 967	1 544	4 685	807	1 115	4 708
浙闽台诸河片	239 803	4 216	1 758	2 557	1 066	623	2 592

续表 1-3

分区	计算面积 (km²)	年降水		年河川径流		年地下水资源总量 (亿 m³)	年水资源总量 (亿 m³)
		总量 (亿 m³)	深(mm)	总量 (亿 m³)	深(mm)		
西南诸河片	851 406	9 346	1 098	5 853	688	1 544	5 853
内陆诸河片	3 321 713	5 113	154	1 064	32	820	1 200
额尔齐斯河	52 730	208	395	100	190	43	103
全国	9 545 322	61 889	648	27 115	284	8 288	28 124

第四节　水资源的特点和问题

一、我国水资源的特点

(一)我国水资源的人均、亩❶均占有量并不丰富

我国国土面积占世界陆地面积的6%,居世界第三位,却养育着占世界22%的人民。我国平均年降水深为648 mm(降水总量为6.2 万亿 m³),小于全球陆面平均降水深800 mm,也小于亚洲陆面平均降水深740 mm。单位耕地面积水资源量约为世界平均值的3/4;人均水资源量约为世界人均水量的1/4,是美国人均水资源量的1/5,印度尼西亚的1/7,加拿大的1/50,日本的1/2。我国水资源十分珍贵,尤其是人均占有水资源量极不丰富。表1-4所显示的数据不能不引起我们的高度重视。

表1-4　我国年径流总量、人均、亩均水量与国外比较

国家名称	年径流总量 (亿 m³)	年径流深 (mm)	人口 (亿)	人均水量 (m³/人)	耕地 (亿 m³)	亩均水量 (m³/亩)
巴西	51 912	609	1.23	42 200	4.85	10 701
苏联	47 140	211	2.64	17 860	34.00	1 385
加拿大	31 220	313	0.24	130 080	6.54	4 771
美国	29 702	317	2.2	13 500	28.40	1 046
印度尼西亚	28 113	1 476	1.48	19 000	2.13	13 200
中国	27 115	284	12.73	2 200	15.06	1 800
印度	17 800	514	6.78	2 625	24.70	721
日本	5 470	1 470	1.16	4 716	0.65	8 462
全世界	468 000	314	43.35	10 800	198.90	2 353

❶ 1 亩 = 1/15 hm², 下同。

（二）水资源地区分布不均

我国季风气候特别明显，夏、秋季节，太平洋的东南风带来大量雨水，由东南向西北方向移动；冬、春季节，受西伯利亚的内陆气候影响，干旱少雨，由西北向东南方向移动，形成我国水资源分布东南多、西北少的特点：年平均降水量从东南的1 600～1 800 mm，向西北逐渐减少到200 mm以下，致使西北和华北地区约有45%的面积处于干旱、半干旱地带，水资源明显稀少。我国各区水资源分布不均匀，详见表1-3。

（三）水资源在年内、年际分布不均

我国南方各省的汛期，一般为5～8月，降水量占全年的60%～70%；北方各省的汛期一般为6～9月；不少省的降水量集中在7～8月，占全年降水量的70%～80%；冬、春季节作物需水时，却干旱少雨，致使我国北方作物受到威胁。丰水年与枯水年的水量变化也很大，南方河流一般相差2～3倍。河流愈小，相差愈大；北方河流丰、枯年的水量一般相差4～6倍，高的可达10～20倍，致使我国洪涝、干旱灾害频繁。

（四）水资源分布与人口、耕地的分布不协调

我国南方四片（长江、华南、东南、西南）耕地面积占全国的36%，人口占54%，水资源总量占全国的81%，人均水资源占有量为4 180 m^3，为全国人均水量的1.6倍；每平方米耕地面积水量为6.19 m^3，为全国的2.3倍。其中，西南诸河流域片水资源尤其丰富，但人少地少，人均水量达38 400 m^3，为全国人均水量的15倍；每平方米耕地面积水量达32.68 m^3，为全国的12倍。

（五）水资源分布具有热雨同期性

我国水资源在时间分布上具有雨热同期的突出优点，每年5月以后，气温持续上升，6～8月大部分农作物进入高温生长期，此时雨季来临，为作物生长提供了热和水两个重要条件，使我国劳动人民在有限的土地上适时耕耘，为农业丰收奠定了基础。

二、我国水资源开发利用存在的问题

新中国成立后，水利事业进入新的发展时期：战胜了新中国成立以来的历次大洪水，黄河防洪实现了50年安澜；兴建水库8.5万座，总库容为4 924亿 m^3，初步控制大江大河的常遇洪水，增加了枯水期的蓄水量；兴建、加固江、河堤防25.8万km，建设滞洪区3.45万 km^2，总蓄水能力为970.7亿 m^3，主要江河都得到了不同程度的治理，扭转了黄河过去经常决口的险恶局面，基本改变了淮河的“大雨大灾、小雨小灾、无雨旱灾”的多灾现象；减轻了海河过去的洪、涝、旱、碱灾害的严重威胁；全国1 000.5亿 m^2低洼易涝耕地，有2/3进行了初步治理；盐碱耕地也有半数以上进行了不同程度的改良；建成万亩以上灌区5 611处，有效灌溉面积从2.4亿亩扩大到近8亿亩，节水灌溉面积已发展到2.28亿亩，开发了许多大型灌区，修建了许多宏伟的水利工程（抽引流量400 m^3/s的江苏江都排灌站；泵径5.7 m的江苏皂河泵站；总扬程高达700 m以上的甘肃省景泰川抽水站等；还兴建了规模巨大的引滦济津、引黄济青等调水工程，南水北调工程更是世人注目，水利工程供水能力达到5 600亿 m^3）；内河航道里程已达10.78万km，货运量比新中国成立初提高了10倍以上，累计治理水土流失面积78万 km^2。水利作为国民经济的基础产业，水电作为基本能源之一，已发挥了显著的作用。

到2013年，全国总供水量6 183.4亿 m^3，占当年水资源总量的22.1%。其中，地表水源供水量占81.0%，地下水源供水量占18.2%，其他水源供水量占0.8%。在地表水源供水量中，蓄水工程占31.6%，引水工程占32.6%，提水工程占32.2%，水资源一级区间调水量占3.6%。在地下水供水量中，浅层地下水占84.8%，深层承压水占14.9%，微咸水占0.3%。总用水量6 183.4亿 m^3，其中生活用水占12.1%，工业用水占22.8%，农业用水占63.4%，生态环境补水（仅包括人为措施供给的城镇环境用水和部分河湖、湿地补水）占1.7%。

2013年全国用水消耗总量3 263.4亿 m^3，耗水率（消耗总量占用水总量的百分比）为53%。各类用户耗水率差别较大，农业为65%，工业为23%，生活为43%，生态环境补水为80%。全国人均综合用水量为456 m^3，万元国内生产总值（当年价）用水量109 m^3。耕地实际灌溉亩均用水量418 m^3，农田灌溉水有效利用系数0.523，万元工业增加值（当年价）用水量67 m^3，城镇人均生活用水量（含公共用水）212 L/d，农村居民人均生活用水量80 L/d。

近20年来，我国在大、中城市相继建成投产了一批规模较大、设施先进的污水处理厂，对改善和提高污水排放标准起到了积极作用，使有限的水资源得到重复利用，自然资源得到保护。但我国水资源开发利用仍存在不少问题，大体可归纳为以下几个方面：

（1）防洪标准低，洪灾仍威胁国民经济的发展和社会稳定。目前，我国主要江河的防洪标准一般是10～20年一遇，有的只相当于5～10年一遇，与所保护地区的重要性很不相称。20世纪90年代以来，我国几大江河已发生了5次比较大的洪水，损失近9 000亿元。1991年安徽、江苏持续数月普降大雨，与长江洪峰相遇，内涝、外洪，淹没了苏南、苏北及安徽的沿江沿淮地区，同时湖北等省（区）也遭受了洪涝灾害的威胁。特别是1998年夏、秋季，受强厄尔尼诺现象影响，长江、松花江和嫩江流域相继遭受特大洪水灾害，暴雨洪涝范围大、持续时间长。在党中央的直接领导下，百万军民经过两个多月的奋力抗洪，才保证了沿江各大中城市和重要的交通干线安全度汛。尽管如此，国家和人民的财产仍受到严重的损失，据统计共造成直接经济损失达2 551多亿元，充分暴露了我国江河堤防薄弱、湖泊调蓄能力较低等问题。

（2）干旱缺水严重。沿海城市及北方部分区域的农业、工业以及城市都普遍存在缺水问题。20世纪70年代，全国农业平均受旱面积1.7亿亩，到90年代增加到4亿亩。农村还有3 000多万人饮水困难，全国600多个城市中，有400多个城市供水不足。干旱缺水已成为我国经济社会尤其是农业稳定发展的主要制约因素之一。

（3）水生态环境恶化。据资料统计，全国水蚀、风蚀等土壤侵蚀面积367万 km^2，占国土面积的38%；北方河流干枯断流情况愈来愈严重，黄河进入20世纪90年代年年断流，平均达107 d。此外，河湖萎缩，森林、草原退化，土地沙化，部分地区地下水超量开采等问题严重影响了水环境。

随着人口的增加和经济社会的发展，我国的水问题将更加突出。仅从水资源的供需来看，在充分考虑节约用水的前提下，2010年全国总需水量将达6 400亿～6 700亿 m^3；2030年人口开始进入高峰期，将达到16亿人，需水量将达8 000亿 m^3左右，需要在现有供水能力的基础上新增2 400亿 m^3。保护和开发利用水资源的任务十分艰巨。

(4)水能资源开发利用程度较低。如前所述,我国水能资源蕴藏量大,资源丰富,居世界首位,但到目前为止,我国对水能资源开发利用程度仍然偏低,即使按新中国成立60周年成就展所公布的最新资料,开发程度也仅占可开发总量的1/10,其发展速度落后于国民经济的发展。

(5)水污染日益严重。据环保部门统计,全国废水排放量呈逐年增长趋势:1970年为150亿 m^3;1980年为310亿 m^3;1985年为342亿 m^3;1988年为369亿 m^3;1997年废水排放量最大,高达416亿 m^3;1998年略有减少,排放量为395亿 m^3,但水体仍处于较高的污染水平,水体主要污染物指标是氨氮、高锰酸盐指数和挥发酚等,95%以上的污水未经处理直接排入江河或渗入地下。城市水环境状况也不容乐观,1998年在监测的176条城市河段中,绝大多数河段受到不同程度的污染,52%的河段污染较重,其中Ⅴ类水质占16%,劣Ⅴ类水质占36%,主要分布在辽河、海河、淮河和长江流域,其结果不仅加剧了水资源的供需矛盾,而且恶化了环境,造成一定的经济损失。2012年,全国废水排放总量为684.6亿 m^3,在198个城市4 929个地下水监测点位中,优良－良好－较好水质的监测点比例为42.7%,较差－极差水质的监测点比例为57.3%。

(6)水土流失严重。由于忽视了生物措施,植被遭受破坏,水土流失面积已扩大到150万 km^2。黄河平均每年泥沙流失量高达16亿t。近几年,长江流域土壤冲失量年平均高达24亿t,每年有4.3亿 m^3 泥沙汇入长江,长江流域水土流失面积达36万 km^2,为流域面积的1/5,入海泥沙量近5亿t。造成水土流失的根本原因是森林、草地覆盖率低,据全国第四次森林资源调查结果,全国林业用地面积为2.6亿 hm^2,其中森林面积1.3亿 hm^2,全国森林覆盖率仅为13.92%。我国虽是草地资源大国,拥有各类天然草地3.9亿 hm^2,但由于近些年来对草地的掠夺式开发、乱开滥垦、过度樵采和长期超采放牧,草地面积逐年缩小,草地质量逐年下降。由于草地植被覆盖率降低,涵养水源、保持水土的能力减弱。目前,90%以上的草地已经或正在退化,其中中度退化程度以上(包括沙化、碱化)的草地达1.3亿 hm^2。

1998年,国务院批准并颁布了《全国生态环境建设规划》,并发出紧急通知,要求坚决制止毁林开垦和乱占林地的行为,禁止砍伐天然林,启动了国家天然林保护工程,实施了草地建设和保护工程项目。这些措施无疑会对保护生态环境、防止水土流失起到积极作用。

(7)过度开采地下水,形成多处水位降落漏斗。地下水的开采,也是水资源的利用之一。地下水的流量和蕴藏量是有限度的,若开采量合理,能与自然补给量保持平衡,就可取之不尽;反之,若过量开采,则会导致水源枯竭,引起地面下沉,造成人为灾害。这类现象世界各国都曾发生过。

第五节　安徽省水资源概况

安徽省地处华东腹地,与河南、山东、江苏、浙江、江西、湖北六省接壤,全省辖16个地级市,国土面积139 476 km^2。按水系分属淮河流域、长江流域和新安江流域,流域面积分别为66 626 km^2、66 410 km^2、6 440 km^2;依地形地貌不同,可划分为平原区、圩区、丘陵

区、山区，其中平原占33%，湖泊洼地占10%，山地占30%，丘陵岗地占27%，地势西高东低、南峻北坦。

一、水文气象

安徽省地处中纬度，为亚热带与暖温带的过渡区，具有明显的过渡性气候，受季风气候影响，天气多变，降水年内年际变化较大，旱涝等自然灾害经常发生。

安徽省气候具有明显的特点：一是虽属内陆省份，但距海较近受季风气候影响非常明显；二是由于地处中纬度由亚热带向暖温带的过渡区域，气候表现出明显的过渡性，降水多变。全省大致以淮河为界，北部为暖温带半湿润季风气候，南部为亚热带湿润季风气候。安徽省位于南北冷暖气流交会较频繁的场所，具有较好的水汽输送条件，来自太平洋和印度洋孟加拉湾的大量水汽，随着东南季风和西南季风输入安徽省，春末夏初季风增强，水汽通量也随之加大，安徽省先后进入梅雨季节。6 月至 7 月上旬，由于太平洋副热带高压西伸北挺，全省先后进入雨季，南方雨季来得早，北方入汛较迟，皖南山区和大别山区由于地形抬升对降雨影响较明显。

安徽省年平均气温 14～17 ℃，南北差别不大。淮北和大别山区气温较低，在 15 ℃以下。其他地区为 15～17 ℃。降水量较丰富，年平均降水量 800～1 800 mm，降水地区间分布不均，有明显的南多北少的特征，年平均降水量淮北北部 800 mm、沿淮地区 900 mm、江淮分水岭 900～1 000 mm、大别山区 1 200～1 400 mm、沿江地区 1 000～1 400 mm、江南地区 1 200～1 400 mm、黄山地区 1 600～2 200 mm。由于受季风和地形影响，地区间降水量差异明显，由南向北递减，山区大于平原和丘陵区。影响全省的灾害性天气主要是旱涝灾害，其次是寒潮、连阴雨和干热风等。

安徽省年平均相对湿度为 70%～80%，南大北小；夏季最大，春秋季次之，冬季最小。日照时数南小北大，年平均日照时数 1 800～2 500 h，全年日照时数以夏季最多，日照率达 50%～70%，3 月最少，日照率只有 30%～40%。年平均无霜期 200～250 d。受季风影响，风向有明显的季节变化特征，冬季以偏北风为主，夏季以偏南风为主。全省年平均风速为 1.0～4.0 m/s。

二、河流水系

安徽省境内有淮河、长江与新安江（钱塘江）三大流域。

淮河发源于河南省桐柏山区，由安徽省西北部流入，其流经安徽省的干流长 430 km。省内范围的淮河流域面积为 66 626 km^2，占全省面积的近 1/2，占整个淮河流域面积的 35%。淮河主要支流有淮北的沙颍河、西淝河、涡河、茨淮新河、怀洪新河、北淝河、濉河、新汴河等，其中茨淮新河、怀洪新河、新汴河为人工开挖的行洪河道，兼具灌溉的功能；淮河以南支流有史河、淠河、东淝河、池河、新白塔河等。

长江源远流长，安徽省处于其下游，境内干流长 400 余 km（段窑至驻马河口），全省境内的长江流域面积 66 410 km^2，占全省面积的近 1/2，不到长江流域总面积的 4%。主要支流有江北的皖河、裕溪河、华阳河、滁河，江南的青弋江、水阳江、漳河、黄湓河、秋浦河、大通河，以及鄱阳湖水系的龙泉河、南宁河（大洪水）等。

新安江水系发源于黄山山区，在安徽省境内干流长242 km，流域面积为6 440 km^2，占全省面积的4.6%，其流域内河网密度大，源短流急，坡度陡，落差大，水量丰富。

三、水资源总量

安徽省多年平均（1956～2000年系列）降水量1 175 mm，折合水量1 638.3亿m^3。较第一次评价（1956～1979年系列）平均增加35 mm，增加的幅度自南往北递减，到淮北平原基本稳定。20世纪50～90年代安徽省年平均降水量分别为1 193 mm、1 118 mm、1 153 mm、1 209 mm、1 210 mm，60年代以后呈上升趋势，八九十年代降水偏丰。

据1956～2000年（第二次）水资源评价成果，安徽省多年平均水资源总量716.11亿m^3，其总量在全国32个省（直辖市、自治区）排第13位，其中地表水资源量651.9亿m^3，地下水资源量191.3亿m^3，地下水资源中与地表水不重复量64.2亿m^3。多年平均入境水量为8 951.5亿m^3，出境水量为9 530.3亿m^3。安徽省多年平均水资源可利用量为326.6亿m^3，水资源可利用率为46%。其中，可利用程度最高的是淮河流域王蚌区间北岸，水资源可利用率为56%；可利用程度最低的是新安江流域富春江坝址以上区，水资源可利用率为11%。

四、水资源特点

安徽省人均水资源量为1 033 m^3，接近全国平均水平的1/2，仅为世界平均数的1/8；全省平均每亩耕地拥有水资源量为941 m^3，也只为全国平均水平的1/2，由此可见，安徽省水资源较贫乏。淮北地区是我国水资源紧缺和开发利用程度较高的地区之一，人均水资源占有量为430 m^3，是安徽省人均水资源量的2/5，是全国人均水资源量的1/5，是世界人均水资源量的1/20，远低于人类生存最起码的需求量1 000 m^3。

安徽省水资源的特点主要有以下几点：

（1）大气降水在时间上分布不均，降水量年际之间的差异和一年中各季节的变化大，常常造成旱涝灾害，并且诱发其他的自然灾害或地质灾害。

（2）水资源在地区上分布不均，山区水资源较丰富，但人口、耕地少；平原区水资源少，但人口、耕地多。

（3）安徽省水资源淮河以南以地表水为主，而淮北地区地下水和地表水占同等数量，地下水利用占有非常重要的地位，所以对地下水的保护和合理利用具有很重要的意义。

（4）水质严重污染，使部分水资源失去了可利用价值，加剧了用水矛盾。

（5）淮北地区过度开采地下水，形成多处水位降落漏斗。地下水资源蕴藏量是有限度的，若开采量合理，能与自然补给量保持平衡，就可取之不尽；反之，若过量开采，特别是深层地下水长期过量开采则会导致水源枯竭，引起地面下沉，造成人为灾害。

第二章　水资源的形成

第一节　地球上的水循环

地球表面的各种水体，在太阳的辐射作用下，从海洋和陆地表面蒸发上升到空中，并随空气流动，在一定的条件下，冷却凝结形成降水又回到地面。降水的一部分经地面、地下形成径流并通过江河流回海洋；一部分又重新蒸发到空中，继续上述过程。这种水分不断交替转移的现象称为水分循环，也叫水文循环，简称水循环。

水分循环按其范围大小可分为大循环和小循环。大循环是指海洋与陆地之间的水分交换过程；而小循环是指海洋或陆地上的局部水分交换过程。比如，海洋上蒸发的水汽在上升过程中冷却凝结形成降水回到海面；或者在陆地上发生类似情况，都属于小循环。大循环是包含有许多小循环的复杂过程，如图 2-1 所示。

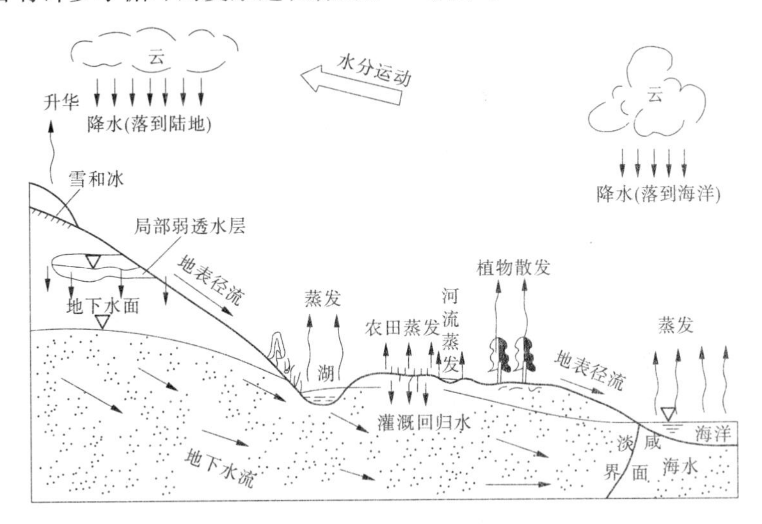

图 2-1　地球上水分循环示意图

形成水分循环的原因可分为内因和外因两个方面。内因是水有固、液、气三种状态，且在一定条件下可相互转换。外因是太阳的辐射作用和地心引力。太阳辐射为水分蒸发提供热量，促使液、固态的水变成水汽，并引起空气流动。地心引力使空中的水汽又以降水方式回到地面，并且促使地面水、地下水汇归入海。另外，陆地的地形、地质、土壤、植被等条件，对水分循环也有一定的影响。

水分循环是地球上最重要、最活跃的物质循环之一，它对地球环境的形成、演化和人类生存都有着重大的作用和影响。正是存在水分循环，才使得人类生产和生活中不可缺少的水资源具有可恢复性和时空分布不均匀性，产生了江河湖泊等地表和地下水资源，同

时也造成了旱涝灾害,给水资源的开发利用增加了难度。

我国位于欧亚大陆的东部,太平洋的西岸,处于西伯利亚干冷气团和太平洋暖湿气团的交绥带。因此,水汽主要来自太平洋,由东南季风和热带风暴将大量水汽输向内陆形成降水,雨量自东南沿海向西北内陆递减,而相应的大多数河流则自西向东注入太平洋。例如,长江、黄河、珠江等。其次是印度洋水汽随西南季风进入我国西南、中南、华北及河套地区,成为夏秋季降水的主要源泉之一,径流的一部分自西南一些河流注入印度洋,如雅鲁藏布江、怒江等;另一部分流入太平洋。大西洋的少量水汽随盛行的西风环流东移,也能参加我国内陆腹地的水分循环。北冰洋水汽借强盛的北风经西伯利亚和蒙古进入我国西北,风力大而稳定时,可越过两湖盆地直至珠江三角洲,但水汽含量少,引起的降水并不多,小部分经由额尔齐斯河注入北冰洋,大部分回归太平洋。鄂霍茨克海和日本海的水汽随东北季风进入我国,对东北地区春夏季降水起着相当大的作用,径流注入太平洋。

我国河流与海洋相通的外流区域占全国总面积的64%,河水不注入海洋而消失于内陆沙漠、沼泽和汇入内陆湖泊的内流区域占36%。最大的内陆河是新疆的塔里木河。

据资料估算,地球上每年参与水分交换和循环的水量约577万亿m^3。从海洋水蒸发到空中的水汽,每年达505万亿m^3,海洋每年总降水量约458万亿m^3,两者差值为47万亿m^3,则被气流输送到陆地的上空。陆地上每年降水量约119万亿m^3,比陆地上每年蒸发量72万亿m^3多47万亿m^3,多余的水量通过江河又回流到海洋。

第二节　水循环要素

一、河流与流域

(一)河流及其特征

1. 河流

河流是水分循环的一个重要环节,是汇集一定区域地表水和地下水的泄水通道。由流动的水体和容纳水体的河槽两个部分构成。水流在重力作用下由高处向低处沿地表面的线形凹地流动,这个线形凹地便是河槽,河槽也称河床,含有立体概念,当仅指其平面位置时,称为河道。枯水期水流所占河床称为基本河床或主槽;汛期洪水泛滥所及部位,称为洪水河床或滩地。从更大范围讲,凡是地形低凹可以排泄水流的谷地称为河谷,河槽就是被水流所占据的河谷底部。流动的水体称为广义的径流,其中包含清水径流和固体径流。固体径流是指水流所挟带的泥沙,通常所说的径流一般是指清水径流。虽然在地球上的各种水体中,河流的水面面积和水量都最小,但它与人类的关系却最为密切,因此河流是水文学研究的主要对象。

一条河流按其流经区域的自然地理和水文特点划分为河源、上游、中游、下游及河口五段。河源是河流的发源地,可以是泉水、溪涧、湖泊、沼泽或冰川。多数河流发源于山地或高原,也有发源于平原的。确定较大河流的河源,要首先确定干流。一般是把长度最长或水量最大的叫作干流,有时也按习惯确定,如把大渡河看作岷江的支流就是一个实例。汇入干流的支流叫一级支流,汇入一级支流的称为二级支流,其余依次类推。由干流与其各级支流所构成的脉络相通的泄水系统称为水系、河系或河网。水系常以干流命名,如长江水系、黄河水系等。但是干流和支流是相对的。根据干、支流的分布状况,一般将水系分为扇形水系、羽状水系、平行状水系和混合型水系,其中前三种为基本类型,如图2-2所示。

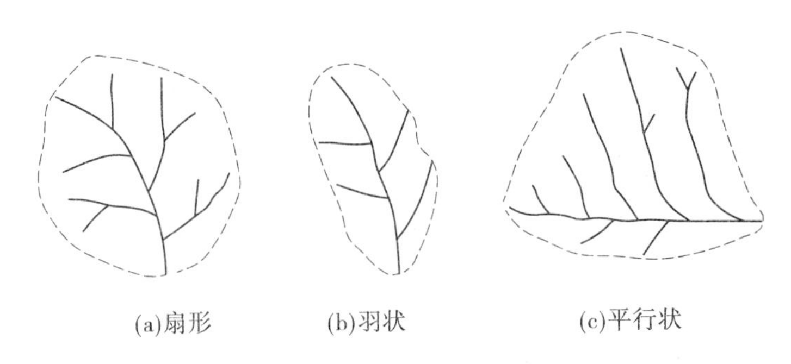

图2-2　水系形状示意图

在划分河流上、中、下游时,有的依据地貌特征,有的依据水文特征。上游直接连接河源,一般落差大,流速急,水流的下切能力强,多急流、险滩和瀑布。中游段坡降变缓,下切力减弱,侵蚀力加强,河道有弯曲,河床较为稳定,并有滩地出现。下游段一般进入平原,坡降更为平缓,水流缓慢,泥沙淤积,常有浅滩出现,河流多汊。河口是河流注入海洋、湖泊或其他河流的地段。内陆地区有些河流最终消失在沙漠之中,没有河口,称为内陆河。

2. 河流的特征

(1)河流的纵横断面。河段某处垂直于水流方向的断面称为横断面,又称过水断面。当水流涨落变化时,过水断面的形状和面积也随之变化。河槽横断面有单式断面和复式断面两种基本形状,如图2-3所示。

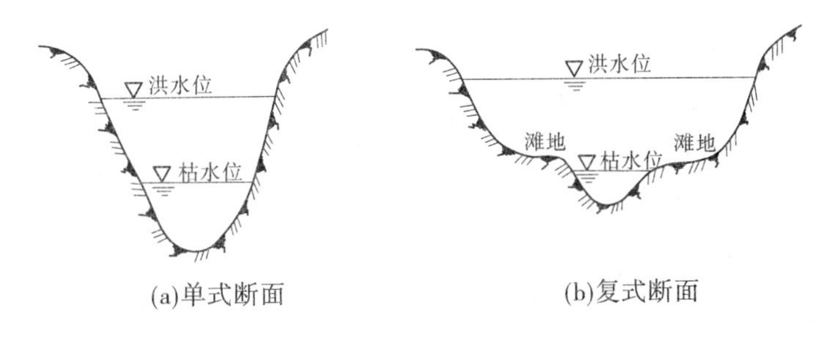

图2-3　河槽横断面示意图

将河流各个横断面最深点的连线叫河流中泓线或溪线。假想将河流从河口到河源沿中泓线切开并投影到平面上所得的剖面叫河槽纵断面。实际工作中常以河槽底部转折点的高程为纵坐标,以河流水平投影长度为横坐标绘出河槽纵断面图,如图2-4所示。

(2)河流长度。河流由河口到河源沿中泓线量计的平面曲线长度称为河长。一般在大比例尺(如1∶10 000或1∶50 000等)地形图上用分规或曲线仪量计;在数字化地形图上可以应用有关专业软件量计。

(3)河道纵比降。河段两端的河底高程之差称为河床落差,河源与河口的河底高程

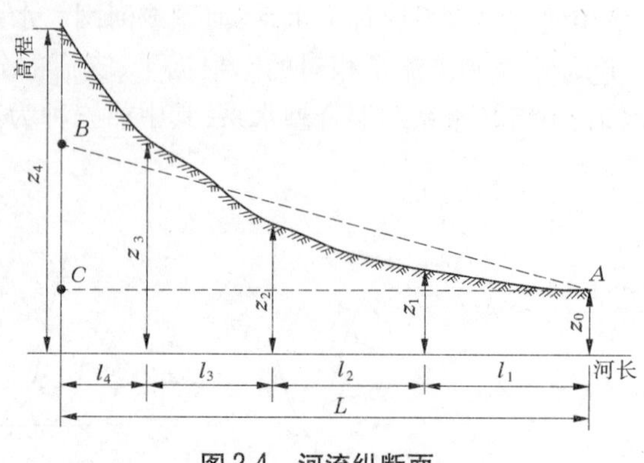

图 2-4　河流纵断面

之差为河床总落差。单位河长的河床落差称为河道纵比降,通常以千分数或小数表示。当河段纵断面近似为直线时,比降可按下式计算:

$$J = \frac{Z_{上} - Z_{下}}{l} = \frac{\Delta Z}{l} \tag{2-1}$$

式中:J 为河段的纵比降;$Z_{上}$、$Z_{下}$分别为河段上、下断面河底高程;l 为河段的长度。

当河段的纵断面为折线时,可用面积包围法计算河段的平均纵比降。具体做法是:在河段纵断面图上,通过下游端断面河底处向上游作一条斜线,使得斜线以下的面积与原河底线以下的面积相等,此斜线的坡度即为河道的平均纵比降,如图 2-4 所示,计算公式为

$$J = \frac{(z_0 + z_1)l_1 + (z_1 + z_2)l_2 + \cdots + (z_{n-1} + z_n)l_n - 2z_0L}{L^2} \tag{2-2}$$

式中:$z_0, z_1, \cdots, z_n$为河段自下而上沿程各转折点的河底高程,m;$l_1, l_2, \cdots, l_n$为相邻两转折点之间的距离,m;L 为河段总长度,km。

(二)流域及其特征

1. 流域

河流某一断面以上的集水区域称为河流在该断面的流域。当不指明断面时,流域是对河口断面而言的。流域的边界为分水线,即实际分水岭山脊的连线,如秦岭是长江与黄河的分水岭,降落在分水岭两侧的水量将分别流入不同的河流,秦岭脊线便是这两大流域的分水线。但并不是所有的分水线都是山脊的连线,如在平原地区,分水线可能是河堤或者湖泊等。像黄河下游大堤,便是黄河流域与淮河流域的分水岭。

由于河流是汇集并排泄地表水和地下水的通道,因此分水线有地面与地下之分。当地面分水线与地下分水线完全重合时,该流域称为闭合流域;否则,称为非闭合流域。非闭合流域在相邻流域间有水量交换,如图 2-5 所示。

实际当中很少有严格的闭合流域,当地面分水线和地下分水线不一致所引起的水量误差相对不大时,一般可按闭合流域对待。通常工程上认为,除岩溶地区外,一般大中流域均可看成是闭合流域。

2. 流域特征

流域特征包括几何特征、地形特征和自然地理特征三个方面。

1)流域的几何特征

流域的几何特征包括流域面积(或集水面积)、流域长度、流域宽度和流域形状系数等。

(1)流域面积是指河流某一横断面以上,由地面分水线所包围不规则图形的面积,如图2-6所示。若不强调断面,则是指流域出口断面以上的面积,以km^2计。一般可在适当比例尺的地形图上先勾绘出流域分水线,然后用求积仪或数方格的方法量出其面积,当然在数字化地形图上也可以用有关专业软件量计。

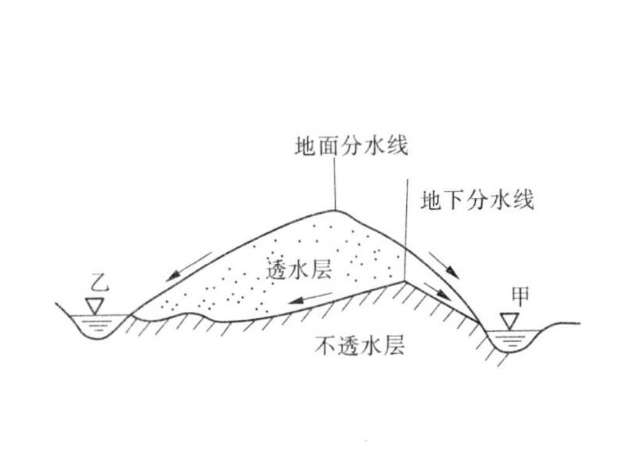

图2-5　地面与地下分水线示意图

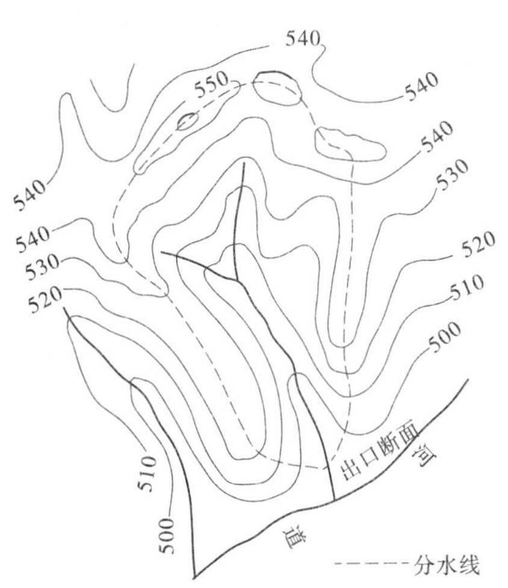

图2-6　流域分水线和集水面积示意图

(2)流域长度是指流域几何中心轴的长度。对于大致对称的规则流域,其流域长度可用河口至河源的直线长度来计算;对于不对称流域,可以流域出口为中心作若干个同心圆,使得各同心圆圆周与流域分水线交得若干圆弧割线中点,这些割线中点的连线长度,即为流域长度。

(3)流域平均宽度是指流域面积与流域长度的比值,以B表示,由下式计算:

$$B = \frac{F}{L_f} \tag{2-3}$$

式中:F为流域面积,km^2;L_f为流域长度,km。

(4)集水面积近似相等的两个流域,L_f愈长,B愈窄小;L_f愈短,B愈宽。前者径流难以集中,后者则易于集中。

流域的形状系数,以K_f表示。

$$K_f = \frac{B}{L_f} = \frac{F}{L_f^2} \tag{2-4}$$

K_f是一个无单位的系数。当$K_f \approx 1$时,流域形状近似为方形;当$K_f < 1$时,流域为狭长形;当$K_f > 1$时,流域为扁形。流域形状不同,对降雨径流的影响也不同。

2)流域的地形特征

流域的地形特征可用流域平均高度和流域平均坡度来反映。

(1)流域平均高度。流域平均高度的计算可用网格法和求积仪法。网格法较粗略,具体做法是将流域地形图分为100个以上网格，如图2-7所示。内插确定出每个格点的高程，各网格点高程的算术平均值即为流域平均高度；求积仪法是在地形图上，用求积仪分别量出分水线内各相邻等高线间的面积f_i，用相邻两等高线的平均高程z_i，按下式计算，得流域平均高度：

$$z_0 = \frac{f_1 z_1 + f_2 z_2 + \cdots + f_n z_n}{f_1 + f_2 + \cdots + f_n} = \frac{1}{F}\sum_{i=1}^{n} f_i z_i \tag{2-5}$$

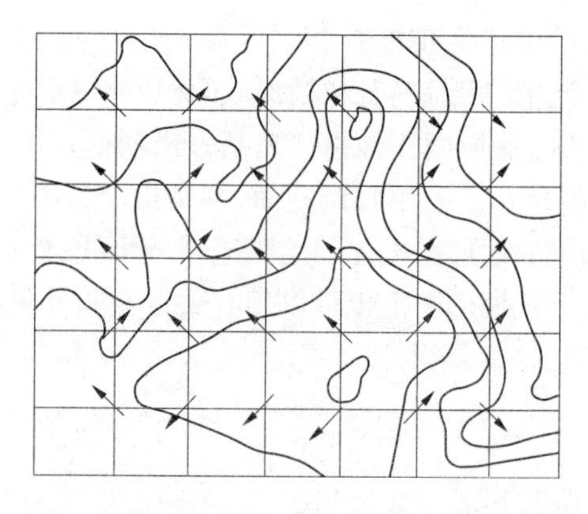

图2-7　网格法计算流域平均高度、平均坡度

(2)流域平均坡度。流域的平均坡度是指流域表面坡度的平均情况，以J_f表示。也可用网格法计算，即从每个网格点作直线与较低的等高线正交，如图2-7中的箭头所示，由高差和距离计算各箭头方向的坡度，作为各网格点的坡度，再将各网格点的坡度取算术平均值，即流域的平均坡度。另外还可以量计出流域范围内各等高线的长度，用l_0，l_1，l_2，…，l_n表示，相邻两条等高线的高差用Δz表示，按下式计算流域平均坡度：

$$J_f = \frac{\Delta z(0.5l_0 + l_1 + l_2 + \cdots + 0.5l_n)}{F} \tag{2-6}$$

3)流域的自然地理特征

流域的自然地理特征包括流域的地理位置、气候条件、地形特征、地质构造、土壤性质、植被、湖泊、沼泽等。

(1)地理位置。主要指流域所处的经纬度以及距离海洋的远近。一般是低纬度和近海地区雨水多，高纬度地区和内陆地区降水少。如我国的东南沿海一带雨水就多，而华北、西北地区降水就少，尤其是新疆的沙漠地区更少。

(2)气候条件。主要包括降水、蒸发、温度、风等。其中，对径流作用最大的是降水和蒸发。

(3)地形特征。流域的地形可分为高山、高原、丘陵、盆地和平原等，其特征可用流域平均高度和流域平均坡度来反映。同一地理区，不同的地形特征将对降雨径流产生不同的影响。

(4)地质与土壤特性。流域地质构造、岩石和土壤的类型以及水理性质等都将对降水形成河川径流产生影响，同时也影响到流域的水土流失和河流泥沙。

(5)植被覆盖。流域内植被可以增大地面糙率，延长地面径流的汇流时间，同时加大下渗量，从而使地下径流增多，洪水过程变得平缓。另外，植被还能阻抗水土流失，减少河流泥沙含量，涵养水源；大面积的植被还可以调节流域小气候，改善生态环境等。植被的覆盖程度一般用植被面积与流域面积之比的植被率表示。

(6)湖泊、沼泽、塘库流域内的大面积水体对河川径流起调节作用，使径流在时间上的变化趋于均匀；同时还能增大水面蒸发量，增强局部小循环，改善流域小气候。通常用湖沼塘库的水面面积与流域面积之比的湖沼率来表示。

以上流域各种特征因素，除气候因素外，都反映了流域的物理性质，它们承受降水并形成径流，直接影响河川径流的数量和变化，所以水文上习惯称为流域下垫面因素。当然，人类活动对流域的下垫面影响也愈来愈大，如人类在改造自然的活动中修建了水库、塘堰、梯田，以及植树造林、城市化等，大规模地改变了流域的下垫面自然状态，因而使河川径流发生相应变化，影响到河川径流的水量与水质。人类活动的影响有有益的一面，如灌溉、发电、提高径流水量的利用率，产生社会经济效益；也有不利的一面，如造成水土流失、水质污染以及河流断流等。

二、降水

降水是水文循环的一个重要环节，是陆地水资源的主要补给来源，因此降水是最为重要的气象因素。降水是指以液态或固态形式从大气到达地面的各种水分的总称。通常表现为雨、雪、雹、霜、露等，其中最主要的形式是雨和雪。在我国绝大部分地区影响河流水情变化的是降雨，因此降雨是水文研究的重要内容。

（一）降雨的成因与分类

地球周围的大气层由于所处的位置不同，各处的温度和湿度分布也不均匀，大气压力也不同，空气由高压区向低压区流动，处在不断地运动之中，这便产生了刮风等一系列的天气现象。在气象上把水平方向物理性质（温度、湿度、气压等）比较均匀的大块空气叫气团。气团按照温度的高低又可分为暖气团和冷气团，一般暖气团主要在低纬度的热带或副热带洋面上形成，冷气团则在高纬度寒冷的陆地上产生。当带有水汽的气团上升时，由于大气的气压下降，上升的空气体积不断膨胀，消耗内能，空气在上升过程中冷却（称为动力冷却）降温，空气中的水汽随着气温的降低而凝结。凝结的内核是空气中的微尘、烟粒等。水汽分子凝结成小水滴后聚集成云。小水滴继续吸附水汽，并受气流涡动作用，相互碰撞而结合成大水滴，直到其重量超过气流上升顶托力时则下降成雨。因此，降雨的形成必须要有两个基本条件：一是空气中要有一定量的水汽；二是空气要有动力上升冷却，故按照空气上升冷却的发展成因，将降雨分为锋面雨、地形雨、对流雨和台风雨四种类型。

（1）锋面雨。当冷气团与暖气团在运动过程中相遇时，其交界面（实际上为一过渡带）叫锋面，锋面与地面的相交地带叫锋。一般地面锋区的宽度有几十千米，高空锋区的宽度可达几百千米。锋面雨便是在锋面上产生的降雨。按照冷暖气团的相对运动方向将锋面雨分为冷锋雨和暖锋雨。

冷气团向暖气团一方移动，二者相遇，因冷空气较重而楔入暖气团下方，迫使暖气团上升，形成冷锋而致雨，就是冷锋雨，如图2-8（a）所示。冷锋雨一般强度大、历时短、雨区范围小。

若冷气团相对静止，暖气团势力较强，向冷气团一方推进，二者相遇暖气团将沿界面爬升于冷气团之上形成降雨，叫暖锋雨，如图2-8（b）所示。暖锋雨的特点是强度小、历时长、雨区范围大。

（2）地形雨。暖湿气团在运移途中，遇到山脉、高原等阻碍，被迫上升冷却而形成的降雨，叫地形雨，如图2-9（a）所示。地形雨多发生在山的迎风坡，由于水汽大部分已在迎

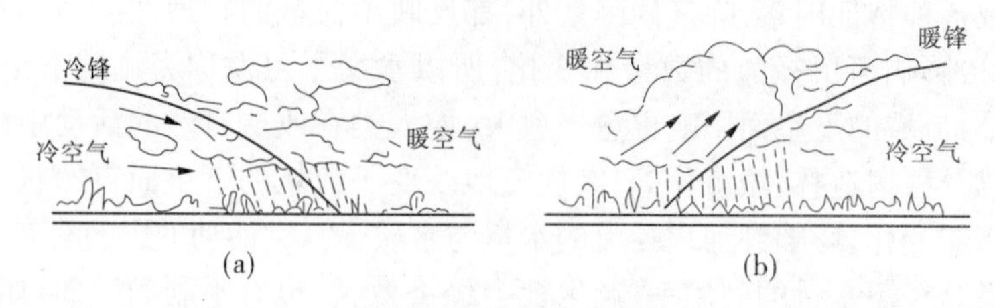

图 2-8 锋面雨示意图

风坡凝结降落，而且空气过山后下沉时温度增高，因此背风坡雨量锐减。地形雨一般随高程的增加而增大，其降雨历时较短，雨区范围也不大。

(3)对流雨。在盛夏季节当暖湿气团笼罩一个地区时，由于太阳的强烈辐射作用，局部地区因受热不均衡而与上层冷空气发生对流作用，使暖湿空气上升冷却而降雨，叫对流雨，如图 2-9(b)所示。这种雨常发生在夏季酷热的午后，其特点是强度大、历时短、降雨面积分布小，常伴有雷电，故又称为雷阵雨。

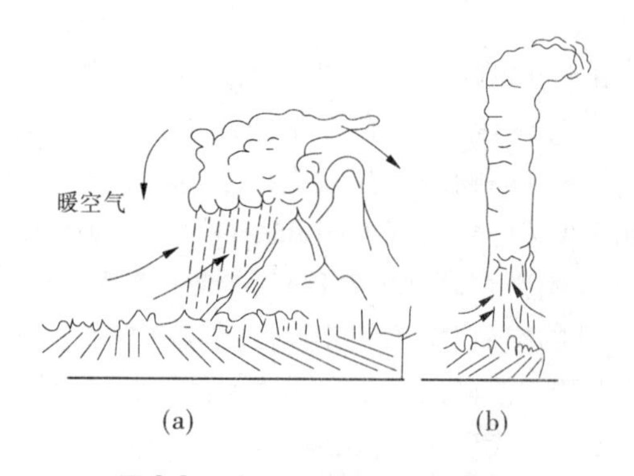

图 2-9 地形雨和对流雨示意图

(4)台风雨。台风雨是由热带海洋风暴带到大陆上来的狂风暴雨。影响我国的热带风暴主要发生在 6 ~ 10 月，以 7 ~ 9 月最多。它们主要形成于菲律宾以东的太平洋洋面(在北纬 20°，东经 130°附近)，向西或向西北方向移动影响东南沿海和华南地区各地，若势力很强则可影响到燕山、太行山、大巴山一线。台风雨是一种极易形成洪涝灾害的降雨，降雨伴随狂风，破坏性极强。如 1975 年 8 月，该年第三号台风登陆后，深入到河南省泌阳县林庄一带，造成非常罕见的大暴雨，中心最大 24 小时降雨量为 1 060.3 mm，最大 3 日降雨量达 1 605.3 mm，在淮河流域形成大洪水，给人民生命财产造成巨大损失。

在以上四种降雨类型中，锋面雨和台风雨对我国河流洪水影响较大。其中，锋面雨对大部分地区影响显著，各地全年锋面雨都在 60% 以上，华中和华北地区超过 80%，是我国大多数河流洪水的主要来源。台风雨在东南沿海诸省，如广东、海南、福建、台湾、浙江等地发生机会较多，由台风造成的雨量占全年总雨量的 20% ~30%，且极易造成洪水灾害。

此外，根据我国气象部门的规定，按照 1 小时或 24 小时的降雨量将降雨分为小雨、中雨、大雨及暴雨等级别：

小雨：1 小时的雨量 $\leq$2.5 mm 或 24 小时的雨量 $<$ 10 mm。

中雨：1 小时的雨量为 2.6 ~ 8.0 mm 或 24 小时的雨量为 10.0 ~ 24.9 mm。

大雨:1 小时的雨量 8.1 ~ 15.9 mm 或 24 小时的雨量为 25.0 ~ 49.9 mm。

暴雨:1 小时的雨量≥16 mm 或 24 小时的雨量≥50 mm。

(二)降雨资料的简单分析

1. 点降雨量特性与图示方法

所谓点降雨量,通常是指一个雨量观测站承雨器(口径为 20 cm)所在地点的降雨量。点降雨量的特性可用降雨量、降雨历时和降雨强度等特征量以及降雨量、降雨强度在时程上的变化来反映,如图 2-10、图 2-11 所示。

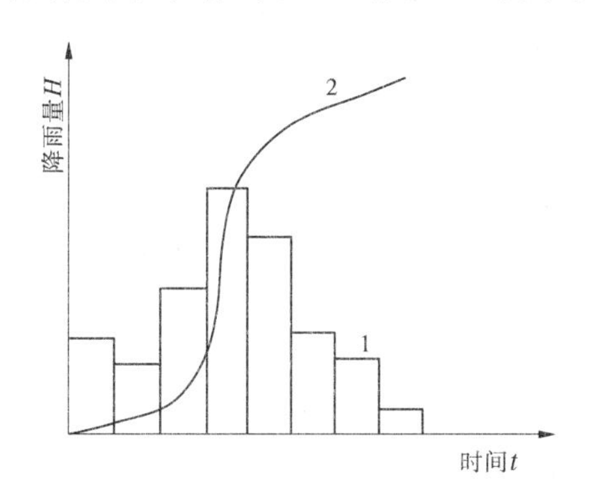

1—雨量过程线;2—雨量累积曲线

图 2-10　降雨量过程线

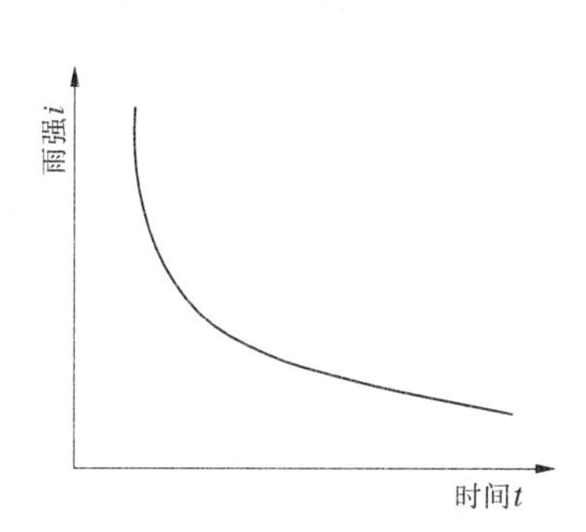

图 2-11　雨强历时曲线

2. 面雨量特性与计算方法

1)面雨量特性

所谓面雨量,是指一定区域面积上的平均雨量。在降雨径流分析中,与洪水大小相应的必须是流域面积上的面平均雨量。反映面雨量的变化特性可用降雨量等值线法。

对于面积较大的区域或流域,为了表示一定时段内的降雨量空间分布情况,可以绘制降雨量等值线。具体做法与测量学中绘制地形等高线的方法类似。首先,根据需要,将一定时段流域内及其周边邻近雨量站的同期雨量标注在相应位置上;其次,按照各站降雨量的大小用地理插值法,并参考地形和气候变化进行勾绘,如图 2-12 所示。等雨量线图是研究降雨分布、暴雨中心移动及计算流域平均雨量的有力工具。但在绘制等雨量线图时,要求有足够的且控制良好的雨量站点。

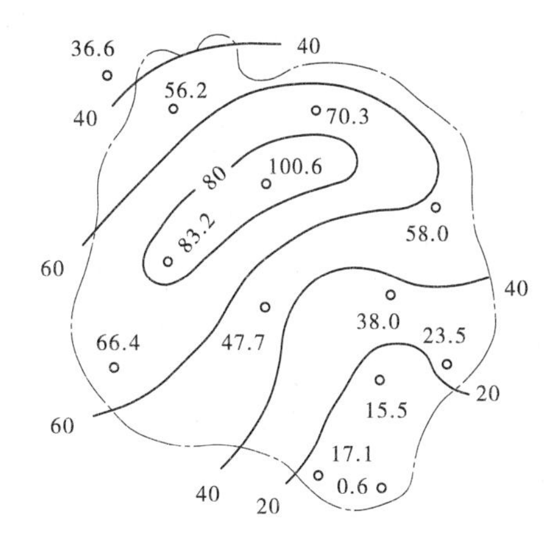

图 2-12　降雨量等值线图

2)流域面平均雨量的计算方法

(1)算术平均法:当流域内地形变化不大,且雨量站数目较多、分布均匀时,可根据各站同一时段内的降雨量用算术平均法计算,

其计算公式为

$$H_F = \frac{H_1 + H_2 + \cdots + H_n}{n} = \frac{1}{n}\sum_{i=1}^{n} H_i \tag{2-7}$$

式中:H_F为流域平均降雨量,mm;H_i为流域内各雨量站雨量($i=1,2,\cdots,n$),mm;n为雨量站数目。

(2)泰森多边形法:此法又称垂直平分法或加权平均法。当流域内雨量站分布不均匀或地形变化较大时,可假定流域上不同地区的降雨量与距其最近的雨量站的降雨量相近,并用邻近雨量站的降雨量值计算流域面平均雨量。具体做法是:先将流域内及其流域外邻近的雨量站就近连成三角形(尽可能连成锐角三角形),构成三角网,再分别作各三角形三条边的垂直平分线,这些垂直平分线相连组成若干个不规则的多边形,如图2-13所示。每个多边形内部都有一个雨量站,称为该多边形的代表站,该站的雨量就是本多边形面积f_i上的代表雨量,并将f_i与流域面积F的比值称为权重系数。利用面积权重系数计算流域平均降雨量,该法的计算公式为

$$H_F = \frac{H_1 f_1 + H_2 f_2 + \cdots + H_n f_n}{F} = \frac{1}{F}\sum_{i=1}^{n} H_i f_i = \sum_{i=1}^{n} A_i H_i \tag{2-8}$$

式中:f_i为各多边形在流域内的面积($i=1,2,\cdots,n$),km^2;F为流域总面积,km^2;A_i为各雨量站的面积权重系数,$A_i = f_i/F$,$\sum_{i=1}^{n} A_i = 1.0$。

(3)等雨量线法:如果降雨在地区上或流域上分布很不均匀,地形起伏大,则宜用等雨量线法计算面雨量。等雨量线法也属于以面积作权重的一种加权平均方法。具体做法为:先根据流域上各雨量站的雨量资料绘制出符合实际的等雨量线图,如图2-14所示,并量计出相邻两条等雨量线间的流域面积f_i,用下列公式计算:

$$H_F = \frac{1}{F}\sum_{i=1}^{n} \frac{1}{2}(H_i + H_{i+1}) f_i = \frac{1}{F}\sum_{i=1}^{n} \overline{H}_i f_i \tag{2-9}$$

式中:f_i为相邻两条等雨量线间的流域面积,km^2;$\overline{H}_i$为相邻两条等雨量线间的平均雨量,mm;n为等雨量线的数目。

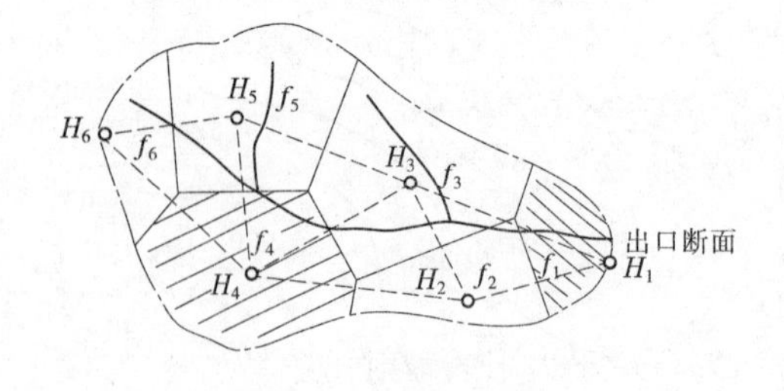

图2-13　泰森多边形法

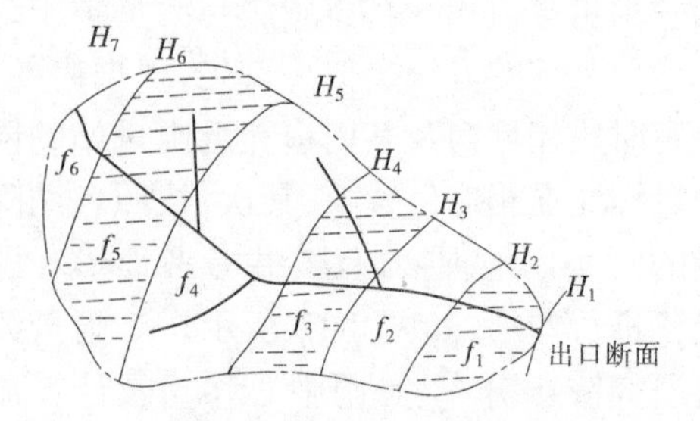

图2-14　等雨量线法

(4)降雨点面关系法:当流域内雨量站少,或各雨量站观测不同步时,可用降雨的点面关系来计算面雨量。其计算公式为

$$H_F = \alpha H_0 \tag{2-10}$$

式中：α 为面雨量与点雨量比值，也称点面雨量折算系数；H_0 为点雨量，mm。

降雨的点面关系是指降雨中心或流域中心附近代表站的点雨量与一定范围内的面雨量之间的关系，如图 2-15 所示。

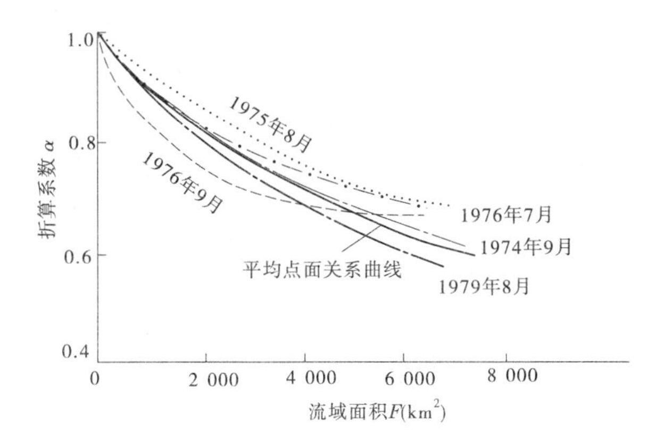

图 2-15　降雨的点面关系曲线

以上四种方法中，算术平均法最为简单，但要求的条件较高；泰森多边形法适用性较强，且有一定的精度，尤其是在流域内雨量站网一定的情况下，求得各站的面积权重系数可一直沿用，或用计算机进行计算，所以在水文上应用广泛，但在降雨分布发生变化时，计算结果不一定符合实际；等雨量线法是根据等雨量线图来计算的，因此计算精度最高，但它要求有足够的雨量站，且每次计算都要绘制等雨量线，并量计相邻两条等雨量线之间的流域面积，所以计算工作量大，实际当中应用有限；降雨点面关系法计算更为简单，但需要知道点面关系图。在流域雨量资料较差或缺乏时应用较多。

三、蒸散发与入渗

（一）蒸散发

蒸发是指水由液态或固态转化为气态的物理变化过程，是水量平衡的基本要素和水文循环的重要环节之一。水文上的流域蒸发为水面蒸发、土壤蒸发和植物散发之和，即流域总蒸发量。但是，其量值在目前还不能用三个量直接相加求出，因为在一个实际流域上，水面蒸发、土壤蒸发和植物散发是很难分别测算出来的，通常是把流域当成一个整体进行研究，用水量平衡法或经验公式法间接计算出流域总蒸发量。

1. 水面蒸发

流域上的各种水体如江河、水库、湖泊、沼泽等，由于太阳的辐射作用其水分子在不断地运动中，当某些水分子所具有的动能大于水分子之间的内聚力时，便从水面逸出变成水汽进入空中，进而向四周及上空扩散；与此同时，另一部分水汽分子又从空中返回到水面。因此，蒸发量（或蒸发率）是指水分子从水体中逸出和返回的差值，通常以 mm/d、mm/月或 mm/年计。影响水面蒸发的因素主要有气温、湿度、风速、水质及水面面积等。

2. 土壤蒸发

土壤蒸发是指水分从土壤中逸出的物理过程，也是土壤失水干化的过程。土壤是一

种有孔介质,它不仅有吸水和持水能力,而且具有输送水分的能力。因此,土壤蒸发与水面蒸发不同,除受气象因素影响外,还受土壤中水分运动的影响,另外土壤含水量、土壤结构、土壤色泽等也对土壤蒸发有一定的影响。

对于某种土壤,当气象条件一定时,土壤蒸发量的大小与土壤的供水条件有关。土壤水分按照其所受的作用力不同可以分为结合水、毛管水和自由水,当土壤中只有结合水和毛管水时,其含水量称为田间持水量。它是土壤蒸发供水条件充分与不充分的分界点。因此,根据土壤水分的变化将土壤蒸发分为三个阶段。

第一阶段:当土壤含水量大于田间持水量时,土壤十分湿润甚至饱和,土中有自由重力水存在,且毛细管可以将下层的水分运送到上层,属于充分供水条件下的蒸发,蒸发量大小只受气象条件的影响,大而稳定。

第二阶段:由于土壤蒸发耗水作用,土壤含水量不断减少,当其减少到小于田间持水量以后,土壤中毛细管的连续状态将逐渐被破坏,土壤内部的水分向上输送受到影响,这时土壤蒸发进入第二阶段,供水条件不如第一阶段充分,土壤蒸发量将随土壤含水量的减少而减少。

第三阶段:如果土壤含水量继续减少,以至于毛管水不再以连续状态存在于土壤中,毛管向土壤表面输水的机制遭到完全破坏,水分只能以膜状水形式或气态形式向上缓慢扩散,土壤蒸发进入第三阶段。这一阶段由于受供水条件的限制,土壤蒸发进行得非常缓慢,蒸发量十分小,而且稳定。

3. 植物散发

植物根系从土壤中吸取水分,通过其自身组织输送到叶面,再由叶面散发到空气中的过程称为植物散发或蒸腾。它既是水分的蒸发过程,也是植物的生理过程。由于植物散发是在土壤—植物—大气之间发生的现象,因此植物蒸发受气象因素、土壤水分状况和植物生理条件的影响。不同的植物散发量不同,同一种植物在不同的生长阶段散发量也不同。由于植物的光合作用与太阳辐射有关,大约有95%的日散发量发生在白天。当气温降至4 ℃,植物生长基本停止,散发量也相应变得极小。植物生于土壤,因而植物散发和土壤蒸发总是同时存在的,二者合称为陆面蒸发,它是流域蒸发的主要组成部分。

(二)入渗

下渗也称入渗,它是指水分从土壤表面向土壤内部渗入的物理过程,以垂向运动为主要特征。天然情况下的下渗主要是雨水的下渗,它是降雨径流过程中径流量的主要损失,下渗量不仅直接决定地面径流量的大小,同时也影响土壤水分和地下水的增长,是地表水和地下水连接并转换的一个中间过程。

水分在土壤中运动所受的作用力分别有分子力、毛管力和重力,重力总是垂直向下,毛管力则是指向土壤含水量较小的一方。因此,雨水的入渗过程按照所受作用力及运动特征的不同分为三个阶段。

设雨前表土干燥,当雨水降落到地面后,首先受土粒分子力的作用而吸附于土粒表面形成薄膜(称为薄膜水),这是第一阶段,称为渗润阶段。当土粒表面的薄膜水达到最大时,渗润阶段逐渐消失,入渗的雨水在毛管力和重力的作用下,在土壤孔隙中向下做不稳定运动,并逐渐充填土粒孔隙,直到孔隙饱和,这是第二阶段,称为渗漏阶段。有时也把第

一、第二阶段合称为渗漏阶段。它们共有的特点是非饱和下渗。当土壤孔隙被水充满达到饱和时，水分主要受重力作用向下做稳定的渗透运动，这是第三阶段，称为渗透阶段，属于饱和下渗。在实际的下渗过程中，以上两个阶段（渗漏和渗透）并无明显的界限，有时是相互交错的。

上述下渗规律是充分供水条件下单点均质土壤的下渗规律，但在天然情况下，降雨强度和雨型是变化的，供水条件不一定都充分，有时降雨过程还不连续。另外，土壤性质和土壤水分的时空分布也不均匀。因此，实际流域在降雨过程当中，下渗是非常复杂而多变的，通常是不稳定和不连续的。

四、径流

径流就是指江河中的水流。它的补给来源有雨水、冰雪融水、地下水和人工补给等。我国的江河，按照补给水源的不同大致分为三个区域：秦岭以南，主要是雨水补给，河川径流的变化与降雨的季节变化关系密切，夏季经常发生洪水；东北、华北部分地区为雨水和季节性冰雪融水补给区，每年有春、夏两次汛期；西北阿尔泰山、天山、祁连山等高山地区，河水主要由高山冰雪融水补给，这类河流水情变化与气温变化有密切关系，夏季气温高，降水多，水量大，冬季则相反。地下水补给是我国河流水源补给的普遍形式，但在不同的地区差异很大。一般为20%～30%，最高达60%～70%，最少不足10%。其中，以黄土高原北部、青藏高原以及黔、桂岩溶分布区，地下水补给比例较大。地下水补给较多的河流，其年内分配较均匀。人工补给主要是指跨流域调水，如我国规划的南水北调工程，就是准备将长江流域的水分别从东线、中线和西线调到黄河流域以及京、津地区，以缓解北方地区的缺水危机。

总体而言，我国大部分地区的河流是以雨水补给为主。由降雨形成的河川径流称为降雨径流，它是本课程研究的主要对象。

（一）径流的形成过程

降雨径流是指雨水降落到流域表面上，经过流域的蓄渗等系列损失分别从地表面和地下汇集到河网，最终流出流域出口的水流。从降雨开始到径流流出流域出口断面的整个物理过程称为径流的形成过程，如图2-16所示。

降雨径流的形成过程是一个极其复杂的物理过程。但人们为了研究方便，通常将其概括为产流和汇流两个过程。

1. 产流过程

降雨开始时，除很少一部分降落在河流水面直接形成径流外，其他大部分则降落到流域坡面上的各种植物枝叶表面，首先要被植物的枝叶吸附一部分，称为植物截留量，到雨后被蒸发掉。降雨满足植物截留量后便落到地面上称为落地雨，开始下渗充填土壤孔隙，随着表层土壤含水量的增加，土壤的下渗能力也逐渐减小，当降雨强度超过土壤的下渗能力时，地面就开始积水，并沿坡面流动，在流动过程中有一部分水量要流到低洼的地方并滞留其中，称为填洼量。还有一部分将以坡面漫流的形式流入河槽形成径流，称为地面径流。下渗到土壤中的雨水，按照下渗规律由上往下不断深入。通常由于流域土壤上层比较疏松，下渗能力强，下层结构紧密，下渗能力弱，这样便在表层土壤孔隙中形成一定的水

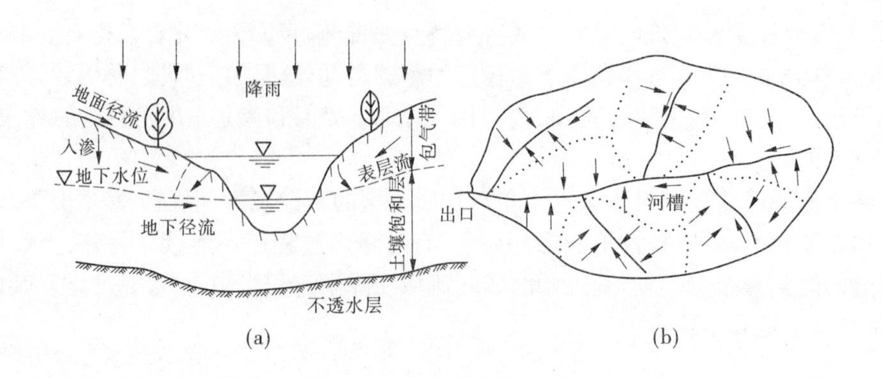

图 2-16　径流形成过程示意图

流沿孔隙流动,最后注入河槽,这部分径流称为壤中流(或表层流)。壤中流在流动过程中是极不稳定的,往往和地面径流穿叉流动,难以划分开来,故在实际水文分析中常把它归入地面径流。若降雨延续时间较长,继续下渗的雨水经过整个包气带土层,渗透到地下水库当中,经过地下水库的调蓄缓缓渗入河槽,形成浅层地下径流。另外,在流出流域出口断面的径流当中,还有与本次降雨关系不大、来源于流域深层地下水的径流,它比浅层地下径流更小、更稳定,通常称为基流。

综上所述,由一次降雨形成的河川径流包括地面径流、壤中流和浅层地下径流三部分,总称为径流量,也称产流量。降雨量与径流量之差称为损失量。它主要包括储存于土壤孔隙中间的下渗量、植物截留量、填洼量和雨期蒸散发量等。可见,流域的产流过程就是降雨扣除损失,产生各种径流成分的过程。

流域特征不同,其产流机制也不同。干旱地区植被差,包气带厚,表层土壤渗水性弱,流域的降雨强度和下渗能力的相对变化支配着超渗雨的形成,一旦有超渗雨形成便产生地面径流,它是次雨洪的主要径流成分,而壤中流和浅层地下径流就比较少。这种产流方式称为超渗产流。对于气候湿润、植被良好,流域包气带透水性强,地下水位高的地区,降雨强度很难超过下渗能力,其产流量大小主要取决于流域的前期包气带的蓄水量,与雨强关系不大。如果降雨入渗的水量超过流域的缺水量,流域"蓄满",开始产流,不仅形成地面径流、壤中流,而且也形成一定量的浅层地下径流,这种产流方式称为蓄满产流。超渗产流和蓄满产流是两种基本的产流方式,二者在一定的条件下可以相互转换。

2. 汇流过程

降雨产生的径流,由流域坡面汇入河网,又通过河网由支流到干流,从上游到下游,最后全部流出流域出口断面,称为流域的汇流阶段。因为流域面积是由坡面和河网构成的,所以流域汇流又可分为坡面汇流和河网汇流两个小过程。坡面汇流是指降雨产生的各种径流由坡地表面、饱和土壤孔隙及地下水库当中分别注入河网,引起河槽中水量增大、水位上涨的过程。当然这几种径流由于所流经的路径不同,各自的汇流速度也就不同。一般地面径流最快,壤中流次之,地下径流则最慢,所以地面径流的汇入是河流涨水的主要原因。汇入河网的水流,沿着河槽继续下泄,便是河网汇流过程。在这个过程中,涨水时河槽可暂时滞蓄一部分水量而对水流起调节作用。当坡面汇流停止时,河网蓄水往往达

到最大，此后则逐渐消退，直至恢复到降雨前河水的基流上。这样就形成了流域出口断面的一次洪水过程。

产流和汇流两个过程不是相互独立的，实际上几乎是同时进行的，即一边有产流，一边有汇流，不可能截然分开，整个过程非常复杂。出口断面的洪水过程是全流域综合影响和相互作用的结果。

（二）径流的表示方法和度量单位

径流分析计算中，常用的径流表示方法和度量单位有下列几种：

（1）流量 Q。单位时间通过河流某一断面的水量体积叫流量，单位为 m^3/s。

（2）径流量 W。一定时段内通过河流某一断面的水量体积，称为该时段的径流总量，或简称为径流量，如月径流量、年径流量等。常用单位有 m^3 或万 m^3、亿 m^3 等。有时也用时段平均流量与对应历时的乘积表示径流量的单位，如 $(m^3/s)\cdot$月、$(m^3/s)\cdot d$ 等。径流量与平均流量的关系如下：

$$W = QT \tag{2-11}$$

式中：Q 为时段平均流量，m^3/s；T 为计算时段，s。

（3）径流深 Y。将一定时段的径流总量平均铺在流域面积上所得到的水层深度，叫作该时段的径流深，以 mm 计。

$$Y = \frac{W}{1\ 000F} \tag{2-12}$$

式中：W 为计算时段的径流量，m^3；F 为河流某断面以上的流域集水面积，km^2。

（4）径流模数 M。单位流域面积上所产生的流量，如洪峰流量、年平均流量等，相应的称为洪峰流量模数，年平均流量模数（或年径流模数），常用单位为 $m^3/(s\cdot km^2)$ 或 $L/(s\cdot km^2)$，其计算公式为

$$M = \frac{Q}{F} \tag{2-13}$$

（5）径流系数 α。流域某时段内径流深与形成这一径流深的流域平均降水量的比值，无因次。

$$\alpha = \frac{Y}{H_F} \tag{2-14}$$

【例 2-1】 已知某小流域集水面积 $F=130\ km^2$，多年平均降水量 $H_{F0}=915$ mm，多年平均径流深 $Y_0=745$ mm。求该流域多年平均径流量 W_0、多年平均流量 Q_0、多年平均径流模数 M_0 以及多年平均径流系数 α_0。

解：将相关数据代入公式，计算过程如下：

直接代入公式计算：

$$W_0 = 1\ 000\ Y_0F = 1\ 000\times 745\times 130 = 9\ 685(\text{万 } m^3)$$

$$Q_0 = \frac{W_0}{T} = \frac{9\ 685\times 10^4}{31.536\times 10^6} = 3.07(m^3/s)$$

$$M_0 = \frac{Q_0}{F} = \frac{3.07}{130} = 23.6\times 10^{-3}(m^3/(s\cdot km^2)) = 23.6\ L/(s\cdot km^2)$$

$$\alpha_0 = \frac{Y_0}{H_{F0}} = \frac{745}{915} = 0.81$$

第三节　水量平衡

根据自然界的水分循环，地球水圈的不同水体在周而复始地循环运动着，从而产生一系列的水文现象。在这些复杂的水文过程中，水分运动遵循质量守恒定律，即水量平衡原理。具体而言，就是对任一区域在给定时段内，输入区域的各种水量之总和与输出区域的各种水量之总和的差值，应等于区域内时段蓄水量的变化量。据此原理，可列出一般的水量平衡方程：

$$I - O = W_2 - W_1 = \Delta W \tag{2-15}$$

式中：I 为时段内输入区域的各种水量之和；O 为时段内输出区域的各种水量之和；W_1 为时段初区域内的蓄水量；W_2 为时段末区域内的蓄水量；ΔW 为时段内区域蓄水量的变化量，$\Delta W > 0$，表示时段内区域蓄水量增加，相反，$\Delta W < 0$，表示时段内区域蓄水量减少。

水量平衡原理是水文学中最基本的原理之一。它在降雨径流过程分析、水利计算、水资源评价等问题中应用得非常广泛。

根据水量平衡原理，对任一区域，一定时段内输入区域的水量有：时段内区域平均降水量 H；时段内区域水汽凝结量 E_1；地面径流流入量 Y_1；地下径流流入量 U_1。时段内从区域输出的水量包括：时段内区域总蒸散发量 E_2；地面径流流出量 Y_2；地下径流流出量 U_2；区域内用水量 q；时段初、末区域内蓄水量分别为 W_1，W_2；差值为 $\Delta W = W_2 - W_1$，代入水量平衡方程得

$$(H + E_1 + Y_1 + U_1) - (E_2 + Y_2 + U_2 + q) = W_2 - W_1 \tag{2-16}$$

或

$$H + E_1 + Y_1 + U_1 + W_1 = E_2 + Y_2 + U_2 + q + W_2$$

若令 $E = E_2 - E_1$，称为净蒸散发量，则式(2-16)为

$$(H + Y_1 + U_1) - (E + Y_2 + U_2 + q) = W_2 - W_1 \tag{2-17}$$

对于地球，以大陆作为研究对象，则某一时段的水量平衡方程式为

$$E_{陆} = H_{陆} - Y + \Delta W_{陆} \tag{2-18}$$

同理若以全球海洋为研究对象，则有：

$$E_{海} = H_{海} + Y + \Delta W_{海} \tag{2-19}$$

式中：$E_{陆}$、$E_{海}$ 分别为陆地和海洋上的蒸发量；$H_{陆}$、$H_{海}$ 分别为陆地和海洋上的降水量；Y 为入海径流量（包括地面径流和地下径流）；$\Delta W_{陆}$、$\Delta W_{海}$ 分别为陆地和海洋在研究时段内蓄水量的变化量。

在短时期内，时段蓄水量的变化量 $\Delta W_{陆}$、$\Delta W_{海}$ 数值有正有负，但在多年情况下，正负可以互相抵消，即

$$\sum \Delta W_{陆} = 0$$

$$\sum \Delta W_{海} = 0$$

因此，多年平均情况下陆地水量平衡方程式：

$$E_{陆0} = H_{陆0} - Y_0 \tag{2-20}$$

$$E_{海0} = H_{海0} + Y_0 \tag{2-21}$$

式中：$E_{陆0}$、$E_{海0}$分别为陆地、海洋上的多年平均蒸发量；$H_{陆0}$、$H_{海0}$分别为陆地、海洋上的多年平均降水量；Y_0为多年平均入海径流量。

将式(2-20)和式(2-21)相加可得全球多年平均水量平衡方程式为

$$E_{陆0} + E_{海0} = H_{陆0} + H_{海0}$$

即

$$E_{全球0} = H_{全球0} \tag{2-22}$$

式(2-22)说明，就长期而言，地球上的总蒸发量等于总降水量，也就符合物质不灭和质量守恒定律。

第三章 水资源计算和评价

第一节 概 述

水资源分析评价与管理涉及社会、经济、环境、生态等领域。问题多,关系复杂,一般要求分区进行,并采取自上而下、自小到大、先具体后综合归纳的方法进行研究。由于水资源的时空变化是相当复杂的,在较大范围内,不同地区或同一地区不同时间的水资源具有不同特点。这就构成了水资源时空分布的差异性。但在一定范围内水资源的变化又是相互联系和制约的,形成水资源时空分布的相似性。不同区域的水资源特点的差异性和相似性,为分区研究水资源的变化规律提供了可能。

在水资源开发利用过程中,为了充分发挥水资源的经济效益,不同地区、不同时间所采用的开发利用方案也常常是不同的。合理的水资源开发利用方案除需考虑社会经济条件外,还要充分考虑水资源时空分布的差异与联系。只有分区进行水资源供需分析研究,才便于区分水资源评价要素在地区之间的差异,真实反映水资源的供需矛盾、余缺水量的状况,探索开发利用的特点和规律,对不同地区采取不同的对策和措施,有利于因地制宜、因时制宜地按照水资源变化的自然规律有针对性地提出水资源开发利用的建议,对水资源进行科学管理。

第二节 水资源区划

水资源区划就是要在水资源分析计算的基础上,以对各部门需水要求有决定意义的若干指标为依据,充分考虑自然条件和水资源时空变化的差异性、相似性。把特定区域划分为若干个水资源条件有着明显差异的地区和计算单元。为分区制订合理的水资源开发利用方案提供科学依据。一般来说,水资源区划主要内容包括:根据各用水单位的不同需要选定区划指标,通过分析计算和实地调查确定分区界限,阐明不同类型区的水资源特点和规律,提出合理开发利用水资源的措施与建议等。

一、水资源区划的原则

水资源分析计算和评价所有的工作都是分区进行的,所以划区工作是水资源分析评价与管理工作中的一项非常重要的基础工作,往往要反复研究才能最终确定。

首先,水资源区划应符合同一分区内水资源的变化具有最大相似性,不同分区水资源变化具有最大差异性的方针。在一般情况下,水资源区划以反映不同地区水资源的数量、质量为主,以各部门特殊的需水要求为辅。这样,水资源区划就能够充分反映水资源变化的区域特点,又能最大限度地满足水资源供需平衡分析与规划设计的要求。

其次,水资源区划应有利于综合研究该区水资源的开发、利用、管理和保护等问题,有利于充分揭示本区的水资源供需矛盾、余缺状况,有利于资料的收集、整理、统计和分析,有利于计算成果的校核、验证,以及各分区之间的协调、汇总等,有利于兼顾工农业布局和地方经济的发展。

综上所述,分区的主要原则如下:

(1)按流域水系划分。同一流域可按上、中、下游或山丘区、平原区划分。大河干流区间不应以河为界分区。分区要便于算清各分区入、出境等水账,便于按照从上游到下游的顺序进行供需平衡计算。

(2)按骨干供水工程设施的供水范围分区。这里包括规划中新增加的和交叉供水的供水系统。这样划区,有利于查清本区水旱灾害情况,分析本区供需之间的矛盾。

(3)按自然地理条件和水资源开发利用特点的相似性分区。这样做既突出了各个分区的特点,又便于在一个分区内采取比较协调一致的对策措施。

(4)照顾行政区划。这样考虑,有利于基本资料的收集和统计以及供需分析成果的汇总。

二、水资源区划的指标

水资源区划的指标一般可以划分为两大类:一类是各用水部门普遍关注的三项基本指标,即水资源的数量、质量、能量指标;另一类是满足某些用水部门特殊需要的辅助指标,如影响农业灌溉、航运、城市生活用水的旱涝指数、径流年内分配、枯季最小流量或河流封冻天数等。一般来说,在水资源区划的基本指标中,水资源数量可用多年平均径流深或多年平均河川径流量、地下水补给量或水资源总量来表示;水资源质量可用反映天然水质的矿化度、总硬度、总碱度或 pH 来表示,同时也可采用反映污染程度的径污比、单位面积农药使用量或污染级指数等指标;水力资源可用水能资源理论蕴藏量等指标来反映。

水资源区划的指标是多种多样的,如何选取指标进行分区才能满足水资源区划的原则要求往往有一定困难。在一般情况下,应优先满足各用水部门对水资源供需分析的普遍需要,而重点考虑选用基本指标。当有关用水部门对水资源的供需分析有特殊需要时,则可优先采用辅助指标。在进行区域水资源综合区划时,也可同时采用基本指标和辅助指标。

三、水资源区划的方法

水资源区划的方法为逐级划区,把要研究的整个区域划为若干个一级区,每一个一级区又可划分为若干个二级区,依次类推。最后一级区常称为计算单元。在水资源评价与管理分析中,分区的大小应根据需要来定,不宜过大,也不宜过小。如果分区过大,把几个流域、水系或供水系统拼在一起进行调算,往往会掩盖地区之间的供需矛盾,造成“缺水”是真、“余水”是假的现象;如果分区过小,则各项分析、计算的工作量将成倍增加,所以要慎重划分。

选择两个或两个以上的水资源区划指标,将特定区域划分为若干个干区、小区等,这种采用多指标逐级进行水资源区划的方法叫作综合法。利用综合法进行水资源区划有利于从不同角度更充分地反映出水资源的地区分布特点。综合法中选用的区划指标不受基本指标和辅助指标的限制。

一般情况下,划分高级单元时,以较概括的、较稳定的水资源特征值为基本指标;划分较低级单元时,则以较具体的和较易改变的特征值为基本指标。若基本指标和辅助指标相结合,在分区内仍要选用若干辅助指标,如全国水资源区划主要是为全国农业区划和规划服务的,因此分级不宜过多,分区不宜过细。根据不同的要求、区划范围大小和平衡要素的变化幅度,一般仅划到两级,第一级称为水资源地区,第二级称为水资源区。在水资源区划分的基础上,各地再进行第三级、第四级及四级以下的供需平衡区的划分,进行水资源分析计算和评价,揭示出各地水资源供需平衡特点和存在问题,便于水资源的科学管理。下面仅介绍水资源地区、水资源区采用综合法划分的方法。

第三节　地表水资源计算

地表水体包括河流水、湖泊水、冰川水、沼泽水。地表水资源量就是地表水体的动态淡水量,即天然河川径流量,也可以说,地表水资源量即河川径流中除去地下水中的基流后的剩余部分。有时地表水资源用河川径流来表示,但在计算水资源总量时要扣除与地下水资源之间的重复量。大气降水是地表水体的主要补给来源,在一定程度上能反映水资源的丰枯情况。因此,在地表水资源量估算与评价中,除计算分区的径流量外,还必须计算分区的降水量、蒸发量等,以便进行水文要素的平衡分析,检查分区地表水资源量成果的合理性。

目前,国内外均将本地降水所产生的地表水体定义为地表水资源,也称当地地表水资源或自产地表水资源。由于一个区域往往是非封闭的,常常和外区域发生水量交换,因此在地表水资源量估算与评价中,还必须评价区域的入境、出境水量。

一、降水量计算

降水是流域(区域)水资源的补给来源,故流域水资源特性主要取决于降水,而降水量及其时空分布取决于水汽来源、天气系统和地形条件。水汽输送的方向和地形等因素对降水量地区上的分布起着重要影响。

降水量的分析与计算,通常要确定区域年降水量的特征值,绘制多年平均年降水量及年降水量变差系数等值线图,研究降水量的年内分配、年际变化和地区分布规律等。年降水量特征值一般用年降水量的多年平均值 $\overline{P}$、变差系数 C_v 和偏态系数 C_s 三个统计参数来表示。据此可推求区域不同频率的年降水量。

二、蒸发与干旱指数计算

蒸发是流域水量支出的主要项目之一。蒸发量的分析计算通常包括水面蒸发量和陆地蒸发量两个方面。水面蒸发是指发生在江、河、湖、库等水体水面的蒸发,水面蒸发反映了蒸发能力。陆地蒸发又称流域蒸发,它是流域天然情况下的实际蒸发量。流域陆地蒸发量等于流域内地表水体蒸发量、土壤蒸发量和植物散发量的总和。陆地蒸发量的大小

一般受陆地蒸发能力与供水条件(降水量)的制约。在降水量年内分配比较均匀的湿润地区,陆地蒸发量与陆地蒸发能力差别很小;但在干旱地区,陆地蒸发能力一般超过陆地蒸发量很多,陆地蒸发量的大小主要取决于降水量。蒸发能力是指充分供水条件下的陆面蒸发量,受观测资料条件限制,从全国各地试验资料得知,一般可近似用 E－601 型蒸发皿观测的水面蒸发量代替。干旱指数是反映气候干湿程度的指标,通常以年蒸发能力与年降水量的比值来表示。

三、地表水资源计算与评价

(一)径流资料的处理和修正

单站径流是地表水资源评价的基础,凡资料质量好、观测系列长的水文站(包括国家基本站和专用站)均可作为选用站。

实测径流统计应在水文整编资料的基础上进行,20 世纪 80 年代及以前的资料可在水文年鉴上查抄,90 年代以后的资料均可在水文局的水文数据库中查得。统计整理列出历年逐月的流量资料系列。对于少量缺测的月、年资料应进行插补,求得完整的历年分月实测径流系列。

对于实测径流已不能代表天然状况的水文站应进行还原计算,将实测径流系列还原为天然径流系列。主要控制站(大江大河控制站、三级区代表站和控制工程节点站)应进行分月还原计算,其他选用站只进行年还原计算。

由于人类活动改变了流域下垫面条件,而下垫面变化对产流的影响在还原计算中没有考虑,因此对选用站要进行年降水径流关系分析,检查天然年径流系列的一致性。如在同量级降水条件下近期点据明显偏离远期点据,则表明下垫面变化对径流影响较大,应对远期天然年径流系列进行修正。

(二)地表水资源计算及时空分布特征分析

地表水资源可以通过实测河川径流资料通过水文分析计算方法得到多年平均及不同频率的径流量。同时还要分析径流的时空分布特性并用图示的方法直观地表示出来。

1. 地表水资源的地区分布及年际变化

地表水资源的地区分布及年际变化主要是通过多年平均年径流深及年径流变差系数等值线图来描述的。

1)年际变化

径流年际变化包括年际间的变化幅度和多年变化过程,年际变幅通常用年径流变差系数 C_v 以及最大与最小年径流比值来表示。多年变化过程包括年径流丰、平、枯的特征及其周期,可通过较长时期的观测资料分析,发现年径流的多年变化过程普遍存在丰水段和枯水段的交替出现现象。年径流变差系数 C_v 反映一个地区年径流的相对变化程度,以冰雪融水和地下水补给为主的河流 C_v 值较小,以雨水补给为主的河流 C_v 值较大。

2)地区分布

径流既受地理性因素的支配,又受非地理性因素的制约,造成径流情势既有地区相似性规律,又有地区之间差异的非地理性规律。年径流的地区分布主要可通过年径流、年径流变差系数等值线图来反映。

2. 地表水资源的年内分配

受气候和下垫面因素等综合影响,河川径流的年内分配差异较大。即使年径流量相差不大,其年内分配也常常有所区别。因此,需要研究区域径流的年内分配,提出多年平均或丰、平、枯等不同典型年的逐月河川径流量,为水资源的开发利用提供必要的依据。

(三)入海及出入境水量分析

河流入海或出入境水量,主要依据各入海和出入境河流的控制站实测径流量来估算。水量分析计算分有水文控制站的河流和无水文站控制的沿海小河地区和边境地区。

对有水文控制站的河流,直接根据控制站实测年径流计算,控制站以下到河口或到国界未控制面积很小,农业及城市耗水量不大的,由控制站按控制面积比直接计算入海或出入境水量。如控制站以下到河口或到国界未控制区间耗用水量比重大,则需考虑净耗水量。

对无水文站控制的沿海小河地区和边境地区,则利用邻近代表站实测径流量按面积比计算入海水量和出入境水量。

(四)地表径流量的分析计算和评价

分区年径流系列计算应根据分区的气象及下垫面条件,综合考虑气象、水文站点的分布、实测资料的年限与质量等情况,采用代表站法、等值线图法、年降雨径流相关法、水热平衡法等。

分析评价区内有水文控制站,且控制面积与分区面积相差很小时,按面积比缩放;水文站控制面积与分区面积相差较大,且控制区与未控区降水量相差较大时,综合考虑面积比和降水量权重进行折算;水文站控制面积很小或没有水文站控制时,利用水文模型或水文比拟法推求径流系列;从逐年年径流深等值线图上量算分区年径流系列;地下水开采强度大的北方平原区,可建立以地下水埋深为参数的次降雨径流关系或“四水”转化模型计算产流系列;在南方水网区,可将下垫面划分为水面、水田、旱地(包括非耕地)、城镇建设区等类型区,分时段(月或旬)用降水减蒸发的方法估算产流量。

第四节　地下水资源计算

一、地下水的分类

地下水一般是指埋藏在地表以下岩土孔隙、裂隙及溶隙(包括溶洞)中的各种形式的水。地下水由大气降水和地表水通过包气带下渗补给。地下水的排泄方式有河川基流、地下潜流(包括周边流出量)与潜水蒸发三种。地下水从高水位区向低水位区、从补给区向排泄区运动。

在地下水资源计算评价中,地下水则是指赋存于地表面以下岩土孔隙中的饱和重力水。赋存在包气带中非饱和状态的重力水(土壤水中的上层滞水)以及赋存在含水层中饱和状态的非重力水(如结合水等),都不属于地下水资源计算评价界定的地下水。本章地下水即指此概念。

在上述地下水概念下,地下水资源量即指地下水中参与水循环且可以更新的动态水量(不含井灌回归补给量)。

地下水与地表水等其他水体相比较,无论从形成、平面分布与垂向结构上讲,还是从水的理化性状、力学性质上看,均显得复杂多样。地下水的这种多样性和变化复杂性,是地下水类型划分的基础;而地下水的分类,又是揭示地下水内在的差异性,充分认识和把握地下水的特性及其动态变化规律的有效方法和手段,因而具有十分重要的理论意义和实际价值。

地下水分类通常采用两种方法:一是根据地下水的埋藏条件,即含水岩层在地质剖面中所处的部位以及受隔水层限制的情况,将地下水分为包气带水、潜水和承压水三种类型;二是根据地下水的赋存介质将地下水分为孔隙水、裂隙水和岩溶水三种类型。

二、水文地质参数

水文地质参数是各项补给量、排泄量以及地下水蓄变量计算的重要依据。应根据有关基础资料(包括已有资料和开展观测、试验、勘察工作所取得的新成果资料),进行综合分析、计算,确定出适合当地近期条件的参数值。

(一)给水度μ

给水度μ是指饱和岩土在重力作用下自由排出的重力水的体积与该饱和岩土体积的比值,是衡量岩土给水性能大小的数量指标。给水度μ值的大小主要与岩性及其结构特征(如岩土的颗粒级配、孔隙裂隙的发育程度及密实度等)有关。此外,第四系孔隙水在浅埋深(地下水埋深小于地下水毛细管上升高度)并为同一岩性时,μ值随地下水埋深减小而减小。

(二)降雨入渗补给系数α

降雨后,雨水下渗通过包气带到达地下水面,地下水得到补给,这部分补给量称降雨入渗补给地下水的量,或简称为降雨入渗补给量。设P为降雨量,P_r为该次降雨对应的降雨入渗补给量,则该次降雨入渗补给系数α为

$$\alpha = \frac{P_r}{P} \tag{3-1}$$

影响α值大小的因素有很多,主要有包气带岩性、地下水埋深、降雨量大小和强度、土壤前期含水量、微地形地貌、植被及地表建筑设施等。此系数按计算时段分为次降雨入渗补给系数$\alpha_{次}$、年降雨入渗补给系数$\alpha_{年}$和多年平均降雨入渗补给系数$\overline{\alpha}_{年}$。

目前,确定α值的方法主要有地下水位动态资料计算法、地中渗透仪测定法和试验区水均衡观测资料分析法等。

(三)灌溉入渗补给系数β、灌溉回归系数β'

灌溉是农业增产的重要措施,同时对地下水有补给作用。灌溉水经包气带下渗以重力水的形式补给地下水的量称为灌溉入渗补给量。当灌溉水是取自当地地下水时,则称为灌溉回归水量。

(四)潜水蒸发系数C

潜水蒸发系数是指潜水蒸发量E_g与相应计算时段的水面蒸发量E_0的比值,即$C = E_g/E_0$。水面蒸发量E_0、包气带岩性、地下水埋深Z和植被状况是影响潜水蒸发系数C的

主要因素,可利用浅层地下水位动态观测资料通过潜水蒸发经验公式拟合分析计算。

潜水蒸发经验公式(修正后的阿维里扬诺夫公式)为

$$E_g = kE_0 \left(1 - \frac{Z}{Z_0}\right)^n \tag{3-2}$$

式中:Z_0为极限埋深,m,即潜水停止蒸发时的地下水埋深,黏土取5 m左右,亚黏土取4 m左右,亚砂土取3 m左右,粉细砂取2.5 m左右;n为经验指数(无因次),一般为1.0~2.0,应通过分析,合理选用;k为作物修正系数(无因次),无作物时k取0.9~1.0,有作物时k取1.0~1.3;Z为潜水埋深,m;E_g、E_0分别为潜水蒸发量和水面蒸发量,mm。

还可根据水均衡试验场地中渗透仪对不同岩性、地下水埋深、植被条件下潜水蒸发量E_g的测试资料与相应水面蒸发量E_0计算潜水蒸发系数C。分析计算潜水蒸发系数C时,使用的水面蒸发量E_0一律为E-601型蒸发器的观测值,应用其他型号的蒸发器观测资料时,应换算成E-601型蒸发器的数值(换算系数可采用本次规划中蒸发能力评价成果)。

(五)渠系渗漏补给系数m

渠系渗漏补给系数是指渠系渗漏补给量$Q_{渠系}$与渠首引水量$Q_{渠首引}$的比值,即$m = Q_{渠系}/Q_{渠首引}$。渠系渗漏补给系数m值的主要影响因素是渠道衬砌程度、渠道两岸包气带和含水层岩性特征、地下水埋深、包气带含水量、水面蒸发强度以及渠系水位和过水时间。

(六)渗透系数K

渗透系数(单位:m/d)为水力坡度(又称水力梯度)等于1时的渗透速度。影响渗透系数K值大小的主要因素是岩性及其结构特征。确定渗透系数K值有抽水试验、室内仪器(吉姆仪、变水头测定管)测定、野外同心环或试坑注水试验以及颗粒分析、孔隙度计算等方法。其中,采用稳定流或非稳定流抽水试验,并在抽水井旁设有水位观测孔,确定K值的效果最好。上述方法的计算公式及注意事项、相关要求等可参阅有关水文地质书籍。

(七)导水系数、弹性释水系数、压力传导系数及越流系数

导水系数T(单位:m^2/d)是表示含水层导水能力大小的参数,在数值上等于渗透系数K与含水层厚度M的乘积,即$T = KM$。T值大小的主要影响因素是含水层岩性特征和厚度。

弹性释水系数μ_*(又称弹性贮水系数,无因次)是指当承压含水层地下水位变化1 m时从单位面积(1 m^2)含水层中释放(或贮存)的水量。μ_*的主要影响因素是承压含水层的岩性及埋藏部位。μ_*的取值范围一般为$10^{-4} \sim 10^{-5}$。

压力传导系数a(又称水位传导系数)(单位:m^2/d)是表示地下水的压力传播速度的参数,在数值上等于导水系数T与释水系数(潜水时为给水度μ,承压水时为弹性释水系数μ_*)的比值,即$a = T/\mu$或$a = T/\mu_*$。a值大小的主要影响因素是含水层的岩性特征和厚度。

越流系数k_e是指弱透水层在垂向上的导水性能,在数值上等于弱透水层的渗透系数K'与该弱透水层厚度M'的比值,即$k_e = K'/M'$(式中,k_e的单位为m/(d·m)或1/d,K'的单位为m/d,M'的单位为m)。影响k_e值大小的主要因素是弱透水层的岩性特征和厚度。

T、μ_*、a、k_e等水文地质参数均可用稳定流抽水试验或非稳定流抽水试验的相关资料分析计算，计算公式等可参阅有关水文地质书籍。

（八）缺乏有关资料地区水文地质参数的确定

缺乏地下水位动态观测资料、水均衡试验场资料和其他野外或室内试验资料的地区，可根据类比法原则，移用条件相同或相似地区的有关水文地质参数。移用时，应根据移用地区与被移用地区间在水文气象、地下水埋深、水文地质条件等方面的差异，进行必要的修正。

三、地下水资源计算

（一）平原区地下水资源量计算

一般要求计算地下水Ⅲ级类型区（或均衡计算区）近期条件下各项补给量、排泄量以及地下水总补给量、地下水资源量和地下水蓄变量，并将这些成果分配到各计算分区内。

1. 补给量计算

平原区地下水资源补给量一般包括降水入渗补给量、山前侧向补给量、河道与渠系渗漏补给量、田间回归补给量、水库与湖泊蓄水渗漏补给量以及越流补给量，一般要求计算各项多年平均值。

1）降水入渗补给量

降水入渗补给量是浅层地下水最主要的补给来源。降雨初期，由于土壤干燥，下渗水量几乎全部由包气带土层吸收，当包气带土层含水量达到一定程度后，入渗的雨水在重力作用下，再由土层上部逐渐向土层下部渗透，直至地下水面。入渗补给量可用降水入渗补给系数法按下式计算：

$$P_r = 10^{-5}\alpha\overline{P}F \tag{3-3}$$

式中：P_r 为年降水入渗补给量，亿 m^3；α 为多年平均年降水入渗补给系数；$\overline{P}$ 为多年平均年降水量，mm；F 为接受降水入渗补给量的均衡计算区面积，km^2。

当然，降水入渗补给量的计算时段，可以是次、季或年。区域平均降水入渗补给量，可取区内各计算点的补给量用算术平均法或面积加权平均法求得。

2）山前侧向补给量

山前侧向补给量是指山区、丘陵地区的产水，通过地下水径流形式补给平原区地下水的水量。计算时首先要有沿补给边界的切割剖面，为了避免补给量之间的重复，计算剖面要尽量选在山丘区域平原区交界位置，剖面方向应与地下水流方向垂直，然后按达西公式分段选取参数进行计算：

$$V_g = 10^{-8}KIFLT \tag{3-4}$$

式中：V_g为山前侧向补给量，亿 m^3；K 为含水层的渗透系数，m/d；I 为垂直于剖面的方向的水力坡降；F 为单位长度河道垂直地下水流方向的剖面面积，m^2/m；L 为计算河道或河段长度，m；T 为计算河道或河段的渗透时间，d/年。

3）河道渗漏补给量

当河道水位高于两岸地下水位时，河水将通过渗漏补给地下水。在计算该项补给量时，首先应对计算区内每条骨干河流的水文特性和两岸地下水位变化情况进行分析，确定年内河水补给地下水的河段，然后逐年进行年内河道渗漏补给量计算。可采用地下水动

力学中的剖面法计算，计算公式为

$$V_r = 10^{-8} KIFLT \tag{3-5}$$

式中：V_r为河道渗漏补给量，亿 m^3；其他符号含义同前。

当河水位变化比较稳定时，对于岸边有钻孔资料的河流，可沿河岸切割渗流剖面，根据钻孔水位和河水位确定垂直于剖面的水力坡降。

计算深度应是河水渗漏补给地下水的影响带深度。当剖面为多层岩性结构时，渗透系数 K 值应取计算深度各层渗透系数的加权平均值。

4）渠系渗漏补给量

渠系渗漏补给量是指灌区的干、支、斗、农、毛各级灌溉渠道，在输水过程中对地下水的渗漏补给量。一般情况下，灌区的渠系水位高于地下水位，计算时可采用，其计算公式为

$$V_c = mW_c = \gamma(1 - \eta) W_c \tag{3-6}$$

式中：V_c 为渠系渗漏补给量，亿 m^3；m 为渠系渗漏系数；W_c 为渠首引水量，亿 m^3；γ 为渠系渗漏修正系数；η 为渠系有效利用系数。

渠首引水量应根据灌区实际供水情况，进行调查统计后确定。渠系的有效利用系数 η、修正系数 γ 和渠系渗漏系数 m 可参照有关资料获得。

5）田间回归补给量

田间回归补给量是指灌溉水进入田间以后，经包气带渗漏补给地下的水量。田间回归补给量可采用回归系数法计算：

$$V_f = \beta W_f \tag{3-7}$$

式中：V_f 为田间回归补给量，亿 m^3；β 为田间回归补给系数；W_f 为进入田间的灌溉水量，亿 m^3。

田间回归补给系数 β 是指田间灌溉水入渗补给地下水的水量与灌溉水量的比值。β 值随灌水定额、田间土质和地下水埋深而有所不同，一般为 0.10 ~ 0.25。

6）水库、湖泊蓄水渗漏补给量

水库及湖泊蓄水量较大、蓄水时间较长，在水位差作用下，也会对地下水产生渗漏补给，计算公式为

$$V_d = W_1 + P_d - E_W - W_2 + \Delta W \tag{3-8}$$

式中：V_d 为水库、湖泊蓄水渗漏补给量，亿 m^3；W_1 为进入水库、湖泊的水量，亿 m^3；P_d 为水库、湖泊水面上的降水量，亿 m^3；E_W 为水库、湖泊水面上的蒸发量，亿 m^3；W_2 为水库、湖泊的出库水量，含溢流、灌溉、坝体渗漏等水量，亿 m^3；ΔW 为水库、湖泊的蓄水变量，亿 m^3。

7）越流补给量

越流补给量又称为越层补给量，是指上下含水层有足够水头差，且隔水层是弱透水层，此时水头高的含水层的地下水可以通过弱透水层补给水头较低的含水层的地下水量。其补给量通常用下式计算：

$$V_0 = 10^{-8} \Delta HFtk_0 \tag{3-9}$$

式中：V_0为越流补给量，亿 m^3；ΔH 为深、浅含水层的压力水头差，m；t 为计算越流时段，一般取 365 d；k_0为越流系数，即 $k_0 = K'/M'$（其中 K'为弱透水层渗透系数，m/d，M'为弱透水层厚度，m）；F 为单位长度垂直于地下水流方向的剖面面积，m^2。

8）地下水总补给量

计算时段内各项多年平均补给量之和为多年平均地下水总补给量。

2. 排泄量计算

根据地下水的排泄形式，可将平原区排泄量分为潜水蒸发量、人工开采净消耗量、河道排泄量、侧向流出量和越流排泄量等项，一般要求计算其多年平均值。

1）人工开采量

在我国北方地区，由于地表水资源匮乏，人工开采地下水量呈逐年上升趋势，以解决工业、农业和生活用水之所需，这是开发利用程度较高地区的一项主要排泄量，包括农业灌溉用水开采净消耗量和工业、城市生活用水开采净消耗量。目前，采用开采量调查统计方法或实测开采量方法确定。工业和城镇生活用水管理比较规范，一般都装有水表计量，而农业机井数量多且十分分散，实际工作中只能通过农业和水利部门的调查统计来估算。在缺乏调查统计资料时，可分别采用和井灌定额估算法来确定。

2）潜水蒸发量

由于受土壤毛细管的作用，浅层地下水不断沿毛细管上升，一部分湿润土壤，供植物吸收，一部分受阳光辐射影响，变成水蒸气升到空中。潜水蒸发量的大小主要取决于气候条件、潜水埋深和包气带岩性以及有无作物生长等。

3）河道排泄量

当河道内河水位低于岸边地下水位时，平原区地下水向河道排泄的水量称为河道排泄量。

采用地下水动力学计算，为河道渗漏补给量的反计算，计算公式同前。

4）侧向流出量

当区外地下水位低于区内地下水位时，通过均衡计算区的地下水下游界面流出本计算区的地下水量称为侧向流出量。计算公式同山前侧向补给量。

5）越流排泄量

当浅层地下水位高于当地深层地下水位时，浅层地下水向深层地下水排泄的水量称为越流排泄量。

6）总排泄量的计算方法

均衡计算区内各项多年平均排泄量之和为该均衡计算区的多年平均总排泄量。

3. 地下水资源量

多年平均地下水总补给量减去多年平均井灌回归补给量，其差值即为多年平均地下水资源量。

（二）山丘区地下水资源量计算

一般山丘区的构造、岩性、地貌、水文地质条件等都比平原区复杂，而且用来计算山丘区地下水资源补给量的资料又十分缺乏，常常无法直接计算各种补给量，而只好采用地下水排泄量的方法近似地计算补给量。

排泄量包括河川基流量、山前泉水出流量、山前侧向流出量、河床潜流量、浅层地下水实际开采量和潜水蒸发量。

1. 河川基流量计算

山丘区河流坡度陡，河床切割较深，水文站测得的逐日平均流量过程线既包括地表径流，又包括河川基流，加之山丘区下垫面的不透水层相对较浅，河川基流量基本是通过与河流无水力联系的基岩裂隙水补给的，因此河川基流量可以用分割流量过程线的方法来推求。

我国北方河流封冻期较长，10 月以后降水很少，河川径流基本上由地下水补给，其变化较为稳定。因此，稳定河流封冻期的河川基流量，可以近似地用实测河川径流量来代替。

在冬、春季降水量较小的情况下，凌汛水量主要是冬、春季被拦蓄在河槽里的地下径流因气温升高而急剧释放形成的，故可将凌汛水量近似作为河川基流量。

2. 山前泉水出流量计算

在地下水资源比较丰富的山丘区（尤其是岩溶区），地下水常以泉水的形式在山前排泄出来，它是山丘区地下水的重要组成部分。山前泉水出流量是指出露于山丘区与平原区交界线附近且未计入河川径流量的诸泉水水量之和。

3. 山前侧向流出量计算

山前侧向流出量是指山丘区地下水以地下潜流形式向平原区排泄的水量，该量即为平原区山前侧向补给量。计算公式同平原区山前侧向补给量。

4. 河床潜流量计算

流经河床松散沉积物中未被水文站测得的径流量称为河床潜流量，一般按达西定律计算。

5. 浅层地下水实际开采量计算

浅层地下水实际开采量是指发生在一般山丘区、岩溶山区（包括未单独划分为山间平原区的小型山间河谷平原）的浅层地下水实际开采量（含矿坑排水量），从该量中扣除在用水过程中回归补给地下水部分的剩余量，称为浅层地下水实际开采净消耗量。

6. 潜水蒸发量计算

潜水蒸发量是指发生在未单独划分为山间平原区的小型山间河谷平原的浅层地下水，在毛细管作用下通过包气带岩土向上运动造成的蒸发量。

各分区年潜水蒸发量的计算方法同平原区潜水蒸发量。

7. 山丘区地下水资源量计算

山丘区河川基流量、山前泉水出流量、山前侧向流出量、河床潜流量、浅层地下水实际开采量和潜水蒸发量之和为山丘区总排泄量。从山丘区总排泄量中扣除回归补给地下水部分为山丘区地下水资源量。

四、地下水可开采量的计算

地下水可开采量是指经济合理、技术可行和不造成地下水位持续下降、水质恶化及其他不良后果条件下，可供开采的水量。地下水可开采量是开发利用地下水资源的重要依据。

地下水开采后，引起天然状态下补排关系的变化，补给量增加，人工排泄量（开采量）

增加，而天然排泄量（包括蒸发量、地下径流量）减少。因此，天然条件下的平衡被破坏，形成了开采条件下新的平衡。地下水均衡式为

$$W = V_p - W_d - V$$

式中：W 为地下水可开采量，亿 m^3；V_p 为地下水开采状态下的补给量，亿 m^3；W_d 为地下水开采状态下的排泄量，亿 m^3；V 为地下水储存量，亿 m^3。

地下水可开采量的计算方法很多，一般按平原区和山丘区分别考虑。

（一）平原区浅层地下水可开采量的计算方法

1. 实际开采量调查法

实际开采量调查法适用于浅层地下水开发利用程度较高、浅层地下水实际开采量统计资料较准确和完整且潜水蒸发量不大的地区。若某地区在 1980 ~ 2000 年期间、1980 年年初、2000 年年末的地下水位基本相等，则可以将该期间多年平均浅层地下水实际开采量近似确定为该地区多年平均浅层地下水可开采量。

2. 可开采系数法

可开采系数法适用于含水层水文地质条件研究程度较高的地区。这些地区，浅层地下水含水层的岩性组成、厚度、渗透性能及单井涌水量、单井影响半径等开采条件掌握得比较清楚。

（二）部分山丘区多年平均地下水可开采量的计算方法

1. 泉水多年平均流量不小于 1.0 m^3/s 的岩溶山区

计算时段内泉水实测流量均值不小于 1.0 m^3/s 的岩溶山区，可采用下列方法计算地下水可开采量。

（1）对于在计算时段内以凿井方式开采岩溶水量较小（可忽略不计）的岩溶山区，可以计算时段期间多年平均泉水实测流量与本次规划确定的该泉水被纳入地下水可利用量之差，作为该岩溶山区的多年平均地下水可开采量。

（2）对于以凿井方式开发利用地下水程度较高，近期泉水实测流量逐年减少的岩溶山区，可以计算时段期间地下水位动态相对稳定时段（时段长度：不少于 2 个平水年或不少于包括丰、平、枯水文年 5 年）所对应的年均实际开采量，作为该岩溶山区的多年平均地下水可开采量。其中，因修复生态需要，必须恢复泉水流量的岩溶山区，应在确定恢复泉水流量目标的基础上，确定该岩溶山区多年平均地下水可开采量。

（3）对于以凿井方式开采岩溶水程度不太高的岩溶山区，可以计算时段期间多年平均泉水实测流量与实际开采量之和，再扣除该泉水被纳入地表水可利用量，作为该岩溶山区多年平均地下水可开采量。

2. 一般山丘区及泉水多年平均流量小于 1.0 m^3/s 的岩溶山区

（1）以凿井方式开发利用地下水程度较高的地区，可根据计算时段内地下水实际开采量，并结合相应时段地下水位动态分析，确定多年平均地下水可开采量，即以计算时段期间地下水位动态过程线中地下水位相对稳定时段（时段长度：不少于 2 个平水年或不少于包括丰、平、枯水文年 5 年）所对应的多年平均实际开采量，作为该一般山丘区或岩溶山区的多年平均地下水可开采量。

（2）以凿井方式开发利用地下水的程度较低，但具有以凿井方式开发利用地下水前

景,且具有较完整水文地质资料的地区,可采用水文地质比拟法,估算一般山丘区或岩溶山区的多年平均地下水可开采量。

3. 山丘区地下水可开采量与地表水可利用量间的重复计算量的确定

一般山丘区和岩溶山区地下水可开采量中,凡已纳入评价的地表水资源量的部分,均属于与地表水可利用量间的重复计算量。可近似地以评价的多年平均地下水可开采量与近期条件下多年平均地下水实际开采量之差,作为多年平均地下水可开采量与多年平均地表水可利用量间的重复计算量。

第五节 水资源总量计算

地表水、土壤水、地下水是陆地上普遍存在的三种水体。

地表水主要有河流水和湖泊水,由大气降水、高山冰川融水和地下水补给,以河川径流、水面蒸发、土壤入渗的形式排泄。土壤水为存在于包气带的水量,上面承受降水和地表水的补给,主要消耗于土壤蒸发和植物散发,一般是在土壤含水量超过田间持水量的情况下才下渗补给地下水或形成壤中流汇入河川,所以它具有供给植物水分并连通地表水和地下水的作用。由此可见,江水、地表水、土壤水、地下水之间存在一定的转化关系。

在一个区域内,如果把地表水、土壤水、地下水作为一个整体来看,则天然情况下的总补给量为降水量,总排泄量为河川径流量、总蒸散发量、地下潜流量之和。总补给量和总排泄量之差为区域内地表、土壤、地下的蓄水变量。一定时段内的区域水量平衡公式为

$$P = R + E + U_g + \Delta U \tag{3-10}$$

式中:P 为降水量;R 为河川径流量;E 为总蒸散发量;U_g地下潜流量;ΔU 为地表、土壤、地下的蓄水变量。

在多年均衡情况下蓄水变量可以忽略不计,式(3-10)可简化为

$$P = R + E + U_g \tag{3-11}$$

可将河川径流量划分为地表径流量 R_s和河川基流量 R_g,将总蒸散发量划分为地表蒸散发量 E_s和潜水蒸散发量 E_g。于是式(3-11)可改写为

$$P = R_s + R_g + E_s + E_g + U_g \tag{3-12}$$

根据地下水的多年平均补给量与多年平均排泄量相等的原理,在没有外区来水的情况下,区域内地下水的降水入渗补给量应为河川基流量、潜水蒸散发量、地下潜流量等三项之和,即

$$U_p = R_g + E_g + U_g \tag{3-13}$$

式中:U_p为降水入渗补给量;其他符号意义同前。

将式(3-13)代入式(3-12),得区域内降水与地表径流、地下径流、地表蒸散发的平衡关系,即

$$P = R_s + U_p + E_s \tag{3-14}$$

以 W 代表区域水资源总量,它应等于当地降水形成的地表、地下的产水量之和,即

$$W = P - E_s = R_s + U_p \tag{3-15}$$

或

$$W = R + E_g + U_g \tag{3-16}$$

式(3-15)和式(3-16)是将地表水和地下水统一考虑的区域水资源总量计算公式,前者把河川基流量归并入地下水补给量中,后者把河川基流量归并入河川径流量中,可以避免水量的重复计算。潜水蒸发可以由地下水开采而夺取,故把它作为水资源量的组成部分。

在实际工作中,由于资料条件的限制,直接采用式(3-15)和式(3-16)计算区域水资源总量比较复杂,而是将地表水和地下水分别计算,再扣除两者的重复计算量来计算水资源总量。

地表水和地下水是水资源的两种表现形式,它们之间相互联系而又相互转化。由于河川径流量中包括一部分地下水排泄量,而地下水补给量中又包括了一部分地表水的入渗量,因此将河川径流量与地下水补给量两者简单地相加作为水资源总量,成果必然偏大,只有扣除两者之间相互转化的重复水量才等于真正的水资源总量。也有科技文献中把地下水资源量扣除重复量后称为不重复水量,那么,水资源总量实际等于地表水资源量和不重复水量之和。据此,一定区域多年平均水资源总量计算公式为

$$W = R + Q - D \tag{3-17}$$

式中:W 为多年平均水资源总量,亿 m^3;R 为地表水资源量(多年平均河川径流量),亿 m^3;Q 为地下水资源量(多年平均地下水补给量),亿 m^3;D 为地表水和地下水相互转化的重复水量(多年平均河川径流量与多年平均地下水补给量之间的重复水量),亿 m^3。

若区域内的地貌条件包括平原区,在计算区域多年平均水资源总量时,应首先将计算区域划分为山丘区和平原区两大地貌单元,分别计算式(3-17)中各项。

大多数情况下,水资源总量计算包括多年平均水资源总量计算和不同代表年水资源总量计算,有时还包括地下水开采条件下的水资源总量计算。

第六节　安徽省水资源评价成果

一、水资源分区

根据《全国水资源分区》以及第二次全省水资源评价的技术要求,安徽省水资源分区主要考虑分区的自然特点、自然分区及行政区划的界线(流域、水系、水文地质单元及省界、市界、县界),尽可能保证自然分区完整并与防洪分区一致。同时,在高级分区中以水资源中地表水的区域形成(流域、水系)为主,在低级分区中,考虑供需系统及行政区域。水资源分区与行政区域有机结合,保持行政区域和流域分区的统分性、组合性与完整性,适应水资源评价、供需分析、综合治理、合理配置、节约保护和管理等工作的需要。分区结果要能基本反映水资源及其开发利用条件的地区差别。

根据分区原则并结合规划的需要,将全省按流域水系分成 3 个一级区、8 个二级区、13 个三级区和 29 个四级区,作为全省及分区汇总的基础。淮河流域划分为沂沭泗河区、淮河上游区、淮河中游区、淮河下游区 4 个二级区,共 7 个三级区;长江流域划分为鄱阳湖水系、湖口以下干流、太湖水系等 3 个二级区,共 5 个三级区;东南诸河共划分为钱塘江流域 1 个二级区,共 1 个三级区。

由于安徽省横跨长江、淮河两大流域，地处南北气候过渡地带，降水、蒸发等气象因素变化大，下垫面情况比较复杂，各地产汇流条件千差万别。因此，为了提高分区计算精度，把水资源四级区内的地级行政区小块作为基本的计算单元，单元内水文气象特征和自然地理条件基本相近，既考虑了河流水系的完整性，又兼顾各行政区划地表水资源量的准确性。全省共分为 60 块基本计算单元。其中淮河流域 30 块、长江流域 28 块、东南诸河 2 块。最大的计算单元是王蚌南岸沿淮四级区的六安市，面积为 9 552 km^2，最小的是西淝河下段四级区的亳州市，面积仅 93 km^2。计算单元平均面积为 2 364 km^2。安徽省水资源分区情况详见表 3-1 和图 3-1 ~ 图 3-6。

表 3-1　安徽省水资源分区

一级区	二级区	三级区	四级区	分区面积（km^2）	计算单元
淮河	淮河上游区	王家坝以上北岸	洪汝河区	370	1
	淮河中游区	王蚌区间北岸	沙颍河谷润河区、茨淮新河区、西淝河下段、涡河区	19 230	9
		蚌洪区间北岸	浍河淮洪新河区、沱濉河上段区、沱濉河下段区	17 521	8
		王蚌区间南岸	淠史河上游区、王蚌南岸沿淮区	20 327	7
		蚌洪区间南岸	定凤嘉区	6 938	3
	淮河下游区	高天区	白塔河区	1 940	1
	沂沭泗河	湖西区	废黄河以北区	300	1
	合计			66 626	30
长江	湖口以下干流	巢滁皖及沿江诸河	皖河上游区、皖河下游区、菜子湖区、杭埠河区、南淝河区、巢湖下游区、滁河区	36 139	13
		青弋江水阳江及沿江渚河	黄湓河秋浦河区、九华河青通河区、青弋江水阳江上游区、青弋江水阳江下游区、石臼湖区	27 213	11
	鄱阳湖水系	饶河	昌江区	1 894	1
		鄱阳湖环湖区	西河区	939	1
	太湖水系	湖西及湖区	湖西浙西区	225	2
	合计			66 410	28
东南诸河	钱塘江	富春江水库以上	新安江	6 440	2
	合计			6 440	2
全省	总计			139 476	60

注：计算单元为四级区套地市。

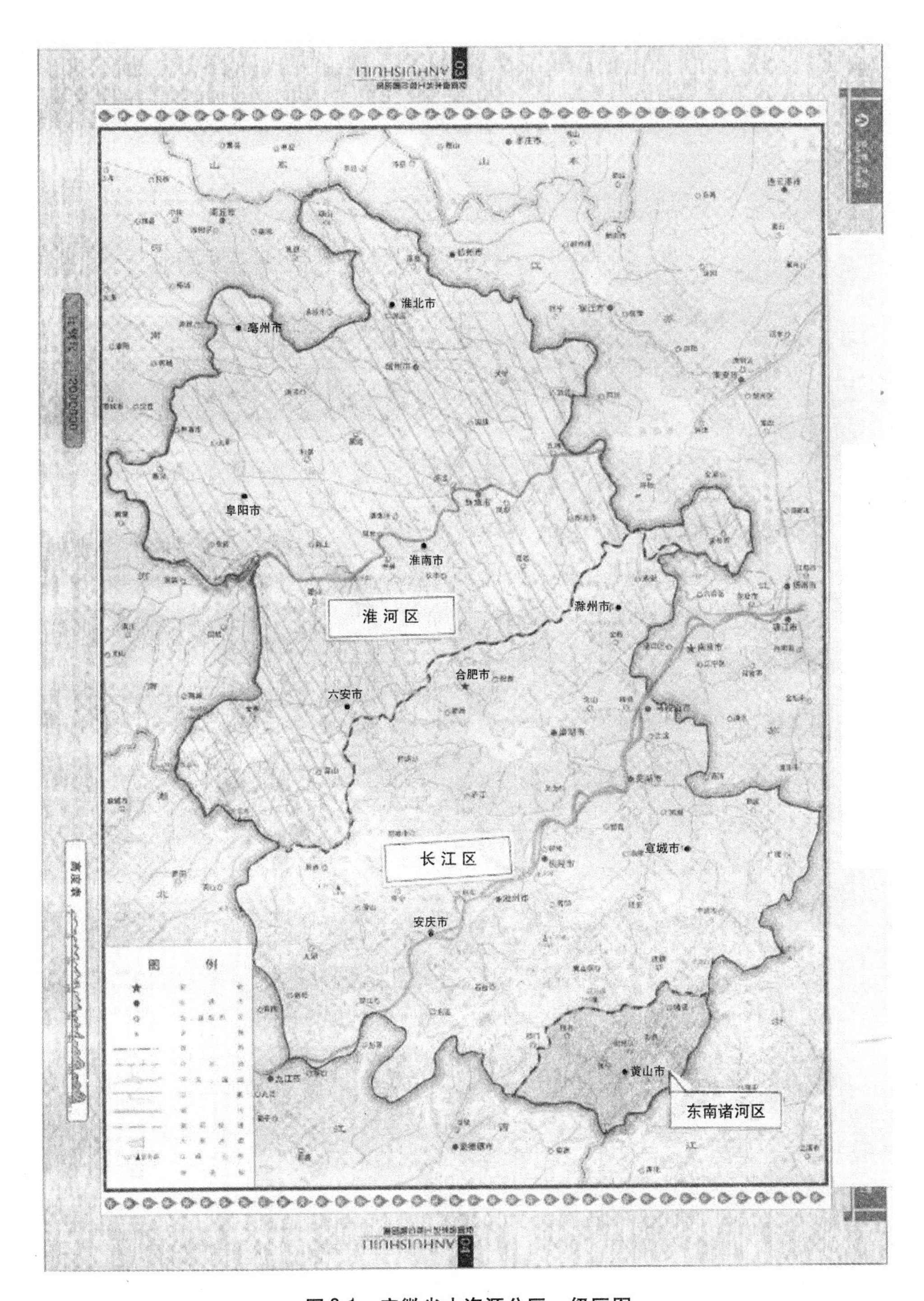

图 3-1　安徽省水资源分区一级区图

图 3-2　安徽省水资源二级区图

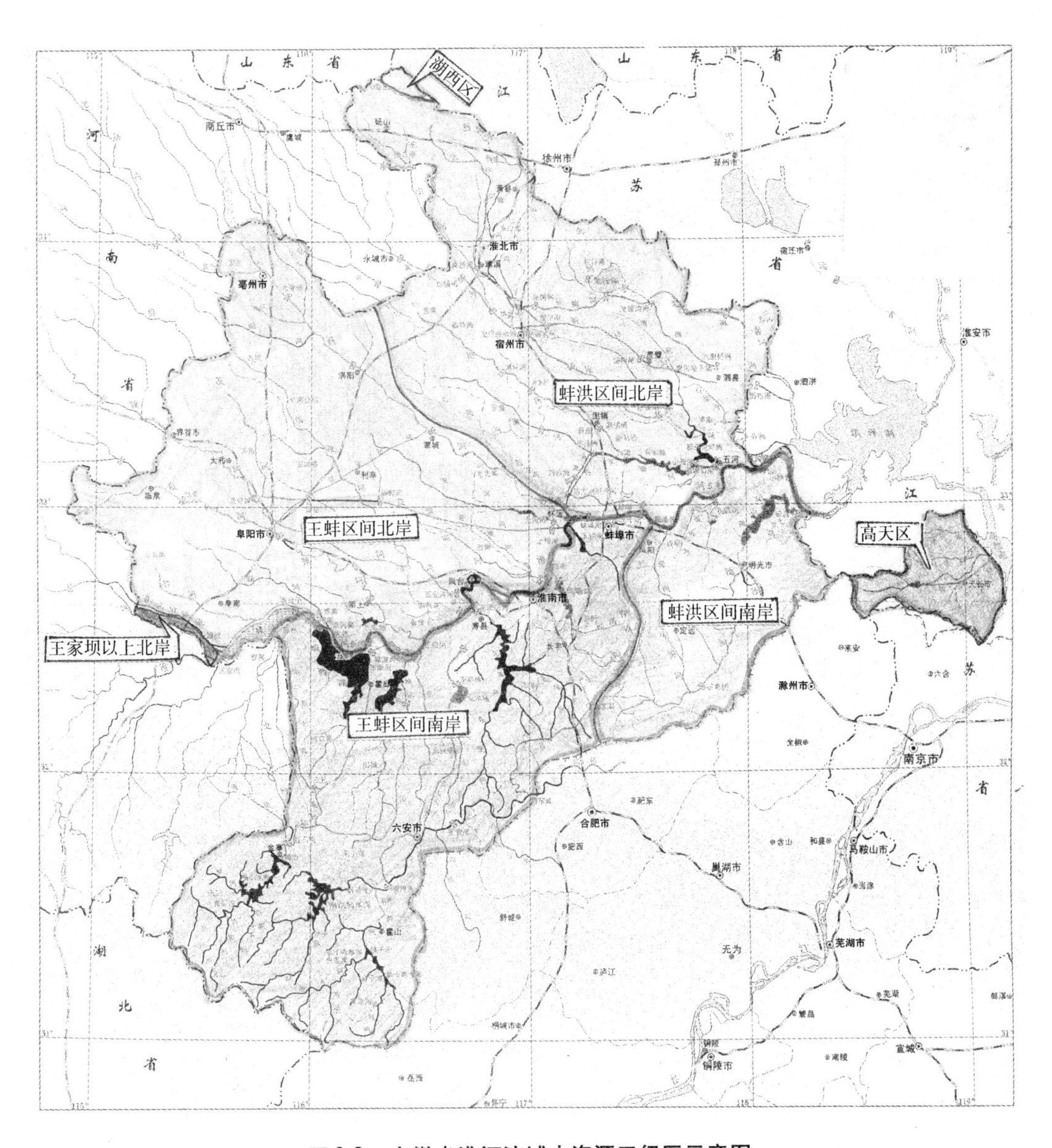

图3-3　安徽省淮河流域水资源三级区示意图

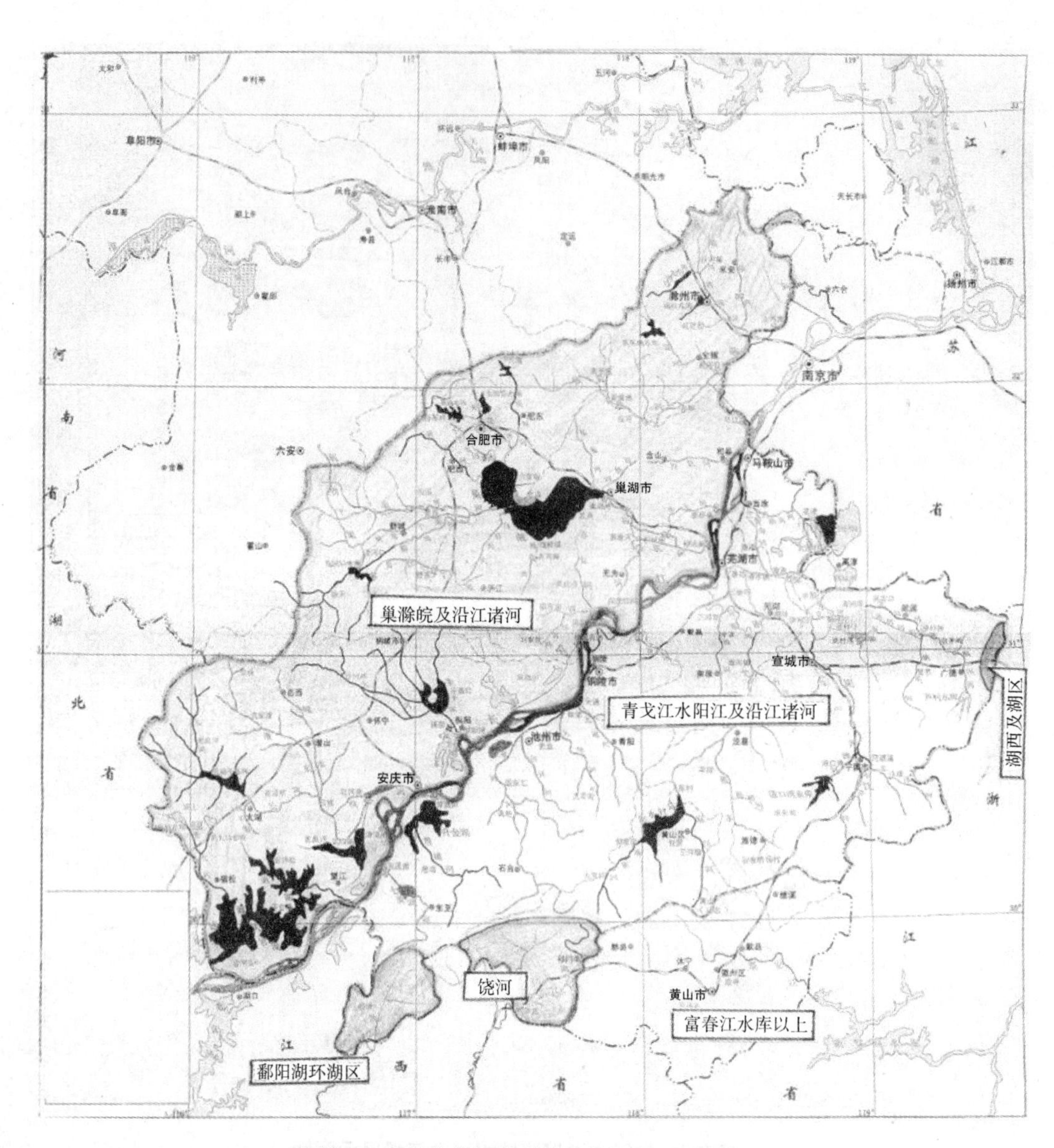

图 3-4　安徽省长江流域水资源三级区示意图

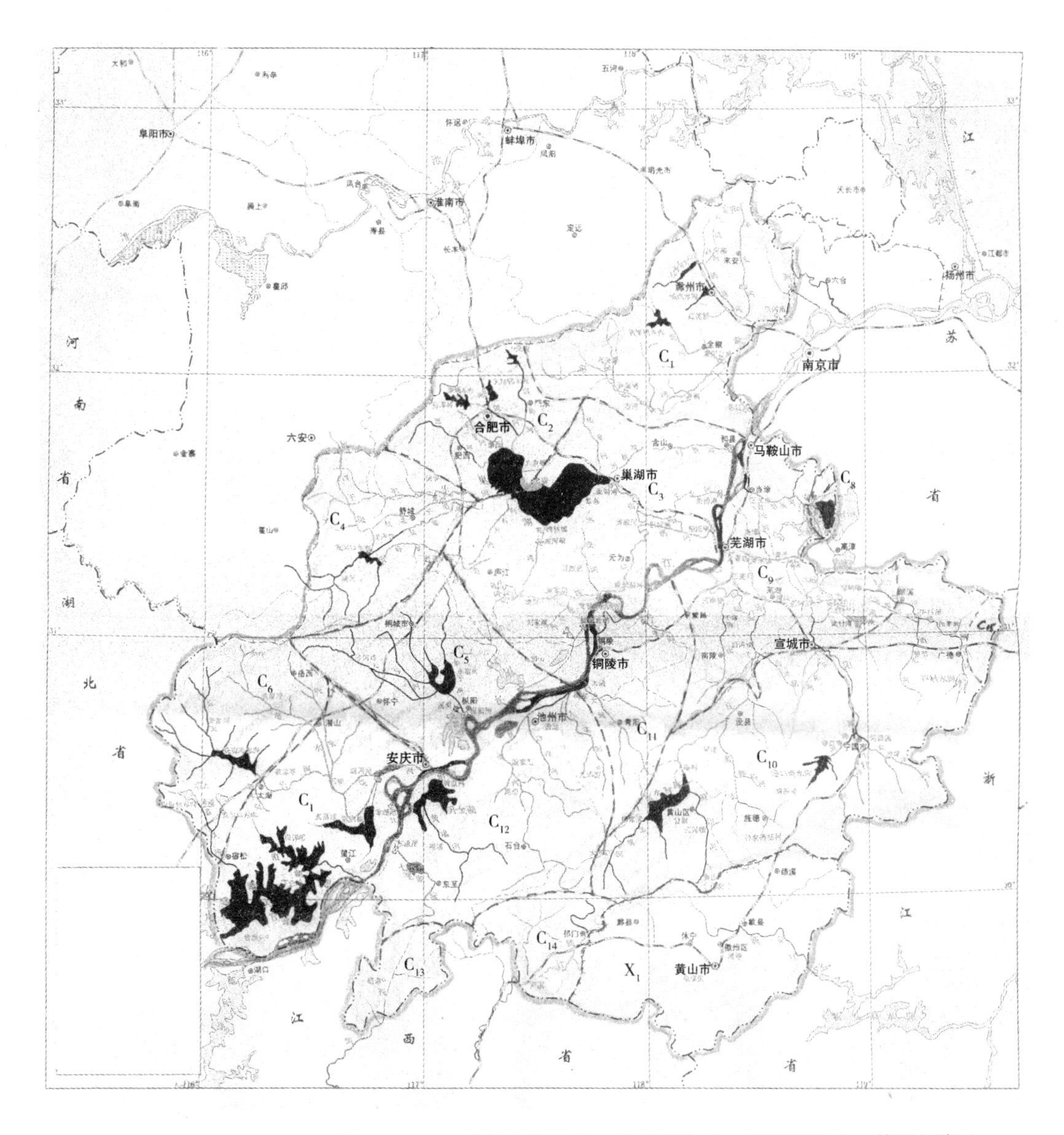

长江流域：C_1—滁河区；C_2—南淝河区；C_3—巢湖下游区；C_4—杭埠河区；C_5—菜子湖区；C_6—皖河上游区；C_7—皖河下游区；C_8—白臼湖区；C_9—青弋江水阳江下游区；C_{10}—青弋江水阳江上游区；C_{11}—九华河青通河区；C_{12}—黄湓河秋浦河区；C_{13}—昌江区；C_{14}—西河区；C_{15}—湖西浙西区

图 3-5　安徽省长江及新安江流域水资源四级区示意图

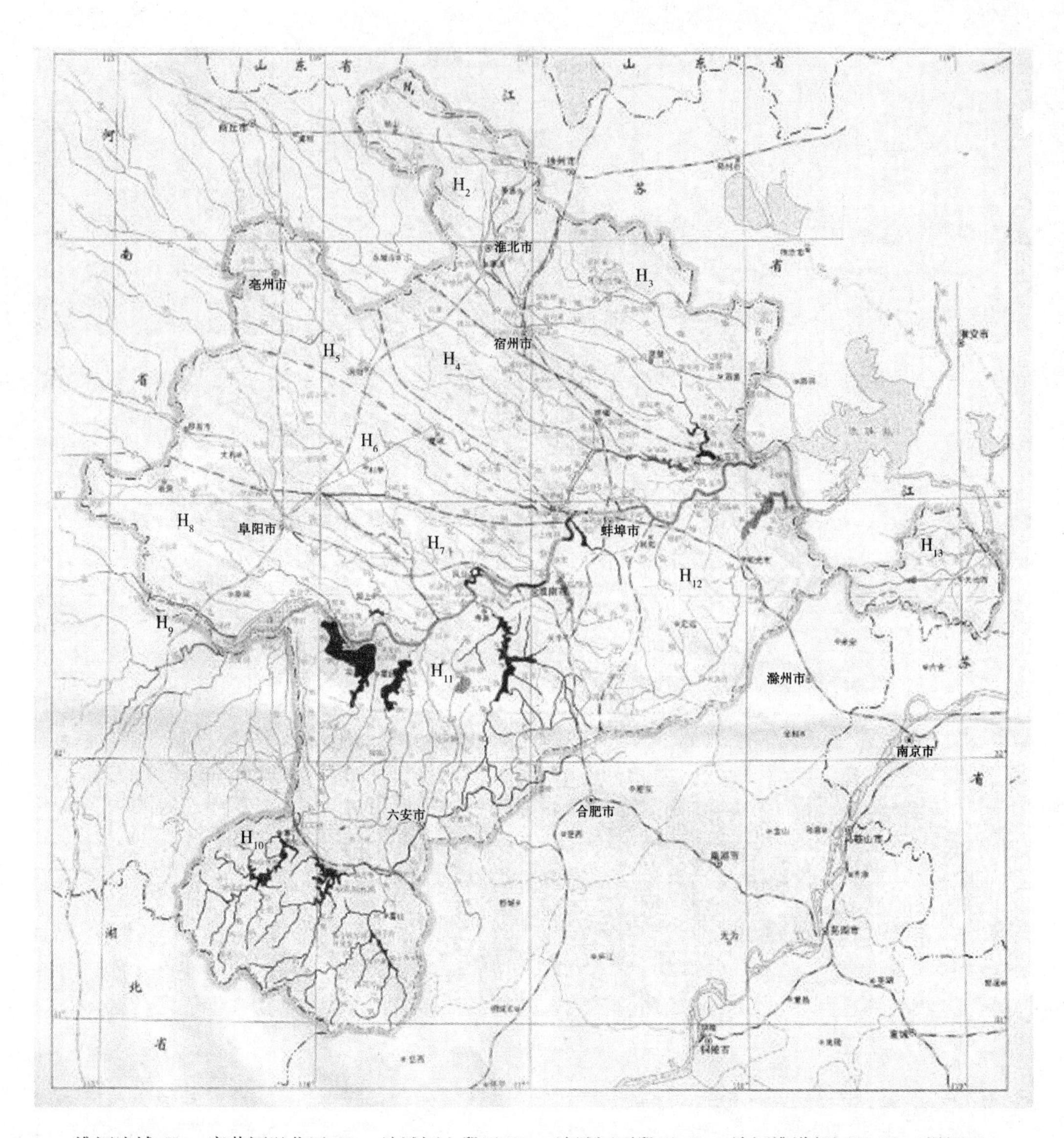

淮河流域：H_1—废黄河以北区；H_2—沱濉河上段区；H_3—沱濉河下段区；H_4—浍河淮洪新河区；H_5—涡河区；H_6—茨淮新河区；H_7—西淝河下段；H_8—沙颍河谷润河区；H_9—洪汝河区；H_{10}—淠史河上游区；H_{11}—王蚌南岸沿淮区；H_{12}—定凤嘉区；H_{13}—白塔河区

图3-6 安徽省淮河流域水资源四级区示意图

二、水资源数量

（一）地表水资源

1. 降水量

安徽省多年平均（1956～2000年系列）降水量1 175 mm，折合水量1 638.3亿m^3。较第一次评价（1956～1979年系列）平均增加35 mm，增加的幅度自南往北递减，到淮北平原基本稳定。20世纪50～90年代安徽省年平均降水量分别为1 193 mm、1 118 mm、1 153 mm、1 209 mm、1 210 mm，60年代以后呈上升趋势，八九十年代降水偏丰。

2. 地表水资源量

安徽省多年平均地表水资源量（天然径流量）为651.93亿m^3，折合径流深467 mm，安徽省多年平均地表水资源量较20世纪80年代第一次评价平均增加了25 mm。

3. 地表水资源空间分布

安徽省地表水资源空间分布变化比较大，总的趋势由南向北递减，中西部多于中东部，山区多于平原，山地迎风坡多于背风坡。总体上分布呈"三高二低，另有三个小范围的高值区"。江南的黄山、九华山和皖西大别山区共同组成安徽省的"三高"；"二低"是淮北平原及定风嘉地区（淮河以南、瓦埠湖以东、江淮分水岭以北、定远以西）。三个范围较小的高值区分别在钱塘江流域清凉峰的梅溪水系、阳台的率水水系以及江淮分水岭地区滁州天长一线。径流深从南部钱塘江流域的1 200 mm递减至淮北北部的100 mm以下。南北差异达20倍以上。

4. 地表水资源时程分布

地表水资源主要由降水补给，因而其年内分配受降水的制约，汛期十分集中；又由于受到下垫面影响，年内分配的集中程度较降水更为明显。

安徽省年内地表水资源量主要集中在4～9月，集中程度北方高于南方。连续最大四个月地表水资源量钱塘江流域和江南出现时间最早，一般为4～7月；江淮之间除皖东池河、滁河流域出现在6～9月外，余均为5～8月；淮北平原出现时间最迟，通常为6～9月。连续最大4个月地表水资源量占年量的百分数，以淮北最大，达到70%～80%，淮北东部的局部地区甚至达到81.5%；钱塘江流域一般为60%～65%；江淮之间一般为50%～65%，只有皖东池河、滁河流域达到70%左右，略小于淮北平原。

地表水资源量的季节变化亦很大，汛期（5～9月）占年量的60%～83%，且由南向北递增；地区分布基本与连续最大4个月降水量相同。汛前（1～4月）占年量的比例，全省为3%～30%，南北相差较大；南部钱塘江流域因每年4月就提前进入汛期，其1～4月的地表水资源量占年量的比例超过30%；江南次之，为30%；淮北平原最小，在10%以下；江淮之间除皖东小于20%外，均为20%～30%。汛后（10～12月）进入秋冬季，降水稀少，全省各地的比例相差不大，除钱塘江流域小于10%外，其他地区均为10%～15%。

最大月地表水资源量出现的时间，淮河流域一般在7月，长江流域在6、7月，钱塘江流域则在6月。最大月占年量的比例为15%～35%，由南向北递增。最小月资源量出现的时间，淮河流域多为1月，长江及钱塘江流域则常在12月；最小月占年量的比例一般为1%～3%。

地表水资源量的年际变化。在同步期的45年系列中，安徽省最大，为1991年的1 221.9亿 m^3，最小是1978年的258.1亿 m^3。安徽省各流域水系最大年与最小年地表水资源量的比值为4～30，自北向南递减。淮北居全省之首，平均为30左右；江淮之间除皖东的滁河、池河为10～20外，均为5～10；江南为4～5。

（二）出入境水资源量

安徽省位于淮河中游、长江下游及钱塘江上游，多年平均入境水量为8 951.5亿 m^3，出境水量为9 530.3亿 m^3。最大出入境水量出现在1998年，入境水量为12 491亿 m^3，出境水量为13 376亿 m^3；最小出现在1978年，入境水量为6 774亿 m^3，出境水量为6 886亿 m^3。

安徽省20世纪50～90年代多年平均入境水量分别为8 221.9亿 m^3、9 068.1亿 m^3、8 550.0亿 m^3、8 939.6亿 m^3、9 613.1亿 m^3，多年平均出境水量分别为8 801.0亿 m^3、9 593.8亿 m^3、9 107.2亿 m^3、9 553.8亿 m^3、10 230.8亿 m^3。安徽省出入境水量除20世纪六七十年代略有起伏外，基本呈增长趋势。长江流域出入境水量年代变化同全省一致，钱塘江流域的出境水量年代变化基本呈平稳增长的趋势，而淮河流域的出入境水量年代变化呈下降趋势，同安徽省变化趋势相反。

表3-2　安徽省各流域多年平均出入境水量的年代变化　（单位：亿 m^3）

时间	入境量			出境量			
	长江流域	淮河流域	全省	长江流域	淮河流域	钱塘江	全省
20世纪50年代	8 018.3	203.6	8 221.9	8 368.9	369.3	62.8	8 801.0
20世纪60年代	8 878.6	189.5	9 068.1	9 186.4	350.4	57.0	9 593.8
20世纪70年代	8 393.7	156.3	8 550.0	8 742.4	296.4	68.4	9 107.2
20世纪80年代	8 761.2	178.4	8 939.6	9 142.3	344.0	67.5	9 553.8
20世纪90年代	9 481.8	131.3	9 613.1	9 868.1	281.1	81.6	10 230.8
1956～1979年	8 459.2	177.1	8 636.3	8 785.9	327.5	61.7	9 175.1
1980～2000年	9 153.5	158.2	9 311.7	9 541.7	319.4	75.2	9 936.3
同步期	8 783.2	168.3	8 951.5	9 138.6	323.7	68.0	9 530.3

（三）浅层地下水资源量

安徽省多年平均浅层地下水资源量为191.33亿 m^3，比第一次评价增加24.30亿 m^3。

地下水资源量的分布特点为浅层地下水资源模数淮北平原地区为17.30万 m^3/km^2，淮南地区为8.31万 m^3/km^2，长江流域为13.65万 m^3/km^2（其中平原区为17.30万 m^3/km^2），钱塘江流域为17.53万 m^3/km^2。

（四）水资源总量

安徽省多年平均水资源总量为716.11亿 m^3，其总量在全国32个省（自治区、直辖市）中居第13位。其中，地表水资源量为651.93亿 m^3，地下水资源量191.33亿 m^3，地下水资源量中与地表水资源不重复量为64.18亿 m^3。安徽省多年平均分区水资源评价成果见表3-3、表3-4。

表3-3　安徽省多年平均分区水资源量成果

流域分区	三级分区	面积（km^2）	降水量（亿 m^3）	地表水资源量（亿 m^3）	地下水资源量（亿 m^3）	地下水资源与地表水资源不重复量（亿 m^3）	水资源总量（亿 m^3）
淮河	湖西区	300	2.23	0.21	0.52	0.43	0.64
	蚌洪区间北岸	17 521	149.66	29.82	31.57	22.34	52.16
	王蚌区间北岸	19 230	165.41	34.97	32.39	23.42	58.39
	王家坝以上北岸	370	3.52	0.85	0.64	0.44	1.29
	淮北小计	37 421	320.82	65.85	65.12	46.63	112.48
	高天区	1 940	20.00	5.70	2.22	1.36	7.06
	蚌洪区间南岸	6 938	63.15	16.66	2.93	0.37	17.03
	王蚌区间南岸	20 327	226.14	87.57	19.13	2.00	89.57
	淮南小计	29 205	309.29	109.93	24.28	3.73	113.66
	淮河流域	66 626	630.11	175.78	89.40	50.36	226.14
长江	巢滁皖及沿江诸河	36 139	439.08	178.15	46.95	8.81	186.96
	江北小计	36 139	439.08	178.15	46.95	8.81	186.96
	青弋江水阳江及沿江诸河	27 213	401.94	201.19	38.63	5.01	206.20
	湖西及湖区	225	3.11	1.29	0.20	0	1.29
	鄱阳湖环湖区	939	14.74	7.42	1.36	0	7.42
	饶河	1 894	34.15	18.86	3.50	0	18.86
	江南小计	30 271	453.94	228.76	43.69	5.01	233.77
	长江流域	66 410	893.02	406.91	90.64	13.82	420.73
钱塘江	富春江坝址以上	6 440	115.17	69.24	11.29	0	69.24
安徽省		139 476	1 638.3	651.93	191.33	64.18	716.11

与20世纪80年代第一次水资源评价成果比较，安徽省多年平均水资源总量增加40.71亿 m^3。其主要原因：一是受系列延长以及系列代表性的影响，大部分地区20世纪八九十年代均处于相对丰水段；二是径流还原的水平年、计算方法不同。

（五）水资源可利用量

安徽省多年平均水资源可利用量为326.63亿 m^3，水资源可利用率为46%，其中可利用程度最高的是淮河流域王蚌区间北岸，水资源可利用率为56%；可利用程度最低的是钱塘江流域富春江坝址以上区，水资源可利用率为11%。

表 3-4　安徽省多年平均行政分区水资源量成果

行政分区	面积（km^2）	降水量（亿 m^3）	地表水资源量（亿 m^3）	地下水资源量（亿 m^3）	地下水资源与地表水资源不重复量（亿 m^3）	水资源总量（亿 m^3）
合肥市	11 712	119.73	38.60	9.92	1.16	39.76
淮北市	2 725	23.1	3.81	4.93	3.63	7.44
亳州市	8 374	69.1	12.90	14.16	10.60	23.50
宿州市	9 853	84.1	15.61	18.29	12.73	28.34
蚌埠市	6 012	52.4	13.31	9.14	6.06	19.37
阜阳市	9 852	87.1	18.96	16.60	12.14	31.10
淮南市	2 141	19.1	4.79	2.82	1.49	6.28
滁州市	13 328	128.4	35.61	10.04	2.24	37.85
六安市	18 444	218	89.76	22.20	2.45	92.21
马鞍山	3 891	41.74	14.76	4.47	1.87	16.63
芜湖市	5 968	74.61	32.08	7.02	2.91	34.99
宣城市	12 340	178.6	90.77	19.51	0.80	91.57
铜陵市	1 113	15.5	6.62	1.35	0.47	7.09
池州市	8 428	132.2	67.87	9.74	1.36	69.23
安庆市	15 466	215.7	100.92	23.44	4.28	105.20
黄山市	9 829	178.8	105.56	17.70	0	105.56
全省合计	139 476	1 638.3	651.93	191.33	64.19	716.11

注：2011 年 8 月，经国务院批准撤销原地级巢湖市，分别划归合肥、芜湖、马鞍山三市管辖，本表按行政区划调整后的行政分区统计，下同。

安徽省地表水资源可利用量为 288.44 亿 m^3，地表水资源可利用率为 44%。浅层地下水可开采量仅计算淮河流域平原区，多年平均地下水可开采量为 42.09 亿 m^3。二者重复计算量为 3.90 亿 m^3。

安徽省多年平均水资源分区水资源可利用量见表 3-5。

三、水资源质量

（一）地表水水质

2010 年，对全省 314 个水质断面（点）进行了 2 460 次采样监测，代表江河长 7 626.7 km，代表湖库面积 2 940.1 km^2。按监测断面（点位）各水质参数平均浓度进行类别评价，314 个监测断面（点），全年符合《地表水环境质量标准》（GB 3838—2002）Ⅲ类或优于Ⅲ类的断面（点位）占 65.6%，Ⅳ类占 14.3%，Ⅴ～劣Ⅴ类占 20.1%。

表 3-5　安徽省多年平均水资源分区水资源可利用量

流域片	三级区	地表水资源可利用量（亿 m^3）	地下水可利用量（亿 m^3）	重复量（亿 m^3）	水资源可利用量（亿 m^3）	水资源可利用率（%）
淮北	湖西区	0.07	0.28	0.03	0.32	50
	蚌洪区间北岸	7.53	16.87	1.68	22.72	44
	王蚌区间北岸	14.48	19.79	1.70	32.57	56
	王家坝以上北岸	0.26	0.38	0.01	0.63	49
	淮北小计	22.34	37.32	3.42	56.24	50
淮南	高天区	3.06	0.77	0.08	3.75	53
	蚌洪区间南岸	8.23	0.48	0.05	8.66	51
	王蚌区间南岸	46.40	3.52	0.35	49.57	55
	淮南小计	57.69	4.77	0.48	61.98	55
淮河流域		80.03	42.09	3.90	118.22	52
江北	巢滁皖及沿江诸河	78.01			78.01	42
	江北小计	78.01			78.01	42
江南	青弋江水阳江及沿江诸河	113.11			113.11	55
	湖西及湖区	0.39			0.39	30
	鄱阳湖环湖区	2.34			2.34	32
	饶河	7.14			7.14	38
	江南小计	122.98			122.98	53
长江流域		200.99			200.99	48
新安江流域		7.42			7.42	11
全省合计		288.44	42.09	3.90	326.63	46

全省 243 个江河断面共进行了 1 899 次采样监测，全年水质符合Ⅲ类或优于Ⅲ类、Ⅳ类、Ⅴ～劣Ⅴ类断面（点位）所占比例分别为 63.4%、13.2%、23.5%。

全省 71 个湖（库）监测点位进行了 561 次采样监测。水质为Ⅲ类或优于Ⅲ类的监测点位占 73.3%，Ⅳ类占 18.3%，Ⅴ～劣Ⅴ类占 8.4%。呈中营养监测点位占年测点总数的 46.5%，轻度富营养占 32.4%，中度富营养占 21.1%。

全省湖库全年浓度均值评价没有出现贫营养与重度富营养化现象，淮河流域富营养化程度重于长江流域。巢湖西半湖全年大部分时间为中度富营养化，东半湖呈轻度富营养化状态。各大型水库水质良好。

全省共监测水功能区 225 个，其中江河水功能区 189 个，代表江河长 7 626.7 km，湖库水功能区 36 个,代表湖库面积 2 940.1 km^2。水质符合Ⅰ～Ⅱ类水功能区占 48.1%,Ⅲ类占 17.5%,Ⅳ类占 13.0%,Ⅴ类占 5.7%,劣Ⅴ类占 15.7%。

水功能区水质按参数浓度年均值评价,其达标率为 68.8%,其中江河、湖库水功能区达标率分别为 69.8%、63.6%。淮河流域、长江流域、新安江流域水功能区达标率分别为 49.4%、83.4%、97.5%。

2000 年以来,全省地表水水质总体状况略有好转,淮河流域水质改善较明显,长江流域、新安江流域水质变化不大。淮河干流田家庵、蚌埠闸上段水质好转较明显,其他河段变化不大;淮河支流及湖库中,颍河、泉河、涡河、奎河、濉河、新汴河水质有所好转;水库水质一直较好,湖泊水质无明显变化。长江干流由于监测资料系列较短,水质变化不明显;支流中巢湖、南淝河、皖河、水阳江水质有所好转,滁河、裕溪河水质有所恶化。新安江流域水质总体较好,干支流水质变化不大。

(二)入河废污水排放量

2010 年全省已测重点入河排污口 589 个,其中 582 个直接或间接汇入 111 个水功能区中,天长有 7 个排污口不排入水功能区。污水量、化学需氧量、氨氮年入河排放量(按折扣天计,下同)分别为 21.11 亿 t、22.53 万 t、1.97 万 t。

按国家污水综合排放标准和相关行业的国家排放标准统计,其中 280 个排污口达标排放,污水量、化学需氧量和氨氮年达标入河量分别为 14.15 亿 t、8.39 万 t、0.60 万 t。

(三)地下水水质

全省浅层地下水水质评价涉及全省国土面积 132 443 km^2。全省浅层地下水Ⅰ类水面积约 875 km^2,约占全省总面积的 0.6%;Ⅱ类水面积约 11 164 km^2,约占全省总面积的 8.2%;Ⅲ类水面积约 69 667 km^2,约占全省总面积的 51.2%;Ⅳ类水面积约 32 232 km^2,约占全省总面积的 23.7%;Ⅴ类水面积约 22 252 km^2,约占全省总面积的 16.3%;Ⅲ类和优于Ⅲ类水 81 706 km^2,约占全省总面积的 60.0%。山丘区浅层地下水水质总体优于平原区浅层地下水水质。

全省中深层地下水水质较稳定,基本未受人为污染,总体处于Ⅱ～Ⅲ类水,仅 NO_2—N、NO_3—N、NH_4—N 及 COD 超标,一般超标 5～10 倍,COD 超标 2～3 倍,有个别区域超标达到 17 倍。

第四章　水资源开发利用

第一节　水资源开发利用的概念

水资源开发利用是指通过对水资源的开发为各类用水户提供符合质量要求的地表水和地下水可用水源以及各个用水户使用水的过程情况。水资源的开发利用离不开供水设施、蓄水引水工程和用水水平等情况。

一、水资源可利用总量

水资源可利用总量等于地表水可利用量与浅层地下水可开采量之和再扣除两者之间的重复计算量。两者之间的重复计算量主要是平原区浅层地下水的渠系渗漏和田间入渗补给量的开采利用部分。

安徽省多年平均水资源可利用量为327.4亿m^3，水资源可利用率为45%。其中，可利用程度最高的是淮河流域王家坝以上北岸区，水资源可利用率为56%；可利用程度最低的是钱塘江流域钱塘江区，水资源可利用率为11%。

二、水资源的可持续利用

1962年，美国女生物学家莱切尔·卡逊发表了一部引起很大轰动的环境科普著作《寂静的春天》，作者描绘了一幅由于农药污染所造成的可怕景象，惊呼人们将会失去“春光明媚的春天”，在世界范围内引起了关于发展观念上的争论。

1972年，两位著名美国学者巴巴拉·沃德和雷内·杜博斯的名著《只有一个地球》问世，把人类生成与环境的认识推向一个新境界——可持续发展。同年，一个非正式的国际著名学术团体——罗马俱乐部发表了有名的研究报告《增长的极限》，明确提出“持续增长”和“合理持久的均衡发展”的概念。

1987年，挪威首相布伦特兰夫人在她任主席的联合国世界环境与发展委员会的报告《我们共同的未来》中，把可持续发展定义为“既满足当代人的需要，又不对后代人满足其需要的能力构成危害的发展”，这一定义得到广泛接受，并在1992年6月联合国环境与发展大会上取得共识。

在水资源方面，目前全世界有11亿人未能用上清洁的水，24亿人缺乏充足的用水卫生设施。预计到2025年，世界上近一半的人口将生活在缺水地区。

水危机已经严重制约了可持续发展，人类的不合理利用也造成水资源的萎缩。过度用水、水污染和引进外来物种造成湖泊、河流、湿地和地下含水层的淡水系统破坏，已带来严重后果。在美国、印度和中国的一些地区过度开采地下水，导致水床沉降而无法补充河流的水源，常常造成河流断流或干涸，如美国的科罗拉多河和中国的黄河、淮河。

中国水资源面临的形势非常严峻。如果在水资源开发和利用方式上没有较大的突破,在管理上没有新的转变,水资源将很难满足国民经济迅速发展的需要,水资源危机将成为所有资源问题中最为突出的问题,它将阻碍我国乃至世界社会经济的持续发展。解决水资源问题的根本途径在于执行可持续发展的原则,将水资源规划与管理同可持续发展相结合,真正实现水资源的可持续利用。

第二节 安徽省水资源开发利用现状

安徽省已经开发利用的水资源有地表水、地下水和污水回用,地表水开发利用途径有河岸引水、水库闸坝蓄水、水泵提水和跨区域调水工程四种,地下水开发利用途径主要就是打井取水,目前安徽省有管井、筒井、大口井、辐射井等,污水回用就是生产生活污水收集后经污水处理厂深度处理再利用。

一、供水量

现状年(2010 年)全省总供水量为 288.80 亿 m^3,其中地表水源供水量 254.83 亿 m^3,地下水源供水量 33.08 亿 m^3,其他水源供水量 0.89 亿 m^3。

1980 ~ 2010 年,伴随着经济社会的发展、人口的增加和生活水平的提高,全省用水量逐步增加,供水量也呈稳定增长趋势。全省供水总量从 1980 年的 116.6 亿 m^3 增加到 2010 年的 288.8 亿 m^3,年均增长 3.1%。供水总量的增加主要体现在地表水源工程,地表水源供水量由 1980 年的 105.8 亿 m^3 增加到 2010 年的 254.8 亿 m^3,增加 149 亿 m^3,见图 4-1。

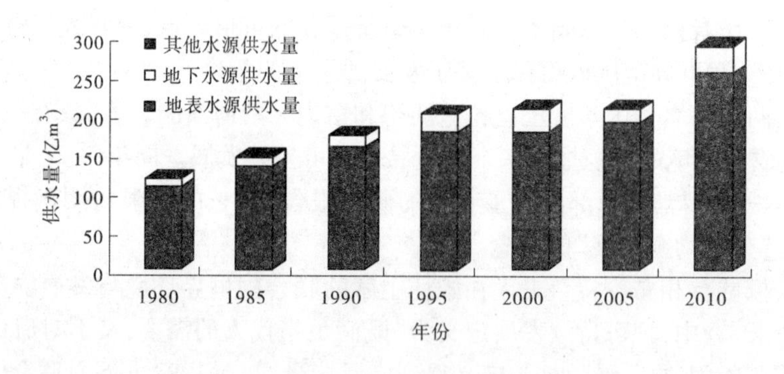

图 4-1 1980 ~ 2010 年安徽省供水变化图

二、用水量

现状年(2010 年)安徽省总用水量为 288.80 亿 m^3,其中生活用水量 28.31 亿 m^3,占总用水量的 9.8%;工业用水量 90.62 亿 m^3,占总用水量的 31.4%;农业用水量 167.57 亿 m^3,占总用水量的 58.0%;生态环境用水量 2.30 亿 m^3,占总用水量的 0.8%。现状年安徽省用水量见表 4-1。

表 4-1　现状年安徽省用水量统计　（单位:亿 m^3）

水资源分区	生活	工业	农业	生态	合计
淮河	13.98	30.26	84.27	1.45	129.96
长江	13.62	59.39	79.98	0.81	153.80
新安江	0.71	0.97	3.32	0.04	5.04
全省	28.31	90.62	167.57	2.30	288.80

注:表中生活用水为综合生活用水(含城镇居民、城镇公共和农村居民用水)。

1980～2010 年,安徽省总用水量持续增长,其中生活、工业用水量增速较大。生活用水量由 1980 年的 10.8 亿 m^3 上升到 2010 年的 28.31 亿 m^3,年均增长率为 3.3%。工业用水量由 1980 年的 15.23 亿 m^3 上升到 2010 年的 90.62 亿 m^3,年均增长率为 6.1%;工业用水量占总用水量的比重也增长较快,由 1980 年的 13.1% 增加至 2010 年的 31.4%。农业用水量相对稳定,近年来基本维持在 160 亿 m^3 左右。1980～2010 年安徽省用水变化见图 4-2。

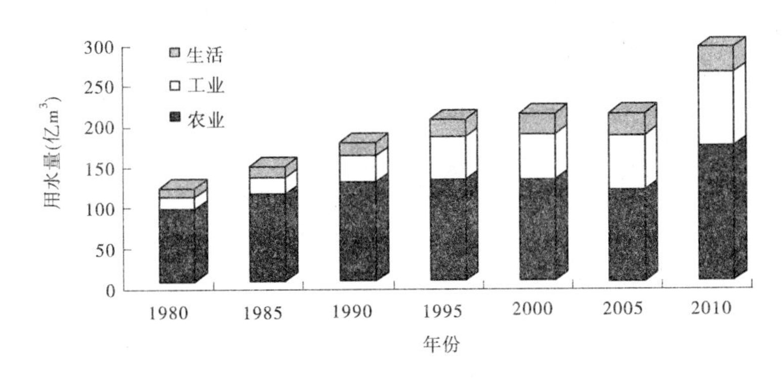

图 4-2　安徽省 1980～2010 年用水量变化

三、开发利用程度

根据 2010 年实际供水量分析,安徽省地表水资源开发利用率为 32.1%(供水量中未扣除过境水利用量),其中淮河流域地表水资源开发利用率为 49.0%,已超过国际公认的 40% 的合理限度,特别是淮河以北区域,地表水资源开发利用程度偏高,其开发利用率超过 50%。长江流域地表水资源开发利用率为 29.3%。新安江流域地表水资源开发利用率为 5.9%,远低于全省平均水平。总体上看,安徽省长江流域和新安江流域地表水资源开发利用仍有较大潜力,淮河流域特别是淮河以北区域地表水资源开发利用程度偏高,随着经济社会的发展和人口的增长,淮河流域水资源供需矛盾将日趋尖锐。

现状年淮河流域浅层地下水利用率为 33.5%,整体上淮河流域浅层地下水尚有一定的开发利用潜力,主要适用于农田灌溉。淮河流域中深层地下水储量不多,且开采后极难回补。现状中深层地下水利用量为 5.3 亿 m^3,主要集中于阜阳、淮北、亳州、宿州等城市及工矿区。长江流域和新安江流域天然河川径流及过境水量丰富,开发利用相对便利,因此对地下水资源开发利用要求不迫切，地下水实际开采量不足2.0亿 m^3，占供水总量的比例很小。在江北丘陵和皖南山区部分地区，由于地下水埋藏深、出水量少、开发条件差，仅用于解决局部缺水地区的农村人畜用水。

四、开发利用效率

自20世纪改革开放以来，安徽省水资源开发利用的水平和效率在不断提高。从万元GDP用水量历年变化分析，1980年以来，全省万元GDP用水量呈现下降趋势，从1980年的2 898 m^3降低到2010年的234 m^3。但总体而言，安徽省水资源利用方式仍较粗放，用水效率较低，全社会节水惜水意识不强，与国内先进水平相比，节水管理与节水技术还比较落后，主要用水效率指标尚有较大差距。2010年，全省万元工业增加值用水量为158 m^3（扣除贯流式火电直流冷却用水后为99 m^3），高于全国平均水平，而国内目前先进省（区）已经降至50 m^3以下；农业灌溉水利用系数约为0.50，低于全国平均水平，更低于一些发达国家0.6～0.8的水平；城镇供水管网漏失率平均超过20%。2010年安徽省流域主要用水指标见表4-2。

表4-2 安徽省流域分区主要用水指标

水资源分区	人均用水量（m^3）	万元GDP用水量（m^3）	万元工业增加值用水量（m^3）	城镇综合生活用水量（L/（人·d））	农田亩均实灌水量（m^3）
淮河	392	284	161	170	294
长江	613	204	173	203	446
新安江	416	203	108	270	514
全省	485	234	158	188	359

注：表中指标按全部用水量核算（含贯流式火电直流冷却用水）。

第三节 安徽省水资源开发利用存在的问题

（1）人均占有量少，时空分布不均，水资源与生产力布局不适应。

安徽省现状人均水资源量1 203 m^3，接近人均1 000 m^3的国际水资源紧缺标准，特别是淮河以北地区人均水资源量仅为461 m^3，小于国际公认的人均500 m^3的严重缺水线。随着全省人口的增长，人均水资源量将进一步下降。

安徽省降水时空分布差异性较大，水资源与人口和生产力布局不相适应。从空间上看，沿淮淮北地区人口占全省的44%，耕地面积占全省的50%，是国家重要的粮食主产区和能源基地，分布着煤炭采掘、煤化工和火力发电等关系国计民生的高耗水行业，但年均水资源总量仅占全省的16%，属资源性缺水地区。从时间上看，受季风的影响，年内降水量主要集中在汛期，多以洪水形式出现，同时年际间降雨悬殊，水资源的开发利用困难很大，易造成大面积长期干旱。

（2）用水需求强劲，供需矛盾尖锐，缺乏骨干水资源配置工程。

与全国特别是与邻省发达省份相比，安徽省尤其是皖北地区经济基础较为薄弱。为加快安徽崛起，依托丰富的煤炭、耕地、劳动力资源和紧邻长三角优越的区位优势，安徽省提出并实施了合肥经济圈、沿淮城市群、皖江城市带和粮食主产区等发展战略，工业化、城镇化进程全面加快，工业、农业、城市、生态的用水需求持续增长，高保证率用水比重明显增加，缺水压力和干旱风险增大。

新中国成立以来，安徽省先后兴建了大量水资源综合利用工程，较易利用的已基本开发完毕，同时大量早期建设的供水工程不同程度地存在结构老化、效率降低问题，制约了工程供水效益的发挥。受地形条件制约，安徽省淮北广大缺水地区缺乏建设大型蓄水工程条件，沿淮湖洼又存在着蓄水与粮食生产、防洪排涝的矛盾，目前除淮北地区的中北部还有部分浅层地下水可供农业灌溉以及开发利用沿淮部分洪水资源外，当地水资源的开发潜力已十分有限，继续挖掘和开发的经济与生态环境成本也难以承受。随着经济社会的发展和城镇化进程的加快，全省非农业高保证率用水增长较快，现有的水资源配置能力明显不足，水资源供需矛盾日益加剧。

(3)河湖污染严重，地下水位下降，水生态环境问题突出。

从20世纪80年代初起，伴随着国民经济的发展和人口的增长，城乡用水大幅增长，工业废水和生活污水排放量也急剧增加，水体污染范围逐渐扩大并趋于严重，淮河、巢湖同时列入全国水污染重点治理的“三河三湖”中。90年代以来，国家和地方加大了水环境治理力度，水环境质量有所好转，水环境恶化趋势得到了一定程度地遏制，但河湖污染问题仍十分突出，近年来巢湖大规模蓝藻不时爆发，淮河主要支流涡河、奎濉河、黑茨河及长江流域部分城市河道污染程度依然较重。全省建制市及县城饮用水源地中，水质不安全的超过20%，部分城市为单一供水水源，无备用水源，存在污染风险，饮用水源安全保障能力亟待提高。

由于当地水资源不足和地表水污染，长期以来皖北地区工业和城市不得不依靠超采中深层地下水维持发展，导致阜阳、亳州、淮北、宿州等市部分区域地下水位持续下降，超采面积接近3 300 km^2，将会诱发一系列生态环境问题。

(4)利用方式粗放，用水效率偏低，水资源管理亟待加强。

全省水资源有效利用率和节水水平均较低，农业用水量占总用水量的58%，而农业灌溉水的利用系数仅在0.4～0.5，约为用水先进国家的1/3。城镇生活用水的管网漏失率超过20%。工业万元增加值用水量高于全国平均水平，工业企业节水水平有待进一步提高。

长期以来，由于对用水缺乏有效的约束手段，水资源开发利用方式粗放，用水浪费现象普遍。目前，安徽省水资源管理体制与机制尚不健全，水资源监测监督能力不强，全社会节水意识薄弱，水资源保护乏力，影响了水资源合理利用和有效保护。

第五章 水资源规划

水资源规划是水资源管理和水利规划的一项重要内容，不仅对水资源开发利用有重要的指导作用，同时也反映出决策者的治水、管水思想和理念，比如我国以前提出的“工程水利”向“资源水利”转变。而目前提得较多的是“面向可持续发展的水资源规划”。

第一节 水资源规划总体原则

一、水资源规划的重要性

区域水资源综合规划的总体目标是为水资源统一管理和可持续利用提供规划基础，在进一步查清水资源及其开发利用现状、分析和评价水资源承载能力的基础上，根据经济社会可持续发展和生态环境保护对水资源的要求，提出水资源合理开发、高效利用、有效节约、优化配置、积极保护和综合治理的总体布局及实施方案，促进区域人口、资源、环境和经济的协调发展，以水资源的可持续利用支持经济社会的可持续发展。

二、水资源规划的思路

（一）总体思路

规划编制应根据国民经济和社会发展总体部署，按照自然和经济规律，确定水资源可持续利用的目标和方向、任务和重点、模式和步骤、对策和措施，统筹水资源的开发、利用、治理、配置、节约和保护，规范水事行为，促进水资源可持续利用和生态环境保护。

（二）技术思路

水资源综合规划的各个环节及各部分工作是一个有机组合的整体，相互之间动态反馈，需综合协调。本次规划各部分内容的相互关系见图5-1。

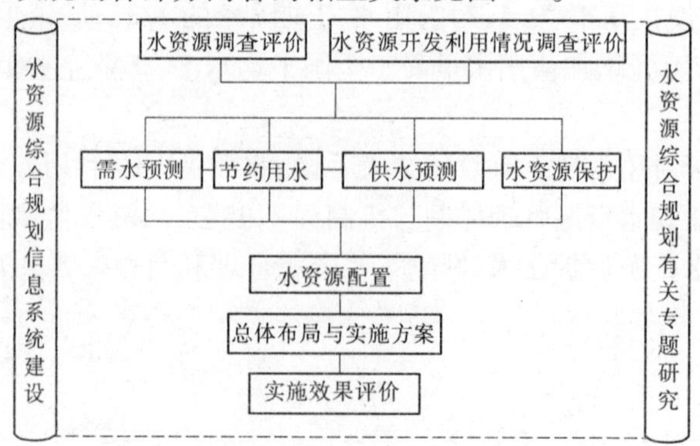

图5-1 水资源综合规划总体结构示意图

(1)水资源及其开发利用情况调查评价。通过对水资源及其开发利用情况进行调查评价,可为其他部分工作提供水资源数量、质量和可利用量的基础成果;提供对现状用水方式、水平、程度、效率等方面的评价成果;提供现状水资源问题的定性与定量识别和评价结果;为需水预测、节约用水、水资源保护、供水预测、水资源配置等部分的工作提供分析成果。

(2)节约用水和水资源保护。要在上述两部分工作的基础上,提出节约用水和水资源保护的有关技术经济和环境影响因素分析结果,为需水预测、供水预测和水资源配置提供可行的比选方案。同时,在吸纳水资源配置部分工作成果反馈的基础上,提出推荐的节水及水资源保护方案。

(3)需水预测和供水预测。供需水预测工作要以上述四部分工作为基础,为水资源配置提供需水、供水、排水、污染物排放等方面的预测成果,以及合理抑制需求、有效增加供水、积极保护生态环境措施的可能组合方案及其相应的技术经济指标,为水资源配置提供优化选择的条件;预测工作与以上各部分工作相协调,结合水资源配置工作经过往复与迭代,形成动态的规划过程,以寻求经济、社会、环境效益相协调的水资源合理配置方案。

(4)水资源配置。应在进行供需分析多方案比较的基础上,通过经济、技术和生态环境分析论证与比选,确定合理的配置方案。水资源配置以统筹考虑流域水量和水质的供需分析为基础,将流域水循环和水资源利用的供、用、耗、排水过程紧密联系,按照公平、高效和可持续利用的原则进行。水资源配置在接收上述各部分工作成果输入的同时,也为上述各部分工作提供中间和最终成果的反馈,以便相互迭代,取得优化的水资源配置格局;同时为总体布局、水资源工程措施和非工程措施的选择及其实施确定方向和提出要求。水资源配置总体思路如图 5-2 所示。

(5)总体布局与实施方案。要根据水资源条件和合理配置结果,提出对调整经济布局和产业结构的建议,提出水资源调配体系的总体格局,制订合理抑制需求、有效增加供水、积极保护生态环境的综合措施及其实施方案,并对实施效果进行检验。

(三)规划重点

规划重点突出水资源调查评价、水资源承载能力和水环境容量分析、水资源配置等方面。通过水资源调查评价,摸清水资源和可利用水资源的现状以及未来的变化趋势,客观反映水资源开发利用中存在的问题,为规划方案制订以及水资源管理提供可靠的基础。在节约、保护的前提下,研究分析水资源承载能力。根据水资源开发潜力分析和经济社会发展预测,研究水资源宏观调配指标,确定不同地区、不同行业的合理用水指标,制订水资源合理配置方案。根据水资源合理配置方案,为经济社会发展和生产力布局、经济结构调整以及水资源管理等提供政策性建议。

做好规划要注意以下几点:第一,在注重水资源问题的同时,更要重视其与经济社会的紧密联系,做到水资源与生态环境和经济社会发展相协调;第二,在注重工程项目布局和规划的同时,更要加强管理等非工程措施的安排;第三,在注重水资源开发利用的同时,更要重视水资源的节约与保护,实现水资源的可持续利用。水资源综合规划要突出水资源配置思路、格局、措施的总体安排,规划的对策措施要有指导性、有效性和可操作性。

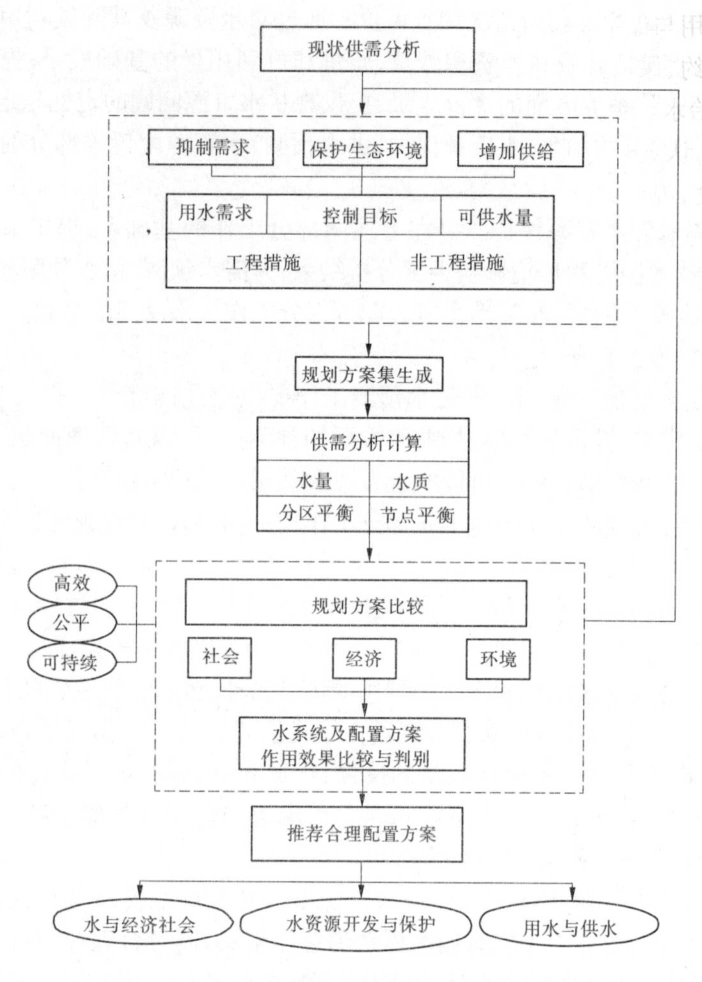

图 5-2　水资源配置总体思路图

三、规划原则

水资源综合规划的编制应遵循以下原则：

(1)全面规划。制定规划应根据经济社会发展需要和水资源开发利用现状，对水资源的开发、利用、治理、配置、节约、保护、管理等做出总体安排。要坚持开源、节流、治污并重，除害兴利结合，妥善处理上下游、左右岸、干支流、城市与农村、流域与区域、开发与保护、建设与管理、近期与远期等的关系。

(2)协调发展。水资源开发利用要与经济社会发展的目标、规模、水平和速度相适应。经济社会发展要与水资源承载能力相适应，城市发展、生产力布局、产业结构调整以及生态环境建设要充分考虑水资源条件。

(3)可持续利用。统筹协调生活、生产和生态环境用水，合理配置地表水与地下水、当地水与外流域调水、水利工程供水与其他多种水源供水。强化水资源的节约与保护，在保护中开发，在开发中保护。

(4)因地制宜。根据各地水资源状况和经济社会发展条件，确定适合本地区实际的水资源开发利用与保护的模式与对策，提出各类用水的优先次序，明确水资源开发、利用、治理、配置、节约、保护的重点。

(5)依法治水。规划要适应社会主义市场经济体制的要求，发挥政府宏观调控和市场机制的作用，认真研究水资源管理的体制、机制、法制问题。制定有关水资源管理的法规、政策与制度，规范和调节水事活动。

(6)科学治水。应用先进的科学技术，提高规划的科技含量和创新能力。要运用现代化的技术手段、技术方法和规划思想，科学配置水资源，缓解面临的主要水资源问题，应用先进的信息技术和手段，科学管理水资源，制定出具有高科技水平的水资源综合规划。

第二节　水资源规划的指导思想

随着人类社会的发展，对水资源的需求日益增长，在世界许多地区产生了水污染、水短缺等严重问题。如何使有限的水资源满足不断增加的需水量，同时又不导致水质恶化呢？这就给研究水资源的学术界提出了一个十分严峻又富有挑战性的课题。

就现行的水资源规划而言，主要考虑的是经济效益、技术效率和实施的可靠性。尽管它们仍然被应用，但是就现状而言已经不能满足可持续发展的要求。从《21 世纪议程》要求的社会、经济、资源、环境相协调的高度，已迫切需要逐步转变到新的行为准则。需要站在可持续发展的高度来研究和制定水资源规划。具体地说，现行水资源规划面临以下挑战：

(1)不仅需要考虑经济效益，而且迫切需要考虑社会效益、环境效益。

(2)需要站在可持续发展的高度，考虑社会经济发展与资源环境保护之间的协调，考虑当代人与后代人之间的协调。

(3)不仅需要研究水资源问题、水利工程建设等问题，而且要研究社会经济系统发展变化以及与水资源－生态环境间的协调问题。

(4)不仅要考虑水资源的供需平衡，而且要考虑不同区域、不同时代(现代与后代)人用水间的平衡，以谋求社会经济持续协调发展。

为了适应目前的形势，必须站在可持续发展的高度来看待水资源规划问题。水资源规划应以可持续发展为指导思想。

面向可持续发展的水资源规划目标，是为社会经济的发展和生态环境的保护提供源源不断的水资源，实现水资源在当代人之间、当代人与后代人之间，以及人类社会与生态环境之间公平合理的分配。因此，水资源规划研究的对象系统应该界定在社会－经济－水资源－生态环境复合系统上。在这个复合系统中，社会、经济、水资源、生态环境四大子系统相互作用与影响，构成了有机的整体。

(1)生态环境系统和水资源系统是社会经济系统赖以存在和发展的物质基础，它们为社会经济的发展提供持续不断的自然资源和环境资源。

(2)社会经济系统在发展的同时，一方面通过消耗资源和排放废物对生态环境和水资源进行污染破坏，降低它们的承载能力；另一方面又通过环境治理和水利投资对生态环境和水资源进行恢复补偿，以提高它们的承载能力。

(3)水资源系统在社会经济系统和生态环境系统之间起到纽带作用。它置身于生态环境系统之中,是组成和影响生态环境的重要因子。同时它又是自然和人工的复合系统,一方面靠流域水文循环过程产生其物质性;另一方面靠水利工程设施实现其资源性。

面向可持续发展的水资源规划指导思想可以概括为以下几点:

(1)水资源规划综合考虑社会效益、经济效益和环境效益,确保社会经济发展与水资源利用、生态环境保护相协调。

(2)考虑水资源的可承载能力或可再生性,使水资源在可持续利用的允许范围内,确保当代人与后代人之间的协调。

(3)考虑水资源规划的实施要与社会经济发展水平相适应,确保水资源规划方案在现有条件下是可行的。

(4)从区域或流域整体的角度来看待问题,考虑流域上下游以及不同区域用水间的平衡,确保区域社会经济持续协调发展。

(5)与社会经济发展密切结合,注重全社会公众的广泛参与,注重从社会发展根源上来寻找解决水问题的途径,也配合采取一些经济手段,确保人与自然的协调。

第三节　水资源规划内容和成果的要求

水资源规划是一项复杂的工作,涉及面比较广。特别是,面向可持续发展的水资源规划要密切联系社会经济发展、生态环境问题等内容,需要把它们结合在一起来研究。一方面,增加了研究工作的难度;另一方面,增加了研究工作的内容,并对水资源规划成果提出了更高的要求。水资源规划的主要内容包括水资源调查评价、水资源开发利用调查评价、需水预测、节约用水、水资源保护、供水预测、水资源配置、总体布局与效果评价、规划效果实施评价。本节以可持续发展的思想为指导,依据现有的水资源规划条例和经验,对水资源规划的工作内容及成果要求加以简单介绍。

一、区划工作

区域划分,又常称为区划工作,是水资源规划的前期准备工作,也是一项十分重要的工作,同时也是水资源规划的成果之一。由于区域或流域水资源规划往往涉及的范围较广,如果笼统地来研究全区的水资源规划问题,常感到无从下手。再者,研究区内各个局部的社会经济发展状况、水资源丰富程度、开发利用水平、供需矛盾有无等许多情况不尽相同。所以,要进行适当的分区,对不同区域进行合理的规划。否则,将掩盖局部矛盾,而不能解决许多具体的问题。

因此,区划工作应放在规划工作的首位。区划工作的目的,是将繁杂的规划问题化整为零,逐块研究,避免由于规划区过大而掩盖水资源分布不均、利用程度差异的矛盾,影响规划成果。

在区划时,一般考虑以下因素:

(1)地形地貌。一方面,不同地形地貌单元,其经济发展水平有差异,比如山区与平原的差距;另一方面,不同地形地貌单元水资源条件也不相同。

(2)考虑行政区的划分,尽量与行政区划分相一致。由于各个行政区有自己的发展目标和发展战略,而且水的管理也常是按照行政区进行的,因此在进行区划时,把同一行政区放在一起有利于规划。

(3)按照水系进行分区,并考虑区域内供水系统的完整性。

(4)总体来看,区划应以流域、水系为主,同时兼顾供需水系统与行政区划。对水资源贫乏、需水量大、供需矛盾突出的区域,分区宜小些。

二、水资源评价

水资源评价是水资源规划的一个重要的基础工作。其内容包括研究区内水文要素的规律、降雨量、地表水资源量、地下水资源量以及水资源总量评价。

首先,应收集研究区水文观测资料,调查研究区水文变化特征,通过水文要素分析,掌握研究区水文特征,得到相应的水文要素参数,如均值、变幅、离散程度等。

人类活动对径流量影响显著,应估算其影响程度,并对径流量进行还原计算,得到天然河川径流量。

水资源总量包括地表水资源量和地下水资源量,可根据实测和调查资料分析推算。地表水资源量和地下水资源量计算中的重复部分应予以扣除。

三、水资源开发利用调查评价

水资源开发利用现状分析主要包括两方面的内容:一是开发现状分析,二是利用现状分析。

水资源开发现状分析,是分析现状水平年情况下,水源工程在流域开发中的作用。这一工作需要调查分析这些工程的建设发展过程、使用情况和存在的问题;分析其供水能力、供水对象和工程之间的相互影响。重点分析流域水资源的开发程度和进一步开发的潜力。

水资源利用现状分析,是分析现状水平年情况下,流域用水结构、用水部门的发展过程和目前的需水水平、存在问题及今后的发展变化趋势。重点分析现状情况下的水资源利用效率。

四、水资源供需分析和预测

水资源供需分析,是水资源规划的一项重要工作。其目的是摸清现状、预测未来、发现问题、指明方向,为今后流域规划工作、实现水资源可持续利用提供依据。

具体地讲,就是在水资源规划中,应在分析流域水资源特性的基础上,结合流域社会经济发展计划,预测不同水平年流域水资源供、需水量,并进行供需分析,提出缓解主要缺水地区和城市水资源供需矛盾的途径。

五、节约用水

节约用水是以避免浪费、减少排污、提高水资源利用效率为目的,采取包括工程、技术、经济和管理等各项综合措施的行为。内容主要包括:现状用水水平分析,各地区、各部门、各行业分类节水标准与指标的确定，节水潜力分析与计算，确定不同水平年的节水目标，拟订节水方案，落实节水措施。

根据区域水资源条件和经济社会发展水平，确定节水工作的目的、方向和重点。水资源紧缺地区节水的主要目的是减少水资源的无效消耗量，提高水资源利用效率、水分生产效率、供水保证率和水资源的承载能力。农业节水以大型灌区续建配套与节水改造为重点，工业节水以提高工业用水重复利用率和改造高用水工艺设备为重点，在缺水地区，限制发展高用水行业。水资源较丰沛的地区，节水的目的主要是减少污废水排放量、减少治污的投入、提高水资源利用效率，节水的重点是用水大户和污染大户。不同的区域应根据具体情况制定不同时期的节水目标、任务和总体安排。

六、水资源保护

水资源保护包括地表水资源与地下水资源的保护以及对与水相关的生态环境的修复与保护对策措施内容。其中，江河、湖库的水质保护是规划工作的重点。江河、湖泊、水库的水质保护以水功能区划为基础，根据不同水功能区的纳污能力，确定相应的陆域及入河污染物排放总量控制目标。根据污染物排放控制量或削减量目标，拟订防治对策措施。

地表水水质保护规划目标：对于保护区、保留区和缓冲区，各规划水平年一般应维持其水质状况不劣于现有水质类别，并控制不超过现状污染物排放量和入河量；在地下水超采、污染严重、海(咸)水入侵和地下水水源地等地区，应在现状开发利用调查评价的基础上，结合经济社会发展和生态环境建设的需要，研究地下水资源保护和防治水污染的措施。

针对水资源开发利用情况调查评价中与水相关的生态环境问题的调查评价成果，以及需水预测、供水预测和水资源配置等部分对与水相关的生态环境问题的分析成果，制订相应的保护对策措施。

七、水资源优化配置

水资源优化配置是指在流域或特定的区域范围内，遵循高效、公平和可持续的原则，通过各种工程措施与非工程措施，考虑市场经济的规律和资源配置准则，通过合理抑制需求、有效增加供水、积极保护生态环境等手段和措施，对多种可利用的水源在区域间和各用水部门间进行的调配。

水资源优化配置研究工作，是水资源合理配置的基础，是流域规划的重要内容，也是新形势下研究面向可持续发展的流域水资源规划的重要方面。

基于可持续发展的水资源优化配置，就是以可持续发展为基本指导思想，运用系统分析理论与优化技术，将流域有限的水资源在各子区、各用水部门、各行业进行最优化分配，以获得社会、经济、水资源与生态环境相协调的最佳综合效益。

水资源配置是水资源综合规划的重要内容，它以“水资源调查评价”“水资源开发利用情况调查评价”为基础，结合“需水预测”“节约用水”“供水预测”“水资源保护”等有关部分进行，其所提出的推荐方案应作为制订总体布局与实施方案的基础。在分析计算中，数据的分类口径和数值应保持协调，成果互为输入与反馈，方案与各项规划措施相互协

调。水资源配置的主要内容包括基准年供需分析、方案生成、规划水平年供需分析、方案比选和评价、特殊干旱期应急对策制定等。

八、总体布局与效果评价

总体布局应在水资源合理配置的基础上，针对不同流域、区域的水问题与特点，根据水资源承载能力，从需要与可能两方面，深入分析经济布局和产业结构调整对总体布局的影响，提出流域和区域的水资源可持续利用的发展方向、合理布局和利用方式。在水资源紧缺地区，要根据水资源条件和承载能力，提出对经济布局和产业结构的调整意见，合理确定工业、城市及农业灌溉的发展规模、结构与布局。以水资源合理配置的推荐方案为基础，因地制宜地构建流域与区域相结合的水资源调配体系。通过水资源调配体系的供水和用水节点与分区系统的有机组合，实现丰枯互济、量质互补，增强对水资源时空分布不均的调控能力，逐步建成体系完善、调配灵活、运行高效，与经济社会发展相适应、与生态环境保护相协调的水资源安全供给保障体系。

总体布局要坚持“全面规划、统筹兼顾、标本兼治”的原则，坚持开源节流治污并举，工程措施和非工程措施相结合，对供水、用水、节水、治污、水资源保护等方面进行统筹安排，实现对地表水、地下水及其他水源在不同区域、不同用水目标、不同用水部门水量与水质的统一、合理调配，协调好开发与保护、近期与远期、流域与区域、城市与农村等的关系。

总体布局要遵循“突出重点，节水优先、保护为本，经济合理、技术可行”的原则。针对不同流域和区域的特点，突出对供水、用水、节水、治污与生态环境保护等基础设施所构成的水网络体系的统筹安排，重视对水资源开发、利用、治理、配置、节约与保护等领域的非工程措施的制订。

总体布局要把水资源开发利用保护的基础设施建设和非工程措施作为统一的实施整体，考虑市场对资源配置的作用，提高水资源承载能力，提高水资源利用效率，实现水资源的可持续利用。

九、规划效果实施评价

水资源规划实施效果评价一般按下列三个层次进行。

（1）第一层次评价规划实施后，建立的水资源安全保障系统与经济社会发展和生态环境保护的协调程度，主要包括：

①规划实施后水资源开发利用与经济社会发展之间的协调程度；

②规划实施后水资源开发利用与保护以及生态环境建设的协调程度；

③规划实施后所产生的社会效益、经济效益和生态效益。

（2）第二层次评价规划实施后水资源系统的总体效率，主要包括：

①规划实施后对提高水资源供水和水环境安全效果，以及对提高水资源承载能力的效果；

②规划实施后对水资源配置格局的改善程度，包括水资源供给数量、质量和时空分布的配置与经济社会发展适应和协调的程度等；

③规划实施后对缓解重点缺水地区和城市水资源紧缺状况以及改善生态环境的

效果；

④规划实施后流域、区域及城市供用水系统对安全供水的保障程度、抗风险能力以及抗御特枯水及连续枯水年的能力和效果；

⑤工程措施和非工程措施的投资规模及总体效益分析。

(3)第三层次评价各类规划实施方案的经济效益，主要包括：

①节水措施实施后的总体效果：重点评价节水措施实施后节水量和效益，包括：农业用水灌溉水利用系数的提高、灌溉定额的降低、水分生产率的提高；工业用水定额的降低、重复利用率的提高；节水、节能、降耗、增效的综合效益，各项综合用水指标和用水效率(如万元 GDP 用水量等)的提高，节水措施投资的总体经济效益等。

②水资源保护措施实施后的总体效果：重点评价水资源保护措施实施后水功能区水质达标率、污水处理率及其回用率的提高，根据水功能区纳污能力对污染物排放总量及入河总量的控制程度，地表水和地下水水质的改善作用，生态环境以及与水相关的生态环境问题的缓解程度，所产生的社会效益、经济效益和生态环境效益等。

③增加供水方案实施后的总体效果：重点评价增加供水方案实施后供水能力和供水保证率的提高，特别是对枯水年和枯水期供水保证率的提高，对实现水资源供需基本平衡的贡献，通过增加供水和提高保证率所产生的社会效益、经济效益和生态环境效益，对缺水状况和水资源供给条件的改善(时空分布的改善、可供水量的增加、缺水量的减少等)，以及产生的经济效益等。

④非工程措施的效果评价：包括对提出的各项抑制不合理需求、有效增加供给和积极保护生态环境的各类管理制度、监督、监测及有关政策的实施效果进行检验。

⑤有条件的地区可对总体布局起重大作用的骨干水利枢纽工程的实施效果进行评价。

⑥环境影响初步评价：对综合规划的近期实施方案进行环境影响总体评价，对可能产生的负面影响提出补偿改善措施。

第二篇　水资源管理制度体系

第六章　水资源管理体系和方法

第一节　我国水资源管理体系

2012年1月，我国出台《关于实行最严格水资源管理制度的意见》（简称《意见》），水资源管理体系建立。意见明确主要目标：确立水资源开发利用控制红线，到2030年全国用水总量控制在7 000亿 m^3 以内；确立用水效率控制红线，到2030年用水效率达到或接近世界先进水平，万元工业增加值用水量（以2000年不变价计，下同）降低到40 m^3 以下，农田灌溉水有效利用系数提高到0.6以上；确立水功能区限制纳污红线，到2030年主要污染物入河湖总量控制在水功能区纳污能力范围之内，水功能区水质达标率提高到95%以上。

为实现上述目标，到2015年，全国用水总量力争控制在6 350亿 m^3 以内；万元工业增加值用水量比2010年下降30%以上，农田灌溉水有效利用系数提高到0.53以上；重要江河湖泊水功能区水质达标率提高到60%以上。到2020年，全国用水总量力争控制在6 700亿 m^3 以内；万元工业增加值用水量降低到65 m^3 以下，农田灌溉水有效利用系数提高到0.55以上；重要江河湖泊水功能区水质达标率提高到80%以上，城镇供水水源地水质全面达标。"三条红线"管理及保障措施如下：

（1）加强水资源开发利用控制红线管理，严格实行用水总量控制。包括严格规划管理和水资源论证；严格控制流域和区域取用水总量；严格实施取水许可；严格水资源有偿使用；严格地下水管理和保护；强化水资源统一调度。

（2）加强用水效率控制红线管理，全面推进节水型社会建设。包括全面加强节约用水管理；强化用水定额管理；加快推进节水技术改造。

（3）加强水功能区限制纳污红线管理，严格控制入河湖排污总量。包括严格水功能区监督管理；加强饮用水水源保护；推进水生态系统保护与修复。

（4）保障措施。建立水资源管理责任和考核制度，健全水资源监控体系，完善水资源管理体制，完善水资源管理投入机制，健全政策法规和社会监督机制。

水利部将加快落实"三条红线"管理制度，力争用5年时间基本完成全国主要跨省江河流域水量分配。严格规范水资源论证和取水许可审批。加快推进节水技术改造,“十二五”期间新增节水灌溉工程面积1.5亿亩以上。推进农业用水计量收费,合理调整非农业供水水价,继续推行超额累进加价制度。加强水功能区监管,饮用水水源保护和水生态系统保护与修复。同时,加快落实考核和监管制度,提高水资源监控能力,完善法规与科技支撑体系,推进城乡涉水事务一体化管理。力争用3年时间,基本建成国家水资源监控管理信息系统,对70%的许可取用水量实现水量在线监测、对80%的重要江河湖泊水功能区实现水质监测,对主要江河干流及一级支流省界断面实现水质监测全覆盖。

第二节　水资源管理目标与原则

水资源管理的目标可概括为改革水资源管理体制,建立权威、高效、协调的水资源统一管理体制,以《中华人民共和国水法》(简称《水法》)为根本,建立完善的水资源管理法规体系,保护人类和所有生物赖以生存的水环境和水生态系统,以水资源和水环境承载能力为约束条件,合理开发水资源,提高水的利用效率;发挥政府监管和市场调节作用,建立水权和水市场的有偿使用制度,强化计划节约用水管理,建立节水型社会;通过水资源的优化配置,满足经济社会发展的需水要求,以水资源的可持续利用支持经济社会的可持续发展。关于水资源管理的原则,水利部曾经提出“五统一、一加强”,即坚持实行统一规划,统一调度,统一发放取水许可证,统一征收水资源费,统一管理水量水质,加强全面服务的基本管理原则。

水资源管理原则主要包括以下六方面:

(1)维护生态环境,实施可持续发展战略。

(2)地表水与地下水、水量与水质实行统一规划调度。

(3)加强水资源统一管理。

(4)保障人民生活和生态环境基本用水,统筹兼顾其他用水。

(5)坚持开源节流并重,节流优先治污为本的原则。

(6)坚持按市场经济规律办事,发挥市场机制对促进水资源管理的重要作用。

第三节　水资源管理内容

随着人口增长和经济社会的较大规模发展,需水量越来越大,开发利用水资源的规格和程度也越来越大,水资源供需矛盾日趋尖锐,水资源及其环境受到人类的干扰和破坏越来越强烈,需要解决的水资源问题越发众多和复杂,并且随着社会发展和科技进步,人们对水资源问题的认识也在发展深化,水资源管理不仅逐渐形成了专门的技术和学科,其管理领域也涉及自然、生态和经济、社会等许多方面,内容非常丰富。

一、水资源权属管理

水资源的所有权,即水权,包括占有权、使用权、收益权和处分权。

《中华人民共和国宪法》第九条规定:“矿藏、水流、森林、山岭、草原、荒地、滩涂等自然资源,都属国家所有,即全民所有。"《水法》第三条规定:"水资源属于国家所有。水资源的所有权由国务院代表国家行使。农村集体经济组织的水塘或由农村集体经济组织修建管理的水库中的水,归各农村集体经济组织使用。""国家鼓励单位和个人依法开发、利用水资源,并保护其合法权益。开发、利用水资源的单位和个人有依法保护水资源的义务。"水资源权属关系的明确界定,为合理开发、持续利用水资源奠定了必要的基础,也为水资源管理提供了法律依据,能规范和约束管理者和被管理者的权利和行为。

随着现代产权制度的建立和发展,法人产权主体的出现,水资源所有权中的占有权、使用权、受益权、处分权都可以分离和转让。水权的界定和获得与转让是实施水资源有偿使用制度的法律依据和经济基础,获得和超过了额定水资源就相当于占用了他人的水权,应当付费,超过更应多加付费;反之,出让水权,就应受益。所以,在水资源产权管理上,有赖于建立符合现代产权制度的水市场,还有待于水资源管理制度的深化改革,明确相应的管理办法、动作机制和市场规则,保障水资源权属关系秩序和规范水资源使用权和收益权的市场活动。

二、水资源政策管理

水资源政策管理是指为实现可持续发展战略下的水资源持续利用任务而制定和实施的方针政策方面的管理。《水法》规定:国家鼓励单位和个人依法开发、利用水资源,并保护其合法权益。开发、利用水资源的单位和个人有依法保护水资源的义务。开发、利用、节约、保护水资源和防治水害,应当全面规划、统筹兼顾、标本兼治、综合利用、讲求效益,发挥水资源的多种功能,协调好生活、生产经营和环境用水。我国对水资源实行统一管理、统一规划、统一调配、统一发放"取水许可证"和统一征收水资源费,维护水资源供需平衡和自然生态环境良性循环,以使水资源可持续利用满足人民生活和生态环境基本用水要求,支持和保障经济社会可持续发展,是开发利用和管理保护水资源的基本方针。

三、水资源综合评价与规划的管理

水资源综合评价与规划既是水资源管理的基础工作,也是实施水资源各项管理的科学依据。对全国、流域或行政区域内水资源遵循地表水与地下水统一评价;水量水质并重;水资源可持续利用与社会经济发展和生态环境保护相协调;全面评价与重点区域评价相结合的原则,满足客观、科学、系统、实用的要求,查明水资源状况。在此基础上,根据社会经济可持续发展的需要,针对流域或行政和区域特点,治理开发现状及存在问题,按照统一规划、全面安排、综合治理、综合利用的原则,从经济、社会、环境等方面,提出治理开发的方针、任务和规划目标,选定治理开发的总体方案及主要工程布局与实施程序。

《水法》规定:"开发、利用、节约、保护水资源和防治水害,应当按流域、区域统一规定规划"。"制定规划、必须进行水资源综合科学考察和调查评价"。国家制定全国水资源战略规划。国家确定重要江河、湖泊的流域综合规划,由国务院水行政主管部门会同国务院有关部门和省、市、自治区、直辖市人民政府编制,报国务院批准。跨省、自治区、直辖市的其他江河、湖泊的流域综合规划和区域综合规划,由有关流域机构会同江河、湖泊所在地的省、自治区、直辖市人民政府水行政主管部门和有关部门编制,分别经有关省、自治

区、直辖市人民政府审查提出意见后，报国务院水行政主管部门审核；国务院水行政主管部门征求国务院有关部门意见后，报国务院或者其授权的部门批准。其他江河、湖泊的流域综合规划和区域综合规划由县级以上地方人民政府水行政主管部门会同同级有关部门和有关部门地方人民政府编制，报本级人民政府或者其授权的部门批准，并报上一级水行政主管部门备案。

四、水量分配与调度管理

在一个流域或区域的供水系统内，要按照上下游、左右岸、各地区、各部门兼顾和综合利用的原则，制订水量分配计划和调度运用方案，作为正常运用的依据。遇到水源不足的干旱年份，还应采取应急措施，限制一部分用水，保证重要用水户的用水，或采取分区供水、定时供水等措施。对地表水和地下水实行统一管理，联合调度，提高水资源的利用效率。

五、水质控制与保护管理

随着工业、城市生活用水的增加，未经处理或未达到排放标准的废污水大量排放，使水体及地下储水构造受到污染，减少了可利用水量，甚至造成社会公害。水质控制与保护管理通常指为了防治水污染，改善水源，保护水的利用价值，采取工程措施与非工程措施对水质及水环境进行的控制与保护的管理。

六、节水管理

解决水资源短缺和水污染的一个关键问题就是节水。温家宝同志曾指出："加强水资源管理，提高水的利用效率，建设节水社会，应该作为水利部门的一项基本任务。""节水和治污，是解决水资源合理配置和永续利用的两个重大问题，也是加强水资源管理的两个关键环节。""节水是一场革命。"节水的核心是提高水的利用效率，它不仅引起用水方式的变化，而且引起经济结构的变化，以致引发人们思想观念的变化。国务院对水利部的"三定方案"规定其职责之一"拟定节约用水政策、编制节约用水规划，制定有关标准，组织、指导和监督节约用水工作"。节水需要采取政策、法规、经济、技术和宣传教育等综合性手段，促进和保障节水的实施，使节水不仅成为人们自觉的行动，并成为消费资源，从事生产和社会活动的生存方式，成为实现水资源可持续利用的重要核心内容。

七、防汛与抗洪管理

我国是个多暴雨洪水的国家，历史上洪水灾害频繁，洪水灾害给生命财产造成了巨大损失。因此，研究防洪对策对可能发生的大洪水事先做好防御准备，并开展雨洪水滞纳的利用，如蓄水、补源等，也是水资源管理的重要组成部分。在防洪规划方面，编制江河、湖库和城市的防洪规划，制订防御洪水的方案，落实防洪措施，筹备防洪抢险的物质和设备。在防洪工程建设方面，按国家规定的防洪标准，建设江河流域和城市防洪工程，确保工程质量。加大水库除险加固工程建设力度和防汛通信设施配置建设，做到遇险能够及时通知，避免人员伤亡。在防洪管理方面，要防止行洪、分洪、滞洪、蓄洪的河滩、洼地、湖泊被

侵占或破坏，按照"谁设障、谁清除""谁破坏、谁赔偿"的原则，严格实施经济损失赔偿政策。防汛抗洪工作实行各级人民政府行政首长负责制，统一指挥、分级分部门负责。在严防洪水给人类带来灾难的同时，应在充分研究暴雨洪水规律和准确预测预报的前提下，充分利用雨洪水，做好水库的及时拦蓄、地下水的回灌补源等工作，增加水资源可利用量。

八、水情监测与预报管理

水资源规划、调度、配置及水量水质的管理等工作，都离不开准确、及时、系统的自然与社会的水情信息，因此加强水文观测、水质监测、水情预报，以及水利工程建设与运营期间的水情监测预报，是水资源开发利用与保护管理的基础性工作，是水资源管理的重要内容。我国目前已基本建成了全国水量、水质监测网络，定期不定期发布水情信息，进一步加强了对社会供水能力与需求变化、各行业用水与需水情况变化的监测、统计、预测及信息公布，以及对江河、湖库水情进行测报，为水资源管理和水环境保护提供了可靠的基础和决策依据。

九、水资源组织与协调的管理

加强水资源管理组织和队伍建设是管理的基础和保证，协调调动管理组织和人员的积极性是保障实现水资源管理目标的动力。改革开放以来，我国逐步建成了从中央到地方的一套水资源管理组织机构，在保障水资源可持续利用与保护管理方面发挥了积极作用，由于水资源的动态性特征，应进一步加强流域与区域相结合、区域与区域之间相协调的管理，发挥水资源管理的整体效应。

十、其他日常管理工作

水资源的其他日常管理工作包括涉水事务的日常处理，如检查、监督、考核水资源开发利用与保护行为，宣传、传达水资源管理政策、法规，调节水事纠纷，处理违法违规水事行为等。

第四节　水资源管理方法

水资源管理是在国家实施水资源可持续利用，保障经济社会可持续发展战略方针下的水事管理，涉及水资源的自然、生态、经济、社会属性，影响水资源复合系统的诸方面，因而管理方法必须采用多维手段、相互配合、相互支持，才能达到水资源、经济、社会、环境协调持续发展的目的。法律、行政、经济、技术、宣传教育等综合手段在管理水资源中具有十分重要的作用，以法治水是根本，行政措施是保障，经济调节是核心，技术创新是关键，宣传教育是基础。

一、法律手段

法律手段是管理水资源及涉水事务的一种强制性手段，依法管理水资源是维护水资源开发利用秩序，优化配置水资源，消除和防治水害，保障水资源可持续利用，保护自然和

生态系统平衡的重要措施。一方面要靠立法，把国家对水资源开发利用和管理保护的要求、做法，以法律形式固定下来，强制执行，作为水资源管理活动的准绳；另一方面还要靠执法，有法不依，执法不严，会使法律失去应有的效力。

二、行政手段

采取行政手段管理水资源主要指国家和地方各级水行政管理机关，依据国家行政机关职能配置和行政法规所赋予的组织和指挥权力，对水资源及其环境管理工作制定方针、政策，建立法规、颁布标准，进行监督协调，实施行政决策和管理，是进行水资源管理活动的体制保障和组织行为保障。行政手段一般带有一定的强制性和准法制性，行政手段既是水资源日常管理的执行渠道，又是解决水旱灾害等突发事件的强有力组织者和执行者。只有通过有效力的行政管理才能保障水资源管理目标的实现。

三、经济手段

水利是国民经济的一项重要基础产业，水资源既是重要的自然资源，也是不可缺少的经济资源，在管理中利用价值规律，运用价格、税收、信贷等经济杠杆，控制生产者在水资源开发中的行为，调节水资源的分配，促进合理用水、节约用水，限制和惩罚损害水资源及其环境，以及浪费水的行为，奖励保护水资源、节约用水的行为。其主要方法包括审定水价和征收水费与水资源费，制定实施奖罚措施等。必须利用政府对水资源定价的导向作用和市场经济中价格对资源配置的调节作用，促进水资源的优化分配和各项水资源管理活动的有效运作。

四、技术手段

技术手段是充分利用科学技术是第一生产力的道理，运用那些既能提高生产率，又能提高水资源开发利用率，减少水资源消耗，对水资源及其环境的损害能控制在最低限度的技术以及先进的水污染治理技术等，来达到有效管理水资源的目的。运用技术手段，实现水资源开发利用及管理保护的科学化，包括：①制定水资源及其环境的监测、评价、规划、定额等规范和标准；②根据监测资料和其他有关资料对水资源状况进行评价和规划，编写水资源报告书和水资源公报；③推广先进的水资源开发利用技术和管理技术；④组织开展相关领域的科研和科研成果的推广应用等。

五、宣传教育手段

宣传教育既是水资源管理的基础，也是水资源管理的重要手段。水资源科学知识的普及、水资源可持续利用观的建立、国家水资源法规和政策的贯彻实施、水情通报等，都需要通过行之有效的宣传教育来达到。同时，宣传教育还是保护水资源、节约用水的思想发动工作，充分利用道德约束力量来规范人们对水资源的行为。通过报刊、杂志、广播、电视、展览、专题讲座、文艺演出等各种传媒形式，广泛宣传教育，使公众了解水资源管理的重要意义和内容，提高全民水患意识，形成自觉珍惜水、保护水、节约用水的社会风尚，更有利于各项水资源管理措施的执行。

六、加强国际合作

水资源管理的各方面都应注意经验的传播交流，将国外先进的管理理论、技术和方法及时吸收进来。涉及国际水域或河流的水资源问题，要建立双边或多边的国际协定或公约。

在水资源管理中，上述管理手段相互配合，相互支持，共同构成处理水资源管理事务的整体性、综合性措施，全方位提升水资源管理能力和效果。

第七章　最严格水资源管理制度

2010年12月31日中央发布《中共中央 国务院关于加快水利改革发展的决定》(中发〔2011〕1号),2011年7月8~9日党中央、国务院召开中央水利工作会议,明确提出“把严格水资源管理作为加快转变经济发展方式的战略举措”,要求实行最严格的水资源管理制度,建立用水总量控制制度、建立用水效率控制制度、建立水功能区限制纳污制度、建立水资源管理责任和考核制度,并要求确立水资源管理的三条控制红线。

第一节　最严格水资源管理制度的背景

改革开放以来,我国水资源开发、利用、配置、节约、保护和管理工作取得了显著成绩,为经济社会发展、人民安居乐业做出了突出贡献。但必须清醒地看到,人多水少、水资源时空分布不均是我国的基本国情和水情,水资源短缺、水污染严重、水生态恶化等问题十分突出,已成为制约经济社会可持续发展的主要瓶颈。具体表现在如下几点:

一是我国人均水资源量不足,仅为世界人均平均水平的28%。二是水资源供需矛盾突出,全国年平均缺水量500多亿m^3,670多座城市中400多座缺水,农村有近3亿人口饮水不安全。三是水资源利用方式粗放,用水效率低下,与发达国家差距很大。根据2010年统计,万元GDP用水量我国是150 m^3,发达国家约为55 m^3;工业水的重复利用率,我国约63%,发达国家约85%;城市自来水管网漏失率,我国约20%,发达国家5%~10%。四是不少地方水资源过度开发,像黄河流域开发利用程度已经达到76%,淮河流域也达到了53%,海河流域超过了100%,已经超过其承载能力,引发了一系列生态环境问题。五是水体污染严重,水功能区水质达标率仅为46%。2010年38.6%的河长水质劣于Ⅲ类水,2/3的湖泊富营养化。

随着工业化、城镇化的深入发展,水资源需求将在较长一段时期内持续增长,水资源供需矛盾将更加尖锐,我国水资源面临的形势将更为严峻。要解决我国日益复杂的水资源问题,实现水资源高效利用和有效保护,根本上要靠制度、靠政策、靠改革。根据水利改革发展的新形势、新要求,在系统总结我国水资源管理实践经验的基础上,2011年中央一号文件和中央水利工作会议明确要求实行最严格水资源管理制度,确立水资源开发利用控制、用水效率控制和水功能区限制纳污“三条红线”,从制度上推动经济社会发展与水资源水环境承载能力相适应。针对中央关于水资源管理的战略决策,国务院发布了《意见》,对实行最严格水资源管理制度工作进行全面部署和具体安排,进一步明确水资源管理“三条红线”的主要目标,提出具体管理措施,全面部署工作任务,落实有关责任,必将全面推动最严格水资源管理制度贯彻落实,促进水资源合理开发利用和节约保护,保障经济社会可持续发展。

水资源是基础性的自然资源和战略性的经济资源,是生态与环境的控制性要素。人多水少、水资源时空分布不均、水土资源和生产力布局不相匹配是我国的基本水情，特别是在全球气候变化和大规模经济开发双重因素的相互作用下，我国水资源情势正在发生新的变化，北少南多的水资源分布格局进一步加剧。未来随着经济社会的快速发展以及对水资源保障要求的进一步提高，我国面临的水资源问题将更为复杂。客观基本水情和严峻的水资源形势，决定了必须切实加强水资源管理，实行最严格水资源管理制度。

第二节　最严格水资源管理制度的内容

2012 年 1 月 12 日，国务院以国发〔2012〕3 号文件发布了《意见》，这是继 2011 年中央一号文件和中央水利工作会议明确要求实行最严格水资源管理制度以来，是指导当前和今后一个时期我国水资源管理工作十分重要的纲领性文件。

《意见》对我国实行最严格水资源管理制度做出了全面部署和具体安排，提出实行最严格水资源管理的指导思想，核心是围绕水资源配置、节约和保护“三个环节”，通过健全制度、落实责任、提高能力、强化监管“四项措施”，严格用水总量、用水效率、入河湖排污总量“三项控制”，加快节水型社会建设，促进水资源可持续利用和经济发展方式转变，推动经济社会发展与水资源水环境承载能力相协调。《意见》共分 5 章 20 条，明确提出了实行最严格水资源管理制度的指导思想、基本原则、目标任务、管理措施和保障措施。

一、最严格水资源管理制度的指导思想、基本原则和主要目标

（一）指导思想

深入贯彻落实科学发展观，以水资源配置、节约和保护为重点，强化用水需求和用水过程管理，通过健全制度、落实责任、提高能力、强化监管，严格控制用水总量、全面提高用水效率，严格控制入河湖排污总量，加快节水型社会建设，促进水资源可持续利用和经济发展方式转变，推动经济社会发展与水资源水环境承载能力相协调，保障经济社会长期平稳较快发展。

（二）基本原则

一是坚持以人为本，二是坚持人水和谐，三是坚持统筹兼顾，四是坚持改革创新，五是坚持因地制宜。

（三）主要目标

到 2030 年全国用水总量控制在 7 000 亿 m^3 以内；用水效率达到或接近世界先进水平，万元工业增加值用水量降低到 40 m^3 以下，农田灌溉水有效利用系数提高到 0.6 以上；主要污染物入河湖总量控制在水功能区纳污能力范围之内，水功能区水质达标率提高到 95% 以上。

二、最严格水资源管理制度的主要内容

近年来，我国相继颁布或修订了《水法》《取水许可和水资源费征收管理条例》《水文条例》《建设项目水资源论证管理办法》《实行最严格水资源管理制度考核办法》《南水北调工程供用水管理条例》等法律法规，已经形成了水资源管理制度框架体系。安徽省也

相继颁布了《安徽省实施〈中华人民共和国水法〉办法》《安徽省实施〈中华人民共和国防洪法〉办法》《安徽省取水许可和水资源费征收管理实施办法》《安徽省城镇供水条例》等地方性水资源管理配套法规。但是,现有水资源管理制度法规还不够健全、基础薄弱、管理较为粗放、措施落实不够严格,投入机制、激励机制、参与机制不够健全等,已经不能适应当前严峻的水资源形势。最严格水资源管理制度的主要内容是围绕水资源配置、节约和保护,建立并实施水资源管理"三条红线"和"四项制度"。

(一)建立水资源开发利用控制红线,严格实行用水总量控制

制订重要江河流域水量分配方案,建立流域和省、市、县三级行政区域的取用水总量控制指标体系,明确各流域、各区域地下水开采总量控制指标。严格规划管理和水资源论证,严格实施取水许可和水资源有偿使用制度,强化水资源统一调度等。开发利用控制红线指标主要是用水总量。

(二)建立用水效率控制红线,坚决遏制用水浪费

制定区域、行业和用水产品的用水效率指标体系,改变粗放用水模式,加快推进节水型社会建设。建立国家水权制度,推进水价改革,建立健全有利于节约用水的体制和机制。强化节水监督管理,严格控制高耗水项目建设,全面实行建设项目节水设施"三同时"管理,加快推进节水技术改造等。用水效率控制红线指标主要有万元工业增加值用水量和农业灌溉水有效利用系数。

(三)建立水功能区限制纳污红线,严格控制入河湖排污总量

基于水体纳污能力,提出入河湖限制排污总量,作为水污染防治和污染减排工作的依据。建立水功能区达标指标体系,严格水功能区监督管理,完善水功能区监测预警监督管理制度,加强饮用水水源保护,推进水生态系统的保护与修复等。水功能区限制纳污红线指标主要有江河湖泊水功能区达标率。

三、最严格水资源管理制度的主要措施

建立水资源管理三条红线,是对水资源配置、节约、保护工作的强化,在建立的过程中,注重把握好六项原则,实现六大转变,做好八方面工作。

(一)六项原则

(1)强化水资源社会管理与公共服务职能,切实保障饮水安全、经济发展用水安全和生态用水安全原则。

(2)牢固树立人与自然和谐的理念,正确处理水资源开发利用与生态保护原则。

(3)把水资源管理的重心放在合理配置、全面节约和有效保护上,强化需水管理,建设节水防污型社会。

(4)注重发挥水资源的综合功能和效益,统筹水资源与经济社会发展,协调好生活用水、生产用水和生态用水原则。

(5)针对不同地区水资源条件、环境状况及经济发展阶段的差异,制定水资源分区管理的政策措施。

(6)树立先进管理理念,创新管理、方式方法,加强管理科技支撑,改进管理手段措施,逐步建立体制健全、机制合理、法制完备的水资源管理制度。

（二）六大转变

（1）在管理理念上，加快从供水管理向需水管理转变。

（2）在规划思路上，把水资源开发利用优先转变为节约保护优先。

（3）在保护举措上，加快从事后治理向事前预防转变。

（4）在开发方式上，加快从过度开发、无序开发向合理开发、有序开发转变。

（5）在用水模式上，加快从粗放利用向高效利用转变。

（6）在管理手段上，加快从注重行政管理向综合管理转变。

（三）八方面工作

（1）以总量控制为核心，抓好水资源配置。进一步完善水资源规划体系，推进水权制度建设，做好水量分配和取水总量控制，强化水资源统一调度，切实加强水资源论证工作，实行严格的取用水管理，严格水资源费征收、使用和管理。

（2）以提高用水效率和效益为中心，大力推进节水型社会建设。强化节水考核管理，加大节水技术研发推广力度，大力推进节水型社会建设试点工作，完善公众参与机制，引导和动员社会各界积极参与节水型社会建设。

（3）以水功能区管理为载体，进一步加强水资源保护。加强饮用水水源地保护，强化水功能区监督管理，加强水生态系统保护与修复，切实加强地下水资源保护。

（4）以流域水资源统一管理和区域水务一体化管理为方向，推进水管理体制改革。继续完善流域管理与行政区域管理相结合的水资源管理体制，进一步推进城乡水务一体化，实现对水资源全方位、全领域、全过程的统一管理。

（5）以加强立法和执法监督为保障，规范水资源管理行为。加强水资源管理法规标准体系建设，强化监督管理，做到有法必依、执法必严和违法必究。

（6）以国家推进资源性产品价格改革为契机，建立健全合理的水价形成机制。综合考虑各地区水资源状况、产业结构与终端用户承受能力，合理调整水资源费征收标准，扩大水资源费征收范围，稳步推进农业水价综合改革，合理调整非农业供水水价。

（7）以重大课题研究和技术研发为重点，夯实水资源管理科技支撑。围绕全球气候变化、经济社会发展、水资源可持续利用和生态系统保护，开展水资源重大专题研究。

（8）以强化基础工作为抓手，提高水资源管理水平。定期开展水资源科学考察和调查评价，为水资源管理决策提供科学依据。加快水资源监控体系建设，全面提高水资源监管能力。加强水资源统计及信息发布工作，及时向社会发布科学、准确和权威的水资源信息。

第三节　最严格水资源管理制度解读

第一，我国目前年用水总量已经突破 6 100 亿 m^3，大约占水资源可开发利用量的 74%，很多地方水资源过度开发，已经超过其承载能力，如果不采取强有力的刚性措施就难以扭转水资源严重短缺和日益加剧的被动局面，经济社会也不可能持续发展。第二，我国水资源水质问题也非常突出。2010 年全国废污水的排放总量达到了 750 亿 m^3，河流水质的不达标率接近 40%，其中丧失了利用价值的劣Ⅴ类水占 20%，直接威胁到城乡饮水安全和人民的身心健康。水质问题已经对经济社会发展和人民的生活水平形成了制约。第三,我国水资源严重短缺,时空分布不均,而经济产业结构的不合理是长期困扰经济社会发展的难题,也是水资源问题产生和积累的一个重要原因。第四,在水资源管理手段上,我国还没有形成严格的水资源约束手段。为了使水资源管理与经济转变发展方式相协调,必须从根本上更新思路,实行最严格的水资源管理制度。实行最严格水资源管理制度的目的在于全面提升我国水资源管理能力和水平,提高水资源利用效率和效益,以水资源的可持续利用保障经济社会的可持续发展,核心是围绕"三个环节",通过"四项措施""三项控制""三条红线""四项制度",做好水资源管理工作,以促进经济发展方式转变,推动经济社会发展。

一、"严格"的特征

最严格的水资源管理制度,"严格"体现在"红线"上,"红"意味着最严格,"线"是一个管控的目标,最严格的水资源管理制度的核心实际上就是最严格的水资源管控目标,是我国水资源开发利用的一条底线,一旦突破,经济社会发展就要受损,生态环境就要受到严重的影响。

最严格体现在四个"更加":

一是管理目标更加清晰(2030 年,用水总量不超过 7 000 亿 m^3,即上限)。

二是制度体系更加严密(逐步完善和细化用水总量的控制制度,取水许可和水资源有偿使用制度,水资源论证制度,计划用水制度,水功能区管理制度等各项水资源管理制度)。

三是管理措施更加严格(对取用水总量已经达到或者超过控制指标的地区,要暂停审批建设项目的新增取水;对于取水总量接近控制指标的地区,就要限制审批新增取水;制定节水的强制性标准,禁止出售不符合节水强制性标准的产品;对现状的排污量超出水功能区限制纳污总量的地区,要限制审批新增的取水,限制审批入河排污口)。

四是责任主体更加明确(县级以上人民政府的主要负责人要对水资源管理和保护负总责,制定相应严格的考核和问责制度)。

(一)管理目标更加明晰

水资源管理目标就是要明确全国用水总量、用水效率和水功能区达标的约束性指标,提出各地(省、市、自治区)指标,再将各地目标分解到各流域和市、县,使得水资源管理目标在各个管理层面明晰化、定量化。

(二)制度体系更加严密

《水法》《取水许可和水资源费征收管理条例》等法律法规奠定了水资源管理制度的框架。最严格水资源管理就是要在已有的制度框架下,丰富、细化用水总量控制制度、取水许可制度和水资源有偿使用制度、水资源论证制度、节约用水制度、水功能区管理制度等各项制度的具体内容和实施要求,提高各项制度的可操作性,形成严密、精细、系统、完善的管理制度体系,使得每一项水资源开发、利用、节约、保护和管理行为都有法可依、有章可循。

（三）管理措施更加严格

最严格水资源管理制度提出了比以往更为严格的管理措施，例如：对取水总量已达到或超过控制指标的地区，暂停审批建设项目新增取水；对取水总量接近控制指标的地区，限制审批新增取水；对超过用水计划及定额标准的用水单位，依法核减取用水量；对达到一定取用水规模以上的用水户实行重点考核；对新建、改建、扩建的建设项目，实行节水设施与主体工程同时设计、同时施工、同时投入使用；实行用水产品用水效率标识管理；对现状排污量超出水功能区限制排污总量的地区，限制审批新增取水、限制审批入河排污口等。这些措施更为严格，更加具有可操作性。

（四）责任主体更加明确

《安徽省实行最严格水资源管理制度实施意见》以及各级的“三定”规定等法律法规都明确了水行政主管部门水资源管理的主要职责。在此基础上，最严格水资源管理制度将进一步明确各级地方人民政府、用水户和全社会的责任。地方人民政府对本辖区水资源管理红线指标的落实负总责。用水户具有节约保护水资源的义务，并应依法接受水行政主管部门的监督检查。全社会要形成节约水、保护水、爱护水的社会风尚，并通过强化舆论监督，公开曝光浪费水、污染水的不良行为。

二、“三条红线”及其控制指标的确定

“三条红线”是指水资源开发利用总量控制红线、用水效率控制红线、水功能区限制纳污红线。红线体现了可持续发展对水资源开发利用、用水效率、水功能区限制纳污能力的要求。超越红线，就意味着一些地区水资源开发利用要突破水资源承载能力，会引发一系列水资源、水生态或水环境问题，影响到这些地区经济社会的可持续发展。红线体现了对水资源无序开发、过度开发和粗放利用的控制。对各流域和各行政区域水资源开发、对各行各业的用水效率、对各水功能区的限制排污总量，都要有明确的控制性指标和监控措施。红线体现着责任的落实。超过红线的，就要追究责任，就要依法处罚。通过实行最严格水资源管理制度，对水资源进行合理开发、综合治理、优化配置、全面节约、有效保护，以水资源的可持续利用保障经济社会的可持续发展。

“三条红线”共分四项控制指标，即用水总量控制指标、万元工业增加值用水量指标、农田灌溉水有效利用系数指标和纳污总量控制指标。

（一）用水总量控制指标

根据国务院批复的《全国水资源综合规划（2010—2030年）》，从供水量来看，预测到2030年全国可供水量为7 113亿m^3；从需水量来看，2010年全国用水总量为6 022亿m^3，预测到2030年全国用水高峰时需水总量将达到7 192亿m^3。通过实行最严格水资源管理制度，在强化节水的前提下，按照保障合理用水需求、适度从紧控制的原则，兼顾目标的约束性与可达性，到2030年全国用水高峰时用水总量上限力争控制在7 000亿m^3，以此作为水资源开发利用控制红线，通过用水总量控制实现经济社会与水资源可持续利用协调发展。

（二）用水效率控制指标（万元工业增加值用水量指标和农田灌溉水有效利用系数指标）

《水法》规定，国家对用水实行总量控制和定额管理相结合的制度。用水总量控制要

靠用水定额管理来实现。通过制定用水效率控制红线,提高水资源利用效率,有效缓解新增水资源供给的压力。考虑到用水效率指标的代表性,并与国家"十二五"规划中节水目标相一致,采用万元工业增加值用水量和农田灌溉水有效利用系数作为用水效率控制指标。根据《全国水资源综合规划》,按照高效用水、经济合理、技术可行的原则,到2030年我国万元工业增加值用水量应低于40 m^3,农田灌溉水有效利用系数应高于0.6。这是确保2030年用水总量控制在7 000亿 m^3 的用水效率最低门槛,用水效率优于这些指标,用水总量控制目标才能实现。

(三)水功能区限制纳污总量控制指标(水功能区水质达标率)

国务院批复的《全国水资源综合规划(2010—2030年)》明确了到2030年全国江河湖泊水功能区水质基本达标的目标,核定了水功能区的纳污能力,其中江河湖泊容纳污染物COD和氨氮的最大能力分别为1 050万t和70万t。从红线指标选取的代表性、可操作性角度出发,《实行最严格水资源管理制度的意见》提出,到2030年全国江河湖泊水功能区水质达标率提高到95%以上,以此作为水功能区限制纳污红线。提出纳污总量控制指标就是要警示全社会,我国江河湖泊污染在许多地方已十分严重,必须加强水功能区限制纳污红线管理,要求地方政府切实加大监管力度,落实减排责任,逐步削减污染物入河湖量,提高水功能区水质达标率。

三、水资源管理责任和考核制度的建立

水资源管理责任和考核制度就是通过明确水资源管理的责任、目标、措施、效果等按规定严格考核,促进水资源节约、保护和合理利用,实现水资源可持续利用的制度。水资源管理责任和考核制度是激发单位、组织或工作人员绩效动力的制度。行政机关通常建立的是管理责任和考核制度。考核的要素包括责任主体、管理目标、措施效果、评价方法、奖惩激励。

(一)明确责任主体和管理目标

县级以上地方人民政府主要负责人对本行政区域水资源管理和保护工作负总责;确定管理目标和阶段目标,水资源开发利用、节约和保护的主要指标,纳入地方经济社会发展综合评价体系。

(二)确定科学的考核评价指标体系

1.用水总量控制指标

依据水资源综合规划、区域水资源承载能力和开发利用现状,考虑未来经济社会发展用水需求,体现对高效用水的激励、低效用水的约束,重点控制用水增长过快的地区。

2.用水效率控制指标

(1)万元工业增加值用水量下降幅度:综合考虑区域经济社会发展水平、节水投入能力与节水潜力,对用水效率较高,接近或达到国际先进水平的地区,按25% ~27%控制。

(2)农业灌溉用水有效利用系数:根据区域降水、灌溉用水效率现状、节水灌溉投入、粮食增产规划等因数控制。

(3)水功能区限制纳污指标:根据全国近10年江河湖泊水功能区水质变化情况,结合地区水功能区达标现状,分功能区类型、分流域、分省区控制,主要考核水功能区COD

和氨氮两项水质指标达标率。

（三）严格考核程序

考核由水行政主管部门会同有关部门进行考核。以5年为周期，采用年度考核和期末考核相结合，指标定量考核与制度建立情况定性考核相结合的方式，根据不同地区特点，对指标完成情况进行赋分。每次考核由水利部会同有关部门组成考核组，采用全面检查与重点省区抽查相结合的方式，对各省级行政区年度目标和重点任务完成情况进行检查评估考核，将考核结果报国务院，经国务院审定后向社会公告。考核内容包括水资源开发利用、主要指标的落实情况等。

考核结果纳入地方经济社会发展考核体系，并交中组部等干部管理部门，作为地方政府相关领导干部综合考核评价的重要依据。对未完成考核指标的省级人民政府，应提出限期整改措施，对连续未完成考核指标的省级行政区，对建设项目新增取水要限制审批或暂停审批。

四、最严格水资源管理制度的特点

一是制度系统更加完整和严密，《意见》对水资源开发、利用、废污水排放和再生水利用等均作出了规范要求，实行的是社会水循环的全过程管理。

二是管理手段更加严厉，《意见》规定实行取水、用水、排水的“三条红线”管理，并在管理的措施上，多次用到“不予”“禁止”“一律”等字词，充分体现了管理的刚性和严厉性。

三是管理方式更加精细。《意见》明确提出了2015年、2020年和2030年管理目标，实行分阶段定量化考核，同时要求加强年度过程管理，并在保障措施上专门对“健全水资源监控体系”做出了规定。

四是管理主体更加明确。《意见》规定“县级以上地方人民政府主要负责人对本行政区域水资源管理和保护工作负总责”，同时将水资源开发、利用、节约和保护的主要指标纳入地方经济社会发展综合评价体系，并对考核程序和部门分工做出规定。

第四节　“三条红线”与“四项制度”

“三条红线”和“四项制度”是最严格水资源管理制度的基本制度框架和主要制度内容。这一制度设计主要解决我国当前面临的主要水资源问题以及制度落实不到位的问题。我国水资源主要面临需求过大带来的缺水问题、开发过度导致的水生态退化问题、排污超量引发的水环境污染问题等。通过科学划定水资源开发利用总量控制、用水效率控制、水功能区限制纳污“三条红线”，将经济社会系统对水资源和生态环境系统的影响控制在可承载范围内，既是对经济社会系统取水、用水和排水等行为的约束，也是水资源配置、节约和保护的管理目标。在此基础上，形成了用水总量控制、用水效率控制、水功能区限制纳污控制，以及管理责任和考核等四项制度，从源头、用水过程及末端控制再到考核评价和奖惩，构成了完整的制度体系，有效解决了目标管理的主体和程序问题，促进了制度目标实现和绩效提升。

一、"三条红线"

(一)"三条红线"的内容

一是确立水资源开发利用控制红线,到2030年全国用水总量控制在7 000亿 m^3 以内。

二是确立用水效率控制红线,到2030年用水效率达到或接近世界先进水平,万元工业增加值用水量降低到40 m^3 以下,农田灌溉水有效利用系数提高到0.6以上。

三是确立水功能区限制纳污红线,到2030年主要污染物入河湖总量控制在水功能区纳污能力范围之内,水功能区水质达标率提高到95%以上。为实现上述红线目标,进一步明确了2015年和2020年水资源管理的阶段性目标。

(二)"三条红线"的关系

最严格水资源管理制度是从水资源配置、节约、保护三个环节出发,确立了"三条红线",从而实现对水资源开发利用的全过程进行管控。资源配置环节即从源头上加以控制,实行定额管理,总量控制;节约环节即提高水资源利用效率和用水效益,在使用过程中加以约束;保护环节即防止水功能区受到污染,在终端对排污总量进行控制。"三条红线"即通过严格用水总量、用水效率、入河湖排污总量的"三项控制"加以体现。开发利用控制红线是一个时期内,流域、区域开发利用水资源的上限;用水效率控制红线是区域、行业和用水产品的用水效率应达到的下限;水功能区限制纳污红线是根据水功能区水质目标要求和水域纳污容量,控制入河湖排污总量的上限。超越这些界限,就意味着水资源开发利用要突破水资源水环境承载能力,影响水资源可持续利用,危及经济社会可持续发展。

"三条红线"涵盖了取水、用水、排水全过程,互为支撑、紧密关联,是不可分割的有机整体。确立开发利用控制红线,确保用水总量控制在可承受范围内,同时促进用水户改进生产方式,提高用水效率和减少排污量。确立用水效率控制红线,确保水资源得到高效利用,同时促进在生产相同产品的条件下减少取用水量,可以有效落实总量控制和减少入河排污量。确立水功能区限制纳污红线,确保保护和改善水体功能,同时促进企业改进生产工艺和流程,推行清洁生产,提高水资源循环利用水平,有效减少废污水排放,减少对水体的污染,从而能保证一定水质的水量。从管理层次上讲,用水总量控制重在水资源开发利用的源头管理,用水效率控制重在水资源开发利用的过程管理,限制纳污重在水资源开发利用的终端管理。任何一条红线的缺失,都无法有效控制水资源循环全过程,难以实现水资源可持续利用和支撑经济社会可持续发展。

二、"四项制度"

(一)"四项制度"的内容

一是用水总量控制。为加强水资源开发利用控制红线管理,严格实行用水总量控制,包括严格规划管理和水资源论证,严格控制流域和区域取用水总量,严格实施取水许可,严格水资源有偿使用,严格地下水管理和保护,强化水资源统一调度。

二是用水效率控制制度。为加强用水效率控制红线管理,全面推进节水型社会建设,包括全面加强节约用水管理，把节约用水贯穿于经济社会发展和群众生活生产全过程，强化用水定额管理，加快推进节水技术改造。

三是水功能区限制纳污制度。为加强水功能区限制纳污红线管理，严格控制入河湖排污总量，包括严格水功能区监督管理，加强饮用水水源地保护，推进水生态系统保护与修复。

四是水资源管理责任和考核制度。将水资源开发利用、节约和保护的主要指标纳入地方经济社会发展综合评价体系，县级以上人民政府主要负责人对本行政区域水资源管理和保护工作负总责。

（二）“四项制度”的关系

最严格水资源管理的“四项制度”是一个系统，其中用水总量控制制度、用水效率控制制度、水功能区限制纳污制度是实行最严格水资源管理的具体内容，水资源管理责任和考核制度是落实前三项制度的保障。只有在明晰责任、严格考核的基础上，才能有效发挥“三条红线”的约束力，实现最严格水资源管理制度目标。

用水总量控制制度、用水效率控制制度、水功能区限制纳污制度相互联系、相互影响，具有联动效应。严格执行用水总量控制制度，有利于促进用水户改进生产工艺，改变生产方式，提高用水效率；严格执行用水效率控制制度，在生产相同产品的条件下会减少取用水量，严格用水总量和用水效率管理，有利于促进企业改善生产工艺和推广节水器具，提高水资源循环利用水平，有效减水减污，保护和改善水功能区。

用水总量控制制度、用水效率控制制度、水功能区限制纳污制度是针对水资源开发利用与保护过程中的取水、用水、排水环节设计的。维系水的自然循环和水资源承载能力，需要严格控制取用水总量；保障水功能区水质要求和维系水体自净能力，需要严格控制纳污总量；在水资源承载能力与水环境承载能力约束下，满足经济社会发展的用水需求，需要严格控制用水效率。通过对水资源的量、质和效率的统一管理，才能全面发挥水体供给功能、调节功能和文化功能。任何一项制度缺失，都难以有效应对和解决我国目前面临的复杂的水问题，难以实现社会经济可持续发展。

第五节　最严格水资源管理制度考核

一、最严格水资源管理制度考核办法

2013 年 1 月 2 日，国务院办公厅发布了《实行最严格水资源管理制度考核办法》（简称《考核办法》），具体内容参见附录二。《考核办法》明确了考核的对象和内容、考核方式和程序、考核结果的运用与奖惩措施等。实行最严格水资源管理制度重在落实，建立责任与考核制度，是确保最严格水资源管理制度主要目标和各项任务措施落到实处的关键。《考核办法》的实施，必将有力促进发展方式转变，实现水资源可持续利用，保障经济社会又好又快发展。

（一）考核的对象和内容

《考核办法》明确了各省、自治区、直辖市人民政府是实行最严格水资源管理制度的

责任主体，政府主要负责人对本行政区域水资源管理和保护工作负总责；国务院对各省、自治区、直辖市落实最严格水资源管理制度情况进行考核，水利部会同有关部门成立考核工作组，具体实施。

按照《考核办法》的规定，考核的内容主要包括两个方面：一是各省区最严格水资源管理制度目标完成情况。《考核办法》附件1～3详细列出了各省区用水总量、用水效率、重要江河湖泊水功能区水质达标率控制目标。二是各省区最严格水资源管理制度建设和措施落实情况，包括用水总量控制、用水效率控制、水功能区限制纳污、水资源管理责任和考核等制度建设及相应措施落实情况。

（二）考核方式和程序

按照《考核办法》的规定，考核工作与国民经济和社会发展五年规划相对应，每5年为一个考核期，采用年度考核和期末考核相结合的方式进行。年度考核是对各省、自治区、直辖市人民政府上年度目标完成、制度建设和措施落实情况进行考核；期末考核是对各省、自治区、直辖市人民政府5年考核期末目标完成、制度建设和措施落实情况进行全面考核。考核采用评分法，并划定为优秀、良好、合格、不合格4个等级。

《考核办法》对考核程序进行了明确规定，对各个时间节点、工作方式提出了明确要求：各省区人民政府要按照《考核办法》明确的本行政区域考核期水资源管理控制目标，合理确定年度目标和工作计划，在考核期起始年3月底前报送水利部备案、抄送考核工作组其他成员单位；在每年3月底前将本地区上年度或上一考核期的自查报告上报国务院，同时抄送水利部等考核工作组成员单位；考核工作组对自查报告进行核查，对各省、自治区、直辖市进行重点抽查和现场检查，划定考核等级，形成年度或期末考核报告；水利部在每年6月底前将年度或期末考核报告上报国务院，经国务院审定后，向社会公告。

（三）考核结果的运用与奖惩措施

《考核办法》明确了考核结果的运用与奖惩措施，主要包括以下四个方面：

一是将考核结果与领导干部考评紧密挂钩。年度和期末考核结果经国务院审定后，交由干部主管部门，作为对各省、自治区、直辖市人民政府主要负责人和领导班子综合考核评价的重要依据。

二是对期末考核结果为优秀的省、自治区、直辖市人民政府，国务院予以通报表扬，有关部门在相关项目安排上优先予以考虑；对在水资源节约、保护和管理中取得显著成绩的单位和个人，按照国家有关规定给予表彰奖励。

三是对年度或期末考核结果不合格的省、自治区、直辖市，该省、自治区、直辖市人民政府要在考核结果公告后一个月内，向国务院作出书面报告，提出限期整改措施，同时抄送水利部等考核工作组成员单位。整改期间，暂停该地区建设项目新增取水和入河排污口审批，暂停该地区新增主要水污染物排放建设项目环评审批。

四是对整改不到位的，由监察机关依法依纪追究该地区有关责任人员的责任。

（四）《考核办法》的落实

按照《考核办法》的要求，重点做好以下六方面工作：

一是认真做好《考核办法》的宣传贯彻工作。充分利用各种媒体，大力宣传《考核办法》，提高各级政府、各有关部门和社会各界对建立水资源管理责任和考核制度的认识，增强贯彻落实的自觉性和约束性。

二是制订考核工作实施方案。按照《考核办法》的要求，会同有关部门抓紧制订考核工作实施方案，细化明确具体考核内容、考核评分与等级评定方法、考核组织管理等，为具体落实考核工作制定行动指南。

三是建立全覆盖的最严格水资源管理制度考核指标体系。以《考核办法》确定的考核指标为基础，加快推动各省、自治区、直辖市将本行政区的考核指标分解到市、县两级，尽快建立起覆盖省、市、县三级的考核指标体系。

四是推动各省、自治区、直辖市建立最严格水资源管理责任与考核制度。按照逐级落实责任、逐级考核的原则，推动各省、自治区、直辖市制定所辖区域内实行最严格水资源管理制度考核办法，建立最严格水资源管理制度各级政府一把手负责制，形成一级抓一级、层层抓落实的工作格局。

五是健全考核支撑体系。加快实施水资源监控能力建设，建立重要取水户、重要水功能区和主要省界断面三大监控体系，全面提高水量水质监测能力；制定水资源监测、用水计量与统计等管理办法，健全监测统计制度；成立考核工作组，加强考核工作的组织管理。

六是严格考核管理。按照客观公正、科学合理、系统综合、求真务实的原则，严格落实《考核办法》各项规定，划定考核等级，形成考核报告，经国务院审定后，交由中央干部主管部门，作为对各省、自治区、直辖市政府主要负责人和领导班子综合考核评价的重要依据；对考核不合格的省、自治区、直辖市，严格要求落实整改措施；对整改不到位的，由监察机关依法依纪追究该地区有关责任人员的责任。加强对各地考核工作的监督检查和指导，切实落实好考核工作。

二、最严格水资源管理制度考核实施方案

为落实《意见》，推动最严格水资源管理制度考核工作，依据《考核办法》要求，2014年2月13日，水利部、国家发展和改革委员会、工业和信息化部、财政部、国土资源部、环境保护部、住房和城乡建设部、农业部、审计署和统计局等十部门联合印发了《实行最严格水资源管理制度考核工作实施方案》（水资源〔2014〕61号，简称《实施方案》），对考核组织、程序、内容、评分和结果使用做出明确规定，这标志着我国最严格水资源管理制度考核工作全面启动。

《实施方案》明确指出，由水利部等十部门组成考核工作组，负责具体组织实施对全国31个省级行政区落实最严格水资源管理制度情况进行考核；考核对象为各省级行政区人民政府。考核工作组办公室设在水利部，承担考核工作组的日常工作。水利部商考核工作组各成员单位，于考核期内各年度2月发布年度考核工作通知，明确对上一年度或期末考核工作的具体要求。各省级行政区人民政府确定年度目标和工作计划，组织开展自查，形成自查报告。考核工作组办公室综合自查、核查和重点抽查结果，形成年度或期末考核报告。

考核内容包括各省级行政区最严格水资源管理制度目标完成、制度建设和措施落实情况两部分。目标完成情况主要考核用水总量、万元工业增加值用水量、农田灌溉水有效利用系数和重要江河湖泊水功能区水质达标率等四项指标。制度建设和措施落实情况包

括用水总量控制、用水效率控制、水功能区限制纳污、水资源管理责任和考核等制度建设及相应措施落实情况。

考核结果划分为优秀、良好、合格、不合格四个等级。年度、期末考核结果经国务院审定后向社会公告,并交由干部主管部门,作为对各省级行政区人民政府主要负责人和领导班子综合考核评价的重要依据。对期末考核结果为优秀的省级行政区人民政府,国务院予以通报表扬,有关部门在相关项目安排上优先予以考虑。对年度或期末考核结果不合格的省级行政区人民政府,要在考核结果公告后1个月内,向国务院做出书面报告,提出限期整改措施。对整改不到位的,由相关部门依法依纪追究该地区有关责任人员的责任。对在考核工作中瞒报、谎报、漏报等弄虚作假行为的地区,予以通报批评,对有关责任人员依法依纪追究责任。

2011年中央一号文件和中央水利工作会议明确要求实行最严格水资源管理制度,确立水资源开发利用控制、用水效率控制和水功能区限制纳污"三条红线"。《实施方案》的正式出台,将为推动实行最严格水资源管理制度情况考核工作提供实施依据,进一步推动最严格水资源管理制度的落实,对于解决我国复杂的水资源水环境问题,实现经济社会的可持续发展具有深远意义和重要影响。

实行最严格的水资源管理制度是当代人必须承担的历史责任,更是水行政部门的一项使命,是一个不断实践、不断总结、不断推进的过程。国家已经指明了方向,明确了要求。无论是流域管理机构还是地方政府及其水行政和有关部门,只要牢牢把握科学发展的方向,按照统一部署,团结协作,严格实施,就一定能实现水资源可持续利用,保障经济社会长期平稳较快发展。

附录一:

关于实行最严格水资源管理制度的意见

国发〔2012〕3号

各省、自治区、直辖市人民政府,国务院各部委、各直属机构:

水是生命之源、生产之要、生态之基,人多水少、水资源时空分布不均是我国的基本国情和水情。当前我国水资源面临的形势十分严峻,水资源短缺、水污染严重、水生态环境恶化等问题日益突出,已成为制约经济社会可持续发展的主要瓶颈。为贯彻落实好中央水利工作会议和《中共中央 国务院关于加快水利改革发展的决定》(中发〔2011〕1号)的要求,现就实行最严格水资源管理制度提出以下意见。

一、总体要求

(一)指导思想。深入贯彻落实科学发展观,以水资源配置、节约和保护为重点,强化用水需求和用水过程管理,通过健全制度、落实责任、提高能力、强化监管,严格控制用水总量，全面提高用水效率，严格控制入河湖排污总量，加快节水型社会建设，促进水资源可持续利用和经济发展方式转变，推动经济社会发展与水资源水环境承载能力相协调，保障经济社会长期平稳较快发展。

（二）基本原则。坚持以人为本，着力解决人民群众最关心最直接最现实的水资源问题，保障饮水安全、供水安全和生态安全；坚持人水和谐，尊重自然规律和经济社会发展规律，处理好水资源开发与保护关系，以水定需、量水而行、因水制宜；坚持统筹兼顾，协调好生活、生产和生态用水，协调好上下游、左右岸、干支流、地表水和地下水关系；坚持改革创新，完善水资源管理体制和机制，改进管理方式和方法；坚持因地制宜，实行分类指导，注重制度实施的可行性和有效性。

（三）主要目标。确立水资源开发利用控制红线，到2030年全国用水总量控制在7 000亿 m^3 以内；确立用水效率控制红线，到2030年用水效率达到或接近世界先进水平，万元工业增加值用水量（以2000年不变价计，下同）降低到40 m^3 以下，农田灌溉水有效利用系数提高到0.6以上；确立水功能区限制纳污红线，到2030年主要污染物入河湖总量控制在水功能区纳污能力范围之内，水功能区水质达标率提高到95%以上。

为实现上述目标，到2015年，全国用水总量力争控制在6 350亿 m^3 以内；万元工业增加值用水量比2010年下降30%以上，农田灌溉水有效利用系数提高到0.53以上；重要江河湖泊水功能区水质达标率提高到60%以上。到2020年，全国用水总量力争控制在6 700亿 m^3 以内；万元工业增加值用水量降低到65 m^3 以下，农田灌溉水有效利用系数提高到0.55以上；重要江河湖泊水功能区水质达标率提高到80%以上，城镇供水水源地水质全面达标。

二、加强水资源开发利用控制红线管理，严格实行用水总量控制

（四）严格规划管理和水资源论证。开发利用水资源，应当符合主体功能区的要求，按照流域和区域统一制定规划，充分发挥水资源的多种功能和综合效益。建设水工程，必须符合流域综合规划和防洪规划，由有关水行政主管部门或流域管理机构按照管理权限进行审查并签署意见。加强相关规划和项目建设布局水资源论证工作，国民经济和社会发展规划以及城市总体规划的编制、重大建设项目的布局，应当与当地水资源条件和防洪要求相适应。严格执行建设项目水资源论证制度，对未依法完成水资源论证工作的建设项目，审批机关不予批准，建设单位不得擅自开工建设和投产使用，对违反规定的，一律责令停止。

（五）严格控制流域和区域取用水总量。加快制订主要江河流域水量分配方案，建立覆盖流域和省、市、县三级行政区域的取用水总量控制指标体系，实施流域和区域取用水总量控制。各省、自治区、直辖市要按照江河流域水量分配方案或取用水总量控制指标，制订年度用水计划，依法对本行政区域内的年度用水实行总量管理。建立健全水权制度，积极培育水市场，鼓励开展水权交易，运用市场机制合理配置水资源。

（六）严格实施取水许可。严格规范取水许可审批管理，对取用水总量已达到或超过控制指标的地区，暂停审批建设项目新增取水；对取用水总量接近控制指标的地区，限制审批建设项目新增取水。对不符合国家产业政策或列入国家产业结构调整指导目录中淘

汰类的，产品不符合行业用水定额标准的，在城市公共供水管网能够满足用水需要却通过自备取水设施取用地下水的，以及地下水已严重超采的地区取用地下水的建设项目取水申请，审批机关不予批准。

（七）严格水资源有偿使用。合理调整水资源费征收标准，扩大征收范围，严格水资源费征收、使用和管理。各省、自治区、直辖市要抓紧完善水资源费征收、使用和管理的规章制度，严格按照规定的征收范围、对象、标准和程序征收，确保应收尽收，任何单位和个人不得擅自减免、缓征或停征水资源费。水资源费主要用于水资源节约、保护和管理，严格依法查处挤占挪用水资源费的行为。

（八）严格地下水管理和保护。加强地下水动态监测，实行地下水取用水总量控制和水位控制。各省、自治区、直辖市人民政府要尽快核定并公布地下水禁采和限采范围。在地下水超采区，禁止农业、工业建设项目和服务业新增取用地下水，并逐步削减超采量，实现地下水采补平衡。深层承压地下水原则上只能作为应急和战略储备水源。依法规范机井建设审批管理，限期关闭在城市公共供水管网覆盖范围内的自备水井。抓紧编制并实施全国地下水利用与保护规划以及南水北调东中线受水区、地面沉降区、海水入侵区地下水压采方案，逐步削减开采量。

（九）强化水资源统一调度。流域管理机构和县级以上地方人民政府水行政主管部门要依法制订和完善水资源调度方案、应急调度预案和调度计划，对水资源实行统一调度。区域水资源调度应当服从流域水资源统一调度，水力发电、供水、航运等调度应当服从流域水资源统一调度。水资源调度方案、应急调度预案和调度计划一经批准，有关地方人民政府和部门等必须服从。

三、加强用水效率控制红线管理，全面推进节水型社会建设

（十）全面加强节约用水管理。各级人民政府要切实履行推进节水型社会建设的责任，把节约用水贯穿于经济社会发展和群众生活生产全过程，建立健全有利于节约用水的体制和机制。稳步推进水价改革。各项引水、调水、取水、供用水工程建设必须首先考虑节水要求。水资源短缺、生态脆弱地区要严格控制城市规模过度扩张，限制高耗水工业项目建设和高耗水服务业发展，遏制农业粗放用水。

（十一）强化用水定额管理。加快制定高耗水工业和服务业用水定额国家标准。各省、自治区、直辖市人民政府要根据用水效率控制红线确定的目标，及时组织修订本行政区域内各行业用水定额。对纳入取水许可管理的单位和其他用水大户实行计划用水管理，建立用水单位重点监控名录，强化用水监控管理。新建、扩建和改建建设项目应制订节水措施方案，保证节水设施与主体工程同时设计、同时施工、同时投产（“三同时”制度），对违反“三同时”制度的，由县级以上地方人民政府有关部门或流域管理机构责令停止取用水并限期整改。

（十二）加快推进节水技术改造。制定节水强制性标准，逐步实行用水产品用水效率标识管理，禁止生产和销售不符合节水强制性标准的产品。加大农业节水力度，完善和落实节水灌溉的产业支持、技术服务、财政补贴等政策措施，大力发展管道输水、喷灌、微灌等高效节水灌溉。加大工业节水技术改造，建设工业节水示范工程。充分考虑不同工业

行业和工业企业的用水状况和节水潜力,合理确定节水目标。有关部门要抓紧制定并公布落后的、耗水量高的用水工艺、设备和产品淘汰名录。加大城市生活节水工作力度,开展节水示范工作,逐步淘汰公共建筑中不符合节水标准的用水设备及产品,大力推广使用生活节水器具,着力降低供水管网漏损率。鼓励并积极发展污水处理回用、雨水和微咸水开发利用、海水淡化和直接利用等非常规水源开发利用。加快城市污水处理回用管网建设,逐步提高城市污水处理回用比例。非常规水源开发利用纳入水资源统一配置。

四、加强水功能区限制纳污红线管理,严格控制入河湖排污总量

(十三)严格水功能区监督管理。完善水功能区监督管理制度,建立水功能区水质达标评价体系,加强水功能区动态监测和科学管理。水功能区布局要服从和服务于所在区域的主体功能定位,符合主体功能区的发展方向和开发原则。从严核定水域纳污容量,严格控制入河湖排污总量。各级人民政府要把限制排污总量作为水污染防治和污染减排工作的重要依据。切实加强水污染防控,加强工业污染源控制,加大主要污染物减排力度,提高城市污水处理率,改善重点流域水环境质量,防治江河湖库富营养化。流域管理机构要加强重要江河湖泊的省界水质水量监测。严格入河湖排污口监督管理,对排污量超出水功能区限排总量的地区,限制审批新增取水和入河湖排污口。

(十四)加强饮用水水源保护。各省、自治区、直辖市人民政府要依法划定饮用水水源保护区,开展重要饮用水水源地安全保障达标建设。禁止在饮用水水源保护区内设置排污口,对已设置的,由县级以上地方人民政府责令限期拆除。县级以上地方人民政府要完善饮用水水源地核准和安全评估制度,公布重要饮用水水源地名录。加快实施全国城市饮用水水源地安全保障规划和农村饮水安全工程规划。加强水土流失治理,防治面源污染,禁止破坏水源涵养林。强化饮用水水源应急管理,完善饮用水水源地突发事件应急预案,建立备用水源。

(十五)推进水生态系统保护与修复。开发利用水资源应维持河流合理流量和湖泊、水库以及地下水的合理水位,充分考虑基本生态用水需求,维护河湖健康生态。编制全国水生态系统保护与修复规划,加强重要生态保护区、水源涵养区、江河源头区和湿地的保护,开展内源污染整治,推进生态脆弱河流和地区水生态修复。研究建立生态用水及河流生态评价指标体系,定期组织开展全国重要河湖健康评估,建立健全水生态补偿机制。

五、保障措施

(十六)建立水资源管理责任和考核制度。要将水资源开发、利用、节约和保护的主要指标纳入地方经济社会发展综合评价体系,县级以上地方人民政府主要负责人对本行政区域水资源管理和保护工作负总责。国务院对各省、自治区、直辖市的主要指标落实情况进行考核,水利部会同有关部门具体组织实施,考核结果交由干部主管部门,作为地方人民政府相关领导干部和相关企业负责人综合考核评价的重要依据。具体考核办法由水利部会同有关部门制订,报国务院批准后实施。有关部门要加强沟通协调,水行政主管部门负责实施水资源的统一监督管理,发展改革委、财政部、国土资源部、环境保护部、住房和城乡建设部、监察部、法制部等部门按照职责分工,各司其职,密切配合,形成合力,共同

做好最严格水资源管理制度的实施工作。

（十七）健全水资源监控体系。抓紧制定水资源监测、用水计量与统计等管理办法，健全相关技术标准体系。加强省界等重要控制断面、水功能区和地下水的水质水量监测能力建设。流域管理机构对省界水量的监测核定数据作为考核有关省、自治区、直辖市用水总量的依据之一，对省界水质的监测核定数据作为考核有关省、自治区、直辖市重点流域水污染防治专项规划实施情况的依据之一。加强取水、排水、入河湖排污口计量监控设施建设，加快建设国家水资源管理系统，逐步建立中央、流域和地方水资源监控管理平台，加快应急机动监测能力建设，全面提高监控、预警和管理能力。及时发布水资源公报等信息。

（十八）完善水资源管理体制。进一步完善流域管理与行政区域管理相结合的水资源管理体制，切实加强流域水资源的统一规划、统一管理和统一调度。强化城乡水资源统一管理，对城乡供水、水资源综合利用、水环境治理和防洪排涝等实行统筹规划、协调实施，促进水资源优化配置。

（十九）完善水资源管理投入机制。各级人民政府要拓宽投资渠道，建立长效、稳定的水资源管理投入机制，保障水资源节约、保护和管理工作经费，对水资源管理系统建设、节水技术推广与应用、地下水超采区治理、水生态系统保护与修复等给予重点支持。中央财政加大对水资源节约、保护和管理的支持力度。

（二十）健全政策法规和社会监督机制。抓紧完善水资源配置、节约、保护和管理等方面的政策法规体系。广泛深入开展基本水情宣传教育，强化社会舆论监督，进一步增强全社会水忧患意识和水资源节约保护意识，形成节约用水、合理用水的良好风尚。大力推进水资源管理科学决策和民主决策，完善公众参与机制，采取多种方式听取各方面意见，进一步提高决策透明度。对在水资源节约、保护和管理中取得显著成绩的单位和个人给予表彰奖励。

国务院

二〇一二年一月十二日

附录二：

实行最严格水资源管理制度考核办法

（国办发〔2013〕2号）

第一条 为推进实行最严格水资源管理制度，确保实现水资源开发利用和节约保护的主要目标，根据《中华人民共和国水法》《中共中央 国务院关于加快水利改革发展的决定》（中发〔2011〕1号）、《国务院关于实行最严格水资源管理制度的意见》（国发〔2012〕3号）等有关规定，制定本办法。

第二条　考核工作坚持客观公平、科学合理、系统综合、求真务实的原则。

第三条　国务院对各省、自治区、直辖市落实最严格水资源管理制度情况进行考核，水利部会同发展改革委、工业和信息化部、监察部、财政部、国土资源部、环境保护部、住房和城乡建设部、农业部、审计署、统计局等部门组成考核工作组，负责具体组织实施。

各省、自治区、直辖市人民政府是实行最严格水资源管理制度的责任主体，政府主要负责人对本行政区域水资源管理和保护工作负总责。

第四条　考核内容为最严格水资源管理制度目标完成、制度建设和措施落实情况。

各省、自治区、直辖市实行最严格水资源管理制度主要目标详见附件；制度建设和措施落实情况包括用水总量控制、用水效率控制、水功能区限制纳污、水资源管理责任和考核等制度建设及相应措施落实情况。

第五条　考核评定采用评分法，满分为100分。考核结果划分为优秀、良好、合格、不合格四个等级。考核得分90分以上为优秀，80分以上90分以下为良好，60分以上80分以下为合格，60分以下为不合格（以上包括本数，以下不包括本数）。

第六条　考核工作与国民经济和社会发展五年规划相对应，每五年为一个考核期，采用年度考核和期末考核相结合的方式进行。在考核期的第2至5年上半年开展上年度考核，在考核期结束后的次年上半年开展期末考核。

第七条　各省、自治区、直辖市人民政府要按照本行政区域考核期水资源管理控制目标，合理确定年度目标和工作计划，在考核期起始年3月底前报送水利部备案，同时抄送考核工作组其他成员单位。如考核期内对年度目标和工作计划有调整的，应及时将调整情况报送备案。

第八条　各省、自治区、直辖市人民政府要在每年3月底前将本地区上年度或上一考核期的自查报告上报国务院，同时抄送水利部等考核工作组成员单位。

第九条　考核工作组对自查报告进行核查，对各省、自治区、直辖市进行重点抽查和现场检查，划定考核等级，形成年度或期末考核报告。

第十条　水利部在每年6月底前将年度或期末考核报告上报国务院，经国务院审定后，向社会公告。

第十一条　经国务院审定的年度和期末考核结果，交由干部主管部门，作为对各省、自治区、直辖市人民政府主要负责人和领导班子综合考核评价的重要依据。

第十二条　对期末考核结果为优秀的省、自治区、直辖市人民政府，国务院予以通报表扬，有关部门在相关项目安排上优先予以考虑。对在水资源节约、保护和管理中取得显著成绩的单位和个人，按照国家有关规定给予表彰奖励。

第十三条　年度或期末考核结果为不合格的省、自治区、直辖市人民政府，要在考核结果公告后一个月内，向国务院做出书面报告，提出限期整改措施，同时抄送水利部等考核工作组成员单位。

整改期间，暂停该地区建设项目新增取水和入河排污口审批，暂停该地区新增主要水污染物排放建设项目环评审批。对整改不到位的，由监察机关依法依纪追究该地区有关责任人员的责任。

第十四条　对在考核工作中瞒报、谎报的地区，予以通报批评，对有关责任人员依法

依纪追究责任。

第十五条 水利部会同有关部门组织制定实行最严格水资源管理制度考核工作实施方案。

各省、自治区、直辖市人民政府要根据本办法，结合当地实际，制定本行政区域内实行最严格水资源管理制度考核办法。

第十六条 本办法自发布之日起施行。

附录三：

安徽省人民政府关于实行最严格水资源管理制度的意见

皖政〔2013〕15号

各市、县人民政府，省政府各部门、各直属机构：

为贯彻落实《国务院关于实行最严格水资源管理制度的意见》(国发〔2012〕3号)、《国务院办公厅关于印发实行最严格水资源管理制度考核办法的通知》(国办发〔2013〕2号)精神，结合我省实际，提出以下意见。

一、总体要求

(一)指导思想。深入贯彻落实党的十八大精神，以科学发展观为主题，围绕打造生态强省、建设美好安徽的战略，以水资源配置、节约和保护为重点，强化用水需求和用水过程管理，严格控制用水总量，提高用水效率，严格控制入河湖排污总量，加快节水型社会建设，落实水资源管理考核制度，促进水资源可持续利用和经济社会发展方式转变，保障全省经济社会长期平稳较快发展。

(二)基本原则。坚持以人为本，保障城乡饮水安全、供水安全和生态安全；坚持人水和谐，处理好水资源开发利用保护与经济社会发展关系；坚持统筹兼顾，协调好生活、生产、生态用水；坚持节水减排、高效利用、保障重点，合理分配流域与区域水资源；坚持改革创新，提升水资源管理能力和水平；坚持因地制宜、因水制宜，注重制度实施的实效性。

(三)主要目标。确立水资源开发利用控制红线、用水效率控制红线和水功能区限制纳污红线。到2030年，全省用水总量按276.75亿m^3控制(不包括贯流式火电冷却水、非常规水源供水和引江济淮水量，约75亿m^3)，万元工业增加值用水量和农田灌溉水有效利用系数达到国家规定要求，主要污染物入河湖总量控制在水功能区纳污能力范围之内，重要江河湖泊水功能区水质达标率提高到95%以上。

为实现上述目标，到2015年，全省用水总量按273.45亿m^3控制(不包括贯流式火电冷却水、非常规水源供水，约35亿m^3)；万元工业增加值用水量比2010年下降35%，农田灌溉水有效利用系数提高到0.515；主要江河湖泊水功能区水质达标率达到71%以上，重要饮用水源地主要水质指标达到国家规定标准。到2020年，全省用水总量按270.84亿

m^3 控制(不包括贯流式火电冷却水、非常规水源供水和引江济淮水量,约 65 亿 m^3);万元工业增加值用水量和农田灌溉水有效利用系数符合国家规定要求;重要江河湖泊水功能区水质达标率提高到 80% 以上,城镇供水水源地水质全面达标。

二、加强水资源开发利用控制红线管理

(四)建立完备的水资源规划体系。加快编制各级水资源综合规划、水中长期供求计划、节水型社会建设规划、水资源保护规划、饮用水源地安全保障规划、农业节水发展规划、水生态系统保护与修复规划等专业规划,形成较为完备的水资源规划体系。加强相关规划和项目建设布局水资源论证工作,国民经济和社会发展规划以及土地利用总体规划、城市总体规划、环境保护规划、重大项目建设布局,应当与当地水资源条件和防洪要求相适应。

(五)严格取用水总量控制。实行流域和区域取用水总量控制,建立覆盖省、市、县三级行政区域的取用水总量控制体系。各市、县(含市、区,下同)按照水量分配方案或取用水总量控制指标,制订年度用水计划。对取用水总量已达到或超过控制指标的地区,限制审批建设项目新增取水。逐步建立水权制度,探索运用市场机制配置水资源。制订水资源调度方案、应急调度预案,统一调度各类水源供水。

(六)严格实施取水许可制度。严格规范取水许可审批管理,对不符合国家产业政策或列入国家产业结构调整指导目录中淘汰类的,产品不符合行业用水定额标准的,地下水已严重超采地区取用地下水的建设项目取水申请,审批机关不予批准。未按规定办理取水许可审批手续的取水户,应整改并依法补办。建立全省取水许可管理登记信息台账,尽快完成各地依法应办理取水许可证的取水户登记入库工作。建立健全水平衡测试制度。

(七)严格水资源论证。加强规划和项目建设布局水资源论证工作。在编制国民经济和社会发展规划、土地利用规划、城市总体规划时,应编制水资源篇章;重大建设项目布局和开发区、工业园区规划,应编制水资源论证报告书。对未依法完成水资源论证工作的建设项目,审批机关不予批准,建设单位不得擅自开工建设和投产使用。对违反规定的,一律责令停止。

(八)严格水资源有偿使用。严格水资源费征收、使用、管理,积极推进水价改革,建立水资源费差别价格和分类价格机制。合理调整水资源费征收标准,严格按照规定的征收范围、对象、标准和程序征收水资源费,任何单位和个人不得减免、缓征或停征水资源费。依法查处挤占挪用水资源费的行为。

(九)严格地下水管理和保护。核定并公布淮北地区地下水禁采和限采范围,对淮北地区地下水严重超采并已造成严重环境地质问题的,实施地下水压采。在地下水超采区,禁止农业、工业建设项目和服务业新增取用中深层地下水,并削减开采量,逐步实现地下水采补平衡。深层承压水原则上只作为应急和战略储备水源。依法规范取用中深层地下水机井建设审批管理。

(十)加快水资源配置工程建设。加快实施重大水源工程建设,构建以长江、淠史杭—驷马山、淮河为横,以引江济淮、淮水北调、引淮济亳为纵的“三横三纵”骨干输配水线路格局,强化皖江城市带承接产业转移示范区及皖北城市群和重要工业基地供水基础设施建设,加强江淮分水岭地区蓄水工程建设,构建完善全省水资源配置工程体系。

（十一）积极开发利用非常规水源。积极推进非常规水源利用，把非常规水源开发利用纳入区域水资源统一配置。城市建设应同步配套建设污水收集、处理设施，注重再生水利用设施的配套建设，力争到2015年沿淮淮北地区的污水再生利用率达到污水处理量的35%。建立健全污水再生利用产业政策，火力发电、钢铁等工业企业应当优先使用再生水，鼓励园林绿化、环境卫生、建筑施工、洗车等使用雨水、再生水。利用沿淮湖泊洼地合理拦蓄洪水，推进采煤沉陷区综合治理。推广雨水集蓄利用技术，建设雨水利用生态小区和公共建筑雨水利用、中水回用示范。工业园区应实施集中供水、废污水集中处理，并在园区内充分利用。

三、加强用水效率控制红线管理

（十二）全面加强节约用水管理。各级人民政府要切实履行推进节水型社会建设的责任，建立健全有利于节约用水的体制和机制。依法加强对节约用水的统一管理和监督，各级政府、单位和个人不得禁止、阻拦水行政监管部门对开发园区、重点用水企业的正常管理。巩固淮北、合肥、铜陵市全国节水型社会建设试点成果，扩大省级节水试点建设范围，建设一批具有代表性的节水型社会示范区。鼓励并积极推进节水型城市、企业、社区、学校、单位、家庭等节水载体建设。水资源短缺、生态脆弱地区要限制高耗水工业项目建设和高耗水服务业发展。

（十三）强化用水定额管理。2013年完成安徽省行业用水定额修订工作，将用水定额作为核定用水计划的重要依据。对纳入取水许可管理的单位和其他用水大户实行计划用水管理，建立重点用水户监控名录，强化用水监控管理。新建、扩建和改建建设项目应制订节水措施方案，保证节水设施与主体工程同时设计、同时施工、同时投产。

（十四）大力推进节水农业。推广工程节水、生物节水和农艺节水技术，因地制宜调整种植结构，扶持节水技术装备、农业旱作技术和农作物抗旱新品种的研究开发和推广，发展节水型农业。完善和落实节水灌溉的产业支持、技术服务、财政补贴等政策措施。积极培育扶持农民用水合作组织，调动农民及农业经济合作组织发展专业灌溉服务和节水灌溉的积极性。

（十五）大力推进城镇和工业节水。加大工业节水技术改造和城市生活节水工作力度，积极开展节水示范，强力推进节水减排。制定节水强制性标准，逐步实施用水产品用水效率标识管理，禁止生产和销售不符合节水强制性标准的产品。省有关部门要及时制定并公布落后的、耗水量高的用水工艺、设备和产品淘汰名录。加快城镇供水管网节水改造，大力推广节水新产品、新技术、新工艺，逐步淘汰公共建筑中不符合节水标准的用水设备及产品，推广使用生活节水器具，着力降低供水管网漏失率。

四、加强水功能区限制纳污红线管理

（十六）严格水功能区监督管理。完善跨省河流水污染联防机制，增强跨省界河流水污染防治和突发事件处置能力。完善水功能区监督管理制度，建立水功能区水质达标评价体系，加强市界断面和重要水源地水质监测。从严核定水域纳污容量，把限制排污总量作为水污染防治和河湖污染减排工作的重要依据。严格入河湖排污口监督管理，开展入河湖排污口整治，对排污量超出水功能区纳污总量的地区，限制审批新增取水和入河湖排污口，提高工业废水处理标准和城市污水处理率。积极推进清洁型小流域建设。改善淮河、巢湖等重点流域水环境质量，保护引江济淮、淮水北调等调水工程水环境。

（十七）加强饮用水水源保护。保障城乡饮用水安全，依法划定饮用水水源保护区，公布《安徽省重要饮用水水源地名录》。开展重要饮用水水源地安全保障达标建设，禁止在饮用水水源保护区内设置排污口，已设置排污口的由所在市、县人民政府责令限期拆除。强化饮用水水源应急管理，开展备用水源地建设，完善饮用水水源安全评估制度和风险预警机制、突发性事件应急处置预案，增强防御突发污染事故和应对特殊干旱等风险的能力。

（十八）推进水生态系统保护与修复。开发利用水资源，应充分考虑基本生态用水需求，维护河湖健康生态。县级以上人民政府应组织编制水生态系统保护与修复规划，加强重要生态保护区、水源涵养区和湿地的保护。开展全省重要河流湖泊健康评价，建立完善生态用水及河流生态评价指标体系。做好新安江流域、合肥经济圈等重点区域水生态系统保护与修复，建立健全水生态补偿机制。

五、保障措施

（十九）落实水资源管理责任制。加强实行最严格水资源管理制度的领导，成立省实行最严格水资源管理制度领导小组，研究解决全省水资源管理工作中的突出问题。各市、县人民政府是实行最严格水资源管理制度的责任主体，政府主要负责人对本行政区域水资源管理和保护工作负总责。省水利厅负责全省水资源的统一监督管理，省相关部门按照职责分工，做好最严格水资源管理制度的实施工作。

（二十）建立水资源管理考核制度。水资源开发、利用、节约和保护的主要指标纳入经济社会发展综合评价体系，省政府对各设区市实施最严格水资源管理制度目标完成情况、制度建设和措施落实情况进行考核，省水利厅会同有关部门制定具体考核办法，报省政府批准后组织实施。对在水资源节约、保护和管理中取得显著成绩的单位和个人，按照国家有关规定给予表彰奖励。

（二十一）建立健全水资源监控体系。切实加强水资源监控能力建设，“十二五”期间基本建成覆盖全省的水资源管理监控系统。对新增的用水户、现有用水户年取地表水大于100万m^3或地下水大于30万m^3的取水计量纳入省级在线监测系统。充分发挥有关部门现有地下水监测站、点及相关设施的作用，统筹规划并完善地下水监测网络。建立应急机动监测体系，提高监控、预警和应急管理能力。定期发布水资源公报等信息，将各水功能区控制断面水质监测核定数据作为考核各市重点流域水污染防治专项规划实施情况的依据之一。

（二十二）完善水资源管理体制和投入机制。进一步强化城乡水资源统一管理，理顺节约用水管理体制，加强水资源管理队伍建设，提高水资源管理能力。拓宽投资渠道，建立稳定的水资源管理投入机制，保障水资源节约、保护和管理工作经费，对水资源管理系统建设、节水技术推广与应用、地下水超采区治理、水生态系统保护与修复等给予重点支持。

（二十三）健全政策法规和社会监督机制。推进完善水资源配置、节约、保护和管理等方面的政策法规体系。建立水资源管理科学决策和民主决策机制，提高决策透明度。

强化社会舆论监督。坚持依法行政，提高水资源管理公共服务效率和质量。严格水资源执法工作，依法查处各类违法行为，维护良好水事秩序。

(二十四)加大宣传力度。加大实行最严格水资源管理制度的宣传力度，提高全民节水意识和水资源保护意识。广泛开展基本水情宣传教育，将水资源和节水教育纳入国民素质教育体系，列入学校教育、干部培训的重要内容。充分发挥新闻媒体的正面引导和宣传教育作用，倡导节约用水的良好风尚。

安徽省人民政府
2013年3月1日

附录四：

安徽省实行最严格水资源管理制度考核办法

第一章　总　则

第一条　为加快落实最严格水资源管理制度，确保完成水资源开发利用和节约保护的主要目标，根据《国务院办公厅关于印发实行最严格水资源管理制度考核办法的通知》(国办发〔2013〕2号)、《安徽省人民政府关于实行最严格水资源管理制度的意见》(皖政〔2013〕15号)等有关规定，制定本办法。

第二条　考核工作坚持客观公平、科学合理、规范透明、务实易行的原则。

第二章　组织实施和责任主体

第三条　省政府对各市落实最严格水资源管理制度情况进行考核，省直管县纳入原所在市统一考核。省水利厅会同省发展改革委、经济和信息化、监察、财政、国土资源、环境保护、住房和城乡建设、农业、审计、统计等有关部门组成考核工作组，负责具体组织实施。

第四条　各市人民政府是实行最严格水资源管理制度的责任主体，政府主要负责人对本行政区域水资源管理和保护工作负总责。

第三章　考核内容

第五条　考核内容为最严格水资源管理制度目标完成、制度建设和措施落实等情况。

(一)指标考核：主要包括行政区域内用水总量控制指标(包括用水总量，以及生活用水量和工业用水量)、用水效率控制指标(包括万元工业增加值用水量和农田灌溉水有效利用系数)、水功能区限制纳污指标(包括水功能区水质达标率、城镇生产生活废污水处理回用率)的完成情况。

(二)工作评价：对各市实行最严格水资源管理制度工作进行考核测评，重点考核水资源管理“三条红线”“四项制度”建立情况，水资源管理能力建设，水资源配置、用水效率管理、水资源保护和相关配套政策制定及制度建设情况等。

第四章　考核方式

第六条　考核评定采用评分法，满分为100分。考核结果划分为优秀、良好、合格、不合格四个等级。具体评分细则在考核工作实施方案中另行规定。

第七条　考核工作与国民经济和社会发展五年规划相对应，每五年为一个考核期，采用年度考核和期末考核相结合的方式进行。

（一）确定目标。各市人民政府按照本行政区域考核期水资源管理控制目标，合理确定年度目标和工作计划，在考核期起始年2月10日前报送省水利厅备案，同时抄送考核工作组其他成员单位。年度目标和工作计划有调整的，应及时将调整情况报送备案。

（二）自查自评。各市人民政府在每年2月10日前，将本地区上年度或上一考核期实施最严格水资源管理制度的工作总结、自评情况以及相关指标数据完成情况汇总，形成自评报告上报省政府，同时抄送省水利厅等考核工作组成员单位。

（三）年度考核。每年2月底前，考核工作组对各市上年度实行最严格水资源管理制度情况进行重点抽查和现场检查，3月15日前完成对各市上报的自评报告核查工作，提出各市年度考核评分和考核等级意见，并全面总结考核年度内我省最严格水资源管理制度实施情况，形成年度考核报告上报省政府审定。

（四）期末考核。考核期满第二年的2月底前，考核工作组对各市实行最严格水资源管理制度情况进行重点抽查和现场检查，3月15日前完成对各市上报的自评报告核查工作，提出各市考核评分和考核等级意见，并全面总结考核期内我省最严格水资源管理制度实施情况，形成期末考核报告上报省政府审定。

第八条　年度或期末考核报告经省政府审定后，通报各市和省有关部门。

第五章　考核结果及应用

第九条　经省政府审定的年度和期末考核结果，交由干部主管部门，作为对各市人民政府主要负责人、领导班子综合考核评价的重要依据。

第十条　对期末考核结果为优秀的市人民政府，省政府予以通报表扬，有关部门在相关项目安排上优先予以考虑。对在水资源节约、保护和管理中取得显著成绩的单位和个人，按照国家和省有关规定给予表彰奖励。

第十一条　年度或期末考核结果为不合格的市人民政府，要在考核结果通报后一个月内，向省政府做出书面报告，提出限期整改措施，同时抄送省水利厅等考核工作组成员单位。

整改期间，暂停审批该地区需要用水的新建、改建、扩建建设项目立项和审批，暂停该地区新增主要水污染物排放建设项目环评审批；未按要求进行整改或整改不力的，由监察机关依法依纪追究有关责任人员的责任。

第十二条　对在考核工作中瞒报、谎报的地区，予以通报批评，对有关责任人员依法依纪追究责任。

第六章 附 则

第十三条 省水利厅会同有关部门组织制定实行最严格水资源管理制度考核工作实施方案。各市人民政府可根据本办法,制定本行政区域内实行最严格水资源管理制度考核办法。

第十四条 本办法自发布之日起施行。

附表1:2015年各市用水总量及用水效率控制目标。

附表2:各市列入全国及全省重要水功能区达标率控制目标(%)。

附表1 2015年各市用水总量及用水效率控制目标

地区	用水总量(亿 m^3)			万元工业增加值用水量比2010年下降幅度(%)	农田灌溉水有效利用系数
	国控指标	直流冷却水	合计		
全省	271.90	36.10	308.00	35.0	0.515
合肥市	33.08		33.08	25.0	0.510
淮北市	5.42		5.42	27.0	0.595
亳州市	11.46		11.46	44.0	0.590
宿州市	11.71		11.71	43.0	0.560
蚌埠市	16.46		16.46	44.0	0.550
阜阳市	19.02		19.02	42.0	0.575
淮南市	14.00	5.00	19.00	45.0	0.550
滁州市	24.50		24.50	37.0	0.495
六安市	32.47		32.47	45.0	0.495
马鞍山市	15.82	11.40	27.22	32.0	0.515
芜湖市	23.90	8.30	32.20	33.0	0.525
宣城市	16.04		16.04	45.0	0.495
铜陵市	5.27	6.74	12.01	33.0	0.525
池州市	9.20	2.04	11.24	39.0	0.525
安庆市	26.60	2.54	29.14	32.0	0.495
黄山市	5.80		5.80	37.0	0.495

注:2020年、2030年用水总量控制指标,按照国家下达的指标,结合引江济淮确定的规模及受水区配水量等情况,在2015年的基础上做调整。

附表2　各市列入全国及全省重要水功能区达标率控制目标　(%)

地区	2015年	2020年	2030年
全省	71	80	95
合肥市	57	64	95
淮北市	33	66	95
亳州市	55	66	95
宿州市	50	70	95
蚌埠市	66	68	95
阜阳市	54	72	95
淮南市	85	87	95
滁州市	64	70	95
六安市	85	87	95
马鞍山市	90	93	95
芜湖市	92	93	95
宣城市	92	93	95
铜陵市	90	92	95
池州市	92	93	95
安庆市	92	93	95
黄山市	90	92	95

附录五：

安徽省实行最严格水资源管理制度考核工作实施方案

为深入贯彻《国务院关于实行最严格水资源管理制度的意见》(国发〔2012〕3号)和《国务院办公厅关于印发实行最严格水资源管理制度考核办法的通知》(国办发〔2013〕2号)精神，落实《安徽省人民政府关于实行最严格水资源管理制度的意见》(皖政〔2013〕15号)，推动实行最严格水资源管理制度，依据《安徽省人民政府办公厅关于印发安徽省实行最严格水资源管理制度考核办法的通知》(皖政办〔2013〕49号)，制订本实施方案。

一、适用范围

本实施方案适用于省政府对16个省辖市落实最严格水资源管理制度情况进行考核，

考核对象为各市人民政府。

二、考核组织

为加强考核工作的组织协调，建立考核工作联席会议制度，联席会议由省水利厅牵头，考核工作组成员单位负责人参加，研究最严格水资源管理制度落实情况，部署考核工作，审定考核等级和考核报告等。省水利厅会同省国家发展和改革委、经济和信息化、财政、国土资源、环境保护、住房和城乡建设、农业、审计、统计等有关部门组成实行最严格水资源管理制度考核工作组（简称考核工作组，考核工作组各成员单位指派一名处级干部作为联络员），负责组织实施考核工作，形成年度或期末考核报告。

考核工作组办公室（简称考核办）设在省水利厅，承担考核工作组的日常工作。

三、考核内容

考核内容包括最严格水资源管理制度目标完成情况、制度建设和措施落实情况两部分。

（一）目标完成情况

目标完成情况重点考核4项指标：用水总量、万元工业增加值用水量、农田灌溉水有效利用系数和重要江河湖泊水功能区水质达标率。指标定义及计算、评分办法见附件1。

（二）制度建设和措施落实情况

制度建设和相关措施落实情况包括用水总量控制、用水效率控制、水功能区限制纳污、水资源管理责任和考核等制度建设及相应措施落实情况。评分办法见附件2。

四、考核程序

（一）发布年度考核工作通知

省水利厅商考核工作组各成员单位，于考核期内各年度1月发布年度考核工作通知，明确对上一年度或期末考核工作的具体要求。

（二）确定年度目标和工作计划

各市人民政府根据考核期水资源管理控制目标，合理确定年度目标和工作计划，于考核期起始年2月10日前报送省水利厅备案，同时抄送考核工作组其他成员单位。年度目标和工作计划有调整的，应于2月底前将调整情况报送备案。逾期未上报或报送年度目标和工作计划不符合要求的，由省水利厅通知该市人民政府限期补报或重新上报；仍不符合要求的，由考核工作组根据该行政区域考核期水资源管理控制目标直接确定其年度考核目标或进行合理调整。

（三）市级政府自查

各市人民政府组织开展自查，将本地区上年度或上一考核期实施最严格水资源管理制度的工作总结、自评情况以及相关指标数据完成情况汇总，形成自查报告，于每年2月10日前报省政府，同时抄送省水利厅等考核工作组成员单位。

市级水行政主管部门会同相关部门将用于自查报告复核的相关技术资料同时报送省水利厅。

(四)核查和抽查

考核工作组各成员单位按照职责分工对市人民政府上报的自查报告和相关的技术资料进行真实性、准确性和合理性检验及核算分析;考核办对成员单位核查情况进行汇总。

在资料核查的基础上,考核工作组2月底前对市级行政区进行重点抽查和现场检查。重点抽查和现场检查由考核工作组成员单位负责人带队,重点抽查内容包括对市人民政府上报的相关技术资料现场核对,以及对重点用水户取用水量、用水效率、水功能区水质状况等进行实地检查。

(五)形成考核报告

考核办综合自查、核查、重点抽查结果,提出市级行政区年度或期末考核评分和等级建议,相关数据协商一致后,形成年度或期末考核报告,经考核工作联席会议审定后,由省水利厅在每年3月15日前上报省政府。

五、考核评分

考核评定采用评分法,满分为100分。

(一)年度考核评分

各年度考核得分为目标完成、制度建设和措施落实情况两部分分值加权,即年度考核评分得分=目标完成情况得分×权重系数+制度建设和措施落实情况得分×权重系数。

目标完成、制度建设和措施落实情况评分方法详见附件1和附件2。权重系数在年度考核工作通知中明确。

(二)期末考核评分

期末考核总分由各年度考核平均得分(不包括期末年)和期末年考核得分加权。其中,年度评价平均得分权重占40%,期末年评价得分占60%,即考核期末总得分=各年度平均得分×40%+期末年考核得分×60%。

(三)考核等级确定

根据年度或期末考核的评分结果划分为优秀、良好、合格、不合格四个等级。考核得分90分以上为优秀,80分以上90分以下为良好,60分以上80分以下为合格,60分以下为不合格(以上包括本数,以下不包括本数)。

六、考核结果应用

(一)通报与使用

年度、期末考核结果经省政府审定后,通报各市和省有关部门,并交由干部主管部门,作为对各市人民政府主要负责人和领导班子综合考核评价的重要依据。

(二)奖励与表彰

对期末考核结果为优秀的市人民政府,省政府予以通报表扬,有关部门在相关项目安排上优先予以考虑。对在水资源节约、保护和管理中取得显著成绩的单位和个人,按照国家和省有关规定给予表彰奖励。

(三)整改检查

年度或期末考核结果为不合格的市人民政府,要在考核结果通报后一个月内,向省政府做出书面报告，提出限期整改措施，同时抄送省水利厅等考核工作组成员单位。

整改期间，暂停审批该地区需要用水的新建、改建、扩建建设项目立项和审批，暂停该地区新增主要水污染物排放建设项目环评审批。

（四）追究责任

未按要求进行整改或整改不力的，由相关部门依法依纪追究有关责任人员的责任。

对在考核工作中瞒报、谎报的地区，予以通报批评，对有关责任人员依法依纪追究责任。

附件：

1. 目标完成情况评分办法
2. 制度建设和措施落实情况评分办法

目标完成情况评分办法

4 项指标中，用水总量指标分值 30 分、万元工业增加值用水量指标分值 20 分、农田灌溉水有效利用系数指标分值 20 分、重要江河湖泊水功能区水质达标率指标分值 30 分。工业增加值数据由省统计局负责，其余数据由市级行政区明确水行政主管部门会同有关部门提供。

一、用水总量指标

（一）定义及计算

用水总量指各类用水户取用的包括输水损失在内的毛水量，包括农业用水、工业用水、生活用水、生态环境补水四类。当年用水总量折算成平水年用水总量进行考核。

农业用水指农田灌溉用水、林果地灌溉用水、草地灌溉用水和鱼塘补水。

工业用水指工矿企业在生产过程中用于制造、加工、冷却、空调、净化、洗涤等方面的用水，按新水取用量计，不包括企业内部的重复利用水量。水力发电等河道内用水不计入用水量。

生活用水包括城镇生活用水和农村生活用水。城镇生活用水由居民用水和公共用水（含第三产业及建筑业等用水）组成；农村生活用水除居民生活用水外，还包括牲畜用水在内。

生态环境补水包括人为措施供给的城镇环境用水和部分河湖、湿地补水，不包括降水、径流自然满足的水量。

（二）评分办法

年度用水总量小于等于考核目标值时，指标得分 = [（考核目标值 - 实际值）/考核目标值] ×30 +30 ×80%。得分最高不超过 30 分。

年度用水总量大于目标值时，目标完成情况得分为 0 分。

二、万元工业增加值用水量

(一)定义及计算

万元工业增加值用水量指工业用水量与工业增加值(以万元计)的比值,计算公式为:万元工业增加值用水量(m^3/万元)=工业用水量(m^3)/工业增加值(万元)。其中,工业增加值采用2000年不变价计。

万元工业增加值用水量降幅指当年度万元工业增加值用水量比上年度下降的百分比。

(二)评分办法

万元工业增加值用水量降幅达到或超过年度考核目标值时,指标得分=[(实际值-考核目标值)/考核目标值]×20+20×80%。得分最高不超过20分。

万元工业增加值用水量降幅低于目标值时,目标完成情况得分为0分。

三、农田灌溉水有效利用系数

(一)定义及计算

农田灌溉水有效利用系数指灌入田间可被作为吸收利用的水量与灌溉系统取用的灌溉总水量的比值。计算公式为:农田灌溉水有效利用系数=灌入田间可被作物吸收利用的水量(m^3)/灌溉系统取用的灌溉总水量(m^3)。

(二)评分办法

农田灌溉水有效利用系数大于等于年度考核目标值时,指标得分=[(实际值-考核目标值)/考核目标值]×20+20×80%。得分最高不超过20分。

农田灌溉水有效利用系数小于目标值时,目标完成情况得分为0分。

四、重要江河湖泊水功能区水质达标率

(一)定义及计算

重要江河湖泊水功能区是指列入全省管理的水功能区。重要江河湖泊水功能区水质达标率指水质评价达标的水功能区数量与全部参与考核的水功能区数量的比值(%)。计算公式为:重要江河湖泊水功能区水质达标率=(达标的水功能区数量/参与考核的水功能区数量)×100%。

(二)评分办法

重要江河湖泊水功能区水质达标率大于等于考核目标值,指标得分=[(实际值-考核目标值)/考核目标值]×30+30×80%。得分最高不超过30分。

重要江河湖泊水功能区水质达标率小于目标值时,目标完成情况得分为0分。

制度建设和措施落实情况评分办法

制度建设和措施落实情况评分以100分计,评分内容包括用水总量管理、用水效率管理、水功能区限制纳污管理、水资源管理责任和考核制度等制度建设及相应措施落实情况。具体评分标准见下表。

制度建设和措施落实情况评分表

项目	序号	分项及细化分项		分值	考核内容	赋分办法	复核部门
用水总量控制	1	严格规划管理和水资源论证	规划体系	2	建立水资源规划体系,包括水资源综合规划、水中长期供求计划、节水型社会建设规划、水资源保护规划、饮用水水源地安全保障规划、农业节水发展规划、水生态系统保护与修复规划等	根据规划体系情况赋分。综合规划1分,其他每项0.3分,该项得分不超过2分	省水利厅
			水资源论证审批	3	在相关规划编制和项目建设布局中加强水资源论证工作,严格执行建设项目水资源论证制度	根据论证到位率赋分。论证到位率=已按规定进行论证的项目(规划)数/已审批项目(规划)数	省发改委、同省经信委、省国土厅、省住建厅、省水利厅
	2	严格控制区域取用水总量	水量分配	2	制订本市跨县主要河流(湖库)和县界重要节点的水量分配方案,建立用水总量控制指标体系	编制水量分配方案得1分;建立市、县用水总量控制指标体系得1分	省水利厅
			计划用水	3	控制区域取用水总量,制订本地区的年度用水计划,并按行业下达到所辖县级行政区和用水户;探索水权制度,运用市场机制合理配置水资源	落实到县级行政区得1分,下达到用水户得1分;已开展水权制度试点得1分,开展研究得0.5分	

续表

项目	序号	分项及细化分项		分值	考核内容	赋分办法	复核部门
用水总量控制	3	严格实施取水许可	取水许可审批管理	3	严格规范取水许可审批管理,对不符合国家产业政策或列入国家产业结构调整指导目录中淘汰类的,产品不符合行业用水定额标准的,地下水已严重超采地区取用地下水的建设项目取水申请,审批机关不予批准	根据各市取水许可制度执行情况赋分。取水许可审批程序规范得1分,违反规定审批的每项扣0.2分;取水许可办证按到位率计算,到位率百分百得2分	省水利厅
			取水许可限批	2	对取用水总量达到或超过控制指标的地区,暂停审批建设项目新增取水;对取用水总量接近控制指标的地区,限制审批建设项目新增取水	违反规定审批不得分	
	4	严格水资源有偿使用	水资源费征收	3	严格按照规定的征收范围、对象、标准和程序征收水资源费,任何单位和个人不得减免、缓征或停征水资源费。从严落实超计划、超定额取水累进收取水资源费制度	未执行国家、省最新标准的该项不得分;落实标准按到位率赋分(水资源费征收到位率=财政账户的实收水资源费/应收水资源费)	省水利厅会同省财政厅
			水资源费使用	2	征收水资源费应当全额纳入财政预算管理,主要用于水资源的合理开发及节约、保护和管理。严格依法查处挤占、挪用水资源费的行为	水资源费未按照有关规定使用的,该项不得分	省财政厅会同省审计厅、省水利厅
	5	严格地下水管理和保护	地下水管理与保护	5	编制并实施地下水利用与保护规划,落实地下水取用水总量和水位控制管理,核定并公布地下水禁采和限采范围,规范机井建设审批。在地下水超采区,禁止农业、工业建设项目和服务业新增取用中深层地下水,并削减开采量,逐步实现地下水采补平衡	编制并实施规划得1分;公布地下水禁采和限采范围落实双控管理得3分;无违规审批得1分	省水利厅会同省发改委、省住建厅、国土厅
	6	强化水资源统一调度	水资源统一调度	5	制订和完善重点河流、湖泊、水库等工程水资源调度方案和应急预案,对水资源实行统一调度,地方人民政府和部门服从保障经批准的水资源调度方案、应急调度预案和调度计划	有完备的水资源调度方案和应急预案得2分;服从统一调度得3分	省水利厅
	小计			30			

续表

项目	序号	分项及细化分项		分值	考核内容	赋分办法	复核部门
用水效率控制	7	全面加强节约用水管理	节水型社会建设	3	推进节水型社会建设，建立健全节约用水的体制和机制，依法加强对节约用水的统一管理和监督，各级政府、单位和个人不得禁止、阻拦水行政监管部门对开发园区、重点用水企业的正常管理	开展节水型社会建设示范试点得 1 分；节约用水体制和机制健全得 1 分；节水监管职责落实得 1 分	征求有关职能部门意见
			节水落实	1	水资源短缺、生态脆弱地区要限制高耗水工业项目建设和高耗水服务业发展	制定并落实相关政策得 1 分	
			节水载体建设	4	鼓励并积极推进节水型城市、企业、单位等节水载体建设，积极推进水价改革	开展节水型城市创建得 1 分；每年建成 2 个以上企业节水型企业，原则上每个县不少于 1 个得 1 分；每年 15% 以上市直机关事业单位建成节水型单位得 1 分；实行阶梯水价得 1 分	省水利厅会同省经信委、省住建厅
	8	强化用水定额管理	定额管理	1	严格用水定额管理，将用水定额作为企业用水管理、取水许可审批和用水计划核定的重要依据	落实用水定额管理得 1 分	省水利厅会同省经信委
			用水规范管理	3	对纳入取水许可管理的单位和其他用水大户实行计划用水管理，建立用水户监控名录，强化用水监控管理	建立用水户监控名录得 1 分；用水户建立取水台账得 1 分；落实监管措施，定期检查取水户计划用水执行情况得 1 分	省水利厅
			节水“三同时”制度	2	新建、扩建和改建建设项目应制订节水措施方案，保证节水设施与主体工程同时设计、同时施工、同时投产	新建、改建、扩建建设项目落实节水“三同时”制度，按比例赋分	
	9	加快推进节水技术改造	执行节水强制标准	1	执行节水强制性标准，逐步实施用水产品用水效率标识管理，禁止生产和销售不符合节水强制性标准的产品	未发现生产和销售不符合节水强制性标准的产品得 1 分	征求有关职能部门意见

续表

项目	序号	分项及细化分项		分值	考核内容	赋分办法	复核部门
用水效率控制	9	加快推进节水技术改造	城市生活节水	1	加快城镇供水管网改造,大力推广节水新产品、新技术、新工艺,逐步淘汰公共建筑中不符合节水标准的用水设备及产品,推广使用生活节水器具,着力降低供水管网漏失率	节水器具普及率与管网漏失率达到省定目标得1分	省住建厅
			工业节水	2	加大工业技术改造,强力推进节水减排,积极开展节水示范,提高全市工业用水重复利用率	各市工业用水重复利用率高于全省目标得1分;重点行业符合工信部联节〔2013〕367号文要求得1分	省经信委
			农业节水	1	落实农业节水政策措施,发展农业节水灌溉,提高农业灌溉水有效利用程度	完成省下达的农业节水灌溉目标任务得1分	省水利厅
			非常规水源利用	1	积极推进非常规水源利用,城市建设应同步配套建设污水收集、处理设施,注重再生水利用设施的配套建设,火力发电、钢铁等工业企业应当优先使用再生水,鼓励园林绿化、环境卫生、建筑施工、洗车等使用雨水或再生水	落实《"十二五"安徽省城镇污水处理及再生利用设施建设规划》,完成省定目标任务得1分	省住建厅会同省环保厅
	小计			20			
水功能区限制纳污	10	严格水功能区监督管理	水功能区监督管理	2	核定水域纳污容量,加强水功能区水质监测,完善水功能区监督管理制度,定期发布水功能区质量状况	核定水域纳污容量得0.5分;建立监测体系和监管制度得1分,发布水功能区质量通报得0.5分	省水利厅会同省环保厅
			入河排污口监督管理	2	严格入河湖排污口监督管理,开展入河湖排污口整治工作,对排污量超出水功能区纳污总量的地区,限制审批新增取水和入河湖排污口	依法设置入河排污口得1分;开展入河排污口整治得1分	
			水污染控制	4	严格控制入河湖排污总量,把限制排污总量作为水污染防治和污染减排工作的重要依据;切实加强水污染防控,加强工业污染源控制,提高城市污水处理率,改善水环境质量	落实排污总量控制措施得1分;工业废污水处理达标率达到省定目标得1分;城市污水收集率及处理率达到省定目标得2分	省环保厅会同省住建厅

续表

项目	序号	分项及细化分项		分值	考核内容	赋分办法	复核部门
水功能区限制纳污	11	加强饮用水水源保护	水源地安全评估与达标建设	4	实施城市饮用水水源地安全保障规划和农村饮水安全工程规划;核准饮用水水源地,划定饮用水水源保护区;开展饮用水水源地安全评估和达标建设	实施水源地保障规划得1分;划定饮用水水源保护区得0.5分;开展水源地评估得0.5分;开展水源地达标建设得2分	省环保厅会同省水利厅
			城市备用水源地建设	2	制订饮用水水源地突发事件应急预案;实行单水源供水的城市,推进应急备用水源建设,保障饮水安全	制订饮用水水源地突发事件应急预案得1分;开展备用水源地建设得1分	省环保厅会同省水利厅、省住建厅
	12	推进水生态系统保护与修复	水生态文明建设	6	开发利用水资源,充分考虑基本生态用水需求,维护河湖健康生态;县级以上人民政府应组织编制水生态系统保护与修复规划,加强重要生态保护区、水源涵养区和湿地的保护,建设水生态文明;开展河流湖泊健康评价估价,推进水生态补偿机制	水资源开发利用和建设考虑生态用水需求得2分;编制规划并开展水生态文明建设得2分;开展河湖健康评估,推进水生态补偿机制得2分	省水利厅
	小计			20			
其他制度建设及相应措施落实情况	13	建立水资源管理责任和考核	建立水资源管理责任和考核	6	落实水资源管理责任,建设建立考核工作体系,将考核结果纳入地方人民政府相关领导干部综合考核评价体系,作为对各市、县(市、区)人民政府主要负责人和领导班子综合考核评价的重要依据	落实水资源管理责任制得2分;建立考核制度得2分;制定考核期目标任务,编制年度工作计划,及时上报年度及考核期自评报告得2分	省水利厅
	14	健全水资源监控体系	水资源监控能力建设	4	加强水资源监控能力建设,建立应急机动监测体系,提高监控、预警和应急管理能力	完成省级水资源监控能力建设方案得1分;开展市级水资源监控能力建设得2分;建立应急监测、预警制度得1分	
			信息统计与发布	4	加强水资源信息统计,完善水资源信息统计与发布体系,定期发布水资源信息	水资源信息统计规范得2分;按规定时限上报、发布水资源信息得2分	

续表

项目	序号	分项及细化分项		分值	考核内容	赋分办法	复核部门
其他制度建设及相应措施落实情况	15	完善水资源管理体制	水资源管理体制	4	加强水资源管理队伍建设，提高水资源管理能力，进一步强化城乡水资源统一管理	水资源管理体制机制健全得1分；管理设施装备和人员适应水资源管理要求得2分；实行城乡水资源统一管理得1分	征求有关职能部门意见
	16	完善水资源管理投入机制	水资源管理投入机制	5	拓宽投资渠道，建立稳定的水资源管理投入机制，保障水资源节约、保护和管理工作经费	水资源规划、监测监控能力建设，以及水资源节约保护和管理经费能够得到保障得4分，逐年增加得1分	省财政厅会同省水利厅
	17	健全政策法规和社会监督机制	健全政策法规和社会监督机制	2	完善水资源配置、节约、保护和管理等方面的政策法规体系。建立水资源管理科学决策和民主决策机制，坚持依法行政，提高水资源管理公共服务效率和质量	根据国家和省有关规定制定配套政策得1分。依法行政，决策科学透明，无投诉案件得1分	省水利厅
			宣传教育	3	广泛开展基本水情宣传教育，将水资源和节水教育纳入国民素质教育体系，列入学校教育、干部培训的重要内容。充分发挥新闻媒体的正面引导和宣传教育作用，倡导节约用水的良好风尚	纳入国民教育得1分；纳入干部培训得1分；开展媒体宣传得1分	征求有关职能部门意见
			表彰奖励	2	对在水资源节约、保护和管理中取得显著成绩的单位和个人给予表彰奖励	开展表彰得2分	
	小计			30			
合计				100			

第三篇　取用水管理

第八章　取水管理的基本规定

第一节　取水管理的内容

取水许可制度是《中华人民共和国水法》设定的最基本、最基础的水资源管理制度，是一项重要的行政许可管理事项，也是目前世界许多国家和地区普遍采用的水管理法律制度，是加强水资源配置、节约、保护和管理的核心环节。

1993 年，国务院依据《中华人民共和国水法》的授权，颁布了《取水许可制度实施办法》（国务院 119 号令），对取水许可管理做出了统一规范。但随着我国经济社会的快速发展和行政管理体制改革的逐步深入，在实施取水许可管理过程中又出现了一些新的情况，提出了新的任务和要求：一是中央更加明确地提出了建立节约型社会的战略目标，对合理配置水资源、节约利用水资源提出了更高的要求，取水许可制度也要根据实际情况，在总结实践经验的基础上，与时俱进，进一步完善和规范；二是按照 2002 年修订后的《水法》规定，加强和改进对取水的统一管理，强化统一调度，避免在水资源管理中的地区分割与部门分割；三是依照《中华人民共和国行政许可法》（简称《行政许可法》）的规定，规范政府的行政许可管理工作，进一步明确取水许可的条件和程序，增加水资源配置的透明度，便于社会监督；四是在总结实践经验的基础上，进一步提高管理的科学性和操作性。

2006 年，国务院颁布了《取水许可和水资源费征收管理条例》（简称《取水条例》），对取水许可管理重新做出了规范，体现了修订后《水法》和《行政许可法》的有关原则和要求，从形式上取代了 1993 年颁布的《取水许可制度实施办法》。2008 年，水利部颁布了《取水许可管理办法》，进一步完善了取水许可申请、受理、审批的程序，明确了审批权限和办理期限，规范了取水申请批准文件和取水许可证的主要内容、发放程序和有效期（见附件），增强了制度的可操作性；同时还整合、规范了建设项目水资源论证制度、取水许可审批发证制度、取水许可监督管理制度、入河排污口设置管理制度等工作关系。

为进一步规范取水许可，严格取水许可和水资源有偿使用制度，安徽省于 2008 年出台了《安徽省取水许可和水资源费征收管理实施办法》。2013 年，为贯彻落实《国务院关于实行最严格水资源管理制度的意见》（国发〔2012〕3 号），促进建设项目规范取水、合理用水、节水减排，提高水资源利用效率，保护水生态环境，安徽省又提出了建设项目节约用水“三同时”意见和要求。要求凡新建、扩建和改建的建设项目，均应制订节水措施方案，配套建设节水设施；节水设施应与主体工程同时设计、同时施工、同时投产；节水措施方案应报送取水许可审批机关审查，节水措施方案与水资源论证报告一同合并审查；建设项目节水设施竣工后，建设单位应向取水许可审批机关报送节水设施建设和试运行等相关情况；审批机关组织节水设施与取退水设施同时验收；建设项目节水设施未经验收或者验收不合格的，取水、用水和节水设施不得擅自投产使用。节约用水“三同时”意见，是对深化取水管理，促进合理用水的重要举措和有效手段。

附件：

《取水许可管理办法》（节录）

第二章　取水的申请和受理

第五条　实行政府审批制的建设项目，申请人应当在报送建设项目（预）可行性研究报告前，提出取水申请。

纳入政府核准项目目录的建设项目，申请人应当在报送项目申请报告前，提出取水申请。

纳入政府备案项目目录的建设项目以及其他不列入国家基本建设管理程序的建设项目，申请人应当在取水工程开工前，提出取水申请。

第六条　申请取水并需要设置入河排污口的，申请人在提出取水申请的同时，应当按照《入河排污口监督管理办法》的有关规定一并提出入河排污口设置申请。

第七条　直接取用其他取水单位或者个人的退水或者排水的，应当依法办理取水许可申请。

第八条　需要申请取水的建设项目，申请人应当委托具备相应资质的单位编制建设项目水资源论证报告书。其中，取水量较少且对周边环境影响较小的建设项目，申请人可不编制建设项目水资源论证报告书，但应当填写建设项目水资源论证表。

不需要编制建设项目水资源论证报告书的情形以及建设项目水资源论证表的格式及填报要求，由水利部规定。

第九条　县级以上人民政府水行政主管部门或者流域管理机构应当组织有关专家对建设项目水资源论证报告书进行审查，并提出书面审查意见，作为审批取水申请的技术依据。

第十条　《取水条例》第十一条第一款第四项所称的国务院水行政主管部门规定的其他材料包括：

（一）取水单位或者个人的法定身份证明文件；

（二）有利害关系第三者的承诺书或者其他文件；

（三）建设项目水资源论证报告书的审查意见；

（四）不需要编制建设项目水资源论证报告书的，应当提交建设项目水资源论证表；

（五）利用已批准的入河排污口退水的，应当出具具有管辖权的县级以上地方人民政府水行政主管部门或者流域管理机构的同意文件。

第十一条 申请人应当向具有审批权限的审批机关提出申请。申请利用多种水源，且各种水源的取水审批机关不同的，应当向其中最高一级审批机关提出申请。

申请在地下水限制开采区开采利用地下水的，应当向取水口所在地的省、自治区、直辖市人民政府水行政主管部门提出申请。

取水许可权限属于流域管理机构的，应当向取水口所在地的省、自治区、直辖市人民政府水行政主管部门提出申请；其中，取水口跨省、自治区、直辖市的，应当分别向相关省、自治区、直辖市人民政府水行政主管部门提出申请。

第十二条 取水许可权限属于流域管理机构的，接受申请材料的省、自治区、直辖市人民政府水行政主管部门应当自收到申请之日起20个工作日内提出初审意见，并连同全部申请材料转报流域管理机构。申请利用多种水源，且各种水源的取水审批机关为不同流域管理机构的，接受申请材料的省、自治区、直辖市人民政府水行政主管部门应当同时分别转报有关流域管理机构。

初审意见应当包括建议审批水量、取水和退水的水质指标要求，以及申请取水项目所在水系本行政区域已审批取水许可总量、水功能区水质状况等内容。

第十三条 县级以上地方人民政府水行政主管部门或者流域管理机构，应当按照《取水条例》第十三条的规定对申请材料进行审查，并做出处理决定。

第十四条 《取水条例》第四条规定的为保障矿井等地下工程施工安全和生产安全必须进行临时应急取（排）水的，以及为消除对公共安全或者公共利益的危害临时应急取水的，取水单位或者个人应当在危险排除或者事后10日内，将取水情况报取水口所在地县级以上地方人民政府水行政主管部门或者流域管理机构备案。

第十五条 《取水条例》第四条规定的为农业抗旱和维护生态与环境必须临时应急取水的，取水单位或者个人应当在开始取水前向取水口所在地县级人民政府水行政主管部门提出申请，经其同意后方可取水；涉及跨行政区域的，须经共同的上一级地方人民政府水行政主管部门或者流域管理机构同意后方可取水。

第三章 取水许可的审查和决定

第十六条 申请在地下水限制开采区开采利用地下水的，由取水口所在地的省、自治区、直辖市人民政府水行政主管部门负责审批；其中，由国务院或者国务院投资主管部门审批、核准的大型建设项目取用地下水限制开采区地下水的，由流域管理机构负责审批。

第十七条 取水审批机关审批的取水总量，不得超过本流域或者本行政区域的取水许可总量控制指标。

在审批的取水总量已经达到取水许可总量控制指标的流域和行政区域，不得再审批新增取水。

第十八条 取水审批机关应当根据本流域或者本行政区域的取水许可总量控制指标，按照统筹协调、综合平衡、留有余地的原则核定申请人的取水量。所核定的取水量不得超过按照行业用水定额核定的取水量。

第十九条 取水审批机关在审查取水申请过程中，需要征求取水口所在地有关地方人民政府水行政主管部门或者流域管理机构意见的，被征求意见的地方人民政府水行政主管部门或者流域管理机构应当自收到征求意见材料之日起10个工作日内提出书面意见并转送取水审批机关。

第二十条 《取水条例》第二十条第一款第三项、第四项规定的不予批准的情形包括：

（一）因取水造成水量减少可能使取水口所在水域达不到水功能区水质标准的；

（二）在饮用水水源保护区内设置入河排污口的；

（三）退水中所含主要污染物浓度超过国家或者地方规定的污染物排放标准的；

（四）退水可能使排入水域达不到水功能区水质标准的；

（五）退水不符合排入水域限制排污总量控制要求的；

（六）退水不符合地下水回补要求的。

第二十一条 取水审批机关决定批准取水申请的，应当签发取水申请批准文件。取水申请批准文件应当包括下列内容：

（一）水源地水量水质状况、取水用途、取水量及其对应的保证率；

（二）退水地点、退水量和退水水质要求；

（三）用水定额及有关节水要求；

（四）计量设施的要求；

（五）特殊情况下的取水限制措施；

（六）蓄水工程或者水力发电工程的水量调度和合理下泄流量的要求；

（七）申请核发取水许可证的事项；

（八）其他注意事项。

申请利用多种水源，且各种水源的取水审批机关为不同流域管理机构的，有关流域管理机构应当联合签发取水申请批准文件。

第二十二条 未取得取水许可申请批准文件的，申请人不得兴建取水工程或者设施；需由国家审批、核准的建设项目，项目主管部门不得审批、核准该建设项目。

第四章 取水许可证的发放和公告

第二十三条 取水工程或者设施建成并试运行满30日的，申请人应当向取水审批机关报送以下材料，申请核发取水许可证：

（一）建设项目的批准或者核准文件；

（二）取水申请批准文件；

（三）取水工程或者设施的建设和试运行情况；

（四）取水计量设施的计量认证情况；

（五）节水设施的建设和试运行情况；

（六）污水处理措施落实情况；

（七）试运行期间的取水、退水监测结果。

拦河闸坝等蓄水工程，还应当提交经地方人民政府水行政主管部门或者流域管理机构批准的蓄水调度运行方案。

地下水取水工程,还应当提交包括成井抽水试验综合成果图、水质分析报告等内容的施工报告。

取水申请批准文件由不同流域管理机构联合签发的,申请人可以向其中任何一个流域管理机构报送材料。

第二十四条 取水审批机关应当自收到前条规定的有关材料后20日内,对取水工程或者设施进行现场核验,出具验收意见;对验收合格的,应当核发取水许可证。

取水申请批准文件由不同流域管理机构联合签发的,有关流域管理机构应当联合核验取水工程或者设施;对验收合格的,应当联合核发取水许可证。

第二十五条 同一申请人申请取用多种水源的,经统一审批后,取水审批机关应当区分不同的水源,分别核发取水许可证。

第二十六条 取水审批机关在核发取水许可证时,应当同时明确取水许可监督管理机关,并书面通知取水单位或者个人取水许可监督管理和水资源费征收管理的有关事项。

第二十七条 按照《取水条例》第二十五条规定,取水单位或者个人向原取水审批机关提出延续取水申请时应当提交下列材料:

(一)延续取水申请书;

(二)原取水申请批准文件和取水许可证。

取水审批机关应当对原批准的取水量、实际取水量、节水水平和退水水质状况以及取水单位或者个人所在行业的平均用水水平、当地水资源供需状况等进行全面评估,在取水许可证届满前决定是否批准延续。批准延续的,应当核发新的取水许可证;不批准延续的,应当书面说明理由。

第二十八条 在取水许可证有效期限内,取水单位或者个人需要变更其名称(姓名)的或者因取水权转让需要办理取水权变更手续的,应当持法定身份证明文件和有关取水权转让的批准文件,向原取水审批机关提出变更申请。取水审批机关审查同意的,应当核发新的取水许可证;其中,仅变更取水单位或者个人名称(姓名)的,可以在原取水许可证上注明。

第二十九条 在取水许可证有效期限内出现下列情形之一的,取水单位或者个人应当重新提出取水申请:

(一)取水量或者取水用途发生改变的(因取水权转让引起的取水量改变的情形除外);

(二)取水水源或者取水地点发生改变的;

(三)退水地点、退水量或者退水方式发生改变的;

(四)退水中所含主要污染物及污水处理措施发生变化的。

第三十条 连续停止取水满2年的,由原取水审批机关注销取水许可证。由于不可抗力或者进行重大技术改造等原因造成停止取水满2年且取水许可证有效期尚未届满的,经原取水审批机关同意,可以保留取水许可证。

第三十一条 取水审批机关应当于每年的1月31日前向社会公告其上一年度新发放取水许可证以及注销和吊销取水许可证的情况。

第二节 取水许可程序

取水许可的设定依据是《中华人民共和国水法》第四十八条“直接从江河、湖泊或者地下取用水资源的单位和个人,应当按照国家取水许可制度和水资源有偿使用制度的规定,向水行政主管部门或者流域管理机构申请领取取水许可证,并缴纳水资源费,取得取水权。”

取水许可审批事项的办理,原则上都要严格遵循《行政许可法》,同时又要遵照国务院颁布的《取水许可和水资源费征收管理条例》和水利部《水行政许可实施办法》等配套性法规、细则、文件规定的流程、方式、期限等(见图8-1),各级水行政主管部门和许可审批机关不得擅自增加限制性的内容和条件。

第三节 取水许可的范围与分级管理

一、许可范围

取水许可是国家作为公共管理者和资源所有人,对有限水资源开发利用进行调节的一种行政管理措施。取水许可的范围是设定该项行政许可原则规定的具体体现,也是确定管理对象和规范管理行为的先决条件。

取水许可制度作为水资源权属管理和对水资源开发利用行为进行规范和调整的一项基本制度,如果仅将取水许可制度适用范围限定在“取水”范畴,具有很大的局限性,已不能满足现阶段对水资源管理的要求。修订后的《水法》将“取水”定义为“取用水资源”,扩展了取水许可调整的范围,可包括取水自用的用水户,也可包括取水为他人供水的取水户。

2002年《水法》规定:直接从江河、湖泊或者地下取用水资源的单位和个人,应当按照国家取水许可制度的规定,向水行政主管部门或者流域管理机构申请领取取水许可证,取得取水权;但是,家庭生活和零星散养、圈养畜禽饮用等少量取水的除外。

2006年国务院颁布的《取水许可和水资源费征收管理条例》,将取水许可制度进一步明确细化,将原则规定加以落实转化为具体的操作。在《取水条例》中,对取水许可管理范围进一步确定为“取水,是指利用取水工程或者设施直接从江河、湖泊或者地下取用水资源。”并把取水工程或者设施界定为“闸、坝、渠道、人工河道、虹吸管、水泵、水井以及水电站等。”

由此可见,所谓取水,对开发利用地表水而言,既可以是河道外取用水,也可以是河道内取用水。尽管河道内用水一般不消耗水量,但往往改变了河川径流的时程分配,或消耗水能,或改变水温等,影响了其他用水户对水资源的利用或改变了水资源的自然属性。又尽管有些河道内取用水目前实施取水许可较为困难,如水上旅游、水产养殖、航运等不消耗水量的用水,但将取水许可适用范围界定为“取用水”,为今后取水许可管理的扩展留下了法律空间和依据。

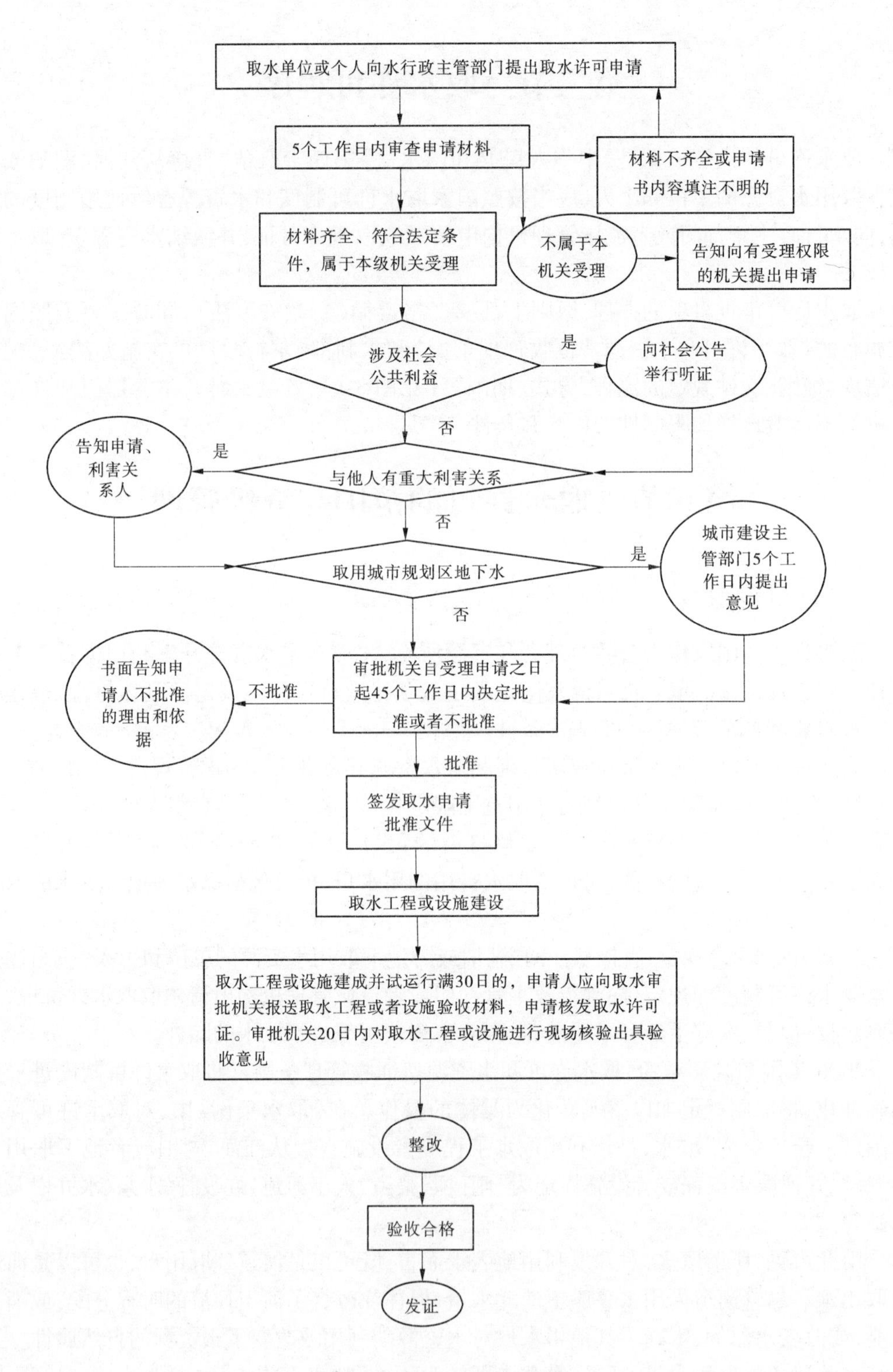

图 8-1　取水许可证办理流程

当然,也有学者认为,《水法》规定取水许可制度适用于直接取用江河、湖泊和地下水资源的行为,这一规定在正确区分水资源与产品水的基础上,全面、合理地界定了取水许可制度的适用范围,既有效地保障了国家对水资源的科学管理,又杜绝了盲目扩大水行政许可的适用范围可能给行政相对人的合法权益和社会运行效率带来的不利影响。《取水条例》是关于如何实施取水许可制度的具体操作规定,也是《水法》的下位法,应当严格遵循《水法》中的相关规定。

同时,《取水条例》还界定了五种不需要申请领取取水许可证的例外情形:①农村集体经济组织及其成员使用本集体经济组织的水塘、水库中的水的;②家庭生活和零星散养、圈养畜禽饮用等少量取水的;③为保障矿井等地下工程施工安全和生产安全必须进行临时应急取(排)水的;④为消除对公共安全或者公共利益的危害临时应急取水的;⑤为农业抗旱和维护生态与环境必须临时应急取水的。

关于少量取水的限额,也是相对的,并没有统一的要求和规定。在确定具体数额时,有当地水资源条件的因素,也有管理的因素和认识的因素。所以,《取水条例》规定由省、自治区、直辖市人民政府确定。

《安徽省取水许可和水资源费征收管理实施办法》中规定少量取水的限额是:"家庭生活和零星散养、圈养畜禽饮用等少量直接取水的限额,是指年取水量在 1 000 m^3 以下。"同时,并授权由设区的市人民政府根据本行政区域水资源状况确定具体限额标准。

二、分级管理

取水许可实行分级管理和审批。《取水条例》第三条规定:"县级以上人民政府水行政主管部门按照分级管理权限,负责取水许可制度的组织实施和监督管理。""国务院水行政主管部门在国家确定的重要江河、湖泊设立的流域管理机构(简称流域管理机构),依照本《取水条例》规定和国务院水行政主管部门授权,负责所管辖范围内取水许可制度的组织实施和监督管理。"

取水分级管理总的原则是:取水量较大的或较重要的项目由层级较高的水行政主管部门审批;当地水资源条件较为严峻的,由层级较高的水行政主管部门审批;取水跨行政区域时,由共同的上一级人民政府水行政主管部门审批;取水管理可与河道管理有机结合。这样的系列规定,其目的主要是在审批时能够抓大放小、合理配置,管住总量,减少矛盾。具体内容体现在《取水条例》第十四条,有关规定为:取水许可实行分级审批。下列取水由流域管理机构审批:①长江、黄河、淮河、海河、滦河、珠江、松花江、辽河、金沙江、汉江的干流和太湖以及其他跨省、自治区、直辖市河流、湖泊的指定河段限额以上的取水;②国际跨界河流的指定河段和国际边界河流限额以上的取水;③省际边界河流、湖泊限额以上的取水;④跨省、自治区、直辖市行政区域的取水;⑤由国务院或者国务院投资主管部门审批、核准的大型建设项目的取水;⑥流域管理机构直接管理的河道(河段)、湖泊内的取水。

上述所称的指定河段和限额以及流域管理机构直接管理的河道(河段)、湖泊,由国务院水行政主管部门规定。其他取水由县级以上地方人民政府水行政主管部门按照省、自治区、直辖市人民政府规定的审批权限审批。

(一)水利部授予流域机构的取水审批权限

《取水条例》第十四条规定,流域机构取水审批的重要内容之一就是对指定河段、省际河湖及直管河段的限额以上的取水审批。其中,涉及安徽省的河段及限额如表8-1所示。

表8-1　涉皖河段流域机构取水许可审批权限表

流域机构	河段	工业及城镇生活取水限额	农业灌溉取水限额
淮河水利委员会	淮河干流	5.0万 m^3/d 以上	设计流量5.0 m^3/s 以上
	洪汝河、涡河大寺集闸以上,沙颍河阜阳闸以上,新汴河张桥闸至岱桥闸、泗县104国道公路桥以下	2.0万 m^3/d 以上	设计流量3.0 m^3/s 以上
长江水利委员会	长江干流	地表水10万 m^3/d 以上	地表水20 m^3/s 以上
	水阳江干流、滁河干流、龙感湖、石臼湖、固城湖等	3万 m^3/d 以上	5 m^3/s 以上
太湖流域管理局	新安江(歙县的薛坑口至新安江水库(不含))	地表水5.0万 m^3/d 以上	设计流量1.0 m^3/s 以上

(二)安徽省取水许可权限划分规定

为加强取水许可管理,贯彻落实《条例》第十四条“其他取水由县级以上地方人民政府水行政主管部门按照省、自治区、直辖市人民政府规定的审批权限审批”的规定。2008年出台了《安徽省取水许可和水资源费征收管理实施办法》,明确了省、市、县三级取水许可审批权限,具体规定如下:

(1)年取用地表水在1 500万 m^3 以上,地下水在1 000万 m^3 以上,或者在地下水限制开采区取用地下水和水力发电总装机容量在1万kW以上,以及由省人民政府投资行政主管部门审批、核准或者备案的建设项目取水的,由省人民政府水行政主管部门审批。

(2)年取用地表水在700万 m^3 以上1 500万 m^3 以下,地下水在500万 m^3 以上1 000万 m^3 以下,或者水力发电总装机容量在1万kW以下,以及由设区的市人民政府投资行政主管部门审批、核准或者备案的建设项目取水的,由设区的市人民政府水行政主管部门审批。

(3)年取用地表水在700万 m^3 以下,地下水在500万 m^3 以下,以及由县级人民政府投资行政主管部门审批、核准或者备案的建设项目取水的,由县级人民政府水行政主管部门审批。

除根据取水量大小对应相应的审批机关外,还有其他一些情形规定:当取水申请跨行政区域时,由共同的上一级人民政府水行政主管部门审批或者由其指定的水行政主管部

门审批;申请利用同种水源,并有多个取水口的,应当按照各取水口取水量之和确定取水许可审批机关。

当取水许可审批权限属于流域管理机构时,由申请人向取水口所在地的省、自治区、直辖市人民政府水行政主管部门提出取水申请,并由省级水行政主管部门提出初审意见后转报有关流域机构审批。

第九章　水资源论证

第一节　规划水资源论证

国务院在《关于实行最严格水资源管理制度的意见》中明确要求“严格规划管理和水资源论证。……加强相关规划和项目建设布局水资源论证工作，国民经济和社会发展规划以及城市总体规划的编制、重大建设项目的布局，应当与当地水资源条件和防洪要求相适应。”

规划水资源论证是从源头上协调水资源与国民经济和社会发展规划目标布局的关系，是解决区域水资源问题的有效方法。通过规划水资源论证，可以深入分析水资源承载能力与规划需水的合理性，论证规划布局与水资源承载能力的协调性，提出规划方案调整和优化意见，从战略角度促进经济社会发展与区域水资源承载能力相适应。规划水资源论证可以弥补建设项目水资源论证的不足，是水资源论证工作的新领域。

一、试点与推进

为落实最严格水资源管理制度，推进规划水资源论证工作，水利部于2010年11月印发了《关于开展规划水资源论证试点工作的通知》（水资源〔2010〕483号），要求各地结合实际，启动规划水资源论证试点工作，使水资源论证工作着力点尽快从微观层面进入到宏观层面，进行规划水资源论证探索。经过几年的试点探索，积累了经验，并已经得到了一些启示：

（1）开展重大水资源开发利用工程规划水资源论证，可以进一步科学确定工程建设的合理性。跨流域调水工程规划水资源论证是调水工程规划的重要技术支撑，可为规划的科学编制提供重要技术依据。例如，水利部淮河水利委员会组织开展的“引江济淮”规划水资源论证，科学分析了跨流域调水工程与当地水资源之间的匹配性和协调性，提出了规划方案调整和优化的意见，进一步提高了规划编制的科学性和规划实施的可行性。

（2）抓住契机是推动地方政府及相关部门重视规划水资源论证工作的有效方式。安徽省水利厅抓住霍邱县、庐江县大型铁矿项目上马的契机，要求地方政府对铁矿开采规划进行水资源方面的分析评价，并对有关铁矿项目的水资源论证实行限批，从而抓住了合适的契机，开展规划水资源论证及相关工作，有效提高了各层面对规划水资源论证工作的认识，推动了地方政府及相关部门重视、支持并配合开展规划水资源论证工作。

（3）建章立制是推进规划水资源论证工作的着力点。江苏、山东、广东、天津、四川和新疆等地均以政府文件形式对开展规划水资源论证工作提出了明确要求，上海市将规划水资源论证列入行政许可项目审批流程。只有通过法规制度明确把规划水资源论证作为进入园区的建设项目的水资源论证的前置条件，规划水资源论证工作才能有据可依、有章

可循，进而推动规划水资源论证工作深入开展。

二、政策支撑

目前，我国还没有专门的水资源论证法律法规，仅对建设项目水资源论证工作制定了部门规章。《水法》第二十三条规定“国民经济和社会发展规划以及城市总体规划的编制、重大建设项目的布局，应当与当地水资源条件和防洪要求相适应，并进行科学论证”。2012 年国务院《关于实行最严格水资源管理制度的意见》（国发〔2012〕3 号）也提出“加强相关规划和项目建设布局的水资源论证工作，国民经济和社会发展规划以及城市总体规划的编制、重大建设项目的布局，应当与当地水资源条件和防洪要求相适应”；《安徽省人民政府关于实行最严格水资源管理制度的意见》中，明确要求“加强规划和项目建设水资源论证工作。在编制国民经济和社会发展规划、土地利用规划、城市总体规划时，应编制水资源篇章；重大建设项目布局和开发区、工业园区规划，应编制水资源论证报告书。对未依法完成水资源论证工作的建设项目，审批机关不予审批，建设单位不得擅自开工建设和投产使用。违反规定的，一律责令停止。”

同时，在国家产业布局规划、重大建设项目布局规划的水资源论证工作上，也要取得规划审批部门的理解、配合和支持。水行政主管部门应积极主动地与当地政府和规划主管部门沟通，以取得他们的理解和支持。

三、技术支持

2010 年水利部印发了《关于开展规划水资源论证试点工作的通知》（水资源〔2010〕483 号），公布了《规划水资源论证技术要求（试行）》，2013 年印发了《大型煤电基地开发规划水资源论证技术要求（试行）》等。

随着最严格水资源管理制度的实施和区域总量控制制度的推进，以及实施生态文明建设的总体要求，规划水资源论证工作愈来愈显重要。水利部在总结试点工作的基础上，组织研究制定《规划水资源论证技术导则》及相关技术标准，以及重大建设项目布局规划、城市总体规划、工业园区规划、行业专项规划、区域经济发展战略规划等不同类型的技术规范。

规划水资源论证是一项多学科交叉、专业性较强的工作，对从业人员的要求较高。目前，规划水资源论证缺乏专业技术人才，从业人员的技术水平有待提高。从事规划水资源论证工作的主要是建设项目水资源论证的持证上岗人员，他们往往受到传统建设项目水资源论证思维的影响，习惯从建设项目的角度思考问题。要借鉴建设项目水资源论证的工作实践，吸收各级水行政主管部门的管理人员、科研人员以及社会各界力量，组建规划水资源论证队伍和专家队伍，加强培训工作，搭建规划水资源论证技术交流平台。

四、准确把握介入时机

一般来说，规划水资源论证是规划主管部门审批规划的前置条件，应与规划编制同步。而实际上规划水资源论证的介入时点不是过早，就是过晚，时间点把握不准。一种情况是过分强调早期介入，混淆了规划和规划水资源论证的区别；在规划编制过程中，如果规划水资源论证在规划草案编制之前介入，此时规划水资源论证对象不明确，脱离规划草案所进行的规划水资源论证不是真正意义上的水资源论证。另一种情况是规划水资源论证滞后，很难发挥规划水资源论证对规划编制行为的约束作用。事实上，地方政府和规划主管部门没有将规划水资源论证纳入规划编制程序，水行政主管部门介入规划编制一般是在规划编制基本完成以后，这时介入已很难再改变规划布局、规模和取用水方案。

从实践层面上看，在规划方案形成和优化阶段介入，较适合于综合规划；在规划编制草案形成之后介入，适合于专项规划。这时，水资源论证的对象已经明确，可以对水资源配置、水资源利用做出定量分析和比选，通过规划水资源论证发现规划中存在的问题，提出进一步调整和完善规划的意见和建议。

五、建立公众参与机制

公众参与是避免决策失误的有效机制，也是规划水资源论证的重要内容。目前，规划水资源论证的公众参与面不广，参与方式方法有待于进一步拓展和改进。一是规划水资源论证公众参与仍沿袭建设项目水资源论证公众参与的做法；二是规划水资源论证公众参与面还不够广泛，采用的方法比较单一，仅限于问卷调查、专家审查等，收到的效果相对有限；三是公众参与缺乏明确具体的规定与程序，这使得规划水资源论证公众参与在实际工作中缺乏约束性，有明显的盲目性，工作不够到位，多流于形式。

公众参与应覆盖规划水资源论证的全过程，应通过规范的途径和方式，遵循一定程序。主要方式有问卷调查、个别访谈、座谈会、论证会、大众传媒、发布公告、设置意见箱和召开听证会等。主要内容应当有水资源背景调查、减缓措施征询、跟踪评价及收集监督意见等。公众参与主要考虑的因素有：一是影响范围广且多为直接影响的规划，应采用广泛的公众参与；二是技术复杂的规划，要求有高层次管理者和专家的参与；三是参与评价工作的公众应当包括有关单位、专家和社会公众。

六、规划论证的后评估工作

规划水资源论证后评估主要任务是检查规划实施是否符合规划水资源论证报告书提出的用水方案、用水总量、用水效率、入河排污总量等要求，对规划实施后实际产生的影响与规划水资源论证报告书预测可能产生的影响进行比较分析和评估，对规划实施中所采取的预防或者减轻不良影响的对策和措施进行有效性分析和评估等。对于后评估中发现的问题要整改落实，对于整改措施没有达到预期效果的，要按照程序改进和调整原来的规划。

第二节　建设项目水资源论证

一、概述

长期以来，水资源的科学和有效管理一直处于不断地探索和完善之中。建设项目水资源论证是以水资源条件与经济布局相适应，实现水资源承载能力与经济规模相协调，针

对取水许可审批中存在的粗放简单等问题而创设的一项新的水资源管理制度，是进一步深化取水许可管理的重要措施，它体现了量水而行的指导思想，目的是科学规范取水许可审批，抑制社会经济发展对水资源的不当需求，促进水资源的优化配置和可持续利用。

当前，我国的水资源供求形势十分严峻，迫切要求进一步加强取水许可的监督管理，对耗水量大、排污量大、污染严重的建设项目不予审批。在缺水地区严格控制新增高耗水项目，促进产业结构调整。通过对新建项目进行水资源论证，细化事前管理，强化过程控制，可以有效改变以往“先浪费，后节约；先污染，后治理”的被动管理模式。

水资源论证是对新建、改建、扩建的建设项目的取水、用水、退水的合理性以及对水环境和他人合法权益的影响进行综合分析论证的专业活动。在建设项目立项前进行水资源论证，不仅能保证项目在建设和运行期有安全可靠的水量和水质，而且确保其经济和社会目标的实现。通过论证，可以促使建设项目在规划设计阶段就充分考虑并处理好与水资源的关系，提高建设项目取水和用水安全保障水平，同时处理好与其他竞争性用水户的关系，这样不仅可以使建设项目顺利实施，即使以后出现水事纠纷，由于有各方的承诺和相应的补偿方案，也可以较好地解决。为此，水利部与国家发展计划委员会于 2002 年联合发布了《建设项目水资源论证管理办法》（见附件 1）；2005 年，水利部以行业标准的形式颁布了《建设项目水资源论证导则（试行）》（SL 322—2013），为水资源论证提供了一个基本技术规范；2013 年底该《导则》完成了修订，并正式作为一项行业标准（SL 322—2013）颁布执行。

二、水资源论证报告书编制

水资源论证是一项专业性很强的专题研究工作，其最终的结果是编制出形式规范、内容合乎技术要求的水资源论证报告。但是，由于建设项目不同，项目规模不同，取水水源类型、用水方式不同，便要求水资源论证的内容和重点也有区别。因此，承担建设项目水资源论证的单位，要根据项目的具体情况，选择其中相应的内容，并按照一定的技术规程——《建设项目水资源论证导则》（SL 322—2013）开展论证工作。首先确定论证工作等级，编制出工作大纲，然后根据大纲开展收集资料和分析论证工作，最后编制出适应项目可行性要求的水资源论证报告。如果在报告书送审之后，经技术评审，认为需要进一步补充和修改，承担论证的单位还要负责报告书的修改工作，直到完成报批（见图 9-1）。当然，承担建设项目水资源报告书编制任务的单位，原则上要求具有相应的建设项目水资源论证资质，并在资质等级许可的范围内开展工作，对于该项资质的管理，水利部另外制定有专门的认证办法。还需要指出的是，建设项目业主单位与编制报告的论证单位是一种委托合同关系。

一般来说，从建设项目实施的可行性角度考虑，建设项目水资源论证应该是依据项目的具体情况，重点围绕取水水源的可靠性、用水需求的合理性和保护水资源的有效性等方面开展分析论证工作。同时，又要兼顾处理好相关用水户的合法权益，维护良好的取用水秩序。所以，在编制的报告书中，应当涵盖建设项目从水源、取水、用水到退水的整个过程。水资源论证一般包括下列主要内容：

（1）建设项目基本情况；

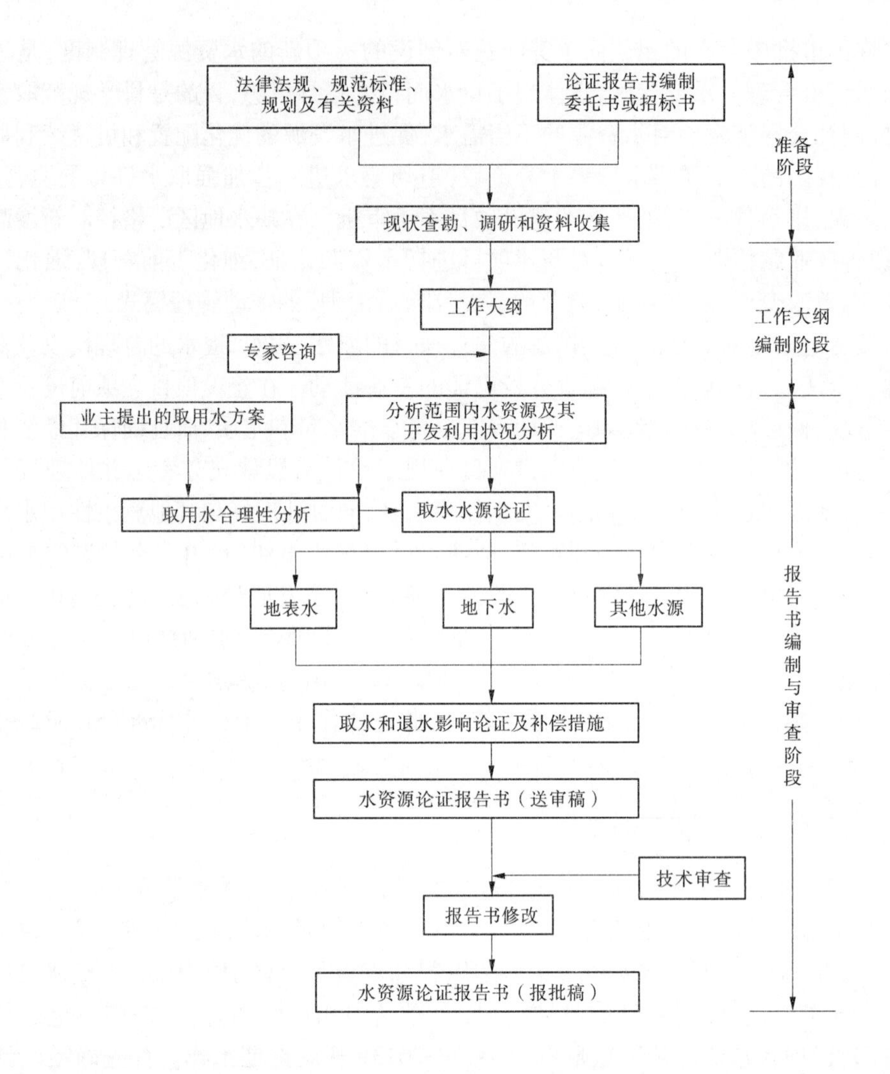

图 9-1　水资源论证报告书编制程序

(2)水资源及其开发利用状况分析；

(3)取用水合理性分析；

(4)取水水源论证；

(5)取水影响和退水影响论证；

(6)水资源、水生态保护措施；

(7)综合评价。

《建设项目水资源论证导则》(SL 322—2013)提出了论证报告编写提纲的格式文本，文本为各类项目水资源论证报告书的编制提供一个基本参照规范，具有一定的指导性。提纲文本主要包括基本情况表和 8 个部分(见附件)，每一部分都有其相应的内容和要求。需要指出的是，由于水利水电工程建设项目的相对特殊性，水利部于 2011 年还专门制定颁布了《水利水电建设项目水资源论证导则》(SL 525—2011)。

附件1：

建设项目水资源论证管理办法(节录)

(水利部、国家发展计划委员会联合颁发)

第二条　对于直接从江河、湖泊或地下取水并需申请取水许可证的新建、改建、扩建的建设项目(以下简称建设项目),建设项目业主单位(以下简称业主单位)应当按照本办法的规定进行建设项目水资源论证,编制建设项目水资源论证报告书。

第三条　建设项目利用水资源,必须遵循合理开发、节约使用、有效保护的原则;符合江河流域或区域的综合规划及水资源保护规划等专项规划;遵守经批准的水量分配方案或协议。

第四条　县级以上人民政府水行政主管部门负责建设项目水资源论证工作的组织实施和监督管理。……

第六条　业主单位应当委托有建设项目水资源论证资质的单位,对其建设项目进行水资源论证。

第七条　建设项目水资源论证报告书,应当包括下列主要内容:

(一)建设项目概况;

(二)取水水源论证;

(三)用水合理性论证;

(四)退(排)水情况及其对水环境影响分析;

(五)对其他用水户权益的影响分析;

(六)其他事项。……

第九条　建设项目水资源论证报告书,由具有审查权限的水行政主管部门或流域管理机构组织有关专家和单位进行审查,并根据取水的急需程度适时提出审查意见。

建设项目水资源论证报告书的审查意见是审批取水许可申请的技术依据。

第十条　水利部或流域管理机构负责对以下建设项目水资源论证报告书进行审查:

(一)水利部授权流域管理机构审批取水许可申请的建设项目;

(二)兴建大型地下水集中供水水源地(日取水量5万t以上)的建设项目。

其他建设项目水资源论证报告书的分级审查权限,由省、自治区、直辖市人民政府水行政主管部门确定。

第十一条　业主单位在向计划主管部门报送建设项目可行性研究报告时,应当提交水行政主管部门或流域管理机构对其取水许可申请提出的书面审查意见,并附具经审定的建设项目水资源论证报告书。

未提交取水许可申请的书面审查意见及经审定的建设项目水资源论证报告书的,建设项目不予批准。

第十二条　建设项目水资源论证报告书审查通过后,有下列情况之一的,业主单位应重新或补充编制水资源论证报告书,并提交原审查机关重新审查:

(一)建设项目的性质、规模、地点或取水标的发生重大变化的;

（二）自审查通过之日起满三年，建设项目未批准的。

（注：节录时有少量文字调整。）

附件 2：

《建设项目水资源论证报告书》编写提纲

A. 水资源论证报告书基本情况表

<table>
<tr><td rowspan="6">基本情况</td><td colspan="2">项目名称</td><td></td><td colspan="2">项目位置</td><td></td></tr>
<tr><td colspan="2">建设规模</td><td></td><td colspan="2">所属行业</td><td></td></tr>
<tr><td colspan="2">项目单位</td><td></td><td colspan="2">报告书编制单位及证书号</td><td></td></tr>
<tr><td colspan="2">建设项目的审批机关</td><td></td><td colspan="2">水资源论证审批机关</td><td></td></tr>
<tr><td colspan="2">业主的用水需求</td><td colspan="4"></td></tr>
<tr><td colspan="2">论证工作等级</td><td></td><td colspan="2">水平年（现状—规划）</td><td></td></tr>
<tr><td rowspan="3">分析范围内控制指标情况</td><td colspan="2">取用水总量控制指标（亿 m^3）</td><td></td><td colspan="2">实际取用水总量（亿 m^3）</td><td></td></tr>
<tr><td colspan="2">用水效率控制指标
（万元工业增加值用水量）</td><td></td><td colspan="2">万元工业增加值的实际用水量</td><td></td></tr>
<tr><td colspan="2">退水水域所在水功能区限制
纳污总量指标（万 m^3）</td><td></td><td colspan="2">退水水域所在水功能区
实际排污总量（万 m^3）</td><td></td></tr>
<tr><td rowspan="8">取用水方案</td><td rowspan="5">核定的年
取水量
（万 m^3）</td><td>地表水</td><td></td><td rowspan="5">核定的年
取水量
（万 m^3）</td><td>地表水</td><td></td></tr>
<tr><td>地下水</td><td></td><td>地下水</td><td></td></tr>
<tr><td>自来水</td><td></td><td>自来水</td><td></td></tr>
<tr><td>其他水源</td><td></td><td>其他水源</td><td></td></tr>
<tr><td>合计</td><td></td><td>合计</td><td></td></tr>
<tr><td colspan="2">最大取水流量（m^3/s）</td><td></td><td colspan="2">日最大取水量（m^3/d）</td><td></td></tr>
<tr><td colspan="2">取水口位置</td><td></td><td colspan="2">用水保证率（%）</td><td></td></tr>
<tr><td colspan="2">核定用水定额</td><td></td><td colspan="2">水循环利用率（%）</td><td></td></tr>
<tr><td rowspan="2">退水方案</td><td colspan="2">核定的年退水量（m^3）</td><td></td><td colspan="2">主要污染物的
排放量（m^3）及排放浓度</td><td></td></tr>
<tr><td colspan="2">退水口位置及所在功能区</td><td></td><td colspan="2">排放方式</td><td></td></tr>
<tr><td rowspan="3">水资源及水生态保护措施</td><td colspan="2">工程措施</td><td colspan="4"></td></tr>
<tr><td colspan="2">节水及管理措施</td><td colspan="4"></td></tr>
<tr><td colspan="2">其他非工程措施</td><td colspan="4"></td></tr>
</table>

B. 水资源论证报告书正文

1 总论

1.1 建设项目概况

1.1.1 基本情况,包括规模、工艺设备、原料、产品方案等

1.1.2 建设项目取用水方案

1.1.3 建设项目退水方案

(附建设项目位置图)

1.2 项目来源

1.2.1 委托单位

1.2.2 承担单位与工作过程

1.3 水资源论证目的和任务

1.4 编制依据

1.5 工作等级与水平年

1.6 水资源论证范围

(附分析范围图、取水水源论证范围图、取水影响范围图、退水影响范围图)

2 水资源及其开发利用状况分析

2.1 分析范围内基本情况

2.1.1 自然地理与社会经济情况

2.1.2 水文气象

2.1.3 河流水系与水利工程

2.2 水资源状况

2.2.1 水资源量及时空分布特点

2.2.2 水功能区水质及变化情况

2.3 水资源开发利用现状分析

2.3.1 供水工程与供水量

2.3.2 用水量与用水结构

2.3.3 用水水平与用水效率

2.4 水资源开发利用潜力及存在的主要问题

(附分析范围内供水工程、主要取用水户分布图、水功能区示意图 <标注入河排污口点位和监测断面位置>)

3 取用水合理性分析

3.1 取水合理性分析

3.1.1 产业政策相符性

3.1.2 水资源条件、规划的相符性

3.1.3 水源配置的合理性

3.1.4 工艺技术的合理性

3.2 用水合理性分析

3.2.1 建设项目用水环节分析

3.2.2 设计参数的合理性识别
3.2.3 污废水处理及回用
3.2.4 用水水平指标计算及比较
3.2.5 节水潜力分析
3.2.6 合理取用水量的核定
3.3 节水措施与管理
(附建设项目取用水平衡图)
4 取水水源论证
4.1 水源方案
4.2 地表水取水水源论证
4.2.1 依据的资料与方法
4.2.2 来水量分析
4.2.3 用水量分析
4.2.4 可供水量计算
4.2.5 水资源质量评价
4.2.6 取水口位置合理性分析
4.2.7 取水可靠性分析
4.3 地下水取水水源论证
4.3.1 地质、水文地质条件分析
4.3.2 地下水资源量分析
4.3.3 地下水可开采量计算
4.3.4 开采后的地下水水位预测
4.3.5 地下水水质分析
4.3.6 取水可靠性分析
(附论证范围内水文地质平面及剖面图、地下水位等值线图、地下水动态变化曲线、地下水水质监测站点分布图等)
5 取水影响论证
5.1 对区域水资源的影响
5.1.1 对区域水资源可利用量及其配置方案的影响
5.1.2 对水生态的影响
5.1.3 对水功能区纳污能力的影响
5.2 对其他用户的影响
5.2.1 对其他用户取用水条件的影响
5.2.2 对其他用户权益的影响
5.3 结论
6 退水影响论证
6.1 退水方案
6.1.1 退水系统及组成

6.1.2　退水总量、主要污染物排放浓度和排放规律
6.1.3　退水处理方案和达标情况
6.2　退水影响
6.2.1　退水对水功能区的影响
6.2.2　退水对第三者的影响
6.2.3　入河排污口(退水口)设置方案论证
(附建设项目退水系统组成和入河排污口位置图)
7　影响补偿和水资源保护措施
7.1　影响补偿
7.1.1　补偿原则
7.1.2　补偿方案(措施)建议
7.2　水资源及水生态保护措施
7.2.1　工程措施
7.2.2　节水与管理措施
7.2.3　其他非工程措施
8　结论与建议
8.1　结论
8.1.1　取用水合理性
8.1.2　取水水源可靠性
8.1.3　取水影响和退水影响及补偿措施建议
8.1.4　水资源保护措施
8.1.5　取水方案和退水方案
8.2　存在问题及建议

第三节　水资源论证报告书审查

建设项目水资源论证报告书是支撑取水许可的技术要件,是决定是否通过取水许可审批的技术依据。因此,《建设项目水资源论证管理办法》(水利部、国家发展计划委员会令第15号)第九条规定:建设项目水资源论证报告书,由具有审查权限的水行政主管部门或流域管理机构组织有关专家和单位进行审查,并根据取水的急需程度适时提出审查意见。虽然该项许可审批的具体依据为国务院部门的规章,但该项审批已经《国务院对确需保留的行政审批项目设定行政许可的决定》(国务院令第412号)第168项确认,符合《行政许可法》设定行政许可的有关规定。随着最严格水资源管理制度实施的不断深入以及全社会对水资源重要性认识的普遍提高,将对水资源论证提出更高要求。

建设项目的水资源论证报告书编制完成以后,即标志着该项目的水资源论证工作在形式上基本结束,至于论证工作的质量如何,是否科学、严谨、规范、可靠,还需要一个审查和鉴定的环节。作为水行政主管部门,必须高度重视建设项目水资源论证报告书的审查工作。为此,水利部于2003年印发了《建设项目水资源论证报告书审查工作管理规定

(试行)》,对审查权限、原则、主体、程序、材料报送、办理时限、审查方式、结论等方面,均做出了操作性规定。2004 年,《国务院对确需保留的行政审批项目设定行政许可的决定》(国务院令第 412 号)第 168 项确认“建设项目水资源论证报告书审批”设定为行政许可事项,将其纳入行政许可调整范围,按照《行政许可法》和水利部《水行政许可实施办法》规定的办理原则和方式,对报告书审批实施规范化操作。2005 年 7 月,水利部根据《行政许可法》和国务院有关文件的要求,颁布了《水利部关于修改和废止部分水利行政许可规范性文件的决定》,对《建设项目水资源论证报告书审查工作管理规定(试行)》部分条款进行了相应的修订。

一、流程

(一)申请与受理

在建设项目的水资源论证报告书编制完成以后,由项目业主单位向具有报告书审查权的审查机关提出书面的审查申请,以期获得一个客观、公正的审查结论,也可以理解为技术鉴定。至于审查机关以何种方式审查,由审查单位根据项目的大小和复杂性等决定,现阶段多采用会审方式进行审查。由于水资源论证是取水许可申请的前置性条件之一,所以规定报告的审查权与取水许可管理权限相一致,即“谁许可,谁审查”。在报送审查申请时,一般应附具以下材料:

(1)建设项目水资源论证报告书。

(2)建设项目水资源论证工作委托合同。

(3)审查机关认为应提交的与审查工作有关的其他材料。

水资源论证报告书是论证成果的文本,是审查对象的主体部分,其他相关材料主要是为了进一步确认业主单位(项目)的合法性,以及编制单位是否具备相应的能力等。

在审查机关收齐送审材料之后,应当先进行形式的完备性的初步审查,在一定的期限(5 日)内决定是否予以受理。经过审查,如果符合受理条件,审查机关应当受理,并出具受理申请的书面通知。在书面通知中,应当载明受理机关、时间、经办人、办理时限、办事流程和联系方式等。

当然,如果经初步审查,对于那些不符合受理条件的,审查机关要明确告知,并书面说明理由;对于报送材料不全的,要一次性告知申请人在规定的时间内补齐,待补齐后再行受理。

目前,大多数行政许可和行政审批事项都集中在行政办事大厅(政务中心)办理受理手续,水行政主管部门在大厅设有相应的咨询和受理窗口,统一办理行政许可审批审查的受理业务,水资源论证报告书的审查申请是其中的事项之一,从电子政务的发展趋势看,网上申请将成为办理行政许可审批的主要方式。图 9-2 是安徽省水利厅水资源论证报告书审查审批流程图。

(二)审查

当审查机关受理了业主的水资源论证报告书审查申请之后,就进入了水行政主管部门内部的审查程序,审查机关应严格依据国家发布的有关技术标准、规程和规范,按照客观、公正、合理的原则,组织报告书审查工作,对审查方式和审查时间做出安排,及时通报

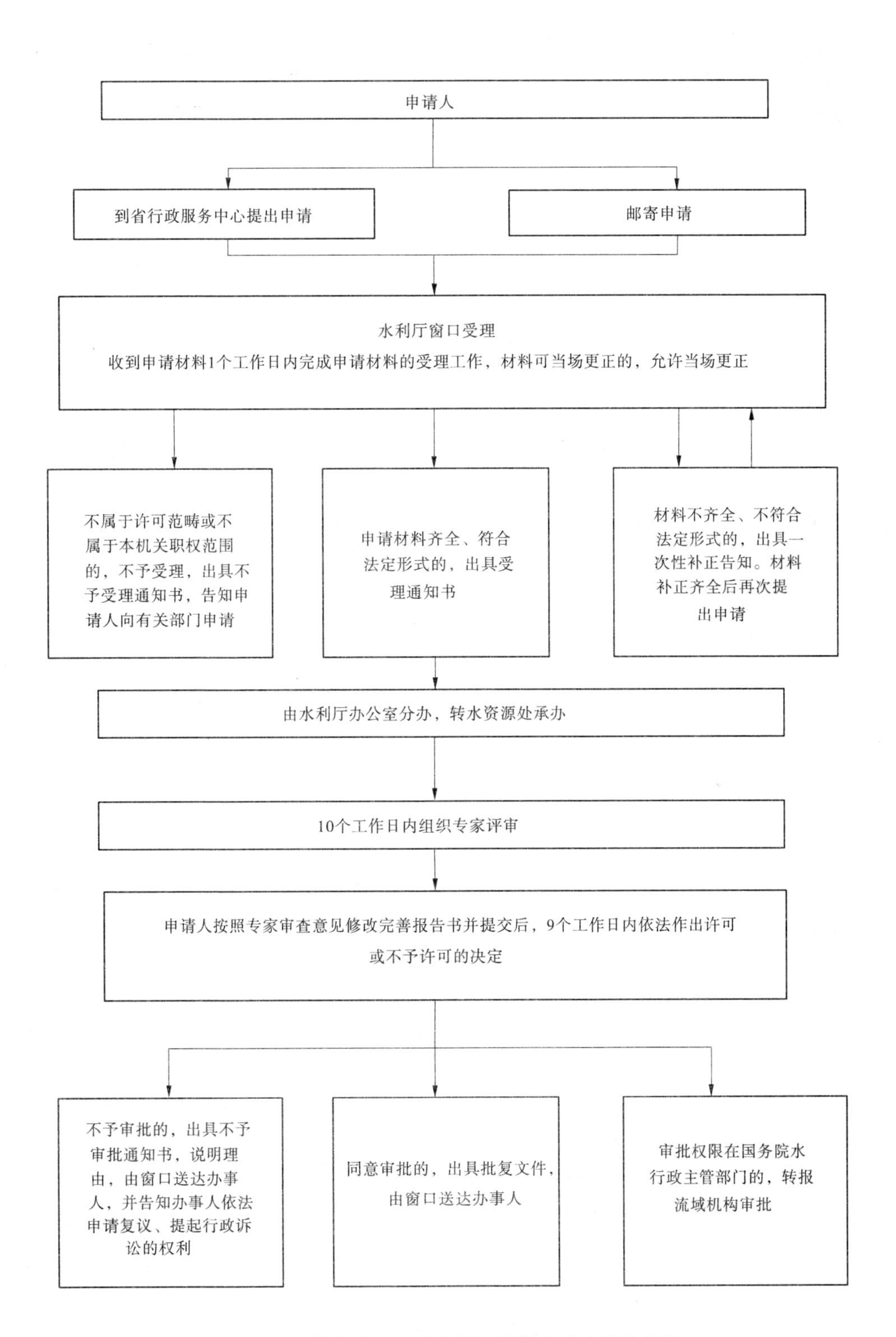

图9-2 安徽省水利厅水资源论证报告书审批流程图

相关单位,并在规定的期限内做出审查结论。对于审查机关内部确定的审查流程和方式方法,则应当遵循依法、科学、严谨、高效和负责的原则。

1. 审查机关

一般来说,审查机关即受理机关,鉴于报告书的审查权限原则上与取水许可审批权限相一致(参见“取水许可的范围与分级管理”),所以由县级以上人民政府水行政主管部门和流域管理机构负责报告书的审查工作。审查权限的规定主要体现了分级管理和分级负责的原则,主要表现为由中央(含流域机构)和省(市、区)、市、县水行政主管部门在各自的取水(申请)量限额范围内,分级审查水资源论证报告。具体的事权权限,在水利部统一规定的基础上,各省(市、区)在本行政区域内有相对统一的规定。

由于水资源论证报告书审查是一项专业性很强的技术工作,工作量大,事务烦琐,负责审查的行政机关在组织或主持审查时,往往力不从心。所以,审查机关也可以将其委托给有关适合的专业机构代为审查。由代审机构按规定组织审查工作,并将审查意见、专家评审组意见、专家评审意见及审查修改后的报告书及时报审查机关审定。比如,按规定需由水利部审定的报告书,水利部就委托给水利水电规划设计总院代审。

2. 审查方式

应当说,审查方式是为实现审查目的服务的。主流的审查模式是会审形式,即由审查机关组织有关专家和有关单位的代表,以召开报告书审查会的方式集中审查。会审方式也是技术审查的传统方式,互动性强,沟通内容广,意见表达充分,效率高,也便于讨论和集中安排考察。

如果项目的取水规模较小、技术较为简单,或者遇到特殊情况不能召开审查会,也可以采取书面函审的方式,由审查机关书面征求有关专家和单位的意见,并负责意见的整理和汇总。

3. 审查人员

水资源论证报告书的审查属技术审查事务,原则上,审查人员的主体应是相关领域的专家和技术人员。在组织形式上,一般是由审查机关结合地区和专业审查工作的需要,成立专家评审组,确定评审组组长。评审组的人员构成是保障评审水平和公正性的关键,一般由评审专家、项目影响范围地区水行政管理单位的代表和受项目影响的利益相关者代表等组成,特别应该邀请可能有争议的地区代表和敢于发表意见的专家参加。在人数上,要求评审组人数为单数,且不得少于 5 人,并要求从专家库中选聘的人数不得少于评审组总人数的 1/2,尽可能保证评审结论的客观和公正。在召开审查会之前,应当提前将报告书送交专家和有关单位,保证他们有足够的时间审阅。

4. 专家意见

在报告书的评审过程中,各评审专家应当提出署名的书面意见,并对所提的意见负责,以体现评审的严肃性;评审组应出具由组长署名的评审组意见。审查机关依据专家评审组意见和有关单位代表的意见提出书面审查意见。其中,经专家评审,认为报告书需要修改的,要告知业主单位补充修改,经审查机关审核后再出具审查意见。

5. 回避制度

在报告书审查工作中,要求采取回避制度,规定参与报告书编制咨询工作的以及其他

有利害关系的专家不得参加审查活动，以保证审查结论的客观性和公正性。

6. 审查期限

审查机关要在自下达受理通知之日起一定的期限（20 日）内完成审查工作。逾期不能完成的，须说明理由，经本级机关负责人批准后，可以延长 10 日。这也是《行政许可法》统一规定的办理时限。

7. 复审

当发生下列情况之一时，项目业主单位可向审查机关的上一级水行政主管部门提出复审要求，上一级水行政主管部门应视具体情况组织复审，这是对行政许可复议环节的安排。

（1）项目业主单位对审查机关提出的审查意见有异议。

（2）项目取水与第三方有利害关系，且第三方对审查机关提出的审查意见有异议。

（3）其他单位或组织对审查机关提出的审查意见有异议。

8. 重审

当建设项目水资源论证报告书审查通过后，如发生下列情况，业主单位应重新或补充编制水资源论证报告书，并提交原审查机关重新审查。

（1）建设项目的性质、规模、地点或取水标的发生重大变化的。

（2）原报告审查通过之日起满 3 年，建设项目仍未获得批准的。

这两种情况可能关系到项目取水水源条件的改变，也可能直接导致项目的用水、排水的量和质的重大改变，还可能影响到第三者的相关权益，这些项目自身条件和客观条件的变化，势必涉及水资源的重新配置问题，需要重新进行技术上可行性论证。

二、审查重点

水资源论证报告书审查机关应根据《建设项目水资源论证管理办法》的要求，严格依据国家发布的有关技术标准、规程和规范，按照客观、公正、合理的原则，组织开展报告书的可行性审查工作，并结合当地社会经济发展状况、水资源特点和建设项目特点等确定审查重点。

（一）原则和依据

（1）遵循水资源合理开发、节约使用和有效保护的原则。

（2）坚持实施最严格水资源管理的理念。

（3）符合江河流域或区域的综合规划及水资源保护等专项规划。

（4）遵守经批准的水量分配方案或协议。

（二）审查重点

建设项目水资源论证报告书审查的重点主要包括如下三个方面。

1. 形式审查

在接到建设项目水资源论证报告书审查申请后，审查机关要先对报告书的编制形式、章节安排和主要内容进行形式审查，形式审查的目的是确定是否受理。

由于业主并不一定熟悉水资源论证的相关规定、程序、管辖范围等，为减少报告审查的盲目性，审查机关须首先对报告书进行形式审查，避免召开评审会时出现程序上的一些问题。形式审查的主要内容有:一是报告书编制单位、编制人员资质审查,特别是证书的适用范围与送审报告书的项目门类符合性;二是报告书的合法性审查,主要是委托单位、报送业主单位符合性审查;三是支撑性文件的审查,包括项目的立项、水源、受影响方意见及技术论证参数选择等依据性文件是否齐全等。

2. 内容审查

在报告书的审查过程中,审查机关应当把审查的任务主要放在报告书的内容上。重点关注报告书的核心问题是否论证清楚,根据项目用水、退水特点,水源特点和区域水资源状况特点,具体分析确定项目水资源论证的核心问题。如用水量大的项目关注用水水平(用水的合理性)、取水对其他用水户的影响、水源供水保证率等,保证率要求高的项目关注供水保证率的频率分析,污染大的行业关注退水水质和退水影响分析,中水作水源的关注污水处理厂的运营,扩建、技改项目关注现状企业供、用、退水与扩建、改建的衔接,涉及拦蓄工程的要关注水工程调度和调节计算;开采地下水的,还要关注地下水的动态变化规律等。

3. 现场查勘

现场查勘是水资源论证报告书评审中的一个重要环节。在评审过程中,如果审查机关认为必要,可组织现场查勘,对存在重大问题的,还要提出专门调查报告。现场查勘的主要目的是考察取、排水关键设施的真实性,听取利益相关者对项目的意见,评估关键问题的论证结论是否可信。查勘内容主要是对建设项目厂址(扩建项目现有设施、用水工艺流程)、水源地及取水口位置、拟建退水口位置(扩建项目现有退水口及污水处理设施)、退水水域或接纳退水的污水处理厂进行现场查勘,有时还要拍照或做视频记录。

三、水资源论证报告书审查意见

在建设项目水资源论证报告书审查的最后环节,审查机关综合专家的评审意见,根据审查原则和依据,及时对论证报告书提出具有法定效力的书面审查意见,这是审批机关对报告是否已按照评审意见修改和评审结论的进一步确认,这也是专业技术评审的传统模式。论证报告书的审查意见是建设项目取水许可申请的技术依据;同时,也是下一步水行政主管部门审查取水申请的重要技术依据。

一般来说,在报告的评审过程中,专家评审组都会对论证报告提出一些修改意见,有原则的,也有具体的;有内容上的,也可能有形式上的。在评审意见下达后,报告书编制单位要及时按照评审结论和提出的修改意见,进一步补充、完善和修改论证报告,然后将修改后的报告正式报送审查机关,以获得主管部门的正式批文,从而作为项目取水申请或工程开工的法定依据之一。

审查机关对论证报告提出审查意见时,要切实履行复核把关职责,复核的重点应包括评审会的规范性、评审意见的严谨性、评审结论的客观性,以及是否按要求修改了报告等。要体现出原则性、严肃性、科学性、严谨性和权威性,要客观公正,排除干扰,切实履行好水行政主管部门依法管理和保护水资源的社会责任。一般情况下,审查机关会维持评审意见的主要结论,保持审查意见和评审意见的基本统一。

审查意见一般应包括下列内容:

(1)评审方式及其基本情况。会审的要简要介绍审查会的基本情况,函审的要简要介绍组织安排。

(2)建设项目的必要性和可行性简要评述。

(3)报告书总体质量(内容的合理性和形式的规范性)简要评价。

(4)论证报告主要内容(当地水资源状况分析、项目用水的合理性分析、取水水源论证、取水和退水的影响分析等)逐项评价。

(5)总体结论。审查机关出具的报告书审查意见,其表述的基本要求是:结论要清晰明确,意见要准确中肯,要包含主要控制性指标,不得使用模糊语言,便于水行政主管部门在审批取水时对照和参考。从理论上说,审查机关对报告书的审查意见,可以是肯定的,也可以是否定的,但总体上,应是客观公正和科学合理的,提出的意见和建议应是建设性的。

需要特别指出的是,对于那些经专家评审,认为报告书需要修改补充的,要及时将修改意见告知业主单位补充修改,待修改完成后再报请审查机关审核提出审查意见。由于修改报告的工作量有大有小,修改工作进行得有快有慢,有的也可能会需要数月时间才修改完成和正式报送,这样,从受理报告书的审查申请到正式的审查意见下达,往往会超出《行政许可法》规定的20天办理期限。这部分因业主修改报告书所占用的时间不应当计入审查机关的有效审查时间和法定办理期限。另外,专家评审和现场查勘环节一般也是不计入《行政许可法》规定的办理时限的。

四、案例

案例1:关于国电宿州"上大压小"热电工程水资源论证报告书的审查意见

国电宿州热电有限公司:

你单位《关于审查国电宿州"上大压小"热电工程水资源论证报告书的申请》(国电宿州〔2009〕71号)收悉。按照水利部、国家发展计划委员会《建设项目水资源论证管理办法》,水利部《建设项目水资源论证报告书审查工作管理规定(试行)》要求,我委组织专家进行了审查,经研究,意见如下:

一、《国电宿州"上大压小"热电工程水资源论证报告书》对区域水资源状况、建设项目取用水合理性、取水水源、取退水影响及水资源保护措施等进行了分析论证,选取的论证范围合适,方法正确,内容全面,基本符合《建设项目水资源论证导则(试行)》(SL/Z 322—2005)的要求。

二、原则同意《国电宿州"上大压小"热电工程水资源论证报告书》对宿县闸、灵西闸、团结闸分别进行的典型年水量调节计算结果和提出的联合取水的供水方案,以及建设项目取用水在实施新汴河梯级工程调水等综合措施后,建设项目基本能够满足97%设计保证率用水要求的结论。

三、建设项目设计机组耗水指标0.758 $m^3/(s \cdot GW)$,用水重复利用率98.0%,主要用水指标符合《火力发电厂设计技术规程》(DL 5000—2000)、《火力发电厂节水导则》(DL/T 783—2001)等相关技术规范要求。鉴于当地水资源状况,业主单位应充分挖掘节水潜力,采用节水新工艺、新技术,进一步降低耗水指标。

四、原则同意建设项目年取水量 890 万 m^3，设计最大取水流量 0.45 m^3/s 的取水规模。本建设项目实施后，国电宿州热电有限公司年最大取水总量为 1 590 万 m^3，最大取水流量为 0.81 m^3/s。

五、建设项目生产、生活污废水经过处理后进行回用，须按零排放要求设计，不得设置入河排污口或者利用其他排污（水）口排放污水。

六、建设项目业主应制订非常情况下的应急用水预案，以保证工程正常运行。根据水法规规定，业主单位在取用水时应服从流域管理机构以及地方水行政主管部门的管理和监督，安装计量设施，如实提供取水资料，依法缴纳各项水规费。特枯年份取水占用农业灌溉水源或影响他人合法权益，应按有关规定予以补偿。

七、根据国务院《取水许可和水资源费征收管理条例》、水利部《取水许可管理办法》，你公司应按照核定的年取水总量限额，经有关地方水行政主管部门签署意见后，向我委办理取水许可申请手续。

八、建设项目如取水水源、取水量、退水方式发生变化或者自《国电宿州"上大压小"热电工程水资源论证报告书》审查通过之日起满 3 年未通过核准，拟继续申请取水，应重新进行水资源论证。

淮河水利委员会

二〇〇九年十二月三十日

案例 2：关于安徽省安庆市下浒山水库工程水资源论证报告书的审查意见

安庆市水利局：

《关于对安徽省安庆市下浒山水库工程水资源论证报告书（送审稿）进行审查的请示》（安水政〔2012〕10 号）收悉。2012 年 5 月 21 日，我委在武汉市主持召开了《安徽省安庆市下浒山水库工程水资源论证报告书》评审会，成立了专家评审委员会，对《安徽省安庆市下浒山水库工程水资源论证报告书》进行了评审。会后，《安徽省安庆市下浒山水库工程水资源论证报告书》编制单位长江勘测规划设计研究有限责任公司根据会议意见对《报告书》进行了修改补充完善，于 2013 年 1 月提出了《安徽省安庆市下浒山水库工程水资源论证报告书（报批稿）》。经认真复核，提出了评审意见（详见附件）。经研究，我委基本同意该评审意见，主要意见如下：

一、下浒山水库工程位于安徽省菜子湖支流大沙河中上游，坝址位于安庆市潜山县源潭镇田墩村上游 1 km、五井河和大沙河交汇口上游 400 m 处，是一座以防洪、灌溉、供水为主，兼顾发电的综合性水利枢纽，水库总库容 2.02 亿 m^3，正常蓄水位 115 m，死水位 90 m，调节库容 1.28 亿 m^3，具有多年调节能力。本工程设计灌溉面积 35.08 万亩，设计灌溉保证率 80%；设计城镇供水人口 24.73 万，农村供水人口 38.29 万，设计供水保证率 95%；电站装机容量 15 MW，设计发电引用流量 39.8 m^3/s，电站尾水渠兼作灌溉与供水渠首，渠首设计引水规模为 22.8 m^3/s。

二、2020 年规划水平年本工程设计多年平均总取水量 11 217 万 m^3，其中灌溉需取水量为 9 964 万 m^3，城乡生产生活需取水量为 1 253 万 m^3；设计多年平均发电取用水量为

30 100万 m^3；基本同意其取用水规模。

本工程施工总工期36个月，设计施工用水量为216.8万 m^3。

三、基本同意下浒山水库供水可靠的结论。下浒山水库坝址处多年平均流量为10.7 m^3/s，多年平均径流量为33 900万 m^3，2020年规划水平年坝址处多年平均可供水量为30 100万 m^3；2020规划水平年，下浒山水库多年平均发电可供水量为30 100万 m^3，多年平均供水量11 217万 m^3，其中灌溉供水量为9 964万 m^3，城乡生产生活供水量1 253万 m^3，坝址来水经水库调节后可满足城市、乡镇、农村人畜供水设计保证率 $P=95\%$ 和农业灌溉设计保证率 $P=80\%$ 的要求；取水河段现状水质为Ⅱ～Ⅲ类，可满足灌溉、供水和发电用水要求。

四、基本同意取退水影响分析结论。灌区多年平均引水量约占坝址处多年平均来水量的33%，取水对坝址下游水资源总量有一定影响，灌区引水大部分回归菜子湖，耗水占菜子湖流域总水量的比例较小，取水对菜子湖流域水资源总量影响较小；水库具有多年调节能力，建成运行后，下泄水量减少，坝址下游河道水文情势将发生变化、纳污能力降低；灌区的含氮磷的退水对坝址下游河道水质存在一定影响。

同意下浒山水库最小下泄流量确定为1.07 m^3/s。在施工期、初期蓄水期和运行期，建设和运行管理单位应采取有效措施和制订合理调度方案，确保坝址下游大沙河最小下泄流量，以保障下游用水需求。

除基坑排水外，施工期各类生产、生活废水经处理后全部回用，对水功能区影响较小。

五、基本同意《安徽省安庆市下浒山水库工程水资源论证报告书》提出的水资源保护措施、取水计量方案、水资源监测方案及制度。

六、经批准的《取水许可申请书》是本项目核准的必备文件，你局应在本审查意见印发之日起2个月内填写建设项目《取水许可申请书》，经安徽省水利厅签署意见后，报长江水利委员会审批。

七、本工程如建设规模、取水水源、取水量和取水用途等发生变化，或者自《报告书》审查通过之日起满3年未通过核准，你局拟继续申请取水，应重新进行水资源论证。

长江水利委员会
二〇一三年二月十九日

案例3：《安徽省安庆市下浒山水库工程水资源论证报告书》评审意见

2012年5月21日，长江水利委员会在武汉市主持召开了《安徽省安庆市下浒山水库工程水资源论证报告书》评审会。参加会议的有长江水利委员会委水资源局、办公室、总工办、规计局、水资源保护局、安徽省水利厅、安庆市水利局以及长江勘测规划设计研究有限责任公司等单位的代表和特邀专家，会议成立了专家评审委员会。会议听取了安庆市水利局关于项目情况的介绍和长江勘测规划设计研究有限责任公司关于《安徽省安庆市下浒山水库工程水资源论证报告书》主要内容的汇报。会后，长江勘测规划设计研究有限责任公司根据会议意见对《安徽省安庆市下浒山水库工程水资源论证报告书》进行了

修改补充完善，于 2013 年 1 月提出了《安徽省安庆市下浒山水库工程水资源论证报告书（报批稿）》，经认真复核，会议认为《安徽省安庆市下浒山水库工程水资源论证报告书》（以下简称《报告书》）基本符合《水利水电建设项目水资源论证导则》（SL 525—2011）要求，可作为安徽省安庆市下浒山水库工程办理取水许可的技术依据。主要评审意见如下：

一、项目概况

下浒山水库工程位于安徽省菜子湖支流大沙河中上游，坝址位于安庆市潜山县源潭镇田墩村上游 1 km、五井河与大沙河交汇口上游 400 m 处，是一座以防洪、灌溉、供水为主，兼顾发电的综合性水利枢纽，水库总库容 2.02 亿 m^3，留有 0.44 亿 m^3 的防洪库容，正常蓄水位 115 m，相应库容 1.72 亿 m^3，死水位 90 m，相应库容 0.44 亿 m^3，调节库容 1.28 亿 m^3，具有多年调节能力。本工程规划灌区涉及桐城市、怀宁县和潜山县，设计灌溉面积 35.08 万亩，设计灌溉保证率 80%；本工程规划城镇供水范围为怀宁县县城高河镇和马庙镇、金拱镇、公岭镇、桐城市青草镇、潜山县源潭镇 6 个城镇，涉及城镇人口 24.73 万，设计供水保证率 95%；规划农村供水范围为怀宁县的马庙、金拱、公岭、三桥、黄墩、小市，桐城市青草镇、范岗，潜山县源潭、余井 10 个乡镇，涉及农村人口 38.29 万，设计供水保证率 95%。

本工程采用河床布置挡、泄水建筑物，右岸布置坝后引水式电站组，电站尾水渠兼作灌溉与供水渠首的枢纽布置方案。电站装机容量 15 MW，设计发电引用流量 39.8 m^3/s。引水发电系统布置在大坝右岸，发电尾水泄入电站尾水调节池，灌溉与供水取水头部布置在坝后电站尾水调节池，渠首设计引水规模为 22.8 m^3/s。

二、水资源论证等级及范围

《报告书》确定的工作等级为一级是合理的。以菜子湖流域为区域水资源分析范围，重点分析大沙河流域和下浒山灌区；以下浒山水库坝址以上流域为取水水源论证范围；以水库库区及下浒山水库坝址下游大沙河干流至菜子湖（含菜子湖）为取水影响论证范围；以坝址以下大沙河干流及下浒山灌区为退水影响论证范围；确定的上述分析与论证范围基本合适。

三、现状水平年和规划水平年

现状年确定为 2010 年、规划水平年确定为 2020 年基本合适。

四、区域水资源状况及其开发利用分析

《报告书》对菜子湖流域基本情况、水资源时空分布、水资源开发利用现状、需水预测及水资源开发利用规划、水资源开发利用存在问题等分析基本合理。下浒山水库所在大沙河，未划分水功能区，现状水质Ⅱ～Ⅲ类。

五、建设项目取用水合理性分析

下浒山水库工程是《长江流域综合利用规划简要报告》（1990 年）和《安徽省菜子湖流域综合规划报告》（2004 年）推荐的菜子湖综合治理的关键工程，已经列入了国务院批复的《全国大型水库规划》。

2020 年规划水平年，本工程灌区设计灌溉面积 35.08 万亩，$P=80\%$ 设计综合灌溉定额为 385 m^3/亩，设计灌溉水利用系数为 0.60，非农业灌溉用水水利用系数为 0.9。2020 年规划水平年，设计城镇供水人口 24.73 万，其中高河镇 15 万，其他乡镇 9.73 万；高河镇工业产值 26.55 亿元，居民生活用水定额为 140 L/(人 · d)，综合工业万元产值用水定额为14.3 m^3/万元，第三产业用水定额为14.66 m^3/(人·年)，环境用水定额为3.5 m^3/(人·年)；其他5个乡镇工业产值41.15亿元，居民生活用水定额为120 L/(人·d)，综合工业万元产值用水定额为29.3 m^3/万元，第三产业用水定额为11.84 m^3/(人·年)，环境用水定额为3.3 m^3/(人·年)。2020年规划水平年，设计农村供水人口38.29万，居民生活用水定额为75 L/(人·d)。

2020年规划水平年，下浒山灌区多年平均总毛需水量为22 428万 m^3，其中灌溉年毛需水量为17 655万 m^3，城市年毛需水量为1 577万 m^3，乡镇年毛需水量为1 991万 m^3，农村年毛需水量为1 202万 m^3。灌区内中小水库、塘堰等工程可供水量为12 022万 m^3，缺水量12 072万 m^3，由下浒山水库毛供水水量为11 217万 m^3；在满足灌溉和供水的同时，下浒山水库多年平均发电用水量为30 100万 m^3。

电站施工总工期36个月，施工期设计总用水量216.8万 m^3，最大取水规模为700 m^3/h。施工期生产生活用水以大沙河为取水水源。

六、取水水源可靠性论证

《报告书》以下浒山水库坝址下游3.8 km的沙河埠水文站为设计依据站，采用面积比拟法分析计算坝址径流的方法是合理的，根据《报告书》1967年5月至2010年4月径流系列计算成果，下浒山坝址处多年平均流量10.7 m^3/s，多年平均径流量33 900万 m^3。$P=80\%$、$P=95\%$入库径流量分别为19 447万 m^3、10 862万 m^3。2020规划水平年，长系列(1967年5月至2010年4月)逐月调节计算结果表明，来水经调蓄后，下浒山水库多年平均发电可供水量为30 100万 m^3，灌溉、城乡供水多年平均供水量11 217万 m^3，其中灌溉供水量为9 964万 m^3，城乡生产生活供水量1 253万 m^3，灌溉供水保证率达到80%，城市、乡镇、农村人畜供水保证率达到95%，发电设计保证率为90%，水源水量基本满足项目取水要求。取水河段现状水质为Ⅱ～Ⅲ类，可满足灌溉、供水和发电用水要求。

七、取退水影响分析

《报告书》关于电站运行取退水对区域水资源、库区及坝址下游河道水文情势、库区及下游河道水质和水温、水功能区纳污能力、相关取用水户的影响分析基本合理。

灌区多年平均毛引水量1.12亿 m^3，约占坝址处多年平均来水量3.39亿 m^3的33%，取水对坝址下游水资源总量有一定影响，灌区引水大部分回归菜子湖，耗水占菜子湖流域总水量的1.2%，取水对菜子湖流域水资源总量影响较小；水库具有多年调节能力，建成运行后，下泄水量减少，坝址下游河道水文情势将发生变化、纳污能力可能降低，灌区的含氮磷的退水对坝址下游河道水质存在一定影响。

电站运行期，正常情况下通过机组发电下泄流量进入电站尾水池、尾水池设泄水闸门等措施保障最小下泄流量1.07 m^3/s，当机组停止发电时，通过供水阀门保障最小下泄流量1.07 m^3/s，可基本满足下游用水要求。

除基坑排水外，施工期各类生产、生活废水经处理后全部回用，对水功能区影响较小。

八、水资源保护措施

《报告书》提出的水资源保护措施、取水计量方案、水资源监测方案及制度基本可行。

九、对第三者的影响补偿建议

《报告书》提出对受影响方的影响补偿建议基本可行。

第十章 取水许可

取水许可是水行政许可的重要内容之一。其设定依据是:《水法》第四十八条"直接从江河、湖泊或者地下取用水资源的单位和个人,应当按照国家取水许可制度和水资源有偿使用制度的规定,向水行政主管部门或者流域管理机构申请领取取水许可证,取得取水权。"由于水行政许可是各级政府行政许可审批的组成部分,因此该许可事项的办理,原则上都要严格遵循《行政许可法》;同时又要遵照国务院《取水许可和水资源费征收管理条例》和水利部《水行政许可实施办法》等配套性文件、细则规定的流程、方式、期限等。

第一节 取水许可申请和受理

一、申请

取水许可是水行政主体根据单位或个人的申请而做出的具体行政行为。按照《行政许可法》的规定,申请是许可的必要条件,即申请是许可的前提,但是申请却不是获得许可的充分条件,申请了之后,并不意味着获得许可;如果无申请,则便无许可可言。

申请相对人,即向谁提出申请。申请取水的单位或者个人(简称申请人),应当按照审批权限的规定,向取水口所在地具有审批权的县级以上地方人民政府水行政主管部门提出申请,这是对取水申请的一般规定。但是,对于一些特殊的情形,也有相应的特殊规定。比如:申请利用多种水源,且各种水源的取水许可审批机关不同的,应当向其中最高一级审批机关提出申请,这也符合统一、高效、便民、服务的基本要求。

申请阶段,即在什么时间提出申请。一般情况下,当该建设项目是需由国家审批、核准的建设项目时,申请人应当在报送建设项目可行性研究报告或者建设项目核准申请报告前提出取水申请;其他建设项目,申请人应当在建设项目开工前提出取水申请,这是对取水申请环节的程序性安排。

上述程序性安排,确有其必要性和合理性。如果一旦工程开工,或者于项目建成后再提出取水申请,这时若无法获得取水许可,从而造成项目不能投产运行,或者项目建成后,水源条件不能满足建设项目取用水要求,势必造成巨大的浪费。

申报条件,即取水申请应当符合相应的条件。申请条件既包括申请人资格条件,也包括技术可行性条件,并要提供满足上述条件的相应材料作为申请依据。这些材料主要包括:

(1)取水许可申请书(格式文本,见附件)。

(2)取水用途或建设项目的说明及所依据的有关文件。

(3)取水水源和取水量保证程度的分析材料。

(4)取用水和退排水对水生态和水环境影响的分析材料。

(5)与第三者有利害关系的相关说明或有利害关系的第三者的承诺书或者其他文件。

(6)取水单位(个人)的身份证明。

属需要编制建设项目水资源论证报告书(表)的,还应当提交经审定的建设项目水资源论证报告书(表)及审查意见。一般来说,建设项目水资源论证报告书及审查意见即为取水申请的技术依据。如果该建设项目属于投资主管部门备案项目,则要提交有关备案材料。

还需要指出的是,当申请取水,并需要设置入河排污口的,申请人应当在办理取水申请时,按照国家规定申请设置入河排污口;如果是需提交建设项目水资源论证报告书的,则水资源论证报告书应当包括入河排污口设置论证的有关内容。

入河排污口审批管理也是水行政许可审批的重要事项之一,它既涉及水工程管理与保护,也涉及水资源、水生态与水域的管理保护,这是因为在一般情况下,取水和排水往往有着密不可分的联系,排水也往往意味着排污,在取水审批环节,就将相关的管理工作有机地统筹考虑,既符合科学精神,也符合精简、统一、效能的原则。

二、受理

受理是取水许可的重要环节,也是许可审批的必经阶段,是法定的程序,主要包含了资格审查和形式审查,直接决定着申请人获得许可权利进程的终止或延续。因此,需要严肃和认真对待。

水行政主管部门自收到取水申请之日起5个工作日内对申请材料进行审查,经审查,对于符合条件的取水申请,水行政主管部门应当在规定的时间内受理,出具书面的受理文书。受理后的取水申请,应当及时进入水行政主管部门内部的审批流程。

当然,如果申请人不具备相应的申请资格,或者没有按照规定提供相应的材料,或者材料不符合法定的要求,水行政主管部门不能受理,并以书面的形式说明不受理的理由,通知申请人补正。如果申请不属于本机关受理范围的,要告知申请人向有受理权限的机关提出申请。

附件：

计算机编码：

取水许可申请书

编号：(　　)申字〔　　〕第　　号

取水许可申请人__________

(签　章)

中华人民共和国水利部监制

<table>
<tr><td colspan="6">以下栏目由取水许可申请人填写</td></tr>
<tr><td>取水许可
申请人名称</td><td colspan="5"></td></tr>
<tr><td>法定代表人</td><td colspan="2"></td><td>职务</td><td colspan="2"></td></tr>
<tr><td>单位性质</td><td colspan="2"></td><td>行业类别</td><td colspan="2"></td></tr>
<tr><td>申请日期</td><td colspan="5">年　　月　　日</td></tr>
<tr><td>通信地址</td><td colspan="3"></td><td>邮政编码</td><td></td></tr>
<tr><td>联 系 人</td><td></td><td>工作部门</td><td></td><td>职务(职称)</td><td></td></tr>
<tr><td>联系电话</td><td></td><td>传真电话</td><td></td><td>电子信箱</td><td></td></tr>
<tr><td>申请取水理由及依据</td><td colspan="5"></td></tr>
</table>

<table>
<tr><td colspan="2">年申请取水总量</td><td colspan="4">万 m³</td></tr>
<tr><td colspan="2">地表水</td><td colspan="4">万 m³</td></tr>
<tr><td colspan="2">水源类型</td><td>江河</td><td>湖泊</td><td>水库</td><td>其他</td></tr>
<tr><td colspan="2">年申请取水量(万 m³)</td><td></td><td></td><td></td><td></td></tr>
<tr><td colspan="2">取水地点</td><td></td><td></td><td></td><td></td></tr>
<tr><td rowspan="3">取水方式</td><td>蓄</td><td></td><td></td><td></td><td></td></tr>
<tr><td>引</td><td></td><td></td><td></td><td></td></tr>
<tr><td>提</td><td></td><td></td><td></td><td></td></tr>
<tr><td colspan="2">计量方式</td><td></td><td></td><td></td><td></td></tr>
<tr><td colspan="2">最大取水流量(m³/s)或
日最大取水量(m³/d)</td><td></td><td></td><td></td><td></td></tr>
<tr><td colspan="2">地下水</td><td colspan="4">万 m³</td></tr>
<tr><td colspan="2">水源类型</td><td>普通</td><td>地热水</td><td>矿泉水</td><td>其他</td></tr>
<tr><td colspan="2">年申请取水量(万 m³)</td><td></td><td></td><td></td><td></td></tr>
<tr><td colspan="2">取水地点</td><td></td><td></td><td></td><td></td></tr>
<tr><td colspan="2">取水方式</td><td>单井( )井群( )
自流( )</td><td>单井( )井群( )
自流( )</td><td>单井( )井群( )
自流( )</td><td>单井( )井群( )
自流( )</td></tr>
<tr><td colspan="2">计量方式</td><td></td><td></td><td></td><td></td></tr>
<tr><td colspan="2">最大取水流量(m³/s)或
日最大取水量(m³/d)</td><td></td><td></td><td></td><td></td></tr>
<tr><td colspan="2">申请取水期限</td><td colspan="4">自　　年　月　日至　　年　月　日</td></tr>
</table>

<table>
<tr><td colspan="6">取 水 标 的</td></tr>
<tr><td rowspan="4">城镇生活取水</td><td rowspan="2">生活用水</td><td>供水人口</td><td colspan="3">人</td></tr>
<tr><td>年取水量</td><td colspan="3">万 m^3</td></tr>
<tr><td>公共用水</td><td>年取水量</td><td colspan="3">万 m^3</td></tr>
<tr><td>一般工业用水</td><td>年取水量</td><td colspan="3">万 m^3</td></tr>
<tr><td colspan="2" rowspan="4">工业取水</td><td>主要产品</td><td></td><td></td><td></td></tr>
<tr><td>设计年产量</td><td></td><td></td><td></td></tr>
<tr><td>用水定额</td><td></td><td></td><td></td></tr>
<tr><td>年取水量</td><td colspan="3">万 m^3</td></tr>
<tr><td colspan="2" rowspan="4">农业取水</td><td>设计灌溉面积</td><td>亩</td><td>有效灌溉面积</td><td>亩</td></tr>
<tr><td>主要作物品种</td><td colspan="3"></td></tr>
<tr><td>灌溉定额
($P=50\%$)</td><td>m^3/亩</td><td>灌溉定额
($P=75\%$)</td><td>m^3/亩</td></tr>
<tr><td>年取水量
($P=50\%$)</td><td>万 m^3</td><td>年取水量
($P=75\%$)</td><td>万 m^3</td></tr>
<tr><td colspan="2" rowspan="4">发电取水</td><td>发电分类
(以√标示)</td><td colspan="3">水电:一般水电( ),抽水蓄能发电( );
火电:空冷( ),闭式循环水冷( ),直流水冷( );
其他:</td></tr>
<tr><td>机组台数与装机容量</td><td></td><td>年发电量</td><td>kWh</td></tr>
<tr><td>设计年利用小时</td><td>h</td><td>年取水量</td><td>万 m^3</td></tr>
<tr><td>水电分类的最小机组发电流量</td><td>m^3/s</td><td>火电分类的最高小时用水量</td><td>m^3/h</td></tr>
<tr><td colspan="2">其他取水</td><td>年取水量</td><td>万 m^3</td><td colspan="2">用途:</td></tr>
</table>

<table>
<tr><td colspan="8">取水量年内分配(万 m^3)</td></tr>
<tr><td>1 月</td><td></td><td>4 月</td><td></td><td>7 月</td><td></td><td>10 月</td><td></td></tr>
<tr><td>2 月</td><td></td><td>5 月</td><td></td><td>8 月</td><td></td><td>11 月</td><td></td></tr>
<tr><td>3 月</td><td></td><td>6 月</td><td></td><td>9 月</td><td></td><td>12 月</td><td></td></tr>
<tr><td colspan="8">设计日最大取水量: 万 m^3 出现月份:</td></tr>
</table>

水井工程						
井号	水 源 地 点	凿井深(m)	孔径 (m)	日开采量 (m^3/d)	出水流量 (m^3/s)	备注
补充说明						

<table>
<tr><td colspan="8">提 水 工 程</td></tr>
<tr><td>工程名称</td><td>设计扬程（m）</td><td>水泵型号</td><td>单台设备取水能力（m^3/s）</td><td>台数</td><td>设备总取水能力（m^3/s）</td><td>年取水总量（万 m^3）</td><td>备注</td></tr>
<tr><td></td><td></td><td></td><td></td><td></td><td></td><td></td><td></td></tr>
<tr><td></td><td></td><td></td><td></td><td></td><td></td><td></td><td></td></tr>
<tr><td></td><td></td><td></td><td></td><td></td><td></td><td></td><td></td></tr>
<tr><td></td><td></td><td></td><td></td><td></td><td></td><td></td><td></td></tr>
<tr><td></td><td></td><td></td><td></td><td></td><td></td><td></td><td></td></tr>
<tr><td></td><td></td><td></td><td></td><td></td><td></td><td></td><td></td></tr>
<tr><td></td><td></td><td></td><td></td><td></td><td></td><td></td><td></td></tr>
<tr><td>补充说明</td><td colspan="7"></td></tr>
</table>

引水工程				
取水建筑物名称	取水建筑物主要特征值(m)	设计引用流量(m^3/s)	年取水总量(万 m^3)	备注
补充说明				

<table>
<tr><td colspan="13">蓄水工程（一）（水电站专用）</td></tr>
<tr><td rowspan="2">工程名称</td><td rowspan="2">水源名称</td><td rowspan="2">集雨面积（km^2）</td><td colspan="7">库容特征</td><td rowspan="2">水库调节方式</td><td rowspan="2">最小下泄流量（m^3/s）</td><td rowspan="2">发电引水口至尾水口河道长度（m）</td></tr>
<tr><td>总库容（万m^3）</td><td>正常蓄水位（m）</td><td>库容（万m^3）</td><td>防洪限制水位（m）</td><td>库容（万m^3）</td><td>死水位（m）</td><td>库容（万m^3）</td></tr>
<tr><td></td><td></td><td></td><td></td><td></td><td></td><td></td><td></td><td></td><td></td><td></td><td></td><td></td></tr>
<tr><td></td><td></td><td></td><td></td><td></td><td></td><td></td><td></td><td></td><td></td><td></td><td></td><td></td></tr>
<tr><td>工程设计任务</td><td colspan="12"></td></tr>
<tr><td>蓄水期、运行期水量调度方案（原则）等补充说明</td><td colspan="12"></td></tr>
</table>

蓄水工程（二）（非水电站）													
工程名称	水源名称	集雨面积（km^2）	库容特征							设计供水情况			备注
			总库容（万 m^3）	正常蓄水位（m）	库容（万 m^3）	防洪限制水位（m）	库容（万 m^3）	死水位（m）	库容（万 m^3）	年供水总量（万 m^3）	供水保证率（%）	最小下泄流量（m^3/s）	
补充说明													

<table>
<tr><td colspan="4">水资源论证情况</td></tr>
<tr><td colspan="2">论证报告书名称</td><td colspan="3"></td></tr>
<tr><td colspan="2">论证报告书编制单位</td><td></td><td>单位资质编号</td><td></td></tr>
<tr><td colspan="2">论证报告书审查单位</td><td></td><td>审查时间</td><td></td></tr>
<tr><td>论证报告书主要结论</td><td colspan="4"></td></tr>
<tr><td>论证报告书主要审查意见</td><td colspan="4"></td></tr>
</table>

<table>
<tr><td rowspan="3">节水措施</td><td rowspan="2">非常规水源使用情况（万 m^3）</td><td>污水处理回用量</td><td>再生水</td><td>矿坑水</td><td>微咸水</td><td>海水</td><td>其他</td></tr>
<tr><td></td><td></td><td></td><td></td><td></td><td></td></tr>
<tr><td>主要节水技术、节水设施</td><td colspan="6"></td></tr>
<tr><td rowspan="3">污废水处理措施</td><td>处理设施</td><td colspan="6"></td></tr>
<tr><td>处理规模</td><td colspan="6"></td></tr>
<tr><td>处理工艺</td><td colspan="6"></td></tr>
<tr><td>退水量</td><td colspan="7">t/d</td></tr>
<tr><td>退水地点</td><td colspan="7"></td></tr>
<tr><td>退水水质要求（包括主要污染物名称和总量）</td><td colspan="7"></td></tr>
<tr><td colspan="8">取水许可申请人
（签章）</td></tr>
</table>

注：退水包括工业废水、生活污水、农业灌溉尾水等。

以下栏目由审核、审批部门填写
取水口所在地县级水行政主管部门初审意见： 主管负责人　　　　（单位印章） （签章） 年　月　日
取水口所在地地（市）级水行政主管部门复审意见： 主管负责人　　　　（单位印章） （签章） 年　月　日

取水口所在地省级水行政主管部门审查意见：   主管负责人　　　　（单位印章） （签章） 年　月　日
审批机关审批意见：   主管负责人　　　　（单位印章） （签章） 年　月　日

填写说明

1. 申请书编号由水利部统一编号,编号分为两部分:①计算机编码;②申请书编号。

2. 计算机编码由15位数组成,第1~6位表示发证机构(单位)所在的行政区(参照GB/T 2260—2002中的代码),国家统计局网站根据各地县、区、市调整的情况定期发布最新的行政分区代码,其中第1~2位表示省(自治区、直辖市、特别行政区),第3~4位表示省直辖市(地区、州、盟及国家直辖市所属市辖区和县),第5~6位表示县(市辖区、县级市、县、旗);第7~10为申报取水申请的年号;第11~15位为顺序号,顺序号不足5位的前面用0补齐。

3. 申请书编号,与计算机编码对应有三部分。第一部分采用行政分区简称和区县行政名称第一个汉字,如京朝、京丰、京海等,第二部分为申请书受理的年号,第三部分为申请书受理的顺序号,不足5位的前面不必补0。申请书受理的顺序号由水行政主管部门给出。文号样式如:京朝申字2007第1号。

4. "取水许可申请人"是指取用水资源的单位或个人,"申请单位(个人)",由一个单位(个人)兴办取水工程的,填写该单位(个人)的名称(姓名);由几个单位(个人)联合兴办的,填写其协商推举的代表单位名称(姓名);单位与个人联合兴办的,填写单位名称。推举的代表应提交有关联合兴办单位(个人)出具的书面证明。

5. "单位性质"按登记注册分"国有""集体""私营""股份合作""联营""有限责任公司""股份有限公司""私营企业""港澳台投资企业""外商投资企业""其他企业"。

6. "行业类别"按国民经济行业分类(GB/T 4754—2002)国家标准门类填写。

7. 通信地址、邮政编码、联系人、工作部门、职称、联系电话、传真电话、电子信箱等应尽量填全,以便水行政主管部门工作人员及时联系、审核及审批。

8. "申请取水理由及依据"填写的是需要取用水资源的缘由以及可以取用水资源的条件。对于建设项目,申请人应当提交由具备建设项目水资源论证资质的单位编制的建设项目水资源论证报告书批准文号和名称,以及其他有关文件和资料目录。对于审批制和核准制项目,在提出取水申请时提交备案材料。

9. 地表水水源类型根据取水水源的不同,分为"江河""湖泊""水库""其他"四类,用户填写时,首先确定是哪类水源,再在对应栏"年申请取水总量"填写具体内容。

10. "取水方式"可以是"蓄""引"或"提"。"蓄水"是指以水库、塘坝为水源的;"引水"是指从河道中自流引水的;"提水"是指利用扬水站从河道直接取水的。

11. 地下水水源类型根据取水水源的不同,分为"普通""地热水""矿泉水""其他"四类,用户填写时,首先确定是哪类水源,再在对应栏年申请取水量填写具体内容。

12. "计量方式"填计量设施的名称及型号,如"FV3018固定式超声波流量计"。

13. "最大取水流量或日最大取水量"可根据情况选填,填写时流量(水量)数据和单位一起填。

14. 取水标的按照城镇生活取水、工业取水、农业取水、发电取水、其他取水分类。

15. "城镇生活取水"是指集中式供水企业取水。

16. "公共用水"是指医院、学校、国家机关单位等为公众服务的单位或部门用水。

17.“工业取水”可分别填写三种主要产品的设计年产量、用水定额。

18.“灌溉定额”是指灌溉毛定额。

19.“发电分类”中不属于水电、火电选项中列出的发电分类都属于“其他”项。例如用海水等冷却的火电厂、核电、风电、太阳能发电、潮汐发电等,具体内容填写于“其他”项后的文本框中。

20. 水量年内分配为以后填报软件系统用数据,系统自动将取水量总量平均分配到12个月中,为年取水量年内分配数据,由于四舍五入的关系,可能与年取水总量有微小差距,用户请注意调整。此次全市不填写。

21. 蓄水工程(包括水电站、非水电站)中“水源名称”直接填河流名称。

22.“工程设计任务”是指是否有承担洪水或电力调峰任务,分工程填写。

23. 非常规水源使用情况要选择是哪种水源,再填写相应数据。

24. 主要节水技术和节水设施为雨洪利用、再生水利用、绿地喷滴灌、节水器具安装、冷却水循环、锅炉冷凝水回收、农业喷滴灌、不同种类用水分表计量、安装循环水使用设施等。

第二节　取水许可审查和批复

一、审查依据

取水许可审批必须坚持首先满足城乡居民生活用水,并兼顾农业、工业、生态与环境用水以及航运等需要的原则,既体现了重要性的次序关系,又兼顾了各方面的功能和利益。

在审查过程中,水行政主管部门的主要依据是本行政区域内可批准取水的总水量(流域、区域间的水量分配方案或者协议),并按照总量控制与定额管理相结合的原则实施取水许可管理,所批准取水的总水量不得超过上一级人民政府水行政主管部门下达的可供本行政区域取用的水量。其中,批准取用地下水的总水量,不得超过本行政区域地下水可开采量和批准的地下水分配总量,并应当符合地下水开发利用规划的要求。

在定额管理方面,要求所审批的取水量不得超过依据国家和省(市、区)行业用水定额核定的用水量。用水定额是衡量用水户用水水平、挖掘节水潜力、考核节水成效的科学依据,是水资源管理的微观控制指标,也是确定水资源宏观控制指标和总量控制的基础,这对科学配置水资源意义十分重大。

二、办理期限

《行政许可法》统一规范了行政许可审批的办理期限,取水许可作为水行政主管部门的许可审批事项之一,自然也要遵循国家的统一规定。

行政许可办理期限一般为20日,如果遇到特殊情况,20日内不能做出决定的,经本行政机关负责人批准,可以延长10日,并应当将延长期限的理由告知申请人。

由于取水许可存在水行政主管部门内部多个机构办理、多个事项统一办理以及两个

以上部门联合办理的情况，所以其办理的时间可以适当延长，但是最长不得超过45日，即审批机关应当自受理取水申请之日起45个工作日内决定批准或者不批准。决定批准的，应当同时签发取水申请批准文件。该办理期限也是鉴于取水许可审批的复杂性和专业性，国务院在《取水许可和水资源费征收管理条例》中专门做出了特别的规定。

在当前深化行政审批制度改革、提高政府工作效能的基本要求下，行政许可办理时限要尽量压缩，要限时办理。

三、审批决定

水行政主管部门对申请材料及时进行审查，并在规定的期限内做出处理决定，是实施取水许可管理的核心任务，处理决定既可以是批准该取水申请，也可以是不批准该取水申请。

取水申请的批准文件应当包括下列内容：

(1)水源地水量水质状况、取水用途、取水量及其对应的保证率。

(2)退水地点、退水量和退水水质要求。

(3)用水定额及有关节水要求。

(4)计量设施的要求。

(5)特殊情况下的取水限制措施。

(6)蓄水工程或者水力发电工程的水量调度和合理下泄流量的要求。

(7)申请核发取水许可证的其他有关事项。

当出现以下情形之一时，审批机关不予批准，并在做出不批准的决定时，书面告知申请人不批准的理由和依据：

(1)在地下水禁采区取用地下水的。

(2)在取水许可总量已经达到取水许可控制总量的地区增加取水量的。

(3)可能对水功能区水域使用功能造成重大损害的，比如：①因取水造成水量减少可能使取水口所在水域达不到水功能区水质标准的；②在饮用水水源保护区内设置入河排污口的。

(4)取水、退水布局不合理的，比如：①退水中所含主要污染物浓度超过国家或者地方规定的污染物排放标准的；②退水可能使排入水域达不到水功能区水质标准的；③退水不符合排入水域限制排污总量控制要求的；④退水不符合地下水回补要求的。

(5)城市公共供水管网能够满足用水需要时，建设项目仍自备取水设施取用地下水的。

(6)可能对第三者或者社会公共利益产生重大损害的。

(7)法律、行政法规规定的其他情形。主要是指：①新建、改建、扩建建设项目没有制订节水措施方案、没有配套建设节水设施的；②使用国家明令淘汰的落后的、耗水量较高的工艺、设备和产品取水的。

明确上述不予批准的情形，既提供了审批时的负面清单，细化了技术依据，同时又可以有效避免行政机关“不许可”或者“乱许可”的人为性和随意性。

取水申请获得审批机关的批准之后，申请人就可以兴建取水工程或者设施。如果是需由国家审批、核准的建设项目，若未取得取水申请批准文件，项目主管部门不得审批、核准该建设项目。

在取水许可审批过程中，为增强审批的公开性和透明度，当取水涉及社会公共利益需要听证的，审批机关应当向社会公告并举行听证；取水涉及申请人与他人之间利害关系的，审批机关在做出是否批准取水申请的决定前，应当告知申请人和利害关系人，申请人、利害关系人要求听证的，审批机关应当组织听证。

第三节 取水工程验收与许可证发放

取水申请获得水行政主管部门的批准之后，即意味着建设项目或取水工程可以进入下一个建设环节。但是，申请获得批准，并不等同于获得取水的许可，因为申请人在项目或工程实施的过程中是否发生了一些重大改变，是否遵守了批准的要求，还存在着一些不确定性，只有当实施的结果与批准的要求相一致时，方能获得最终的法定许可。所以，当取水工程或者设施建成并试运行满 30 日后，由申请人向取水审批机关报送取水工程或者设施试运行情况等相关材料，提出验收申请报告，申请验收，在验收合格后核发取水许可证，获得取水权。申请人申请验收时报送的相关材料主要包括：

（1）建设项目的批准或者核准文件。

（2）取水申请批准文件。

（3）取水工程或者设施的建设和试运行情况。

（4）取水计量设施的计量认证情况。

（5）节水设施的建设和试运行情况。

（6）污水处理措施落实情况。

（7）试运行期间的取水、退水监测结果。

如果取水工程设施属拦河闸坝等蓄水工程，报送材料还应包括经地方人民政府水行政主管部门或者流域管理机构批准的蓄水调度运行方案。

如果是地下水取水工程，还应当提交包括成井资料、抽水试验综合成果图、水质分析报告等内容的施工报告。

审批机关在接到验收申请及有关材料后，及时组织验收（自接到上述材料之日起 20 个工作日内），如果验收合格，核发取水许可证；若验收不合格，责令限期改正；逾期未改正的，不予核发取水许可证。

取水申请是利用同种水源，并有多个取水口的，按照各取水口取水量之和核发一个取水许可证即可；利用多种水源的，则应按照各种水源的取水量分别核发取水许可证。这就是说，一个项目可以拥有两个以上取水许可证。

第四节 取水许可延续评估与监督管理

一、许可延续与评估

大多数的行政许可审批都有其相应的法定有效期限，取水许可也不例外。取水许可证有效期限一般为5年，最长不超过10年。

当取水许可证有效期届满时，如果需要延续的，取水单位或者个人应当在有效期届满规定的期限内（45日前）向原审批机关提出延续申请，申请时要提交如下材料：

（1）延续取水许可申请。

（2）原取水申请批准文件和取水许可证。

在接到延续申请和有关材料之后，审批机关应当进行全面评估，在取水许可证有效期届满前做出是否延续的决定。评估的内容主要有以下几个方面：

（1）实际取水量是否与原批准的取水量基本相符。

（2）是否按要求安装了计量和监控设施，运行是否正常。

（3）是否落实了取水申请中载明的节水措施，节水效果和节水水平如何。

（4）实际退水水质是否符合批准要求。

（5）取用水水平是否达到所在行业的平均取用水水平。

（6）取水水源的水量、水质是否有明显的枯竭和恶化趋势。

（7）当地水资源供需状况是否发生了明显改变等。

经过定性和定量的全面评估，如果同意延续，则重新核发取水许可证；不予延续的，应当书面说明理由。当然，对于评估，应当制定科学合理的评估办法，防止出现人为的倾向性和随意性。

二、许可证变更

许可证变更是行政许可管理中经常遇到的问题之一。在取水许可证有效期限内，取水单位或者个人可能会发生变更其名称（姓名）或者因取水权转让需要办理取水权变更手续的情形。如果发生这种需要变更的情况，申请人应当持法定身份证明文件和有关取水权转让的批准文件，向原取水审批机关提出变更申请。取水审批机关审查同意的，应当核发新的取水许可证。

但是，在取水许可证有效期限内如果出现下列情形之一，取水单位或者个人应当重新提出取水申请，而不是提出变更申请，这些情形分别是：

（1）取水量或者取水用途发生改变的（因取水权转让引起的取水量改变的情形除外）。

（2）取水水源或者取水地点发生改变的。

（3）退水地点、退水量或者退水方式发生改变的。

（4）退水中所含主要污染物及污水处理措施发生变化的。

上述四种情况的变化，是取水和用水主要方面的重大改变，是取水事项的实质性变

化，直接关系到水资源的重新配置问题，对于这样的变化，应当规范并严肃对待和处理。

三、取水监督检查与管理

当审批机关完成取水申请的审批，并对其颁发取水许可证之后，并不意味着取水许可管理工作的终结。通常说，发证只是手段，有效的监督管理才是目的。所以，加强对取水单位和个人的后续监管是确保取水许可制度有效实施的重要方面。

为了促进合理取水和节约用水，保护生态环境，维护公共利益，当出现自然原因导致水量减少、取水对生态环境造成严重影响、地下水严重超采等问题时，水行政审批机关可以对取水单位和个人的年度取水量进行限制；在发生重大旱情时，还可以对其取水量予以临时紧急限制。

同时，取水审批机关也应当依法加强对取水许可事项的日常监督检查，掌握取水、用水、排水的动态，及时发现并制止违法行为的发生和发展。日常监管的事项主要有：

(1)取水单位或者个人有无变化。

(2)取水量、取水用途及水源类型有无变化。

(3)取水、退水地点及退水方式、退水量有无变化。

(4)取水计划执行以及节水设施运行情况。

(5)取水计量设施运行情况与取用水台账建设情况。

(6)水资源费缴纳情况。

在监管方式上，可以是取水审批机关直接管理，也可以委托相关的机构实施。如果实行委托管理，取水审批机关则可以委托取水口所在地水行政主管部门或者水工程管理单位对取水许可实施监督管理。当然，在监督检查过程中，取水单位或者个人应当予以配合，如实提供有关材料；否则，要承担相应的责任，受到相应的法律惩处。

第五节　安徽省取水许可证系统与应用

取水许可管理系统软件主要应用于水行政管理部门，可以进一步规范取水许可和水资源费征收管理工作，提高行政许可办理效率，促进水资源的合理配置和高效利用，加强水资源的统一管理和监督。

安徽省取水许可证管理系统是省、市、县三级水行政主管部门审批发放的所有取水许可证台账系统，实现全省所有取水许可证登记表统一填报，取水许可证的统一制证，是目前取水许可证规范化管理的一项技术措施。

该系统的主要功能是：对新发证、变更证、延续证、注吊销证这四类取水许可证进行登记、复核、制证、查询、统计。

该系统的主要作用是：除统一制证外，其查询功能非常强大，分别按行政分区和水资源分区进行按年度、水源分类、用途分类、审批级别等进行组合查询。统计可按当年度、累计年度并按行政分区、水资源分区、水源、用途等进行统计，并能自动统计生成水资源管理年报的相关报表。

安徽省取水许可证管理系统（见图 10-1）由各级水行政主管部门使用。省、市、县三级水行政主管部门根据取水工程竣工验收通过时所填取水许可证登记表进入系统，填报、复核、统一制证。

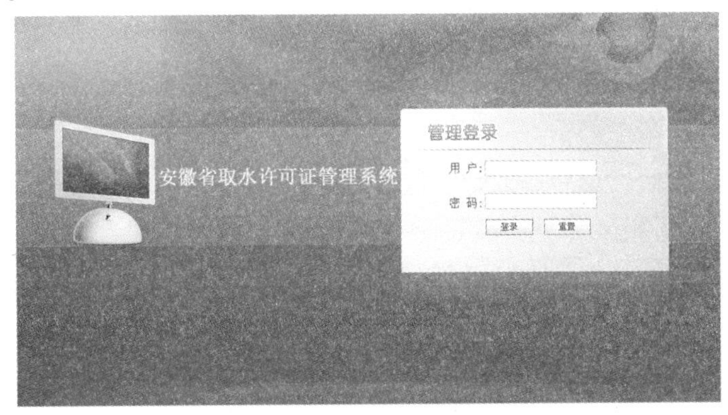

图 10-1　安徽省取水许可证管理系统

附件：

安徽省取水许可系统操作手册

1　前言

安徽省取水许可证办证系统是一款基于 WEB 的软件平台，该系统主要应用于安徽省取水许可证的填报与统计查询。对各级水行政管理部门进一步掌握本级及其所属的取水许可情况提供了良好的技术支撑。

2　系统使用说明

2.1　用户类型及职责

本系统主要分三种用户类型，即取水许可信息填报用户、取水许可信息审核及备案用户、系统管理员。

(1)取水许可信息填报用户：主要负责取水许可信息的填写及向本级审核人员上报。

(2)取水许可信息审核及备案用户：一是对本级人员填写的取水许可信息进行审核。二是对下级水行政主管部门上报的备案信息进行备案入库。

(3)系统管理员：主要负责对取水信息填报用户和审核用户的权限管理和功能分配。

2.2　系统登录方式

系统登录方式有两种：

(1)可进入安徽省水利厅官方网站，点击“水资源管理”，再点击进入网上办证，进入网上办证系统，如图 10-2、图 10-3 所示。

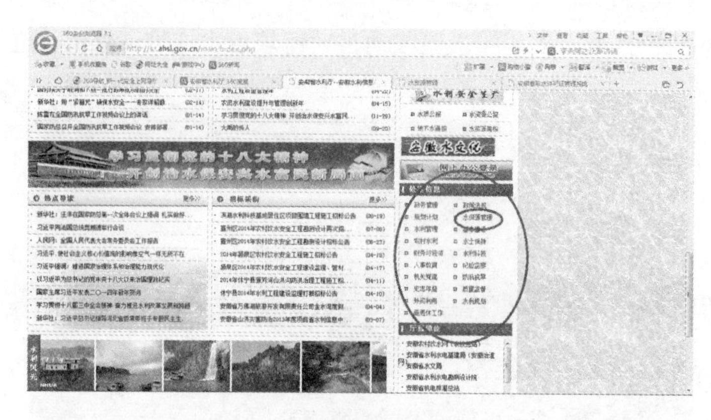

图 10-2

图 10-3

（2）用户可直接输入网址 http://61.132.137.138:8080/Login.aspx 进入网上办证系统。用户登录系统首先进入用户登录页面：如图 10-4 所示。

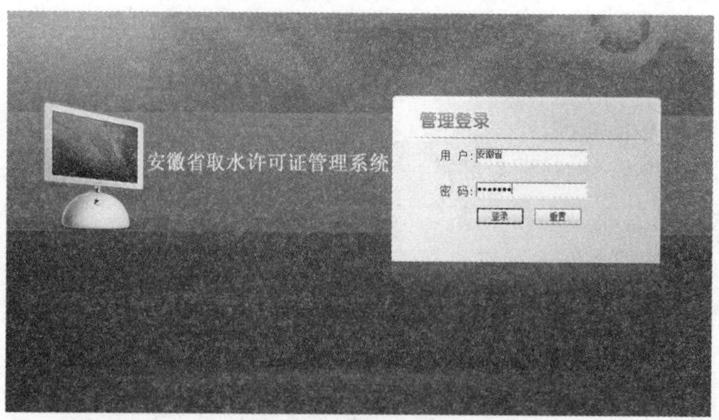

图 10-4

用户按要求在登录名称及登录密码框内输入正确的用户名和密码后点击登录按钮进入到系统首页。如发生登录异常及密码丢失情况请与管理员联系。用户在登录本系统后，请及时修改登录密码。

如图 10-5 所示，用户正确登录后进入系统首页。系统首页包含上部的导航栏、右侧的当前用户信息。

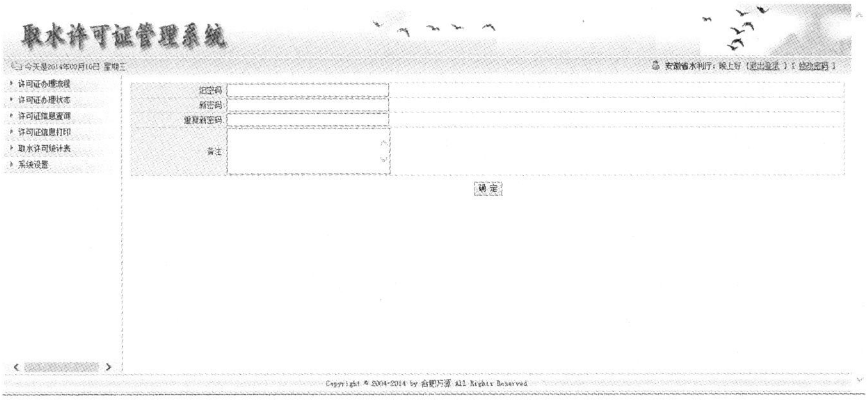

图 10-5

3　系统模块介绍

系统主要包括"许可证办理流程""许可证办理状态""许可证信息查询""许可证信息打印""许可证统计""系统设置"6 个模块。

3.1　取水许可证办理流程

3.1.1　取水许可证填报要求

(1)填报内容必须与已满足取水许可管理和取用水管理统计的要求、与发放的取水许可证信息内容保持一致。

同时在录入取水信息前，先填写纸质取水登记表，经复核无误后，再录入系统，避免填错、漏填等。

(2)凡取水许可证及登记表已填内容，必须录入本台账，不得遗漏。

(3)标记为"＊"的为必填内容；未标记"＊"的，也应尽量填写；确实无法填写的，可以不管，系统会自动默认为"0"，如果是文字会自动输入"/"。对于新办取水许可证，本系统所有内容都要认真填报，延续或更改时，要补充资料。

3.1.2　取水许可信息的填写与提交

填报用户进入系统，点击许可证办理流程，再点击"新办许可证"访问按钮，进入到取水许可证登记模块，取水许可编号由系统自动生成，如图 10-6 ~ 图 10-16 所示。

图 10-6

申请表信息 | 申请表详细 | 取水标的 | 水井工程 | 提水工程 | 引水工程 | 蓄水工程(水电站) | 蓄水工程(非水电站) | 水资源论证情况 | 节水退水 | 审核、审批

年申请取水总量: ◉地表水 ○地下水 (单位:万m^3)
地表水: (单位:万m^3)
水源类型: 江河 湖泊(塘坝\塌陷区) 水库 其他(中水/雨水)
年申请取水量: (单位:万m^3)
◉最大取水流量 ○日最大取水流量 (单位:"m^3/秒"或"m^3/日")
水源名称:
取水地点: *
取水方式: 提水
计量方式: 远程在线: ◉是 ○否
计量型号:
所属水资源分区: --选择一级分区-- --选择二级分区-- --选择三级分区--
所属水功能区: 一级水功能区: 二级水功能区:
申请取水期限自: 2014-8-31 申请取水期限至: 2014-9-1
下一步
提示:有"*"标记的为必填项!

图 10-7

取水许可证管理系统

今天是2014年09月10日 星期三
安徽省水利厅:晚上好 [退出登录] [修改密码]

许可证办理流程
新办许可证
变更许可证
延续变更许可证
注销许可证
吊销许可证
许可证办理状态
许可证信息查询
许可证信息打印
取水许可统计表
系统设置

申请表信息 | 申请表详细 | 取水标的 | 水井工程 | 提水工程 | 引水工程 | 蓄水工程(水电站) | 蓄水工程(非水电站) | 水资源论证情况 | 节水退水 | 审核、审批

城镇生活取水(自来水公司)
生活用水 供水人口: 年取水量: 万m^3
公共用水 年取水量: 万m^3
一般工业用水 年取水量: 万m^3

乡镇供水
生活用水 供水人口: 年取水量: 万m^3
公共用水 年取水量: 万m^3
一般工业用水 年取水量: 万m^3

农村生活(农饮工程)
生活用水 供水人口: 年取水量: 万m^3
公共用水 年取水量: 万m^3
一般工业用水 年取水量: 万m^3 *行政要求此项暂时不用填写

生活取水(自备)
供水人口
年取水量 万m^3

工业取水(自备)
主要产品
设计年产量
用水定额
年取水量 万m^3

图 10-8

申请表信息 | 申请表详细 | 取水标的 | 水井工程 | 提水工程 | 引水工程 | 蓄水工程(水电站) | 蓄水工程(非水电站) | 水资源论证情况 | 节水退水 | 审核、审批

工程名称: * 孔径: m 添加
凿井深: m 出水流量: m^3/s
日开采量: m^3/d
水源地点: 补充说明:
下一步

图 10-9

申请表信息 | 申请表详细 | 取水标的 | 水井工程 | 提水工程 | 引水工程 | 蓄水工程(水电站) | 蓄水工程(非水电站) | 水资源论证情况 | 节水退水 | 审核、审批

工程名称: * 单台设备取水能力: m^3/s 添加
设计扬程: m 设备总取水能力: m^3/s
台 数: 台 年取水总量: 万m^3
水泵型号:
补充说明:
下一步

图 10-10

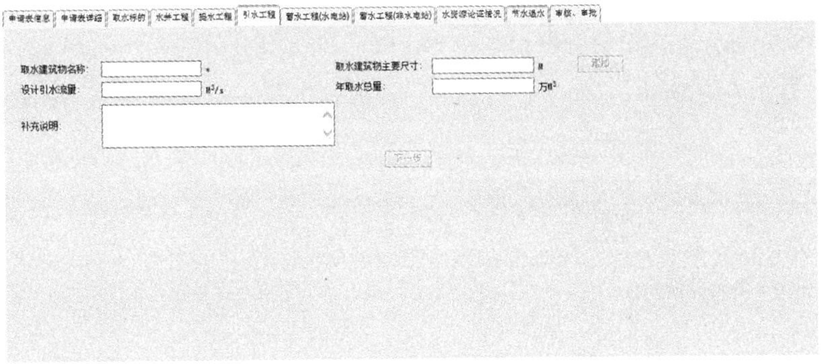

取水建筑物名称：
设计引水流量： m³/s
补充说明：
取水建筑物主要尺寸： m
年取水总量： 万m³
添加
下一步

图 10-11

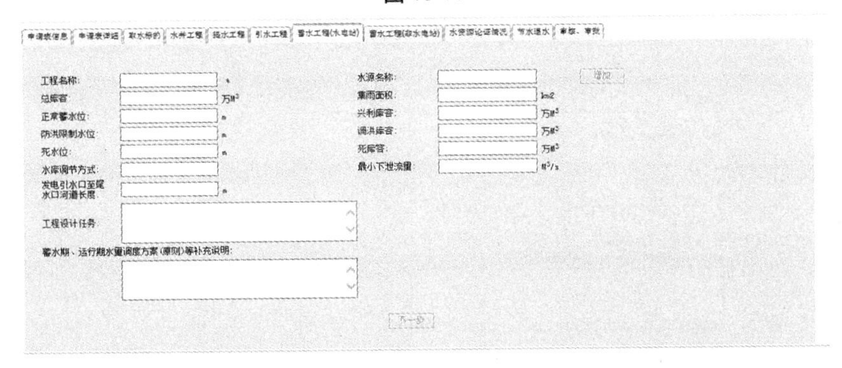

图 10-12

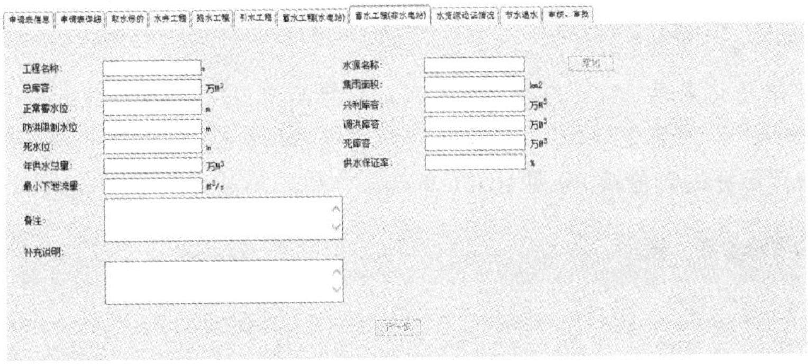

工程名称：
总库容： 万m³
正常蓄水位： m
防洪限制水位： m
死水位： m
年供水总量： 万m³
最小下泄流量： m³/s
备注：
补充说明：
水源名称：
集雨面积： km2
兴利库容： 万m³
调洪库容： 万m³
死库容： 万m³
供水保证率： %
添加
下一步

图 10-13

论证报告书名称：
报告书编制单位：
报告书审查(批准)单位：
单位资质编号：
审查(批准)时间： 2014-6-31
论证报告书主要结论：
论证报告书主要审查意见：
下一步

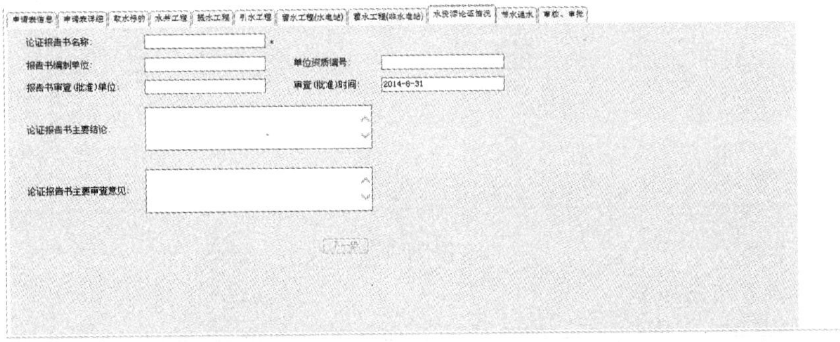

图 10-14

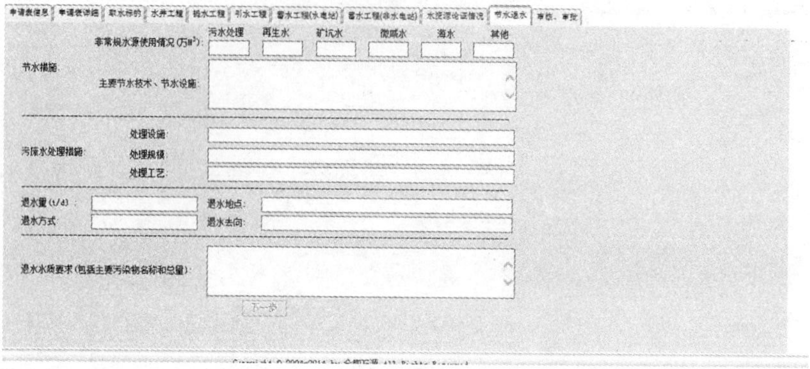

申请表信息 | 申请表详细 | 取水标的 | 水井工程 | 提水工程 | 引水工程 | 蓄水工程(水电站) | 蓄水工程(非水电站) | 水资源论证情况 | 节水退水 | 审核、审批

节水措施：
非常规水源使用情况(万m³)：污水处理 再生水 矿坑水 微咸水 海水 其他
主要节水技术、节水设施：

污废水处理措施：
处理设施：
处理规模：
处理工艺：

退水量(t/d)： 退水地点：
退水方式： 退水去向：

退水水质要求(包括主要污染物名称和总量)：

下一步

图 10-15

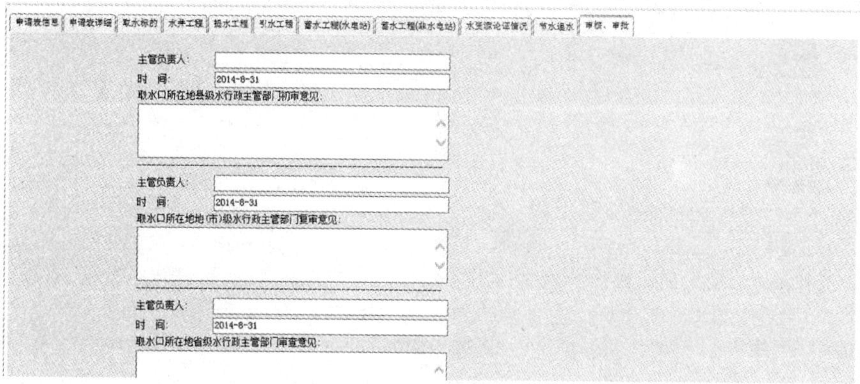

申请表信息 | 申请表详细 | 取水标的 | 水井工程 | 提水工程 | 引水工程 | 蓄水工程(水电站) | 蓄水工程(非水电站) | 水资源论证情况 | 节水退水 | 审核、审批

主管负责人：
时 间：2014-8-31
取水口所在地县级水行政主管部门初审意见：

主管负责人：
时 间：2014-8-31
取水口所在地地(市)级水行政主管部门复审意见：

主管负责人：
时 间：2014-8-31
取水口所在地省级水行政主管部门审查意见：

图 10-16

取水许可证登记表共 11 页内容，用户填写完毕后点击“保存”按钮，如通过系统验证，该许可证进入“等待提交”状态。如需要修改与查看，用户可在列表中点击“详细”，进入许可证详细页面并进行修改，如图 10-17 所示。

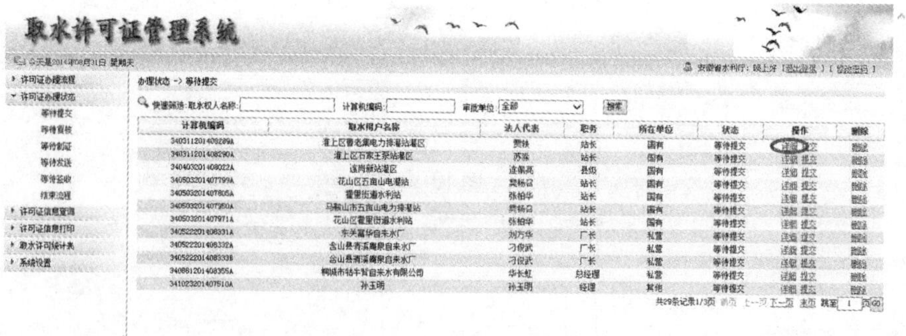

取水许可证管理系统

今天是2014年08月31日 星期天
安徽省水利厅：晚上好 [退出登录] [修改密码]

▸ 许可证办理流程
▾ 许可证办理状态
等待提交
等待复核
等待制证
等待发送
等待签收
结束流程
▸ 许可证信息查询
▸ 许可证信息打印
▸ 取水许可统计表
▸ 系统设置

办理状态 -> 等待提交

快速筛选：取水权人名称： 计算机编码： 审批单位：全部 搜索

计算机编码	取水用户名称	法人代表	职务	所在单位	状态	操作	删除
340311201408289A	淮上区曹老集电力排灌站灌区	贾轶	站长	国有	等待提交	详细 提交	删除
340311201408290A	淮上区石家王泵站灌区	苏淼	站长	国有	等待提交	详细 提交	删除
340403201408022A	连岗新站灌区	连佩亮	县级	国有	等待提交	详细 提交	删除
340503201407799A	花山区五亩山电灌站	樊杨召	站长	国有	等待提交	详细 提交	删除
340503201407805A	霍里街道水利站	张柏华	站长	国有	等待提交	详细 提交	删除
340503201407950A	马鞍山市五亩山电力排灌站	樊杨召	站长	国有	等待提交	详细 提交	删除
340503201407971A	花山区霍里街道水利站	张柏华	站长	国有	等待提交	详细 提交	删除
340522201408331A	东关富华自来水厂	刘万华	厂长	私营	等待提交	详细 提交	删除
340522201408332A	含山县青溪豫泉自来水厂	刁俊武	厂长	私营	等待提交	详细 提交	删除
340522201408333B	含山县青溪豫泉自来水厂	刁俊武	厂长	私营	等待提交	详细 提交	删除
340881201408355A	桐城市牯牛背自来水有限公司	华长虹	总经理	私营	等待提交	详细 提交	删除
341023201407510A	孙玉明	孙玉明	经理	其他	等待提交	详细 提交	删除

共29条记录1/3页 首页 上一页 下一页 末页 跳至 1 页 GO

图 10-17

3.1.3 取水许可信息审核

用户通过点击“等待复核”按钮快速进入到相关列表中，如图 10-18 所示。

用户点击列表中对应许可证的“详细”按钮对需处理的许可信息进行查看。查看完

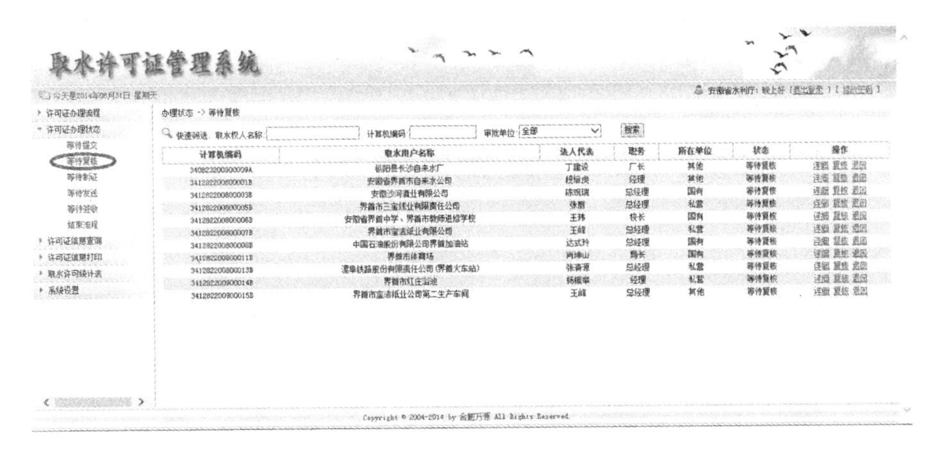

图 10-18

毕用户可以选择“复核”或“退回”按钮对该许可信息进行处理:如用户选择了“复核”,该许可证将同时向上级主管部门提交;如选择“退回”,该许可证将退回到许可证“等待提交”列表中。

3.1.4　取水许可信息打印

用户通过点击“许可证打印”按钮快速进入到相关列表中,如图 10-19 所示。

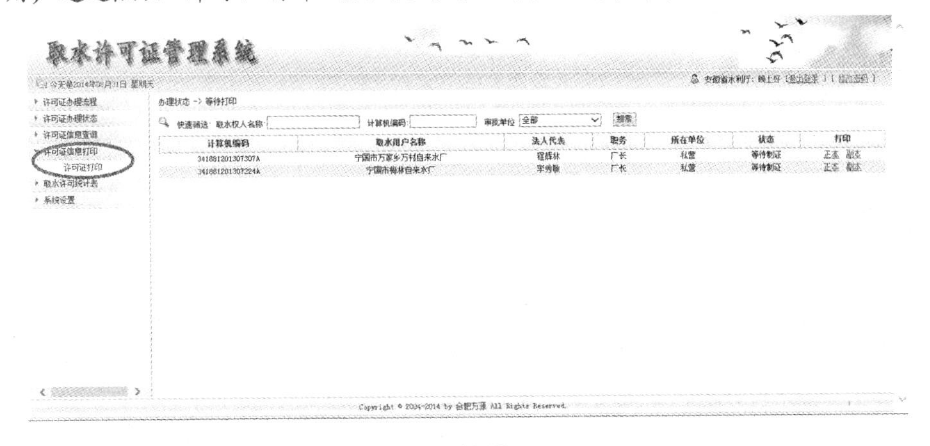

图 10-19

省级管理员点击列表中对应许可证的“正本”和“副本”按钮对需处理的许可证进行打印。对应许可证将进入等待打印列表。

3.1.5　取水许可信息变更延续

取水用户点击“许可证办理流程”中“延续变更许可证”到对应的许可信息列表。对需要变更延续的点击“延续”,进入到变更页面。用户变更相应的取水信息,点击“保存”,取水信息将被变更,如图 10-20、图 10-21 所示。

3.1.6　取水许可证信息注销

用户点击“注销许可证”流程,系统将进入许可证注销页面,填写相应的注销所需信息,点击“保存”按钮,此许可证信息将被注销,如图 10-22 所示。

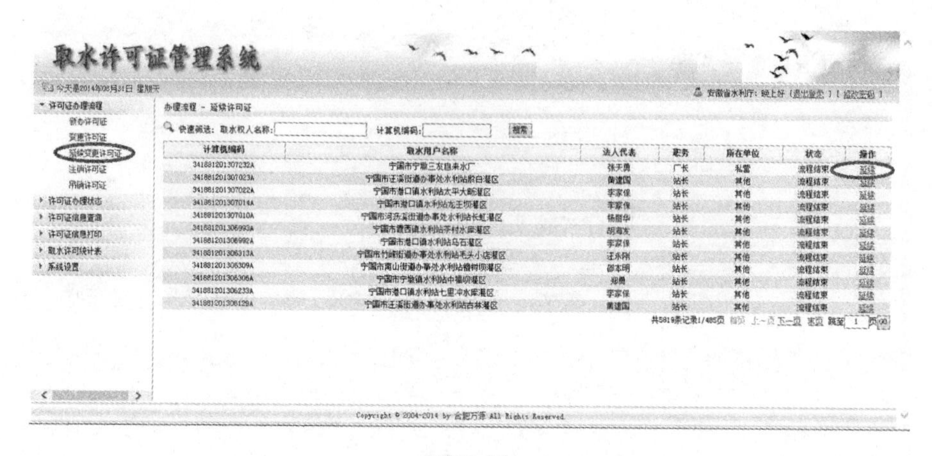

计算机编码	取水用户名称	法人代表	职务	所在单位	状态	操作
341881201307232A	宁国市宁墩三友自来水厂	张天勇	厂长	私营	流程结束	延续
341881201307023A	宁国市汪溪街道办事处水利站殷白灌区	黄建国	站长	其他	流程结束	延续
341881201307022A	宁国市港口镇水利站太平大屹灌区	李家保	站长	其他	流程结束	延续
341881201307014A	宁国市港口镇水利站龙王坝灌区	李家保	站长	其他	流程结束	延续
341881201307010A	宁国市河沥溪街道办事处水利站长虹灌区	杨留华	站长	其他	流程结束	延续
341881201306993A	宁国市霞西镇水利站茶村水库灌区	胡海发	站长	其他	流程结束	延续
341881201306992A	宁国市港口镇水利站乌石灌区	李家保	站长	其他	流程结束	延续
341881201306313A	宁国市竹峰街道办事处水利站毛头小店灌区	汪永刚	站长	其他	流程结束	延续
341881201306309A	宁国市南山街道办事处水利站檀树坝灌区	邵本明	站长	其他	流程结束	延续
341881201306306A	宁国市宁墩镇水利站中墙坝灌区	郑勇	站长	其他	流程结束	延续
341881201306233A	宁国市港口镇水利站七里冲水库灌区	李家保	站长	其他	流程结束	延续
341881201306129A	宁国市汪溪街道办事处水利站古林灌区	黄建国	站长	其他	流程结束	延续

图 10-20

取水许可证管理系统
今天是2014年08月31日 星期天
安徽省水利厅：晚上好（退出登录）（修改密码）
许可证办理流程
新办许可证
变更许可证
延续变更许可证
注销许可证
吊销许可证
许可证办理状态
许可证信息查询
许可证信息打印
取水许可统计表
系统设置

取水许可证延续应提供资料及有关要求

所需资料及要求是否具备：	◉具备 ○不具备
取水户提出延续取水许可申请的文号：	
取水户同时填报五年来实际用水资料：	◉已填报 ○未填报
原取水申请批准文件：	◉具备 ○不具备
取水户法人代表身份证和单位代码复印件：	◉具备 ○不具备
原取水许可证收回：	◉已收回 ○未收回
水资源费缴纳情况证明：	◉具备 ○不具备
水行政主管部门同意延续取水许可水量：	万m³

Copyright © 2004-2014 by 合肥万游 All Rights Reserved

图 10-21

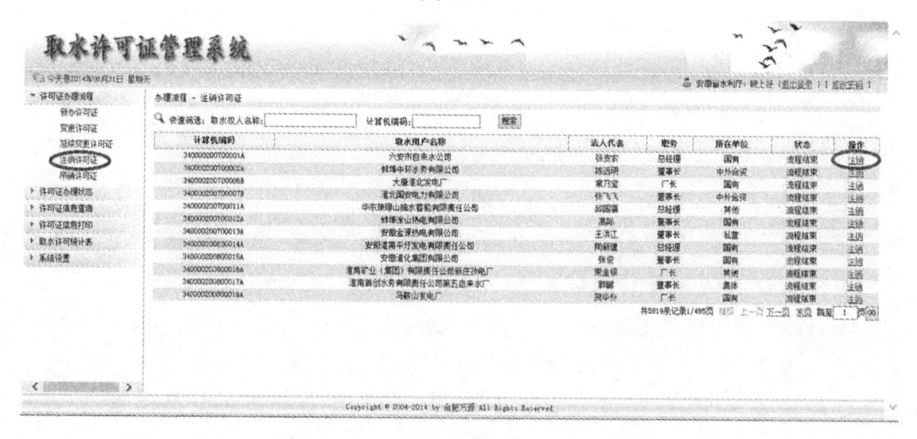

计算机编码	取水用户名称	法人代表	职务	所在单位	状态	操作
340000200700001A	六安市自来水公司	张安农	总经理	国有	流程结束	注销
340000200700002A	蚌埠中环水务有限公司	陈远明	董事长	中外合资	流程结束	注销
340000200700006B	大唐淮北发电厂	常乃宝	厂长	国有	流程结束	注销
340000200700007B	淮北国安电力有限公司	张飞飞	董事长	中外合资	流程结束	注销
340000200700011A	华东琅琊山抽水蓄能有限责任公司	邱国福	总经理	其他	流程结束	注销
340000200700012A	蚌埠涂山热电有限公司	高际	董事长	国有	流程结束	注销
340000200700013A	安徽金源热电有限公司	王洪江	董事长	私营	流程结束	注销
340000200800014A	安徽淮南平圩发电有限责任公司	周新建	总经理	国有	流程结束	注销
340000200800015A	安徽淮化集团有限公司	张俊	董事长	国有	流程结束	注销
340000200800016A	淮南矿业（集团）有限责任公司新庄孜电厂	東金根	厂长	其他	流程结束	注销
340000200800017A	淮南首创水务有限责任公司第五自来水厂	郭鹏	董事长	集体	流程结束	注销
340000200800019A	马鞍山发电厂	贺华钧	厂长	国有	流程结束	注销

图 10-22

3.1.7　取水许可证信息吊销

用户点击“吊销许可证”流程，系统将进入许可证吊销页面，填写相应的吊销所需信息，点击“确定”按钮，此许可证信息将被吊销，如图 10-23 所示。

图 10-23

3.1.8　取水许可证办理流程说明

取水许可办理流程包括:“信息录入”“信息审核”“信息复核”“证件打印”“证件发送”“等待签收”六个流程子模块。

(1)信息录入:取水许可信息填报人员填写取水许可信息,填写完毕后,提交给本级审核用户。

(2)信息审核:本级审核用户对填报用户提交的信息进行审核,如合格则点击“提交”按钮,审核通过的同时向上级水行政主管部门提交备案;如不合格则选择“详细”,由填报用户修改后再次提交。

(3)信息复核:上级水行政主管部门审核人员对提交的许可信息进行检查。如合格则点击“复核”,该条取水许可进入等待制证状态;如不合格则点击“退回”,该取水许可信息将退回到上一状态。

(4)证件打印:上级水行政主管部门人员点击“许可证打印”。将进入所有等待打印证件列表,部门人员选择需要打印的证件,点击打印。打印后证件将进入等待发送状态。

(5)证件签收:填报取水办证信息的水行政主管部门人员点击“签收”,系统将进入等待签收证件列表。如已经收到对应的证件则点击“等待结束”,该条取水许可进入等待结束状态。

(6)等待结束:省级管理员点击等待结束,系统将展现等待结束证件列表。省级管理员点击“结束流程”,该条取水许可证整个流程走完。整个办理流程如图 10-24 所示。

3.2　取水许可证信息查询

取水许可信息查询方式包含:取水许可信息组合查询、按用水标的查询、按节退水查询、按注销吊销查询四种类型。

3.2.1　取水许可信息组合查询

用户可通过此功能设定查询条件,返回查询列表。取水许可证组合查询包含的选项内容有:取水许可证状态、发证机关审批机关相关条件、取水权人相关条件、取水口相关条件、所在行政区域、计算机编码、水源类型等。用户可通过填写或选择查询条件进行查询。

用户点击“取水许可组合查询”可以看到取水组合查询部分包含上面的查询条件定义及下面的查询列表两部分。用户点击页面上方的“取水许可证查询”菜单进入到取水

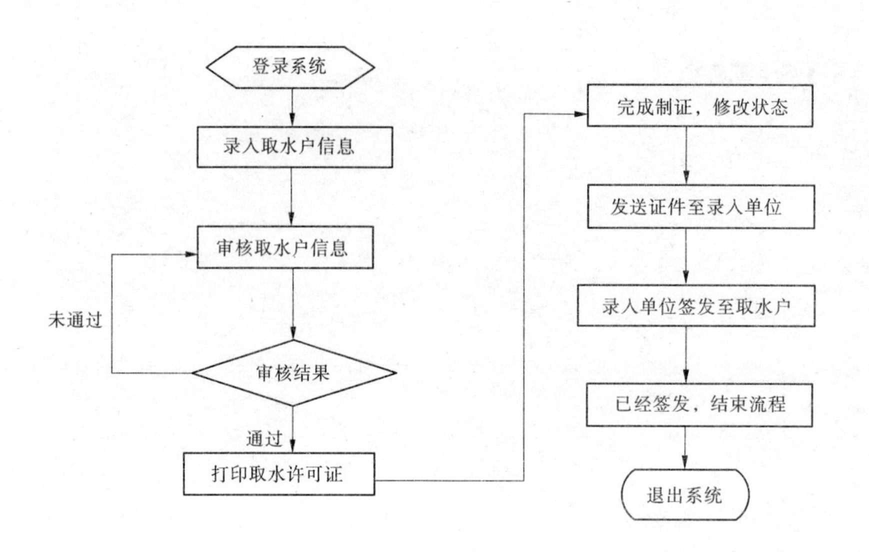

图 10-24　办理流程

许可证查询模块。如图 10-25、图 10-26 所示，如选择许可状态和许可证类型，显示相应查询结果。

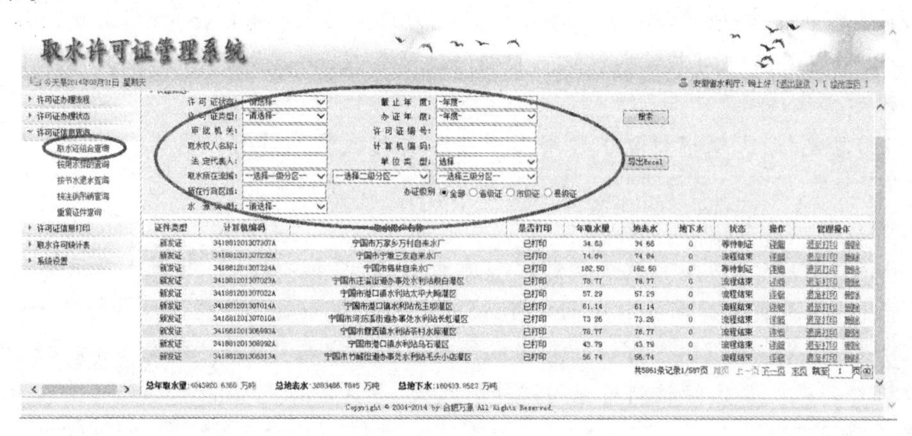

图 10-25

查询条件划分为 13 个：分别是许可证状态（新发、延续、变更）、截止年度、许可证类型、办证年度、审批机关、许可证编号、取水户名称、计算机编码、法定代表人、单位类型、取水所在流域、所在行政区域、水源类型，如图 10-27 所示，用户可根据需要输入查询条件进行查询。

3.2.2　按用水标的查询

用水标的的查询主要是查询取水许可证取水用途信息，查询条件包含发证机关、监督管理机关、许可证编号、取水用途、取水权人名称、发证年份、取水期限等相关信息，如图 10-28所示。

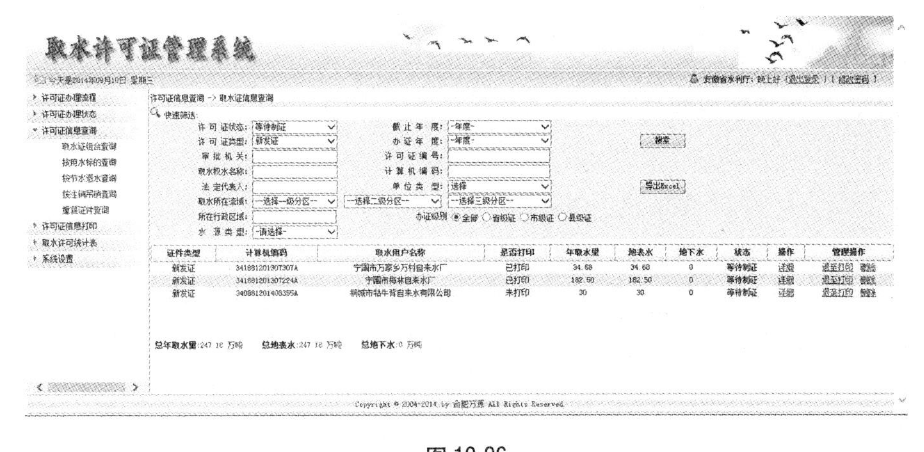

图 10-26

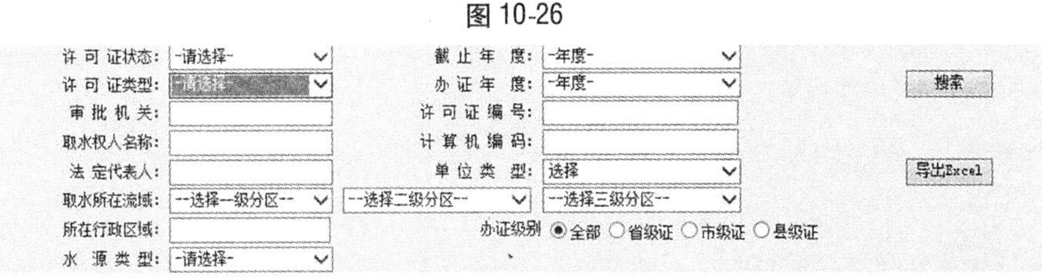

图 10-27

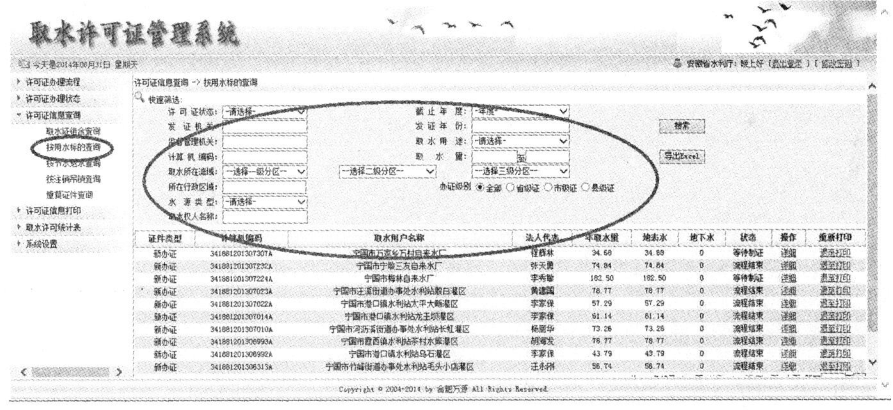

图 10-28

3.2.3　按节水退水查询

“按节水退水查询”主要是查询取水许可证节退水内容信息，用户可通过填写查询条件，查看需要信息内容，如图 10-29 所示。

3.2.4　按注销吊销查询

“按注销吊销查询”主要查询已吊销或注销许可证的信息，用户可根据查询条件，查看所需内容，如图 10-30 所示。

3.3　取水许可证统计

用户点击“取水许可证统计菜单”进入到许可证统计页面。取水信息统计分为审批发放统计、注销吊销统计、年终保有统计。

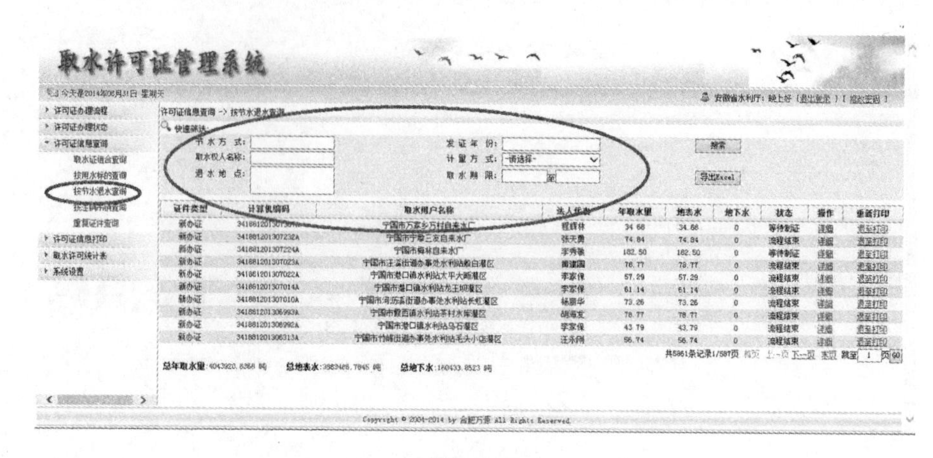

图 10-29

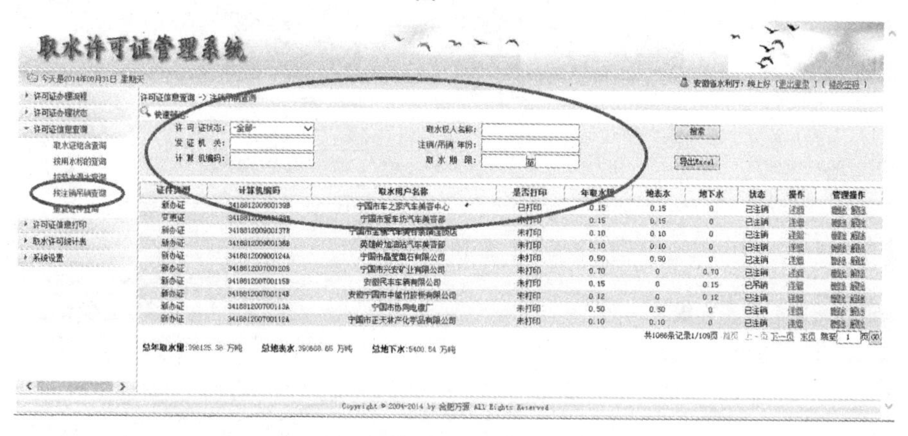

图 10-30

3.3.1　审批发放统计

用户点击审批发放统计，见图 10-31。

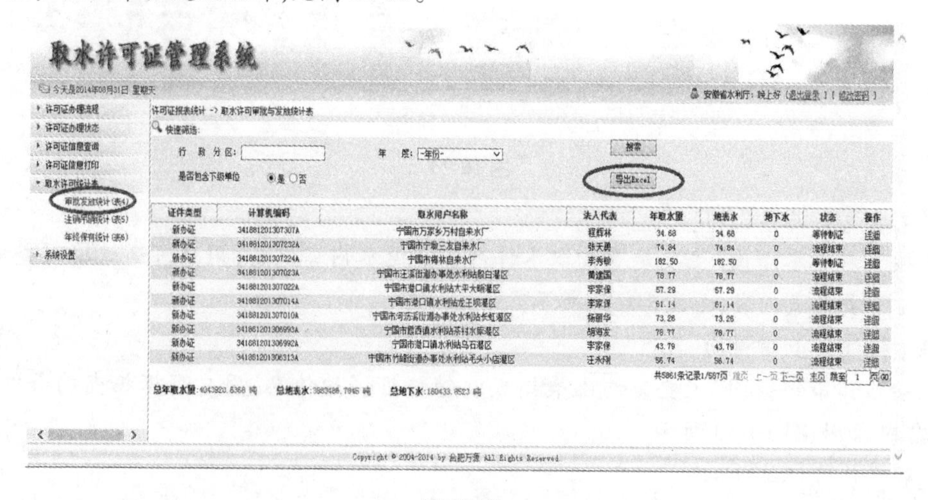

图 10-31

点击导出按钮：导出形式为 Excel 的审批发放统计表。

3.3.2　注销吊销统计

用户点击注销吊销统计，见图 10-32。

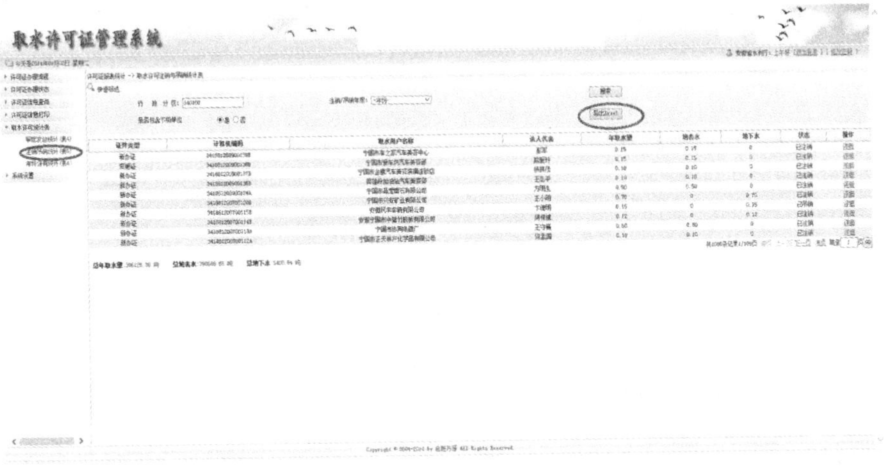

图 10-32

点击导出：按钮导出形式为 Excel 的注销吊销统计表。

3.3.3　年终保有统计

用户点击年终保有统计，见图 10-33。

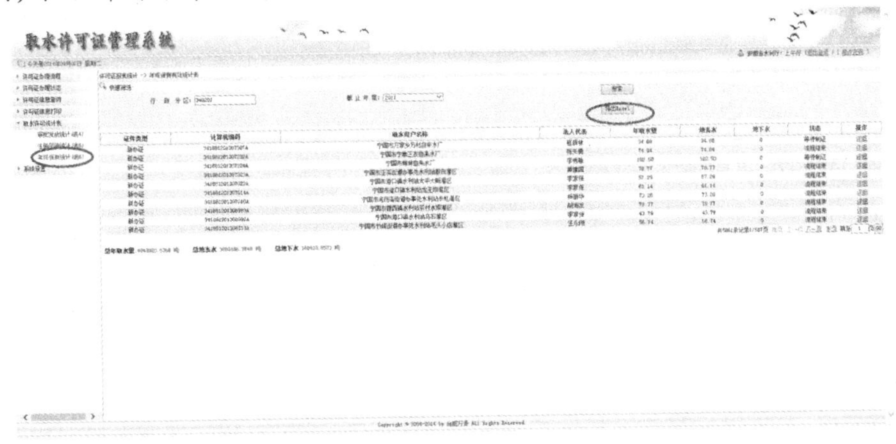

图 10-33

点击导出按钮：导出形式为 Excel 的年终保有统计表。

第十一章　总量控制与定额管理

用水总量控制与定额管理制度是《水法》确立的水资源管理重要制度之一，也是我国水资源科学管理的重要举措之一，对实现水资源的可持续利用具有深远意义。总量控制与定额管理制度的有效实施有助于统筹安排生产、生活和生态用水，保障区域用水安全；既有助于加强水资源的统一管理，促进计划用水和节约用水，又有助于提高水资源的利用效率和效益，实现水资源的可持续利用。

第一节　总量控制与定额管理制度的内涵

用水总量控制和定额管理是水资源管理的重要制度，也是节水型社会建设的重要内容、途径和手段。水资源总量指标体系用来明确各地区、各行业乃至各单位、各企业、各灌区的水资源使用权指标，在宏观上促使区域发展与水资源、水环境承载能力相适应。水资源定额指标体系用来规定单位产品或服务的用水量数额，通过控制用水方式，提高水的利用效率和效益，以达到节约使用的目的。

一、制度内涵

2002 年《水法》第四十七条明确规定"国家对用水实行总量控制和定额管理相结合的制度。省、自治区、直辖市人民政府有关行业主管部门应当制订本行政区域内行业用水定额，报同级水行政主管部门和质量监督检验行政主管部门审核同意后，由省、自治区、直辖市人民政府公布，并报国务院水行政主管部门和国务院质量监督检验行政主管部门备案。县级以上地方人民政府发展计划主管部门会同同级水行政主管部门，根据用水定额、经济技术条件以及水量分配方案确定的可供本行政区域使用的水量，制订年度用水计划，对本行政区域内的年度用水实行总量控制。"

一般来说，总量控制的调控对象是用水分配和取水许可，定额管理的实施对象是用水方式和用水效率。总量控制要求用水分配和取水许可的取用水总量在控制范围内，控制和指导着用水的合理分配以及取水许可证的颁发和执行；定额管理要求各个层次、各个行业要采用效率较高的用水方式，满足设定的节水目标。

总量控制是用水源头控制，从用水的源头抓起，也只有从源头保证不同层次和行业的用水在控制范围之内，才能维护好水资源和水环境的承载能力。定额管理是用水过程控制，渗透在用水的管理和生产过程中，对用水的主要环节都有严格的约束和要求。

总量控制以自然为本，定额控制以人为本。总量控制是在充分考虑水资源条件、水资源承载能力和水环境容量等自然条件的限制下，对不同的地区实行不同的总量控制；定额管理是考虑人们现状的经济收入水平、生活习惯、生产方式等人为因素的影响，在综合考虑人为因素影响的基础上制定各层次和行业的用水定额。

二、相关概念

(一)总量的概念

水源按照存在形式可以划分为主水和客水,主水指在评价范围内,由大气降水产生的地表、地下径流;客水是非当地产生的所有水资源,由其他地区的降水形成径流后自然流入或流经本地区以及通过工程措施调入本地区的地表水和地下水。

(1)水资源使用和管理过程中涉及的总量:对于缺水地区而言,当地的水资源量和水资源可利用量都是十分有限的,依靠当地的水资源可利用量是无法满足生活、工业、农业和生态的用水需要的,很多情况下需要通过过境水和外调水的调节来满足区域的用水需求。从水资源实际使用的过程可以将总量指标划分为供水总量、取水总量、用水总量和排水总量等;可供水量、需水量等是在平衡主水和客水情况下对未来某一水平年的预测值。在实际管理工作中,流域分配水量、外调水总量、河道断面控制总量、行业需水量、实际分配量等,都是与管理密切相关的总量指标。

(2)取水量、用水量和耗水量:取水量、用水量和耗水量实际发生在水资源使用过程中。取水量、用水量和耗水量之间的差别主要表现在:一是发生在对水资源使用过程中的不同阶段,先有取水,才有用水和耗水,耗水是与用水同步发生的,耗水伴随用水而产生,这种发生次序的不同,就需要在进行总量管理时先从取水量进行控制,再对用水量和耗水量进行相应的控制。二是由于有重复用水因素,所以用水量大不代表取水量和耗水量的绝对值也比较大,它们之间数量可以相差很多。

(二)定额的概念

用水定额是指在一个地区、一定时间、一定条件下,按照一定核算单元所规定的用水量限额(数额),是用水管理的一项重要指标,是衡量一个地区和行业用水是否合理的重要标准,是各行业制订生产、生活用水计划的重要依据,它也是衡量一个地区水资源统一管理和节约用水管理工作水平的重要指标,是水行政主管部门下达计划用水指标的重要依据。定额从不同的角度可以划分为很多类型:

(1)从不同的层次可以划分为综合定额、行业定额和产品定额,在具体操作中以行业用水定额作为主要的管理指标。

(2)从水资源取用及消耗的角度可以划分为用水定额、取水定额和耗水定额。

(3)从用水分类的角度可以划分为生活用水定额、生产用水定额和生态用水定额。

(4)从服务对象上可以分为居民生活用水定额、工业用水定额和农业灌溉用水定额。

(5)从实际使用及输配水消耗的角度,又可以分为净定额和毛定额。

(6)从指标随时间动态变化的角度可划分为静态定额和动态定额。

三、总量控制与定额管理的内容

(一)总量控制的内容

区域控制的总量,可以是经上级主管部门批准或按照各地区之间的协议所确定的地表水和地下水(包括主水和客水)水量分配方案或取水许可总量控制指标。也可以是根据水量分配方案和年度水情状况所制订的年度计划取用水总量,以及依照行业用水定额核定的用水户的取水总量,有时也包括水功能区划所确定的水域(河道)纳污总量。

不同地区因水资源状况不同,总量控制的侧重点也不相同:①南方地区以取水量为主,北方地区以水资源量或耗水量为主;②南方地区以枯季流量或枯季水量作为控制,北方地区以年水量作为控制;③南方地区以未来水平年作为分配水平年,北方地区以现状或近现状用水作为分配水平年;④无论是南方地区还是北方地区,均以各断面的水环境容量即水域纳污能力控制用水量、排水量或退水量为主。

现阶段,对行政区是按照上级批准的总量控制,按照多年平均核算(一般五年为一个评价期),省级执行的是国家批准的水量分配方案,地市执行的是省政府批准的总量控制指标方案。对于具体取用水户,其总量控制的指标是批准的年度计划取用水量。因此,总量控制不仅仅是流域机构的任务,各级水行政主管部门直至每一具体的取水户都有总量控制的责任和义务。从国家层面,到2030年全国用水总量不超过7 000亿m^3。

(二)定额管理的内容

在区域用水总量宏观控制指标下,各行业根据自己的取、用、耗、排水特点,在水平衡测试的基础上,制定各行业的耗、用水定额。定额管理需要根据水资源条件的地区差异,结合总量控制进行审核、核算、编制、调整。

1. 定额的编制

1)编制的原则

(1)科学性原则。采用科学的方法和程序,以有关法规、政策、技术规程、规划和科研成果为依据,并通过调查实际用水基本情况,获得可靠的数据资料,在此基础上再采用比较合理可靠的统计分析方法确定用水定额。

(2)节约用水原则。充分体现国家对产业布局和逐步淘汰落后生产技术工艺的要求,以严格控制高耗水、浪费水现象和提高全社会的节水意识为目标。

(3)可操作性原则。编制用水定额要从实际出发,不能盲目攀比发达地区的先进水平,使定额具有可操作性和实用性。

(4)突出重点原则。要在尽量扩大用水定额行业覆盖面的基础上,重点研究用水大户、高用水高污染行业、主要农作物灌溉用水的情况。

(5)动态调整原则。紧密结合技术产品的更新换代和产品用水工艺的更新改进,根据管理的需要适时进行修订。

(6)经济合理性原则。用水定额的制定要综合考虑各方面的经济成本、取用水户经济承受能力,以及生产工艺现状和工艺改造投入水平。

2)定额编制的方法

(1)工业用水定额的编制。要以现阶段所能达到的管理水平和所采用的节水技术、节水新工艺为基础,定额不能过高也不能太低,既要充分体现企业用水的先进水平,又要根据企业发展的实际情况,给企业足够的发展空间。制定的工业行业产品定额要与现行的《取水定额》(GB/T 18916)和国家清洁生产标准定额相结合,对于已制定国家标准定额的产品,根据实际情况采用或制定更严于国家标准的产品定额;对于未制定国家标准定额的产品,主要采用水平衡测试法、二次平均先进法、概率测算法、重复利用率逐年增长法、类比法等制定。

(2)居民生活用水定额的编制。主要根据水资源量条件,以能满足大多数人的用水需求为出发点,反映的是用水的中上等水平(用水量比平均水平高);同时,要体现公正、公平原则,尽可能地满足不同用户的合理用水需求。制定的定额要符合《城市居民生活用水量标准》(GB/T 50331—2002)的要求,主要采用二次平均法、概率测算法、类比法等制定。公共生活用水定额编制要以满足行业平均用水水平为基准,鼓励社会节约用水,既要体现用水的先进性,又要便于操作和管理,主要采用算术平均法、概率测算法、类比法等制定。

(3)农业灌溉用水定额编制。以满足作物正常生长和获得中等产量水平的作物生理需水为基本前提,主要通过收集灌溉试验站多年灌溉试验资料和灌区灌溉用水记录资料,在此基础上采用二次平均先进法、理论计算法、概率测算法等来制定。

2. 定额的应用

行业用水定额通常以推荐性地方标准的形式出台实施。比如,安徽省质量技术监督局于2007年就发布了《安徽省行业用水定额》(DB 34/T 679—2007),作为地方标准,并于2014年修订,用于指导全省开展水资源规划、供水水资源规划、取水许可、实施水资源调配、建设项目水资源论证、下达取(用)水计划、用水及节水评估、排污口设置论证和实施超计划(定额)用水加价等工作。

第二节　沿革与进展

一、国外相关情况

国外对水资源综合管理的研究开展较早,为应对水资源短缺危机,很多国家建立了适应可持续发展要求的现代水资源管理体系,并配套有完善的水权体制、成熟的水市场以及先进的节水措施加以保证。

以色列水资源管理体制建立在水资源国有的基础上,在水资源管理中,实行用水许可证、配额制及鼓励节水的有偿配水制度。以色列于20世纪60年代开始实行水资源开发许可证制度和用水配额制度。许可证制度要求水资源的开发行为必须得到水管部门的许可后方可进行,水的使用配额制度要求包括农业生产用户在内的所有用水户每年向水管部门申请用水许可证,水管部门根据其经营的种类和规模核定供水配额。每年,负责水资源管理、开发和使用的以色列国家水利管理委员会先把70%的用水配额分配给有关用水单位,然后根据总降水量分配剩余的配额。

澳大利亚水资源归州政府所有,政府通过实行流域综合水资源管理体制和用水执照管理制度实现水资源的可持续利用和管理。在灌溉用水方面,澳大利亚法律规定用户不得私自建坝、打井灌溉,而是由水资源管理机构根据农场主拥有的农用土地面积确定用水配额,农场主在用水配额范围内向当地水管理机构供水站申请用水;同时,政府允许不同用水户之间相互有偿转让用水额度。近年来,为应对持续干旱,堪培拉、墨尔本等许多城市已开始实行越来越严厉的用水限制政策,并已经考虑对居民实行配额限量用水。

可见,对有限的水资源实行用水总量控制和限额管理,是先进国家通行而且行之有效的做法。

二、国内研究现状

经过近 20 年的发展，我国的水资源总量控制与定额管理制度从无到有，从部分地区实践探索到经验总结推广，在法律法规的制定、生产管理和科研技术支撑等方面都取得了很大的进展。

（一）法规制定

2002 年《水法》明确提出了总量控制和定额管理制度；2006 年施行的《取水许可和水资源费征收管理条例》将取水许可作为总量控制和定额管理制度加以明确和落实；2012 年国务院《关于实行最严格水资源管理制度的意见》及 2013 年国务院办公厅《实行最严格水资源管理制度考核办法》中又重申了“严格控制流域和区域取用水总量。”要求“加快制订主要江河流域水量分配方案，建立覆盖流域和省、市、县三级行政区域的取用水总量控制指标体系，实施流域和区域取用水总量控制。各省、自治区、直辖市要按照江河流域水量分配方案或取用水总量控制指标，制订年度用水计划，依法对本行政区域内的年度用水实行总量管理”，并设立“红线”进行考核。各地也已经相继制定了贯彻实施的具体措施和办法。由此可见，我国水资源总量控制和定额管理制度的内容正逐步充实，机制不断完善，手段更加清晰和具体。

（二）总量控制的实施

对一个行政区域来说，总量控制是水资源开发利用的综合控制指标，具有宏观性和指导性。对一条河流而言，其科学性就体现得更为明确，在实施中，主要以制订和执行水量分配方案的方式推行。在制订水量分配方案时，要遵循下列原则：

（1）维护健康河流的原则：考虑水量和水质的约束要求，根据水资源和水环境承载力，以水资源的可持续利用保障经济社会和生态环境的可持续发展。

（2）促进人水和谐，优先保障居民生活和生态用水原则：优先满足城镇、农村居民生活用水以及城镇和农村的生态环境用水要求。

（3）公平性原则：统筹兼顾上、中、下游以及经济发达地区和落后地区的合理需水要求，同时兼顾水资源利用的效益和效率。

（4）节约用水原则：体现提高水资源利用效率和效益的要求，在满足合理用水要求的前提下，抑制需水过快增长，减少污水排放。

（5）尊重现状原则：以现状用水为基础，综合考虑不同地区的节水潜力、产业结构和布局、社会经济发展需水要求、供水能力、水资源管理水平等因素，合理确定取水总量控制指标。

我国北方缺水流域率先在管理中实行了总量控制制度，其中黄河流域是我国七大江河流域中第一个制订并实施水量分配方案和总量控制的流域。1987 年，国务院批准《黄河可供水量分配方案》，将黄河多年平均可供最大耗水量 370 亿 m^3 分配到沿黄各省（区）；2006 年黄河水利委员会下发了《关于开展黄河取水许可总量控制指标细化工作的通知》；20 年间，国家和黄河水利委员会先后出台了包括《黄河取水许可总量控制管理办法（试行）》《黄河水量调度管理办法》等在内的一系列政策和管理办法，使得黄河流域水资源总量控制体系逐步深入、不断完善。目前,黄河流域已形成以取水许可为主要手段,计划配水、分级管理、分级负责的多层次、多口径总量控制体系。至2006年,黄河水利委员会已换发取水许可证371套,直接发证的地表水取水工程约占可控制总引黄水量的57%,其中占可控制干流耗用水量的75%左右;为防止取水失控、加强总量控制的动态管理,黄河水利委员会还在取水许可管理中实行干流与支流用水的双控制。

水资源总量控制制度由北方缺水地区向南方丰水地区推广。目前,国家确定的重要江河、湖泊和其他跨省(区、市)的江河、湖泊水量分配方案以及流域内各省(区、市)的用水总量控制指标都已基本确定。根据《节水型社会建设规划》要求,其他流域和行政区域用水总量控制指标、区域年度用水分配和计划用水方案都在积极制订之中。同时,为保证总量控制落到实处,总量控制指标逐渐由流域尺度向省、市、县等行政单元细化。

(三)定额体系

2002年新《水法》明确规定"省、自治区、直辖市人民政府有关行业主管部门应当制订本行政区域内行业用水定额",正式确立了用水定额的法律地位。2003年,水利部开展了全国农业用水灌溉定额的调查研究工作,国家发展和改革委员会发布了部分高耗水工业行业取水系列标准。目前,全国共有24个省(区、市)发布了用水定额。全国农业灌溉用水定额基本编制完成,部分高耗水工业行业取水定额已开始实施。

除定额编制工作外,我国水资源定额管理的制度体系、主要措施、实施定额管理的制度保障和效果评价等内容也在不断跟进。分级管理制度、用水指标制度、用水报表制度、超定额超计划累进加价制度、用水计划公示制度、用水定额标准修订制度等,合理扩充了定额管理制度体系;面向政府宏观调控层次、供水行业中观层次以及各用水行业的微观层次的分层定额管理得到有力推动;政策、经济、技术、体制与科技创新相结合的保障体系保障了定额管理措施正逐步得以落实;定额管理与经济社会发展协调评价、定额管理与生态系统建设协调评价使得我国水资源定额管理制度更加合理和科学。

(四)存在的问题

我国用水总量控制与定额管理制度在科研和管理实践中都取得了大量的成果,但在实践中还存在着一些需要解决的问题,主要包括以下几个方面:

(1)相关概念有待理清。总量控制和定额管理实施缺乏全过程的技术支撑,使得不同层次总量控制和定额管理在具体指标的编制、实施、核算、优化、调控等环节缺乏科学依据,给生产管理带来了困难,也难以保证制度实施的科学性和合理性。

从全国各地总量控制和定额管理制度实施阶段成果来看,不同地区使用的总量控制和定额管理的指标不同。许多"总量"和"定额"的含义模糊,相互之间的关系如何,还需要进一步研究。

(2)总量控制和定额管理的指标体系仍需完善。总量控制指标除单一的可利用水量、取用水量外,还应根据流域资源环境禀赋,制定包括宏观水量指标、生态指标、污染指标、主要河流控制断面指标等在内的完整指标集合。定额指标要继续完善参考性的规划定额、指导性的设计定额、强制性的管理定额,涵盖宏观区域综合指标、中观部门分类指标和微观单项指标等。

(3)总量控制与定额管理之间的匹配。总量控制和定额管理相结合是一种相互协调的动态管理。目前,总量控制方法的确定受诸多主观因素的干扰,缺乏系统性和科学性。在制定用水定额时,同样融入了大量的经验成分,人为隔断了总量与定额的有机联系,造成总量控制和定额管理不匹配,导致了按总量控制无法保证定额需水要求而按定额核算则往往满足不了总量控制要求的结果。因此,需要充分应用定额编制技术、水资源配置技术和水循环技术研究总量与定额间的匹配方法。

(4)区域承载能力、水资源利用效率的关系有待明确。控制区域用水总量与水资源承载能力相适应,管理用水定额以提高水的利用效率是节水型社会建设的重要内容和目标。目前,区域总量控制和资源环境承载能力的关系,定额管理与计划用水、节约用水的关系,总量控制和定额管理制度与水权、水市场的关系等都不是很明晰。

(5)管理监督措施需要进一步加强。水资源总量控制与定额管理制度在实施中还存在管理缺位、监督不力的问题,在若干地区取水许可总量难以控制、计划用水管理不到位、超计划用水时有发生。因此,需要进一步加强总量控制和定额管理的监管力度,完善其保障措施。

第三节　用水总量控制与用水效率目标

2012 年 1 月,国务院发布了《关于实行最严格水资源管理制度的意见》。2013 年 1 月 2 日,国务院办公厅发布《实行最严格水资源管理制度考核办法》(国办发〔2013〕2 号),对各省、市、区提出了未来时间节点(可分为近期、中期和远期)的用水总量和用水效率的定量考核目标。这样的定量考核,虽然在执行上还有一定的难度,但从另外的意义上说,要想切实解决当前水资源管理中存在的问题,必须划定这样的"红线",从某种意义上说,也是一种权宜之计。在《安徽省实行最严格水资源管理制度考核办法》(皖政办〔2013〕49 号)中,也对各市提出了 2015 年的用水总量和用水效率的定量考核目标。具体指标参见第二篇附件国务院办公厅《实行最严格水资源管理制度考核办法》和《安徽省实行最严格水资源管理制度考核办法》。

第四节　实施与管理

国务院《关于实行最严格水资源管理制度的意见》明确要求"严格规范取水许可审批管理,对取用水总量已达到或超过控制指标的地区,暂停审批建设项目新增取水;对取用水总量接近控制指标的地区,限制审批建设项目新增取水。对不符合国家产业政策或列入国家产业结构调整指导目录中淘汰类的,产品不符合行业用水定额标准的,……审批机关不予批准。"

区域用水总量控制与定额管理是一种互动的关系,总量和定额的任意一方改变必然会对另一方产生相应的影响,两者要有机结合,这也是《水法》确立"用水总控制与定额管理"的根本原因,并共同构成节水型社会建设的一个基本制度。

(1)总量控制是根据水资源承载力确定的自上而下的管理;定额管理是根据取、用水户需要的自下而上的对水资源进行的管理,在不同的水资源类型区又各有侧重。

（2）总量控制是封顶性的监督管理，定额管理是具体用水过程的管理。总量控制规定了各级取用水单位、个人允许取用的最大水量，定额管理则是将允许的取用水量按照一定的规范标准进行的科学有效的分配。

（3）总量控制与定额管理相结合是一种自上而下，又自下而上的相互协调的动态管理过程。

（4）总量是刚性的目标，是不能突破的原则；定额管理是为总量控制管理服务的，是实现总量控制目标的手段。

（5）在水资源相对短缺的北方地区，在总量控制的原则下，定额管理在实践中往往细化为用水计划管理。而在水资源相对丰沛的南方地区，尤其是水质型缺水地区，定额管理是有效促进节水减污的手段。

取水许可是连接总量控制和定额管理的重要环节，对总量控制和定额管理起着举足轻重的承接和协调作用，自上而下对总量配置进行约束，同时又自下而上约束着从定额到总量的分配过程，使总量与定额的联系更加紧密，总量中考虑定额的影响，同时定额中需要考虑总量的约束。总量控制与定额管理以取水许可为桥梁，在流域、省（自治区、直辖市）、市、县逐个层次进行动态协调，考虑水资源的年度变化情况，总量和定额进行灵活调整，做到总量控制、定额管理、取水许可的同步性及一致性。

第十二章　计划用水

第一节　计划用水制度

一、计划用水概念

计划用水是为实现科学合理地用水，使有限的水资源创造最大的社会效益、经济效益和生态效益，而对未来的用水行动进行的规划和安排活动。任何一个地区，其可供开发利用的水资源都是有限的，无计划地开发利用水资源，不仅天然水资源和水环境难以承受，而且还会破坏水资源循环发展的基础条件，使本已紧缺的水资源在利用过程中产生更多的浪费，并使管理水资源的各项活动都不能有效地实施，导致用水秩序混乱，造成更严重的缺水局面。因此，实行计划用水是实现用水、节水管理目标的重要内容。

《水法》第四十七条规定："县级以上地方人民政府发展计划主管部门会同同级水行政主管部门，根据用水定额、经济技术条件以及水量分配方案确定可供本行政区域使用的水量，制订年度用水计划，对本行政区域内的年度用水实行总量控制。"这为水行政主管部门实施计划用水管理奠定了法律基础。

二、计划用水管理层级和对象

依据《水法》，计划用水分为两个层次：一是区域层面的计划用水，地、市级以上人民政府发展计划主管部门会同同级水行政主管部门，根据用水定额、经济技术条件以及水量分配方案确定可供本级行政区域使用的水量，向其所辖各行政区域下达年度用水计划指标；二是对用水户的计划用水，由水行政主管部门根据用水定额、经济技术条件、用水户的用水申请和历年用水情况以及上级下达的本级行政区域的年度计划用水指标，向纳入计划用水管理的用水单位下达计划用水指标。

不同级别的行政区域年度用水计划的管理对象不同。①省、自治区、直辖市级年度用水计划的对象为所辖各地、市级行政区域，属于区域层面的计划用水。②地、市级年度用水计划对象包含两个层面：一是所辖各县（市、区）级行政区域，属于区域层面的计划用水；二是其直管的县（市、区）行政区域内的计划用水户，属于用水户层面的计划用水。③县（市、区）级年度用水计划对象仅为计划用水户，属于用水户层面的计划用水。

三、计划用水制度

计划用水制度是指用水计划的制订、审批程序和内容的要求，以及计划的执行和监督等方面的法律规定的统称。计划用水制度是用水管理的一项基本制度，它要求根据国家或地区的水资源条件和经济社会发展对用水的需求等，科学合理地制订用水计划，并按照用水计划安排使用水资源。实行这项制度，旨在通过科学合理地分配、利用水资源，减少用水矛盾，以适应国家和各个地区国民经济发展和人民生活对用水的需要，并促进水资源的良性循环，实现水资源的永续利用。根据《水法》的规定，实行计划用水制度，必须制订和执行各种水中长期供求计划，包括国家和跨省、自治区、直辖市以及省、市、县级的用水计划。

计划用水制度还是一套用水综合管理制度体系，牵涉面广，社会性强。它涉及的制度内容很多，比如水量分配制度、用水总量控制制度、用水定额管理制度、节水管理制度、用水计量管理制度、用水统计制度、用水效率考核制度等。这些制度之间，密切相关，相辅相成，需要综合运用，才能取得理想的实施效果。

第二节 计划用水管理

一、计划用水中的几个关系

（一）计划用水与总量控制

《水法》规定我国对用水实行总量控制与定额管理相结合的制度，要建立水资源开发利用控制“红线”，严格控制用水总量。这是完善取水许可和水资源有偿使用制度的需要，是推进节水型社会建设的制度保障。总量控制是审批取水许可、制定流域（行政区域）水中长期供求规划、编制水量分配方案和年度水量分配方案、下达年度用水计划的基本目标；计划用水是总量控制的重要手段，下达的计划用水指标要以整个流域（行政区域）用水总量为边界条件。

（二）计划用水与用水定额

用水定额是用水管理和用水行为应遵循的标准，是制定各项水资源管理制度的科学依据。《水法》中明确规定，用水定额是各地编制水量分配方案、下达取水许可总量控制指标、编制用水计划的重要依据，同时也是实行超计划、超定额累进加价收费制度的重要标准。因此，各省、直辖市、自治区必须制定用水定额标准，明确用水定额“红线”。用水户用水效率低于最低要求的，要依据定额依法核减取水量；用水产品和工艺不符合节水要求的，要限制其生产取用水。

（三）计划用水与取水许可

计划用水与取水许可是体现国家对水资源实施权属统一管理的一项重要制度，是调控水资源供求关系的基本手段。实行取水许可制度，是全面落实最严格水资源管理制度的一项重要措施，是协调和平衡水资源供求关系，实现水资源可持续利用的可靠保障。《取水许可和水资源费征收管理条例》第六条规定：“实施取水许可必须符合水资源综合规划、流域综合规划、水中长期供求规划和水功能区划，遵守依照《水法》规定批准的水量分配方案；尚未制定水量分配方案的，应当遵守有关地方人民政府间签订的协议。”第十六条规定：“按照行业用水定额核定的用水量是取水量审批的主要依据。”

因此，批准的水量分配方案或者签订的协议以及用水定额是确定流域与行政区域取水许可总量控制指标的依据。下达给用水户的计划用水指标要小于取水许可审批指标。

从控制时间上看，用水计划一般是年度或年内的，而取水许可则是多年的。

（四）计划用水关系图

总量控制、取水许可、定额管理、计划用水都是实施节水管理的重要手段。计划用水、取水许可是实现总量控制的重要手段；而实行计划用水和取水许可的根本目的就是要实现总量控制；取水许可总量控制指标是下达计划用水的量化控制指标；用水定额是取水许可的审批指标，也是下达计划用水指标以及实现总量控制目标的手段和制定总量控制指标的重要依据，如图 12-1 所示。

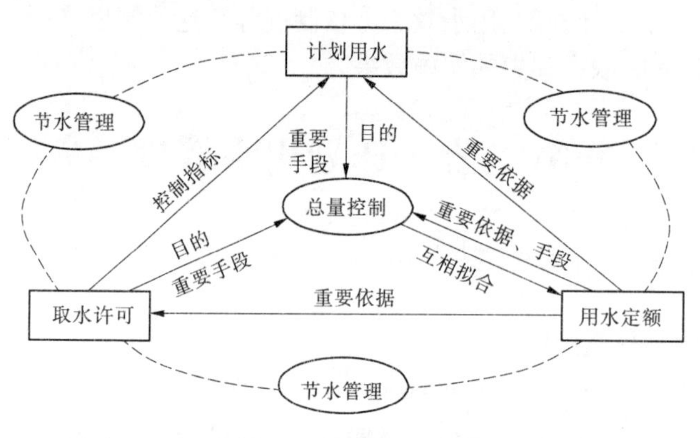

图 12-1　计划用水关系图

二、计划用水管理

根据《水法》等相关法规，在分析计划用水内涵以及对计划用水与总量控制、用水定额、取水许可几类关系剖析的基础上，可以建立一张纵向按照行政层级从国家到流域、省（自治区、直辖市）、市、县（市、区），横向从水中长期供求规划到水量分配方案、年度水量分配方案、年度用水计划逐级递进的计划用水管理网络图（见图 12-2）。

《水法》《取水许可和水资源费征收管理条例》《取水许可管理办法》及《水量分配暂行办法》是实行计划用水的基本法律依据。《水法》第四十四条到第四十九条中提出的全国、流域、行政区域的水中长期供求规划、水量分配方案、年度水量分配方案和年度用水计划之间有着密切关联。

（一）水中长期供求规划

水中长期供求规划应当依据水的供求现状、国民经济和社会发展规划、流域规划、区域规划，按照水资源供需协调、综合平衡、保护生态、厉行节约、合理开源的原则制定。

全国和流域的水中长期供求规划由国务院水行政主管部门会同有关部门制定，经国务院发展计划主管部门审查批准后执行。地方的水中长期供求规划，由县级以上地方人民政府水行政主管部门会同同级有关部门，依据上一级水中长期供求规划和本地区的实际情况制定，经本级人民政府发展计划主管部门审查批准后执行。

（二）水量分配方案

水量分配方案是在充分考虑流域与行政区域水资源条件、水中长期供求规划、水资源综合规划、供用水历史和现状、未来发展的供水能力和用水需求、用水定额、节水型社会

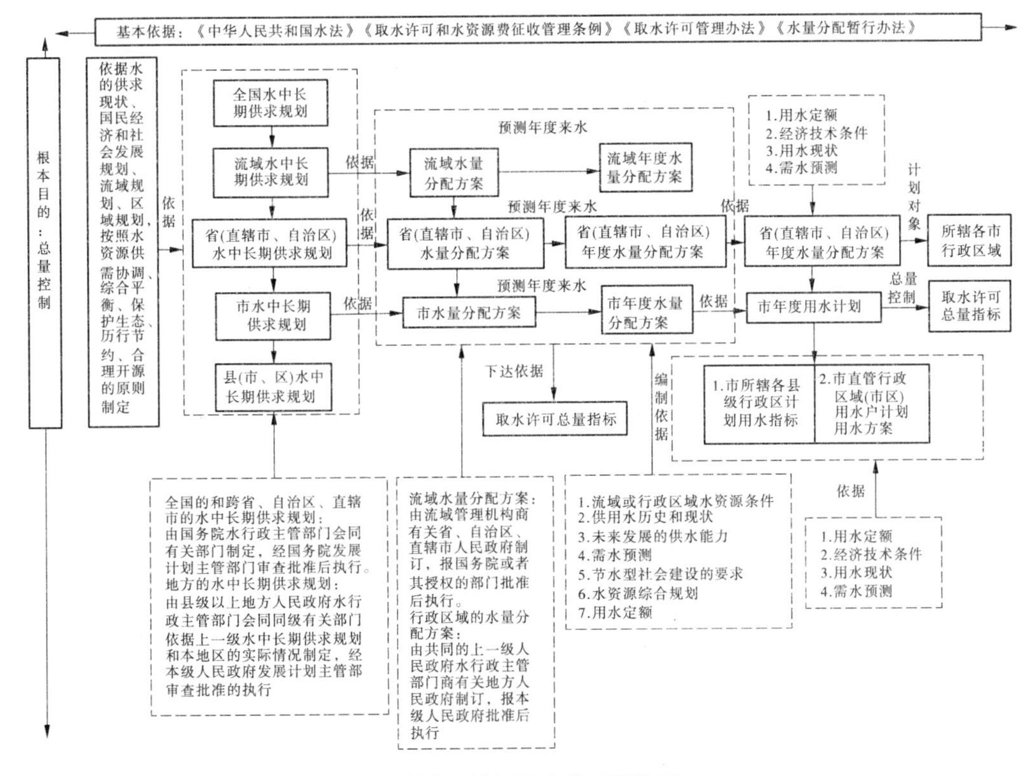

图 12-2　计划用水管理网络图

建设的要求，妥善处理上下游、左右岸的用水关系，协调地表水与地下水、河道内与河道外用水，统筹安排生活、生产、生态与环境用水等条件下的水量配置安排。水量分配方案既是下达取水许可控制指标的重要根据，也是下达计划用水指标的重要依据。

流域的水量分配方案由流域管理机构商有关省、自治区、直辖市人民政府制定，报国务院或者其授权的部门批准后执行。行政区域的水量分配方案由共同的上一级人民政府水行政主管部门商有关地方人民政府制定，报本级人民政府批准后执行。

（三）年度水量分配方案

年度水量分配方案由县级以上地方人民政府水行政主管部门或者流域管理机构根据批准的水量分配方案和年度预测来水量编制。

（四）年度用水计划

年度用水计划是在明确了本地区年度水量分配方案后，县级以上地方人民政府发展计划主管部门会同同级水行政主管部门，依据当地经济技术条件、用水定额、用水现状及需水预测，编制的本地区年度用水计划。不同级别行政区域计划用水管理的对象不同，年度用水计划最终要落实到每一个用户。一般要求取水单位或者个人应当于每年年底前向审批机关报送本年度的取水情况和下一年度取水计划建议。取水审批机关应当依照本地区下一年度取水计划、取水单位或者个人提出的下一年度的取水计划建议，按照统筹协调、综合平衡、留有余地的原则，于每年年初向取水单位或者个人下达本年度取水计划。如果取水单位或者个人因特殊原因需要调整年度取水计划的，应当经原审批机关同意。

第十三章　水资源有偿使用

第一节　水资源费征收规定

水资源是一种稀缺的自然资源。水资源有偿使用制度是与取水许可制度相并列、相联系的一项水资源管理制度。

20 世纪 80 年代初期,我国部分城市就已经开始对工矿企业的自备水源取水征收水资源费。1988 年颁布实施的《水法》中规定,对城市中直接从地下取水的单位,征收水资源费;其他直接从地下或江河、湖泊取水的,可以由省、自治区、直辖市人民政府决定征收水资源费。征收水资源费的目的是运用经济手段,促进节约用水,特别是控制城市地下水的过量开采。

2002 年修订后的《水法》以及 2006 年国务院颁布的《取水许可和水资源费征收管理条例》(国务院令第 460 号)再次明确了"取用水资源的单位和个人,除本条例第四条规定的情形外,都应当申请领取取水许可证,并缴纳水资源费。"《条例》并明确规定了水资源费应主要用于水资源的节约、保护和管理。《取水许可和水资源费征收管理条例》规定:"取水单位或个人应缴纳水资源费""水资源费由取水审批机关负责征收";2008 年国家财政部、发改委、水利部又印发了《水资源费征收使用管理办法》(财综〔2008〕79 号),进一步明确了水资源费征收主体:水资源费由县级以上地方水行政主管部门按照取水许可审批权限负责征收,其中由流域机构审批取水的,水资源费由取水口所在地省、自治区、直辖市水行政主管部门代为征收。

一、水资源费的性质

我国水资源属于国家所有,各级水行政主管部门代表国家行使所有权管理。水资源费是体现国家对水资源实行权属管理的行政性收费。征收水资源费的行为是水行政主管部门授予申请取水人水资源的使用权,依据水资源有偿使用的相关法律规定向取水人收取相应对价费用的一种具体行政行为。其实际性质主要体现在以下四个方面:

(1)调节水资源供给与需求的经济措施。

(2)调节水资源稀缺性的手段。

(3)水资源产权的经济体现。

(4)劳动价值的补偿。

二、水资源费的征收和使用现状

(一)水资源费的征收现状

我国从 1980 年开始征收水资源费,全国各省、自治区、直辖市已逐步出台和完善了水资源费征收管理办法并已征收水资源费。据统计，1998～2013年，全国共征收水资源费约1 000亿元，且呈逐年增长趋势。可见，全国范围内水资源费征收工作进展较快，征收管理工作取得了很大的成就，不仅促进了水资源的合理开发和节约保护，也为全面实行水资源费征收打下了一定的基础。但同时，也不能否认，水资源费的征收管理仍存在着一些问题，如征收标准低、使用范围不明确、使用不规范、征收机制不完善等，还难以有效促进水资源的节约和可持续利用。同时，《取水许可和水资源费征收管理条例》进一步明确了水资源的征收范围，规定了水资源费标准制定原则，完善了水资源费征收和缴纳程序，并从促进用水方式的转变、树立节约用水意识、实现水资源可持续利用的角度，对农业生产取水的水资源费问题做出了较为全面可行的规定。可以预期，在《取水许可和水资源费征收管理条例》的引导下，我国将加大水资源费征收力度，扩大水资源费征收范围，提高水资源费征收标准。

（二）水资源费的主要用途

从全国各地水资源费征收使用实践来看，各省、自治区、直辖市征收的水资源费基本上都留在地方使用。目前水资源费的主要用途包括以下几方面：基础工作、设备、人员工资及其他。据统计，1998～2005年我国共征收水资源费170.53亿元，共支出水资源费109.28亿元，水资源费支出占总收入的64%。

从水资源费的作用来看，目前水资源费的显性用途主要是在水资源管理的基础工作以及人员工资上，这两项开支占水资源费征收总量的27%，而33%的水资源费用于其他项目上，具体用途各地不同。

三、水费和水资源费的区别

水费和水资源费是两个不同的概念。水费是供水单位的生产经营性收入，也是用水户有偿用水应支付的费用，用水户与供水单位是买方与卖方的民事法律关系，双方依法享有平等的民事权利和义务；拒不缴纳水费的行为就是不承担义务的民事违法行为，属民法调整，供水单位可向法院提起民事诉讼，由法院调解或判决。

水资源属国家所有，水资源费是行政性收费。征收水资源费是水行政主管部门代表国家对水资源进行权属管理的体现。水行政主管部门与取水户（指从地下取水或从江河、湖泊直接取水的取水户）的关系是行政管理人与被管理人的关系。拒不缴纳、拖延、欠缴水资源费是行政违法行为，属《水法》及其配套法规、规章的调整范围，水行政主管部门可依法处罚，因征收水资源费引起的诉讼属行政诉讼。

如果取用供水工程供应的水，用水单位或者个人则要按照实际用水量向供水工程单位缴纳水费，其水费中应当包含水资源费的成本构成，即水资源费计入供水成本，并由供水工程管理单位统一向水行政主管部门缴纳水资源费。

第二节　水资源费标准

《取水许可和水资源费征收管理条例》以及国家发改委、财政部、水利部《关于水资源费征收标准有关问题的通知》（发改价格〔2013〕29号）等对水资源费的征收标准做出了一系列明确规定。

一是明确了水资源费标准的确定主体和程序。规定“水资源费征收标准由省、自治区、直辖市人民政府价格主管部门会同同级财政部门、水行政主管部门制定，报本级人民政府批准，并报国务院价格主管部门、财政部门和水行政主管部门备案。其中，由流域管理机构审批取水的中央直属和跨省、自治区、直辖市水利工程的水资源费征收标准，由国务院价格主管部门会同国务院财政部门、水行政主管部门制定。”

二是明确了制定水资源费征收标准的原则。主要包括：

(1)充分反映不同地区水资源禀赋状况，促进水资源的合理配置。

(2)统筹地表水和地下水的合理开发利用，防止地下水过量开采，促进水资源特别是地下水资源的保护。

(3)支持低消耗用水，鼓励水的回收利用，限制超量取用水，促进水资源的节约。

(4)考虑不同产业和行业取用水的差别特点，促进水资源的合理利用。

(5)充分考虑当地经济发展水平和社会承受能力，促进社会和谐稳定。

三是明确了对农业生产取水的水资源费的特殊政策。规定“农业生产取水的水资源费征收标准应当根据当地水资源条件、农村经济发展状况和促进农业节约用水需要制定。农业生产取水的水资源费征收标准应当低于其他用水的水资源费征收标准，粮食作物的水资源费征收标准应当低于经济作物的水资源费征收标准。农业生产取水的水资源费征收的步骤和范围由省、自治区、直辖市人民政府规定。”

四是明确了水资源费的征收主体，并规定可以代征。规定“水资源费由取水审批机关负责征收；其中，流域管理机构审批的取水，水资源费由取水口所在地省、自治区、直辖市人民政府水行政主管部门代为征收。”安徽省的实施办法中就明确水资源费“可以由取水审批机关委托下一级人民政府水行政主管部门或者水工程管理单位征收。”

五是对发电取水水资源费标准做出了特别安排。规定“水力发电用水和火力发电贯流式冷却用水可以根据取水口所在地水资源费征收标准和实际发电量确定缴纳数额。”

现阶段，全国各省、自治区、直辖市的水资源费征收标准差别很大，全国31个省、自治区、直辖市中，2010年生活用水的地表水水资源费征收标准最高是北京，为1.26元/m^3，最低的低于0.05元/m^3，最大差距达100倍；2010年工业用水的地下水资源费征收标准：北京为2.3元/m^3，江西为2.5分/m^3，差距超过90倍。

为指导各地进一步加强水资源费征收标准管理，规范标准制定行为，促进水资源节约和保护，国家发改委、财政部、水利部联合印发了《关于水资源费征收标准有关问题的通知》(发改价格〔2013〕29号)(简称《通知》)，明确了“十二五”末各省、自治区、直辖市、水资源费最低征收标准，见表13-1。

表13-1　“十二五”末各地区水资源费征收标准　(单位:元/m³)

省(自治区、直辖市)	地表水水资源费平均征收标准	地下水水资源费平均征收标准
北京	1.6	4
天津		
山西	0.5	2
内蒙古		
河北	0.4	1.5
山东		
河南		
辽宁	0.3	0.7
吉林		
黑龙江		
宁夏		
陕西		
江苏	0.2	0.5
浙江		
广东		
云南		
甘肃		
新疆		
上海	0.1	0.2
安徽		
福建		
江西		
湖北		
湖南		
广西		
海南		
重庆		
四川		
贵州		
西藏		
青海		

目前,我国存在水资源费标准分类不规范、征收标准特别是地下水征收标准总体偏低、水资源状况和经济发展水平相近地区征收标准差异过大、超计划或者超定额取水累进收取水资源费制度未普遍落实等问题。“十二五”末北京和天津的地表水资源费平均征收标准为1.6元/m³,地下水资源费平均征收标准为4元/m³,而上海和青海、西藏等省份同列最低征收标准地区,地表水水资源费和地下水资源费平均征收标准分别为0.1元/m³和0.2元/m³。

当前,安徽省水资源费征收执行的标准是省物价局、财政厅、水利厅《关于调整水资源费征收标准的通知》(皖价费〔2004〕13 号)。其中,阜阳、淮北市地下水资源费征收标准分别按省物价局、财政厅、水利厅《关于调整阜阳市地下水资源费征收标准的批复》(皖价商〔2012〕77 号)和《关于调整淮北市城市地下水资源费收费标准的批复》(皖价费〔2000〕372 号)规定执行。水力发电用水水资源费征收标准参照国家发改委、财政部、水利部《关于中央直属和跨省水利工程水资源费征收标准及有关问题的通知》(发改价格〔2009〕1779 号)规定,目前暂按下限执行。火力发电贯流式冷却用水的水资源费缴纳数额,按财政部、国家发改委、水利部《水资源费征收使用管理办法》(财综〔2008〕79 号)规定,按照实际发电量确定(具体征收标准见表 13-2)。

表 13-2 安徽省水资源费征收标准 (单位:元/ m³)

分区名称	地表水	地下水		地热水、矿泉水等	备注
		浅层地下水(<50 m)	中深层地下水(≥50 m)		
淮河流域及合肥、滁州	0.06~0.08	0.1~0.2	0.2~0.35	0.7	1. 阜阳市市区内自备取水的仍执行皖价商〔2012〕77 号文规定;淮北市城市地下水资源费收费标准仍按皖价费〔2000〕372 号规定执行 2. 水力发电水资源费征收标准为 0.003~0.008 元/kWh;贯流式火力发电水资源费征收标准为 0.000 25 元/kWh
其他地区	0.04~0.06	0.1~0.2	0.2~0.35	0.7	

2013 年 12 月 27 日,安徽省物价局、财政厅、水利厅转发国家发展和改革委员会、财政部、水利部《关于水资源费征收标准有关问题的通知》(发改价格〔2013〕29 号),重申了有关水资源费的征收标准,决定全省在 2015 年底以前,地表水水资源费、地下水水资源费平均征收标准分别不低于 0.1 元/m³、0.2 元/m³。《通知》要求,要综合考虑安徽省水资源禀赋状况、各地经济发展水平、社会承受能力,以及城乡、行业用水的差别和特点,尽快制定不同地域、不同行业的地表水水资源费、地下水水资源费征收标准,并按照分步推进、逐步到位的原则实施。同时,对未来提高水资源费的标准做出了时间安排,加快推进居民阶梯式水价改革。

关于超计划和超定额取水实行累进加价制度,国务院有关主管部门已经提出了明确的指导性意见。比如,国家发展和改革委员会、财政部、水利部《关于水资源费征收标准有关问题的通知》(发改价格〔2013〕29 号)明确要求:"对超计划或者超定额取水制定惩罚性征收标准。除水力发电、城市供水企业取水外,各取水单位或个人超计划或者超定额取水实行累进收取水资源费。由流域管理机构审批取水的中央直属和跨省、自治区、直辖市水利工程超计划或者超定额取水的,超出计划或定额不足 20% 的水量部分,在原标准基础上加 1 倍征收；超出计划或定额 20% 及以上、不足 40% 的水量部分，在原标准基础上加两倍征收；超出计划或定额 40% 及以上水量部分，在原标准基础上加三倍征收。其他超计划或者超定额取水的，具体比例和加收标准由各省（自治区、直辖市）物价、财政、水利部门制定。由政府制定商品或服务价格的，经营者超计划或者超定额取水缴纳的水资源费不计入商品或服务定价成本。”《通知》还要求“各地要认真落实超计划或者超定额取水累进收取水资源费制度，尽快制定累进收取水资源费具体办法。”

第三节　水资源费征收及管理

《水法》第四十八条规定：直接从江河、湖泊或者地下取用水资源的单位和个人，应当按照国家水资源有偿使用制度的规定，向水行政主管部门或者流域管理机构缴纳水资源费。

水资源费是一种行政性收费。除确保所收费用的合理和规范使用外，在其征收、管理和使用方面，均要遵照财政主管部门的统一规定。对此，《取水许可和水资源费征收管理条例》以及财政部、国家发展和改革委员会、水利部《水资源费征收使用管理办法》（财综〔2008〕79 号）等已做出了专门规定。

一、水资源费征收

《取水许可和水资源费征收管理条例》中关于水资源费征收的规定主要有以下几个方面。

（一）征收对象和范围

《取水条例》规定：“取水单位或者个人应当缴纳水资源费。”同时，也规定“农业生产取水的水资源费征收的步骤和范围由省、自治区、直辖市人民政府规定。”“直接从江河、湖泊或者地下取用水资源从事农业生产的，对超过省（自治区、直辖市）规定的农业生产用水限额部分的水资源，由取水单位或者个人根据取水口所在地水资源费征收标准和实际取水量缴纳水资源费；符合规定的农业生产用水限额的取水，不缴纳水资源费。”这些规定，既确立了征收对象的原则，又考虑了我国农业生产的实际情况和地区经济差异，而且注意运用了经济手段，促进节约用水，避免水资源浪费现象的发生。《安徽省取水许可和水资源费征收管理实施办法》（省政府第 212 号令）规定“农业生产取水暂不征收水资源费。”同时，为鼓励非常规水资源利用，还规定使用中水的企业暂不征收水资源费，对矿坑排水再利用的减半征收水资源费，促进节水减排。

除此之外，均应依法足额缴纳水资源费。

（二）征收标准和依据

国家财政部、发改委、水利部颁布的《水资源费征收使用管理办法》（财综〔2008〕79 号）中规定，水资源费征收标准由各省（自治区、直辖市）价格主管部门会同同级财政部门、水行政主管部门制定，报本级人民政府批准，并报国家发改委、财政部、水利部备案。其中，由流域管理机构审批取水的中央直属和跨省、自治区、直辖市水利工程的水资源费征收标准，由国家发展和改革委员会会同财政部、水利部制定。

水资源费的计征收方式，原则上以取水量和对应的水资源费征收标准计算、征收，即在收费数额、计费依据和具体标准方面，有取水水量计费标准，即缴纳数额根据取水口所在地水资源费征收标准和实际取水量确定。但考虑不同企业等用水和耗水特点，以及使用水资源的特殊性等，并规定部分按产品产量计费标准，比如：水力发电用水和火力发电贯流式冷却用水等，水资源费缴纳数额根据取水口所在地水资源费征收标准和实际发电量确定；为保障矿井等地下工程施工安全和生产安全而进行的经常性疏干排水，无计量设施的，水资源费根据实际采矿量确定。

（三）征收程序

第一，取水审批机关和取水户共同确认取水量或产品产量，并由双方签字确认。

第二，取水审批机关根据取水量或产品产量、对应的水资源费征收标准确定水资源费缴纳数。

第三，水资源费缴纳数额确定后，取水审批机关依据规定应当向取水单位或者个人送达水资源费缴纳通知单，取水单位或者个人应当自收到缴纳通知单之日起 7 日内办理缴纳手续。

第四，取水单位或者个人因特殊困难不能按期缴纳水资源费的，可以自收到水资源费缴纳通知单之日起 7 日内向发出缴纳通知单的水行政主管部门申请缓缴；发出缴纳通知单的水行政主管部门应当自收到缓缴申请之日起 5 个工作日内做出书面决定并通知申请人；期满未做决定的，视为同意。水资源费的缓缴期限最长不得超过 90 日。取水单位未在规定的期限内缴纳水资源费的，由水行政主管部门依法实施行政处罚。

（四）行政处理和处罚

《水法》第七十条规定："拒不缴纳、拖延缴纳或者拖欠水资源费的，由县级以上人民政府水行政主管部门或者流域管理机构依据职权，责令限期缴纳；逾期不缴纳的，从滞纳之日起按日加收滞纳部分千分之二的滞纳金，并处应缴或者补缴水资源费一倍以上五倍以下的罚款。"按照《行政处罚法》规定的程序，实施行政处罚，必要时可采取强制措施。

二、水资源费的使用与管理

（一）水资源费的使用

水资源费应取之于水，用之于水。国家财政部、发改委、水利部颁布的《水资源费征收使用管理办法》（财综〔2008〕79 号）规定，水资源费专项主要用于水资源的节约、保护和管理，也可用于水资源的合理开发。任何单位和个人不得平调、截留或挪作他用。使用的范围包括：

（1）水资源调查评价、规划、分配及相关标准制定。

（2）取水许可的监督实施和水资源调度。

（3）江河湖库及水源地保护和管理。

（4）水资源管理信息系统建设和水资源信息采集与发布。

（5）节约用水的政策法规、标准体系建设以及科研、新技术和产品开发推广。

（6）节水示范项目和推广应用试点工程的拨款补助和贷款贴息。

（7）水资源应急事件处置工作补助。

(8)节约、保护水资源的宣传和奖励。

(9)水资源的合理开发。

(二)水资源费的管理

征收的水资源费按照国务院财政部门的规定分别解缴中央和地方国库。全额纳入财政预算管理,由县级以上地方人民政府水行政主管部门按照使用范围编制年度部门预算,经批准后专款专用。任何单位和个人不得截留、侵占或者挪用水资源费。同时,审计机关应当加强对水资源费使用和管理的审计监督。

水资源费支出在"政府收支分类科目"列第213类"农林水事务"03款"水利"31项"水资源费支出"。

第十四章 取用水计量与管理

第一节 取用水计量要求

《水法》第四十九条规定："用水应当计量，并按照批准的用水计划用水。""用水实行计量收费和超定额累进加价制度。"《取水许可和水资源费征收管理条例》第四十三条也明确要求"取水单位或者个人应当依照国家技术标准安装计量设施，保证计量设施正常运行，并按照规定填报取水统计报表。"由此可见，取水计量是法律、法规规定必须实行的一项水资源监管措施，是实施水资源合理配置，加强取水许可监督管理，促进计划用水、节约用水，实行总量控制和定额管理的重要手段，是统计用水效率、征收水资源费和目标考核的基本依据，对于促进水资源的可持续利用具有重要意义。同时又是贯彻国家计量法规、维护国家及广大取水户的利益、保障正常生产和社会经济秩序的需要。

一、原则要求

（一）取水计量的对象及范围

取水计量的对象和范围，应当严格遵循《水法》《取水许可和水资源费征收管理条例》以及相关的配套法规文件的规定，不得擅自扩大计量范围，也不得随意减少计量对象。一般来说，计量范围应当限定在取水许可管理对象范围内，即只对领取取水许可证的单位和个人取水进行计量。一般来说，不需申请办理取水许可证的取水，水行政主管部门不进行计量管理。保持取水计量管理与取水许可管理的一致性和协调性，确保法定管理对象的全面覆盖。

（二）取水计量的科学性要求

取水计量的科学性主要体现在取水计量的技术可行性和管理的有效性方面，即取水计量在设备设施技术上，要准确、可靠、可信，要适合不同类型和环境的取水，要符合《计量法》及相关的计量技术标准，误差要在合理范围之内，设施设备造价要合理，要适合取水单位的经济承受能力，还要便于监督、维护和管理，满足信息化管理的基本要求。

（三）取水计量管理的灵活性要求

鉴于取水对象、取水方式、用水类型的多样性和复杂性，又要考虑计量管理的科学性要求，对取水计量管理也应当因地制宜、因时制宜、因条件和环境制宜。以满足准确计量和有效管理为原则，要选用适合不同条件和对象的技术方案；以科学计量为标准，选用适合的仪表、设备和设施。

二、技术标准

2013 年，国家颁布了《取水计量技术导则》（GB/T 28714—2012），作为明渠和管道两种输水方式的取水计量技术和设施的选用、操作、安装、维护的指导原则，适用于工业、农业、城市生活和生态与环境用水的相关单位和个人。

《取水计量技术导则》（GB/T 28714—2012）提出的明渠取水计量方法包括流速—面积法测流，水工建筑物测流，测流堰计量、测流槽和简易量水槛，超声波、电磁法和雷达法测流，小水和结冰时测流等技术规范。在管道计量方面，主要重申了《水资源水量监测技术导则》（SL 365—2007）行业标准。

在农业灌溉取水时，如果是泵站提水，在直接计量确有困难时，可采用电水转换法，通过率定泵站设备耗电量与取水量的换算关系，通过实际耗电量来推算取水量，具有一定的精度，也是可以接受的。我国北方部分地区在灌溉机井管理中采用的“IC 卡计量收费管理系统”，其原理就是电水转换法的应用。

三、管道测流常用仪表

水表是涉及面最广的法定液体计量仪表之一，是一种以其使用介质和用途命名的仪表，专门用于测量管道水流累积体积，广泛用于各个领域。近年来，随着科学技术的发展，通过电子技术与传统机械式水表的结合，实现了水表多种形式的智能化功能，出现了比较先进的电子远传水表和 IC 卡智能式水表。

目前，常用的水表主要有机械式水表和电磁电子原理的水表（IC 卡智能水表、远传水表等），几种常用水表的工作原理如下。

（一）机械水表

常用的有旋翼式水表和螺翼式水表，属于速度式计量水表，又称叶轮水表。其工作原理与涡轮流量计基本相同，主要是利用流管中水对存在于流管中的叶轮或叶板冲击所形成的水流速与叶轮转速成正比这一原理进行工作的。通过叶轮轴上的联动部件与计数机构相连接，使计数机构累积叶轮的转数，从而记下通过水表的水量。

（二）电磁水表和电子水表

电磁水表和电子水表主要是以夹装式、插入式、管道式和仿真式传感器为主要技术原理的输水计量仪表。

（1）电磁水表。电磁流量水表是一种利用电磁感应原理研制成的用于测量导电液体体积流量的仪表，由流量传感器和转换器两部分组成。测量管上下装有励磁线圈，通电后产生磁场穿过测量管，由一电极装在测量管内壁与液体相接触，引出感应电势，送到转换器。

（2）超声波水表。是通过检测流体流动对超声束（或超声脉冲）的作用，从而测量水体积流量的仪表，是一种非接触式流量计。封闭管道用的超声波水表常用原理有传播时间法、多普勒效应法。超声波水表按换能器安装方式分为可移动安装和固定安装两种。

超声波水表与传统流量计相比，对水流介质无要求，非接触式、无压损、不破坏流场，可用于大口径管道的测量，也可用于各类明渠和暗渠的测流，安装维修方便。其缺点是价格较高，在实际使用中容易受诸多环境因素干扰；另外，超声波流量计对管道壁面状况的要求也较高，不能用于衬里或结垢太厚的管道，不能用于衬里（锈层）与内管剥离或锈蚀严重的管道。

(3)智能远传水表。智能远传水表由普通脉冲发讯水表加上电子采集模块而组成,电子模块完成信号采集、数据处理、存储并将数据通过通信线路上传给中继器或手持式抄表器。表体采用一体设计,它可以实时将用户用水量记录并保存,每块水表都有唯一的代码,当智能水表接收到抄表指令后可即时将水表数据上传给管理系统。

远传水表解决了即时数据采集、水表计量、水量监督等问题,优势明显。由于水量是即时采集的,因此这种计量方式具有很强的威慑作用,使用户不敢轻易在水表上做文章,从而使用户偷水情况大大减少。通过即时用水情况的比对分析,可以充分了解水量情况和用水异常,以便进行预见性决策。此外,抄表工作也脱离了原有的人工方式,而直接通过系统数据的处理即可完成。

远传水表的应用目前主要存在以下问题:①远传系统自身缺陷问题,如远传采集器故障、传感器故障及部分感应磁钢出现退磁现象;②供水设施运行问题,如设施漏水、水表池积水,导致部分传感器被水浸泡、氧化等出现故障,影响数据传输的准确性;③外部供电问题,如电源停电造成数据传输错误;④人为因素问题,如采集器被盗、传感器线路人为破坏造成远传系统数据丢失、信号线断,底数设定有误或颠倒,死表、倒表等。

第二节　计量管理

关于对取水进行计量管理,其实质是对取水许可全过程管理中的一个组成部分,也是实施用水定额管理的核心环节。新建取水工程,在取水申请阶段,水行政主管部门就已经提出了计量方式的填报要求;在取水许可审批环节,又把取水计量作为一项重要审查内容;在取水工程竣工验收时,还要审查取水计量设施的计量认证情况;在随后及日常的监理中,还要随时跟踪监督取水计量设施运行情况等。

在管理方面,一般要求取水用户要做到以下几点:

(1)必须安装取得"制造计量器具许可证"企业生产的计量设施。

(2)用水户计量设施安装完毕后,必须经水行政主管部门和技术监督部门验收,并登记造册,报当地水行政主管部门备案,由水行政主管部门督促用水户向当地技术监督部门申请强检。用水户安装的计量设施未按照规定申请检定的,按《中华人民共和国计量法实施细则》规定处罚。

(3)各用水户安装的计量设施必须由技术监督部门指定的计量技术机构执行周期性检定,并对厂方修理的计量设施的质量进行监督检查。

(4)各用水户安装的计量设施要明确专人管护,建立用水计量人员岗位责任制,建立取用水统计台账,定期检查输水管道和各计量设施的运行情况,杜绝跑、冒、滴、漏和死表现象。

(5)计量设施出现故障,不能准确计量时,用水户须及时向水行政主管部门和技术监督部门报告,不可自行处理。计量设施出现故障的原因,由技术监督部门指定的机构认定。水行政主管部门派员查实后,更换完好的计量设施,损坏的计量设施可由水利部门统一交有关单位维修。

(6)严禁用水户自行拆卸、更新、损坏计量设施,对擅自更新、改装和拆卸计量设施的单位和个人,依据有关规定予以处理。

(7)对在规定期限内未安装计量设施的取用水户,根据水泵铭牌确定的定额按连续满负荷运转计算取用水量。

(8)在计量上发生争议时,取用水户和收费单位均可向所在市、县(市、区)技术监督部门申请调解、仲裁检定,所需费用由责任方负担。

(9)各用水户的计量设施,其购置、安装、检定、维修费用由各取用水户负担。

在日常管理中,水行政主管部门应当会同技术监督部门履行好以下监管职责:

(1)应当对取用水户安装的计量设施进行定期检查和不定期检查,用水户必须自觉接受检查,如实提供有关情况和资料。检查内容包括:安装的计量设施是否擅自变更,铅封是否完好,计量设施是否损坏,运转是否正常等。在检查中发现问题时,立即通知用户纠正或送检。

(2)各级水行政主管部门和技术监督部门要建立健全用水户计量设施管理档案,加强对计量设施选型、安装、运行的监督检查和管理,做好用水户计量设施的选型、安装、维修等服务工作,严禁徇私舞弊,以权谋私,违者按有关规定予以严肃处理。

第三节　用水监管

一、用水监管的主要内容

加强用水监管,就是督促各级水行政主管部门和取用水户认真落实《水法》等有关法律法规对取用水管理的有关规定和要求,努力促进水资源的优化配置、高效利用和节约保护。

《水法》对水资源管理明确了一系列的管理制度,主要包括水资源规划制度、总量控制与定额管理制度、水资源论证制度、取水许可制度、计划用水制度、节约用水制度、有偿使用制度、计量收费和超额累进加价制度、水功能区划制度、排污总量控制制度、饮用水水源保护区制度、入河排污口管理制度、地下水超采区管理制度等。用水监管就是督促有关制度得到有效落实。

二、用水监管的重点

当前,水资源管理精细化难以全面覆盖农业用水户,因此目前来说,用水监管的重点为非农业用水户。

(一)落实水资源论证制度

《建设项目水资源论证管理办法》施行以后,即 2002 年 5 月 1 日后审批、核准或者修建的建设项目需要取水的,必须进行水资源论证。凡依法规定需要进行水资源论证的新建、改建和扩建的项目,水资源论证率要达到 100%。

建设项目水资源论证报告书通过审查后,建设内容又发生重大变化的,其论证报告书应重新审查。根据《建设项目水资源论证管理办法》的规定,对于水资源论证报告书已经通过审查的建设项目,如果项目性质、规模、地点或取水标的发生重大变化,或者建设项目自审查通过之日起满3年未批准，项目业主单位应重新或补充编制水资源论证报告，并提交原审查机关重新审查。

同时，水资源论证报告书的审查审批要对照取水许可审批权限，不能越权审查审批。

（二）取水许可审批和发证

1.应依法取得取水申请批准文件

对未取得取水申请批准文件擅自建设取水工程或者设施的，应责令停止违法行为，限期补办有关手续，逾期不办的，按照相关规定予以处罚。

2.按照分级审批的规定不能越权

取水许可实行分级审批，对于国家与地方的具体分级审批规定，按照水利部授权长江水利委员委、淮河水利委员会、太湖流域管理局的取水许可管理权限的规定执行。《安徽省取水许可和水资源费征收管理实施办法》规定了省、市、县的取水许可分级审批权限。在日常检查和管理时，应注意把握。

3.取水户的信息变化后应及时办理变更手续

在取水许可证有效期限内，取水单位或者个人需要变更其名称（姓名）的或者因取水权转让需要办理取水权变更手续的，应当及时向原取水审批机关提出变更申请，经取水审批机关审查同意，重新核发取水许可证；若仅变更取水单位或者个人名称（姓名）的，可以在原取水许可证上注明。

4.连续停止取水满2年的应及时完善有关手续

对许可证的登记法人，对连续停止取水满2年的取水户，由原取水审批机关注销取水许可证。不可抗力或者进行重大技术改造等原因造成停止取水满2年且取水许可证有效期尚未届满的，经原取水审批机关同意可以保留取水许可证。

5.取水许可内容发生重大变化应依法重新开展水资源论证

《取水许可管理办法》第二十九条规定了一些应当重新提出取水申请的情形。

6.取水许可证有效期届满应及时办理延续取水手续

《取水许可和水资源费征收管理条例》规定，取水许可证有效期一般为5年，最长不超过10年。有效期满的，如需要延续，应在届满45日前向原审批机关提出申请。

（三）计划用水管理

1.取水计划申报

取水户应当在每年的12月31日前向取水审批机关报送其本年度的取水情况总结（表）和下一年度的取水计划。水力发电工程，应当报送其下一年度的发电计划。公共供水工程取水单位应当报送供水范围内年用水量在50万m^3以上的重要用水户下一年度用水需求计划。

取水情况总结主要包括四项内容：

（1）取水单位简况：包括单位全称、性质、法人、取水许可证有效期、主要产品及年产量、取水台账建立及登记管理等情况。

（2）取水工程基本情况：取水设施、取水水源、取水地点和取水（能力）规模；退水设施、退水方式、退水地点；水量、水位、水质等取水条件；取水工程变化情况等。

（3）上年度取用水总结：计量设施安装及运行情况、上年度取水计划执行情况、节约用水管理情况、废污水处理及退水情况、取退水影响、水资源费缴纳情况、存在问题和改进措施及建议。

(4)下年度取水计划:取水量及其年内分配,退水量及其年内分配,计量、节水及污水处理措施,取退水计划的合理性分析。

2. 取水计划审批

水行政主管部门应认真核查取水户上年度用水计划执行情况,在产品的用水水平符合国家和当地最新用水定额的前提下,在本区域年度用水计划限额内,于每年1月31日前向取水单位或个人下达本年度取水计划。

用水计划核定的原则是根据本行政区域年度用水总量控制指标、用水定额和用水单位的用水记录,统筹协调,综合平衡,适当留有余地。

3. 计划用水管理

取水户应当严格按照批准的年度取水计划取水,因扩大生产等特殊情况需要调整年度取水计划的,应当报经原取水审批机关同意。

(四)计量设施安装

1. 取水户必须安装计量设施

计量设施应当安装在取水口,并应做到以下两点:

(1)安装符合国家法律法规或者技术标准要求的计量设施。

(2)应当定期进行检定或者核准,保证计量设施正常使用和计量的准确、可靠。

利用闸坝等水工建筑物系数或者泵站开机时间、电表度数计算水量的,应当由具有相应资质的单位进行率定。

2. 接入取用水在线监控系统

安徽省规定,对新增的用水户、现有用水户年取地表水大于100万 m^3 或地下水大于30万 m^3 的取水计量纳入省级在线监测系统。取水户应当按照各级水行政主管部门对监控能力建设的部署和要求,将本单位的取退水信息接入水资源实时监测系统。

3. 落实管理责任

取水户对本单位计量设施有日常维护和管理责任,水行政主管部门及其委托的监管单位对管理权限范围内的取水户计量设施运行情况负有监管职责。

1)取水户责任

加强计量设施管理,做到管理机构、管理人员和管理责任落实;加强计量设施维护和厂区内监控设备管护,确保计量监控设施正常运行。

2)监管部门责任

定期核查本区域内用水户计量设施运行管理情况,鼓励用水户建立多级计量体系,计量设施不合格或者运行不正常的,应责令限期更换或者修复;对拒不安装计量设施、计量设施安装后擅自停止使用、计量设施不合格又拒不更换或者修复的,按有关规定予以处罚。

(五)水资源费征收

严格按照国家和省规定的征收对象、标准、范围和程序,及时足额征收水资源费。

1. 征收主体

水资源费的征收主体应是水行政主管部门,水行政主管部门二级单位,如水政执法机构、水资源管理办公室等不得发征费通知、开具票据等。

2. 缴纳数额的确定

按照取水口所在地水资源费征收标准和实际取水量确定,水力发电用水和火力发电贯流式冷却用水可以根据取水口所在地水资源费征收标准和实际发电量确定。也就是说,取水量按照取水口的实际取水量、发电量按照实际发电量确定水资源费的缴纳数额。

3. 水资源费征收标准

按照安徽省物价局、财政厅、水利厅最新文件规定的标准及时足额征收水资源费。2015 年的主要标准如下:

(1)地表水:淮河流域及合肥市、滁州市水资源费征收标准为 0.12 元/m^3,其他地区为 0.08 元/m^3。其中,水力发电用水水资源费征收标准为 0.003 元/kWh;贯流式火电为 0.001 元/kWh ,抽水蓄能电站发电循环用水量暂不征收水资源费。

(2)地下水:浅层地下水(井深 <50 m)水资源费征收标准为 0.15 元/m^3,中深层地下水(井深≥50 m)为 0.30 元/m^3。阜阳市地下水水资源费征收标准仍按皖价商〔2012〕77 号规定执行。地热水、矿泉水及其他经济价值较高水为 0.60 元/m^3。采矿疏干排水无计量设施的按照 0.20 元/t 计征水资源费,矿排水再利用的减半征收。

4. 落实惩罚性征收规定

(1)对于超计划或者超定额取水的,除水力发电、城市供水企业取水外,对超计划或者超定额取水实行累进收取水资源费。根据《安徽省实施〈水法〉办法》和皖价商〔2015〕66 号文件规定,对于取水量超出计划或定额 20% 以下的,超额部分加收 1 倍的水资源费;超出 20% 以上 50% 以下的,超额部分加收 2 倍的水资源费;超出 50% 以上的,超额部分加收 3 倍的水资源费。

(2)以下三种情况按照取水设施日最大取水能力计算取(退)水量,并征收水资源费:①未安装取(退)水计量设施的;②取(退)水计量设施不合格或者不能正常运行的;③取水单位或者个人拒不提供或者伪造取(退)水数据资料的。

5. 注意几个时间节点

一是水资源费按月征收;二是取水单位和个人应当自收到缴纳通知单之日起 7 日内办理缴款手续;三是取水户因特殊困难不能按期缴纳水资源费的,可以自收到水资源费缴纳通知单之日起 7 日内申请缓缴,发出缴纳通知单的水行政主管部门应当自收到缓缴申请之日起 5 个工作日内作出书面决定并通知申请人,期满未作决定的视为同意,缓缴期限最长不得超过 90 日。

(六)节约用水管理

1. 落实节水"三同时"制度

《水法》《中华人民共和国循环经济促进法》《安徽省节约用水条例》等有关法律法规对节水"三同时"制度有明确规定,要求新建、扩建、改建建设项目,应当制订节水措施方案,配套建设节水设施。节水设施应当与主体工程同时设计、同时施工、同时投产。

新建、改建、扩建项目,依法需要开展水资源论证的,在报审水资源论证报告书(表)

的同时，应同时报送节水措施方案；不必开展水资源论证的建设项目，也应制订节水措施方案报送审查备案。取水工程验收时，节水措施方案是否落实是验收的重要内容。

2. 开展水平衡测试

《取水许可管理办法》规定，取水单位或者个人应当根据国家技术标准对用水情况进行水平衡测试，改进用水工艺或者方法，提高水的重复利用率和再生水利用率。《安徽省人民政府关于实行最严格水资源管理制度的意见》也要求“建立健全水平衡测试制度。”

水平衡测试是用水效率评估的技术支撑，其成果主要运用在以下三个方面：

（1）在延续取水许可证时，以水平衡测试成果作为核实取水户用水水平的技术依据。《安徽省节约用水条例》第二十条规定，年用地表水达到 50 万 m^3 或者地下水 20 万 m^3 以上的用水单位，在产品结构、生产工艺发生变化或者申请延续取水许可证时，应当按照国家规定的方法和规程进行水平衡测试。

（2）作为定额管理的技术依据。取用水户应按照有关规定定期开展水平衡测试工作，检验用水效率与国家和地方最新发布的行业用水定额的符合性，对测试结果不符合用水定额或国家有关规定的，应及时制订整改方案，采取有效措施加以整改。《安徽省节约用水条例》第十五条规定，市、县人民政府城镇供水行政部门应当对年用水量在 50 万 m^3 以上的用水单位建立用水档案，根据用水定额安排用水量。

（3）作为节水技术改造的技术支撑。取用水户在开展节水诊断、用水效率评估时，以水平衡测试成果作为判断用水水平的技术依据。对用水效率达不到国家有关规定要求的，应该开展节水技术改造。

3. 用水定额管理

取水户从项目前期到建成后正常运行，定额管理贯穿始终，因此取用水监管也要针对不同阶段，做好相应时期的定额管理工作。

（1）水资源论证阶段：一是要根据项目生产规模、生产工艺、产品种类等选择先进的用水定额；二是报告书提出的项目年最大取水量不得超过根据项目设计规模和用水定额核算的取水量，否则论证报告书审查时不得通过；三是论证报告书的批复文件，一般应注明项目用水效率。

（2）取水许可审批阶段：一是批复文件核定的取水量不得高于论证报告书提出的取水量；二是换发证时，应按照最新实施的用水定额重新核定许可取水量。

（3）投产运行阶段：一是下达年度取水计划时，应根据最新实施的用水定额重新核定计划用水指标；二是用水效率低于最新发布的用水定额的应制订整改措施，开展节水技术改造；三是取用水符合最新用水定额要求是创建节水型企业（单位）的重要评价依据；四是实施超定额累进加价的依据。《安徽省节约用水条例》第二十五条规定，工业生产企业用水不符合行业用水定额、用水重复利用率的，应当进行整改。经整改，仍不达标的，核减其用水指标。

开展用水定额管理时应当注意以下几方面：

一是用水定额是随社会和科技的进步、国民经济的持续发展不断变化的，其中如工业、农业用水定额因科技进步和工艺改进而逐渐降低，生活用水定额随社会发展、生活水平的提高而呈现出提高的趋势，但达到一定程度后会保持相对稳定状态。

二是要针对新老用水户、不同行业的用水户合理确定用水定额的适应标准。通用用水定额一般以行业内 80% 以上企业达到为标准,先进用水定额一般以行业内 10% ~20% 以上企业达到为标准。因此,通用用水定额主要用于已建企业的取水许可审批或计划用水指标下达,先进用水定额主要用于新、改、扩建企业的水资源论证、取水许可审批以及已建企业的节水水平评价。属于国家确定的重点工业行业范围的企业,以及高档洗浴、洗车、高尔夫球场、人工滑雪场等特殊服务行业应以最先进的用水水平为标准。

4. 创建节水型企业(单位)

主要包括:指导、督促取用水户加强节约用水教育,开展节水技术改造,淘汰不符合节水标准的用水设备及产品,使用新工艺、新技术、新设备,提高用水效率;对擅自停止使用节水设施、取水计量设施的,要依法予以处罚。

(七)退水监督管理

1. 入河排污口设置审批手续应当齐备

《入河排污口监督管理办法》规定,自 2005 年 1 月 1 日起,未经水行政主管部门同意擅自设置的入河排污口,应立即责令其采取措施加以整改,依法完善入河排污口设置手续。

2. 退水地点、退水方式不得随意变更

对排放位置、排放方式等事项发生重大变化,或者扩大排污能力的入河排污口,应督促其按照有关规定重新履行入河排污口设置论证和审批手续。

3. 退水水量、水质应与批准的要求相符

应督促取水户每月监测一次退水水质,检查退水水质是否超标、退水总量是否严重异常,发现异常情况,应及时督促取水户整改并记录备案。

(八)用水户内部用水管理制度建设

1. 建立健全岗位责任制

取用水单位应明确取用水管理部门、人员和岗位职责,建立管理目标责任和考核机制。

2. 落实用水管理制度

加强取用水设施管理和维护,保证其正常运行,严防跑、冒、滴、漏。建立和完善取用水统计制度,建立用水台账,用水台账应详细记录各级计量设施取用水情况,月底对各级计量设施用水情况进行统计,结合企业生产报表分析用水效率和用水水平。

(九)规范监督管理

1. 落实监管责任

水行政主管部门要依法加强取用水监督管理,明确监管责任人,督促取用水单位及时办理和完善取水许可手续,对监管中发现的问题,及时督促限时整改。

2. 完善监管程序

进一步规范监管程序,委托下一级水行政主管部门监管的,应完备委托监管手续,明确委托监管的内容和时限。一般正常委托程序是,先征求下一级水行政主管部门意见,得到同意接受委托监管的回复后,正式委托取水许可监管工作,委托监管的时限以一个取水许可有效期为宜。

3. 定期开展测评

结合用水效率考核或日常监管，定期对所监管的取用水户的取用水情况开展测评工作，掌握取用水管理情况，分析存在的问题，指导取用水户提高用水管理水平。

安徽省取用水监管测评表参见表 14-1。

表 14-1　安徽省取用水监管测评表

序号	测评内容	分值	测评赋分说明
1	取水许可	15	
1.1	取水许可办理	5	依法办理取水许可的得 5 分，否则不得分
1.2	编制水资源论证报告书	5	按规定编制水资源论证报告书的得 0 分（2002 年以前的建设项目可不编制水资源论证报告书）
1.3	许可延续	5	按规定延续取水许可证的得 5 分，未按要求准备取水许可延续评估材料的扣 2 分，未延续许可证的得 0 分
2	计划用水	10	
2.1	取水计划申请	6	按规定申请取用水计划的得 6 分，否则不得分；需调整取水计划未向原取水审批部门申请的扣 3 分；超过规定时限申请的扣 2 分；公共供水工程取水单位应当报送供水范围内年用水量在 50 万 m^3 以上的重要用水户下一年度用水需求计划，少报一个扣 0.5 分，最多扣 3 分
2.2	年度取水情况总结	4	按照规定报送年度取用水总结的得 3 分，否则得 0 分
3	用水计量和在线监测	15	
3.1	计量设施	6	依法安装计量设施的得 6 分，否则不得分
3.2	在线监测	3	按照规定接入水行政主管部门取水监控系统的得 3 分，否则得 0 分
3.3	运行状况	6	计量设施运行情况正常的得 6 分，年运行时间低于 80% 的得 5 分；低于 50% 的得 2 分；低于 30% 的不得分；出现停运、空运和其他异常情况，未明确记录的，每发现一次扣 1 分，直至扣完；计量监测与用水台账不一致的扣 4 分
4	用水管理	25	
4.1	管理责任落实情况	3	将用水管理落实到部门和具体人员的得 3 分，否则得 0 分
4.2	管理制度建立情况	4	取用水管理制度健全，并将用水管理方面的规章和制度纳入企业内部绩效考核的得 4 分，具体按照好、较好、一般、较差和未建立等 5 个等次赋分，分别对应 4 分、3 分、2 分、1 分、0 分
4.3	用水定额管理	3	主要产品用水水平符合本行业水平和安徽省行业用水定额要求的得 3 分，否则得 0 分

续表 14-1

序号	测评内容	分值	测评赋分说明
4.4	用水台账	5	按照取用水情况适时记录、日台账、月台账和未建立4个等次赋分，分别对应5分、4分、2分、0分
4.5	水平衡测试	5	取水许可证有效期内开展了水平衡测试工作的得5分，否则不得分
4.6	取用水档案管理	5	取用水档案齐备，管理规范，具体按照好、较好、一般、较差和未建立等5个等次赋分，分别对应5分、4分、3分、1分、0分
5	水资源有偿使用	20	
5.1	水资源费缴纳	20	按照规定及时、足额缴纳水资源费的得20分，未及时缴纳的扣5分，未严格执行水资源费征收标准的扣10分，未缴纳的得0分
6	退水监督管理	15	
6.1	依法设置入河排污口	5	依法设置入河排污口的得5分，否则不得分
6.2	达标排放	5	达标排放的得5分，否则不得分
6.3	退水监测	5	按照要求每月监测退水的得5分，具体赋分公式为：实测次数÷应测次数×12
7	加分项	10	
7.1	多级计量体系	5	建立了多级计量体系
7.2	创建节水型企业（单位）	5	取水许可证有效期内积极创建节水型企业（单位），并被省级以上部门命名的

第四节　取用水监控系统建设

一、取水监控能力建设的内容和目标

国务院《关于实行最严格水资源管理制度的意见》要求"健全水资源监控体系。抓紧制定水资源监测、用水计量与统计等管理办法，健全相关技术标准体系。加强省界等重要控制断面、水功能区和地下水的水质水量监测能力建设"，"加强取水、排水、入河湖排污口计量监控设施建设，加快建设国家水资源管理系统，逐步建立中央、流域和地方水资源监控管理平台，加快应急机动监测能力建设，全面提高监控、预警和管理能力。"

2012年，水利部、财政部联合印发了《国家水资源监控能力建设项目实施方案（2012—2014年）》，其中明确提出计划用3年时间建设14 000个国家级水资源监测点，实现对70%以上的取水许可水量、80%的重要水功能区等进行监测，建成包括中央级七大流域、32个省级平台在内的国家水资源监控管理统一信息平台。

全面实行最严格的水资源管理制度，必须加强水资源监控设施建设，实时掌握来水、

取水、用水和排水动态，保证第一手信息的准确性、科学性和精细化，为最严格水资源管理制度考核提供手段和依据。然而，目前我国水资源管理基础设施薄弱，监控手段缺乏，管理调度方式落后，对取用水户未实现有效监控，难以考核用水总量和用水效率，难以适应最严格水资源管理制度的工作要求。

《国家水资源监控能力建设项目实施方案（2012—2014 年）》的总体目标是：自 2012 年起用 3 年时间完成近期建设，基本建立与用水总量控制、用水效率控制和水功能区限制纳污相适应的重要取水户、重要水功能区和主要省界断面三大监控体系，基本建立国家水资源管理系统框架，初步具备与实行最严格水资源管理制度相适应的水资源监控能力。其中，关于取用水监控项目建设的具体目标是：到 2015 年，基本建成取用水监控体系，对占全部颁证取用水总量的 70% 以上的重点用水大户实现监测（主要包括地表取水年许可取水量在 300 万 m^3 以上的集中取用水大户、地下取水年许可取水量在 50 万 m^3 以上的集中取用水大户，部分在敏感水域取水的取水户或其他特别重要的取水户）；基本建立水资源管理系统框架，实现中央、流域和省、直辖市、自治区水资源管理过程核心信息的互联互通和主要水资源管理业务的在线处理，为实行最严格水资源管理制度提供技术支撑。

监控能力建设项目主要致力于完善以流域为单位、以省（自治区、直辖市）为考核对象的水资源管理所需数据的获取、加强监控的手段、全面提高国家层面的水资源监管能力，形成满足最严格水资源管理制度管理需要的监测、计量、信息管理能力。建设内容以国家级水资源监控基本点（站）的在线监测与传输能力建设和中央、流域、省三级监控管理信息平台建设为重点，构建包括针对 8 558 个规模以上取用水、4 493 个重要水功能区、737 个省界断面和重要控制断面等国控监测点组成的国家水量水质在线监测数据采集传输网络；构建包括 1 个中央平台、7 个流域平台和 32 个省级平台（含 31 个省（自治区、直辖市）和新疆生产建设兵团）组成的国家水资源监控管理平台。

监控能力建设项目的总体框架由六个层面、两大保障体系、五类服务对象共同构成，其中六个层面包括信息采集传输、计算机网络、数据资源、应用支撑、业务应用和应用交互；两大保障体系包括信息安全体系和标准规范体系；五类服务对象包括水行政主管部门、科研规划设计中介机构、社会公众、管理对象和政府相关职能部门等。

监控能力建设项目实施有利于强化对最严格水资源制度执行情况的监督考核，提高我国水资源科学、合理利用水平，充分发挥水资源价值，为社会经济发展服务；有利于大幅提高日常业务管理工作的效率，提高信息资源利用率，降低管理成本；有利于加强水环境治理和生态环境良性发展技术支撑能力；有利于提升管理调控和应急处置能力；有利于增加水资源费的征收力度，加强各地水资源费的征收力度，提高水资源费的征收比例，促进水资源费的足额征收；有利于推进水资源国家控制监测点标准化建设；有利于促进资源共享，避免重复建设。

二、取水监控系统建设

取水实时监控系统是水资源监控设施建设的重要组成部分，是提高水资源管理水平和管理效率的重要基础，也是水利信息化建设的重要内容之一。建设取水实时监控系统，不仅可以提高水资源管理水平、降低行政成本，而且对于水资源节约利用，科学用水和减

少污水排放等工作都有十分重要的意义;同时也为水资源费的征收提供可靠而又准确的数据,给水资源管理工作带来很大便利。目前,全国各地正按有关要求有序开展该项工作,大多以项目和试点的方式积极推进。

取水实时监控系统是一种动态的远程信息传输网络集成系统,主要由设备硬件和系统软件组成,通过专用的线路,并借助互联网技术,达到对取水口取水状态信息的实时监控目的。现阶段,承接开发的公司很多,性能差别很大,水平参差不齐,有的是功能单一的取水设备运行监视系统,有的是功能完备的监视和控制集成系统。这些系统在原理上大同小异,只是在取水计量的传感器方面和系统管理平台的性能上有所不同。

取水计量实时监控系统简介(应用案例)

——××技术开发有限公司

该系统适用于水务部门对地下水、地表水的水量、水位和水质进行监测,有助于水行政主管部门掌握本区域水资源现状、水资源使用情况、加强水资源费收缴力度、实现对水资源正确评价,合理调度及有效控制的目的。

(一)系统目标

该系统适用于水行政主管部门对地下水、地表水的水量、水位和水质进行监测,有助于水行政主管部门掌握本区域水资源现状、水资源使用情况,加强水资源费征收力度,实现对水资源正确评价、合理调度及有效控制的目的。

(二)系统组成

◆ 监控中心:

主要硬件:服务器、数据专线、路由器等。

主要软件:操作系统软件、数据库软件、水资源实时监控与管理系统软件、防火墙软件。

◆ 通信网络:中国移动公司 GPRS 无线网络。

◆ 终端设备:水资源测控终端、无线抄表器。

◆ 测量设备:水表、流量计、水位计、雨量计、水质计等。

(三)系统拓扑图

取水计量实时监控系统拓扑图见图 14-1。

(四)系统功能

◆ 该系统由多个子系统组成,可分别并入水资源信息化管理系统。

◆ 系统功能模块化设计,满足不同客户需求。

◆ 中心监控与管理软件采用 B/S 结构,支持局域网和 Internet 网上浏览、操作。

◆ 操作者级别不同,系统授予的权限不同。

◆ 被授权用户可在网络上查询水量、水质、设备状态、供电状态等数据。

◆ 系统支持远程控制禁止/允许用水户取水。

◆ 系统支持自动控制禁止/允许用水户取水。

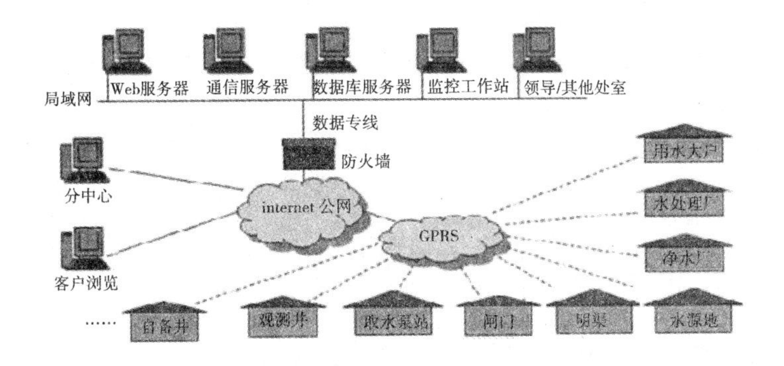

图 14-1　取水计量实时监控系统拓扑图

◆ 兼容其他厂家测控终端。

◆ 系统支持主动问询和主动上报方式，上报时间间隔可设置。

◆ 系统支持省、市（区）、县三级管理模式。

◆ 中心数据库可存储所有监测数据、报警数据、操作数据。

◆ 系统支持设备管理、收费管理、设备参数远程设置。

◆ 系统支持 GIS（地理信息系统）。

◆ 系统支持 IC 卡售水和远程充值。

◆ 系统预留与其他系统的数据接口。

◆ 系统支持监测数据、报警数据、操作数据的记录、统计、分析、对比、输出、打印。

◆ 系统支持生成历史数据曲线。

◆ 测控终端支持多个监控中心监测。

◆ 系统采用 GPRS 无线通信方式，支持其他通信方式。

◆ 系统支持 UDP、TCP/IP 通信协议。

◆ 系统软件支持不同厂家生产的测控终端。

◆ 测控终端支持不同厂家生产的脉冲水表、流量计、水质计、水位计等计量测量设备。

◆ 测控终端具备现场数据采集、数据存储、数据显示、远程告警等功能。

◆ 测控终端具备自动控制/远程控制用水单位禁止/允许取水功能。

◆ 测控终端支持远程维护。

（五）系统特点

◆稳定可靠：该系统专门为水行政主管部门设计，专业性强，已批量使用，具有很高的可靠性。

◆ 技术先进：该系统集计算机技术、软件技术、IC 卡技术、GPRS 通信技术、测控技术、计量技术于一体，国内处于先进水平。

◆ 实用性强：水行政主管部门可实时掌控本地区水资源状况，加强水资源费收缴力度，合理调度使用水资源。

◆ 灵活性好：针对不同的需求选择软件功能模块、测控终端、计量测量设备。

(六)终端选用

◆ 远程监控自备井、取水泵站时,根据所监测内容选配水资源测控终端;新建取水点推荐使用智能水泵启动柜。

◆ 只监测水位、水质,现场有供电条件,选用水资源测控终端;无供电条件,加装太阳能电池板和蓄电池,或采用电池供电无线抄表器。

◆ 只读取流量信息,数据上报频率要求高时选用水资源测控终端;上报频率要求不高时选用电池供电无线抄表器。

(七)计量测量设备选用

◆ 根据需要测量内容和投资计划选用计量、测量设备。

◆ 信号输出建议使用:串口、脉冲、4~20 mA 标准型号。

◆ 现场无供电条件时,建议选用电池供电计量、测量设备。

第十五章　水资源统计与公报

第一节　统计基本知识

一、基本概念

统计是通过搜索、整理、分析数据等手段，以达到推断所测对象的本质，甚至预测对象未来的一门综合性科学。它用到了大量的数学及其他学科的专业知识，它的使用范围几乎覆盖了社会科学和自然科学的各个领域。因此，通常将统计定义为一种对客观现象总体数量方面进行数据的收集、整理、分析的研究活动。统计有三个常用概念：统计工作、统计资料、统计学。

专门从事统计业务工作的单位利用科学的方法收集、整理、分析和提供关于社会经济现象数量资料的工作，称为统计工作。

通过统计工作取得的、用来反映社会经济现象的资料，包括数据资料和统计分析资料，称为统计资料。

研究如何对统计资料进行收集、整理和分析的理论与方法的学科，称为统计学。统计学的门类很多，有社会经济统计学、数理统计学和自然领域方面的统计学（如生物统计学、气象统计学等）。

二、统计的基本方法

统计方法是指有关收集、整理、分析和解释统计数据，并对其所反映的问题做出一定结论的方法。一般按照资料分类有定量统计、定性统计和等级统计，水资源统计主要采用定量统计。

统计的基础是调查，要做好某项统计工作的调查，首先要做好调查方案。一个完整的调查方案主要包括：确定调查目的，明确调查对象和调查单位，确定调查项目，选择调查方式方法，规定调查地点、时间及调查的具体措施。

（一）调查目的

调查目的要符合客观实际，是任何一套方案首先要明确的问题，是行动的指南。

（二）调查对象和调查单位

调查对象即总体，调查单位即总体中的个体。

（三）调查项目

调查项目指对调查单位所要登记的内容。确定调查项目要注意以下三个问题：

（1）调查项目的含义必须要明确，不能含糊不清。

（2）设计调查项目时，既要考虑调查任务的需要，又要考虑是否能够取得答案，必要的内容不能遗漏,不必要的或不可能得到的资料不要列入调查项目中。

(3)调查项目应尽可能做到项目之间相互关联,使取得资料相互对照,以便了解现象发生变化的原因、条件和后果,便于检查答案的准确性。

(四)调查表

调查表指将调查项目按一定的顺序所排列的一种表格形式。调查表一般分为单一表和一览表。一览表是把许多单位的项目放在一个表格中,它适用于调查项目不多时;单一表是在一个表格中只登记一个单位的内容。

(五)调查方式和方法

调查的方式有普查、重点调查、典型调查、抽样调查、统计报表制度等。具体收集统计资料的调查方法有访问法、观察法、报告法等。

(1)访问法:是根据被询问者的答复来收集资料的方法。主要包括口头询问法、开调查会法、被调查者自填法。

(2)观察法:是由调查人员亲自到现场对调查对象进行观察和计量以取得资料的一种调查方法。

(3)报告法:是报告单位以各种原始记录和核算资料为依据,向有关单位提供统计资料的方法,如统计报表。

(六)调查地点和调查时间

调查地点是指确定登记资料的地点。调查时间是指涉及调查的标准时间和调查期限。

(七)组织计划

组织计划是指确保实施调查的具体工作计划。

(八)统计整理

统计整理是统计研究的必要环节,在整个统计工作中占有重要的地位。统计整理是分析的前提,统计整理的质量直接影响统计分析的质量。统计整理也是统计调查的继续,它是对个体实际表现的认识到过渡到总体的数量表现的认识,它是从对现象的感知认识过渡到对事物规律性认识的开始,并为此提供坚实的基础。统计整理是两个阶段的连接点,在整个统计研究过程中起到承前启后的作用。

三、重点调查与典型调查

(一)重点调查

重点调查是在调查对象中选择一部分重点单位进行的一种非全面调查。这些重点单位虽然数目不多,但它们的标志总量在总体总量中却占据了绝大部分。因此,当调查的任务只要求掌握事物的基本状况与基本趋势,而不要求掌握全面的准确资料,而且在总体中确实存在着重点单位时,进行重点调查是比较适宜的。

重点调查的组织形式有两种:一种是专门组织的一次性调查;另一种是利用定期统计报表经常性地对一些重点单位调查。

(二)典型调查

典型调查是一种非全面的专门调查,它是根据调查的目的与要求,在对被调查对象进

行全面分析的基础上,有意识地选择若干具有典型意义的或有代表性的单位进行的调查。其主要作用是:第一,补充全面调查的不足;第二,在一定的条件下可以验证全面调查数据的真实性。典型调查同其他调查方法比较,具有灵活机动,通过少数典型即可取得深入、翔实的统计资料的优点。但是,这种调查由于受"有意识地选择若干具有典型意义的或有代表性"的限制,在很大程度上受人们主观认识上的影响,因此必须同其他调查方法结合起来使用,才能避免出现主观片面性,即典型调查是从众多的调查研究对象中,有意识地选择若干个具有代表性的典型单位进行深入、周密、系统的调查研究。

(三)重点调查和典型调查的区别与联系

重点调查和典型调查都是非全面调查,主要区别是选择对象的标准不同。

典型调查选典型,重点调查选重点;调查的主要目的不同,典型调查目的是认识事物的本质和规律,属定性调查;重点调查大多可以进行定量调查。

重点调查是在调查对象范围内选择部分重点调查单位收集统计资料的非全面调查。这种统计的标志值在总体中占有很大的比重。

典型调查就是在调查对象中有意识地选择若干具有典型意义或者代表的单位进行非全面调查。

第二节 水资源管理统计

水资源管理统计涉及的内容较多,如取水许可、计划用水、水资源保护、节约用水、水务管理、地下水管理与保护、水生态建设等。为加强水资源管理信息统计工作,加快推进落实最严格水资源管理制度,本着精简高效、科学准确的原则,水利部将原《水资源管理年报》《水务管理年报》和《地下水通报》等水资源统计信息统一纳入新版《水资源管理年报》,并增加了最严格水资源管理制度实施、节水管理、水资源保护、各类试点建设和能力建设等方面内容,全面反映全国及各地水资源管理、节约和保护情况。

一、水资源管理年报报表的统计与填报

《水资源管理年报》从统计填报的内容上分为总量控制制度落实情况、用水效率控制制度落实情况、水功能区纳污限制制度落实情况、水务管理、监控能力建设、人员队伍建设和大事记七部分。

(一)总量控制制度落实情况统计

1.水量分配工作情况统计

主要统计流域和行政区内对河、湖的水量分配工作开展情况,如××河(湖)水量分配方案,是何年编制的,分配的对象是谁(行政区,还是河道控制断面),是由谁批准的,批准的水量如何等。如已开展的《安徽省中西部重点区域淠史杭灌区水量分配方案》和正在开展的《淮河干流蚌埠闸上水量分配方案》等。没有批准实施的,不填写批准机构、组织实施机构和实施情况(具体参见水利部办公厅印发的《水资源管理年报编制技术大纲》表1,简称年报表1,见本节后附件,下同)。

2. 关于水资源调度工作开展情况的统计

水资源调度工作开展情况的统计主要是统计已开展或正在开展的水资源调度工作情况，了解各地对河湖、水库、闸坝等水源工程调度方案的编制与实施情况。如××市编制了《××水库调度运行办法》《××引水调度运行方案》等，有多少填多少，但必须写清楚"调度方案"的名称、批准机构、实施机构，涉及的行政区名称、计划用水指标、主要控制断面流量（包括计划量和实际量，见年报表2）。

3. 水资源论证工作情况统计

一是统计各地当年本行政区、本机关审查多少报告书（表）、共多少水量（是河道内还是河道外，是地表水还是地下水、中水等）；审查的报告书（表）通过的多少，没有通过的多少。

同时，为严格水资源管理，要求水资源论证统计部分由各级水行政部门逐级统计填写，审查多少统计多少，逐个填报，要标明项目的行业类别、取水用途、项目（业主）提出的需水量、论证核定的水量、核减的水量、取水地点、项目提出的退（排）水量、论证核减的退（排）水量、审查机关和审查通过情况（通过，还是没有通过），同时，还要逐一填写每个报告书（表）的编制单位名称、资质证书号、是否独立编写，合作编写的还要填写合作单位的名称。

二是对各地开展的规划水资源论证情况的统计，包括规划水资源论证的数量、通过审查的数量。

三是对建设项目水资源论证后评估情况进行统计。主要统计建设项目水资源论证后评估开展的数量等。

具体统计填报内容见年报表3、表4。

4. 取水许可统计

1）取水许可审批与发放统计

取水许可审批与发放统计主要是统计当年审批和发放的取水许可证情况，由各级审批机关共同填写，批多少填写多少，逐个取水户填写。要写清楚取水户名称、审批机关、取水许可类型（分为新批未发、新发、变更、延续）、许可水量；取水水量还要按照水源类型（地表水、地下水、其他）、取水用途（自来水、生活自备、工业、农业、其他等；工业中，直流火电还要单独填出）分别填写；取水地点应写清楚取水口地址、水源名称、所属水功能区、所属水资源二级区。具体填写栏目见年报表5。

2）取水许可证注销/吊销情况的统计

取水许可证注销/吊销情况的统计与取水许可审批和发放统计内容相同（见年报表6），只是增加了"注销/吊销的主要原因"。注销的主要原因是指取水单位（或个人）自然消亡、在工商（或税务）部门正常注销、连续停止取水满2年，以及由于改（扩）建或取（退）水变更等事项新发了取水许可证而注销原取水许可证的情况。

吊销取水许可证的原因主要指有违法行为、违反审批机关取水规定或取水计量设施安装及运行不符合要求而吊销的取水许可证情况。

3）年终保有有效取水许可证情况的统计

年终保有有效取水许可证情况的统计主要是反映截至当年年底累计保有的有效取水

许可证及实施监督管理的取水许可的取水许可证情况。分流域、省、市、县（市、区）四级填写。如县级，××县水利（水务）局只需要填写其县审批的取水许可年终有效保有量，受委托监管的应由审批发证机关负责填写。

该统计反映的是总量，分河道内和河道外，从取水水源上分地表水、地下水和其他水源；从用途上，分为自来水、自备生活、工业自备、农业、其他等。统计的重点在河道外部分，按水源与按用途的分类总量是相等的。如按水源分有6 000个证、许可水量95亿 m^3，那么按用途分类的许可证也应是6 000个证，取水许可总量也应为95亿 m^3。这就要求在填写取水许可登记表时，要严谨、认真，不得缺项和漏填，取水用途要标注清楚，分类合理。具体统计内容内年报表7。

其他水源是指再生水（中水）、矿坑排水、矿井疏干水、微咸水、苦咸水、咸淡水等非常规水源。

5. 取水计划统计

水利部《取水许可管理办法》第三十五条规定：取水单位或个人应当在每年的12月31日前向取水审批机关报送其本年度的取水情况总结（表）和下一年度的取水计划建议（表）。因此，水资源管理年报中的“取水计划统计”是指取水许可范围内的计划用水管理，发多少证、多少水量，有多少取水许可的证、水量实行了取水计划管理。关键是要分类（自来水、生活自备、工业自备、农业、其他）统计，见年报表8。填报时应注意以下几点：

（1）计划取水量和实际取水量中，各项用途下的取水量不应重复统计。

（2）计划取水量指取水审批机关下达给取水户的年度计划的取水量。实际取水量指取水户年度实际取用的水量。

（3）河道外用水是指通过提、蓄、引等不同方式而利用的河水，在河道以外的各种用水，如工业用水、农业用水和城市生活用水等。

河道内用水指河道内水资源的利用，通常指水电、水运、渔业、旅游、冲沙及生态环境用水等。

①“河道外用水取水户取水量——自来水”指取自“自来水企业”取水户的取水量。

②“河道外用水取水户取水量——生活自备水”指取自“自备水源的生活取水户”的取水量。为便于统计，安徽省统一将乡（镇）村以居民生活供水为主的集中供水均列为“生活自备水”。

③“河道外用水取水户取水量——工业自备水”指除水力发电和自来水外的取自自备水源的全部工业（包括火电、核电）取水户的取水量，但直流火电必须单独列出。

④“河道外用水取水户取水量——农业”包括农田灌溉、林果灌溉、牧草灌溉、鱼塘补水等取水户的取水量。

⑤“河道外用水取水户取水量——其他”包括城镇环境用水和城乡河湖生态补水取水户及其他用途取水户的取水量。

6. 用水计量统计

用水计量统计主要是统计纳入取水许可管理的自来水、生活自备、工业用水、农业用水、其他用水的用水户计量设施安装情况，以持有取水许可证的用户为单位进行统计。如××县共有28家工业企业办理了取水许可证，26家安装了计量设施，则工业计量设施安装到位率为92.85%。其他类同,见年报表9。

××县计量设施安装到位率=安装计量设施的户数/取水许可总户数

7. 水资源费征收和使用统计

水资源费征收和使用的统计是比较简单的,主要统计一年收了多少钱,开支了多少,主要用于哪些方面,每个方面用了多少。在填写“水资源费征收和使用统计表”时,关键注意以下几点。

1)水资源费征收

水资源费征收统计的难点是要分类统计。关键在于平时统计,要做到收一笔,统计一笔,做好收费台账建设(见表15-1)。

表15-1　××县水资源费征收情况统计表(台账表)

取水户名称	按取水用途分类							按取水水源分类			合计	收费日期(年-月-日)
	自来水	自备水		农业	火电	水力发电	其他	地表水	地下水	其他		
		生活	工业(不含火电)									
1												
2												
3												
⋮												
合计												

2)水资源费使用

水资源费使用包括管理、基础工作、水资源保护、节约用水、开发利用和其他,要认真理解每项的意义。

(1)管理:包括行政、事业费等。

(2)基础工作:包括取水许可的监督实施,水资源调查评价、规划和调度,水量分配及水资源相关标准制定,水资源管理信息系统建设和水资源信息采集与发布,节约、保护水资源的宣传和奖励等。

(3)水资源保护:包括江河湖库及水源地保护和管理、水资源应急事件处置工作补助等。

(4)节约用水:包括节约用水的政策法规、标准体系建设以及科研、新技术和产品开发推广,节水示范项目和推广应用试点工程的拨款补助和贷款贴息等。

(5)开发利用:包括水资源的合理开发利用等。

3)上交中央财政数

按照财政部、国家发改委、水利部颁发的《水资源费征收使用管理办法》的规定,县级以上地方水行政主管部门征收的水资源费,按照1∶9的比例分别上缴中央和地方财政。因此,此部分主要是统计地方上缴中央的水资源费是多少,是否达到10%,具体内容见年报表10。

（二）用水效率控制制度落实情况统计

1. 主要行业用水定额统计

行业用水定额统计部分由省级负责（见年报表11），主要根据本辖区公布的部分行业用水定额情况填写，如《安徽省行业用水定额》（DB 34/T—2007），并注意以下几点：

（1）“火力发电”不计直流冷却用水。

（2）“钢铁”指普通钢生产用水定额。

（3）“宾馆”中：中档宾馆是指二、三星级宾馆，高档宾馆是指四、五星级及以上星级宾馆。

（4）“其他”指未指定列入统计的区域内主要用水产品和服务的用水定额，可根据实际行业用水状况填写，仅做内部统计。

2.（城市供水管网）计划用水管理情况统计

（城市供水管网）计划用水管理情况统计主要统计县城及以上城市公共供水管网内计划用水情况，具体由市、县（市、区）统计，逐级汇总上报，不得重复统计。例如，若池州市统计了市自来水公司，则贵池区不要再统计；若贵池区统计，则池州市不要统计。具体统计内容见年报表12，并请注意以下几点。

1）计划用水户数

计划用水户数是指列入公共供水管网的计划用水管理的用水户总数，是节水管理的要求。如××市规定，年用水量50万m^3以上的用水户列入重点监督管理对象，要求实行计划用水管理。如合肥市节水办对主要企业、机关单位等实行计划用水管理，并实行超计划加价制度。

2）统计的主要指标

（1）计划用水覆盖率：指纳入公共供水管网的计划用水的用水户的实际用水量与该公共供水管网供水量之间的比值。

（2）超计划用水户数：指实际用水量超过用水计划指标的用水户总个数。

（3）超计划收费总额：指对超计划用水户按规定加价收费部分的金额总数。

3. 节水改造工程建设统计

节水工程建设统计涉及面较广，包括工业、农业和城镇生活等，同时同一行业还涉及不同部门等，建议工业、城镇生活和服务业节水技术改造工程建设情况部分由地方水行政主管部门商同级工业、城建等部门，收集相关资料后填写；农业由水利、农林等部门填写。“节水资金投入”的统计，主要是指政府财政资金的投入，不含企业、个人等投入。因此，也可从财政、发改部门直接获得。具体统计内容见年报表13，并请认真理解以下几个指标：

（1）有效灌溉面积：指灌溉工程设施基本配套，有一定水源，土地较平整，一般年景下可进行正常灌溉的耕地面积。在一般情况下，有效灌溉面积应等于灌溉工程或设备已经配备，能够进行正常灌溉的农田面积。

（2）节水灌溉面积：按《节水灌溉工程技术规范》（GB/T 50363—2006）规定的节水灌溉面积统计，其中节水灌溉工程面积或节水灌溉措施面积不得重复统计。

（3）工业用水重复利用率：指工业用水重复利用的水量占工业总用水量的比率，计算

公式为

工业用水重复利用率 =（工业用水重复利用量/工业总用水量）×100%

工业总用水量不含火电直流冷却用水。

（4）节水器具：是指《节水型产品通用技术条件》（GB/T 18870—2011）中规定的用水产品或器具。

4. 节水载体建设情况统计

节水载体建设是由开展节水型社会引申而来的，建设节水型社会由社会的各组成部分来支撑，包括工业节水、农业节水、生活节水等，如工业节水又是由各个工矿企业来完成的。因此，节水的载体是指某个或某些企业、机关、农场、社区、学校等。具体统计内容见年报表 14。

（1）节水型载体统计范围包括各地由水行政主管部门评定或参与评定的，并已经批复建成的节水载体建设情况。

（2）节水型单位不分企业、机关和学校的只填合计。

5. 城市（含县城）非常规水源开发统计

非常规水源开发通常是指污水处理回用、雨水收集利用、苦咸水利用、海水利用、矿井疏干排水利用等。非常规水源的用途主要包括地下水补充水源、工业用水、农林牧业用水、城市非饮用水、景观环境用水。

（1）污水处理回用量包括三部分：

①经污水处理厂处理后，水质符合水利行业标准《再生水水质标准》（SL 368—2006），并直接用于生态环境补水和农业灌溉的水量，不包括污水处理厂出水排入河道后，由下游间接引用的水量；

②再生水厂出水，水质符合水利行业标准《再生水水质标准》（SL 368—2006），并直接用于地下水补充水源、工业用水、农林牧业用水、城市非饮用水、景观环境用水的水量；

③通过专用供水管线将污水处理厂出水引入用水企业，由用水企业进行深度处理后使用的水。

（2）雨水收集利用量是指城区收集、滞蓄、处理利用的雨水量。

（3）苦咸水利用是指利用的微咸水、咸水、苦咸水和咸淡水等。

这部分统计，自下而上，不得重复统计。具体见年报表 15。

6. 城市（含县城）排水情况统计

城市（含县城）排水情况统计主要调查统计内容包括排水总量、污水处理量以及城市污水管理网建设等情况，应分城市（含县城）填写，并与城市计划用水统计一样，不要重复填写（见年报表 16）。几个重点统计指标说明如下：

（1）年用水总量：指城市的居民生活用水量、工业用水量和城市综合生活用水量（第三产业用水量）之和。填写该指标主要是为排水量复核和计算的，城市用水总量便于计量统计。

（2）年废污水排放总量：指生活污水、工业废水的排放总量，包括从排水管道和排水沟（渠）排出的污水量。按每条管道、沟（渠）排放口实际观测的日平均流量与报告期日历日数的乘积计算；如无观测值，可按当地供水总量乘以污水排放系数确定，系数取值建议：

城市污水为0.7～0.8，城市综合生活污水为0.8～0.9，城市工业废水为0.7～0.9。

(3)污水处理厂：指采用各种物理、化学、生物的处理方法对进入污水收集系统的污水进行净化处理，使污水水质达到《城镇污水处理厂污染物排放标准》(GB 18918—2002)要求的工厂，污水处理厂处理深度可分为一级、二级、三级或深度处理。

(4)污水处理厂的处理能力：指已建成的污水处理厂设计日处理污水量的能力。

(5)年污水处理总量：指污水处理厂实际处理的污水量，包括物理处理量、生物处理量和化学处理量。

(6)污水处理率：指年污水处理总量与年污水排放总量的比率，计算公式为

$$污水处理率=(年污水处理总量/年污水排放总量)\times 100\%$$

(7)排水管道长度：指所有排水总管、干管、支管、检查井及连接井进出口等长度之和。计算时应按单管计算，即在同一条街道上如有两条或两条以上并排的排水管道，则应按每条排水管道的长度累加计算。

7. 城市(含县城)污水处理回用统计

统计此部分水量，主要掌握各地污水处理回用情况，要求按照使用对象分别统计。具体统计内容见年报表17。

(1)地下水补充量是指用于补充地下水(水源补给、防止海水入侵、防止地面沉降)的再生水量。

(2)工业回用量是指用于冷却(直流式、循环式)、洗涤(冲渣、冲灰、消烟除尘、清洗)、锅炉(中压、低压)、工艺产品用水等再生水。

(3)农林牧业回用量是指用于农业(粮食作物、经济作物的灌溉、种植与育苗)、林业(林木、观赏植物的灌溉、种植与育苗)、牧业(家畜、家禽用水)等污水处理回用量。

(4)城市非饮用水是指用于园林绿化、冲厕、街道清扫、消防、车辆冲洗、建筑施工用水等污水处理回用量。

(5)景观环境用水指用于娱乐性景观环境(娱乐性景观河道、景观湖泊及水景)、观赏性景观环境(娱乐性景观河道、景观湖泊及水景)、湿地环境(恢复自然湿地、营造人工湿地)用水等污水处理回用量，污水处理厂直接排放的出水，若不是用作补充景观用水，或水质标准未达到《再生水水质标准》(SL 368—2006)规定的，不算作景观环境用水。

(6)再生水管道长度是指输送再生水的管道长度，为总管、干管、支管长度之和，包括集中输送给用户的管道和某些工业企业自建的深度处理设施连接管道。

(7)再生水厂是指出厂水质符合《再生水水质标准》(SL 368—2006)规定，能够满足不同用户水质需求的处理厂，包括：①以生活污水为水源，包含深度处理工艺，出水符合《再生水水质标准》(SL 368—2006)规定的污水处理厂；②以污水处理厂出水为水源，进行深度处理的再生水厂；③工业企业内自建的，出水符合《再生水水质标准》(SL 368—2006)规定的小型污水处理厂或污水处理回用工程。

(8)污水处理回用率指统计年度内年污水回用量与年污水处理总量的比率，计算公式为

$$污水处理回用率=(年污水处理回用量/年污水处理总量)\times 100\%$$

（三）水功能区纳污限制制度落实情况

1. 水源地安全达标建设情况统计

水源地安全达标建设情况统计主要是为了掌握各地水源地达标建设情况，强化水源地保护，保障饮水安全（见年报表18）。在统计时，请务必注意以下几点：

（1）水源地名称应填写全称，不得简化。

（2）水源地类型按照河道型、湖泊水库型、地下水、其他四种类型填写。

（3）水源地归属行政区是指水源地归口管理的地方人民政府名称，最小统计为县（市、区）。

（4）设计年供水能力是指该水源地设计最大供水量（取水厂的最大设计取水量），应大于或等于实际供水量。

（5）当年供水量是填该年度的实际供水量。

（6）使用状态按照在用、备用两种填写。

（7）取水口水质类别中，地表水饮用水水源地取水口供水水质参见《地表水环境质量标准》（GB 3838—2002）水质标准（按基本项目和补充项目评价）；地下水饮用水水源地供水水质参见《地下水质量标准》（GB/T 14848—1993）。评价方法参照《地表水资源质量评价技术规程》（SL 395—2007）。如水源地有多个取水口，则分别写出取水量最大的2个取水口水质类别结果。

（8）全国重要饮用水水源地是指水利部公布的重要水源地，属于全国重要水源的，填“是”，否则不填。

（9）保护区内入河排污口或污染源数量，要分别统计一级保护区和二级保护区内入河排污口或污染源的数量。

（10）此部分重点统计全国重要饮用水水源地名录内的水源地和供水人口超过20万的城市（县城）集中式供水水源地情况。

2. 入河排污口监督管理统计

入河排污口统计主要统计本辖区内排放量300 m^3/d或10万 m^3/年及以上规模的入河排污口（包含独立于城镇之外的工业园区排污口、企业排污口、城镇范围外的规模以上排污口）管理工作进展情况。排污口登记的统计口径与水利普查工作中的统计口径相一致。在统计时，必须清楚“入河排污口”的内涵，否则容易出错。

其次，“整治排污口数”包括经产业结构调整、企业废水深度处理、入城镇污水管网集中处理、改道排放、截污后集中远距离输送、污水处理后回用、搬迁排污企业等措施整治的排污口个数（参见《入河排污口管理技术导则》（SL 532—2011）。具体统计内容见年报表19。

3. 突发性水污染事件统计

根据水利部《重大水污染事件报告办法》填写，重大水污染事件指下列情形之一：

（1）长江、黄河、松花江、辽河、海河、淮河、珠江干流，大湖及其他跨省重要河流、湖泊、水库发生的大范围水污染。

（2）县城或县级以上城市发生水污染，影响安全供水。

（3）造成10人以上死亡，或中毒（重伤）50人以上的水污染事件。

(4)可能造成区域生态功能严重丧失或濒危物种生存环境遭到严重破坏。

(5)因水污染使当地经济、社会受到较大影响，疏散转移群众1万人以上的。

(6)可能导致跨国界影响的水污染事件。

(7)其他影响重大的突发水污染事件。

具体内容见年报表20。

4. 地下水开发利用统计

地下水开发利用统计主要统计纳入取水许可管理的地下水开发利用情况，包括地下水控制总量，年度供水总量、用水总量，并分浅层和深层、分行业填写。具体统计内容见年报表21。

年度总量控制指标是指上级水行政主管部门下达的本地区地下水年度取水总量指标，未明确的可不填。

5. 地下水超采区情况统计

此部分由已划定地下水超采区地市级水行政主管部门填写，由省级水行政主管部门汇总上报。具体统计内容见年报表22。

地下水超采区名称按地下水超采区所在地市级及其以上行政区名称和超采区分级、分类等确定，例如河北省保定市大孔隙浅层地下水超采区。

在进行超采区统计中，要统计中心水位埋深、平均水位埋深、现状取水量、新增取水量、地下水取水工程数等。

(1)中心水位埋深和平均水位埋深均为各超采区年末实测水位埋深值。

(2)现状取水量是指本次统计年全年总取水量。

(3)新增取水量是指统计年当年批准的取水量，若统计年取水量削减，新增取水量为负值。

(4)地下水取水工程数量只统计规模以上地下水取水工程，取水规模参照全国水利普查要求，即井口井管内径大于或等于200 mm的灌溉机电井、日取水量大于或等于20 m^3的供水机电井。

6. 地下水超采区治理情况统计

地下水超采区治理情况统计重点统计年度超采区治理，包括建设替代水源压减地下水开采量、回灌、封井等压采的水量等。具体统计内容见年报表23。

(1)替代水源工程建设情况还要填清楚替代水源类型，包括再生水利用、海水淡化、外调水源、微咸水等；要填清替代的是浅层地下水，还是深层地下水。

(2)地下水压采水量和替代水源压采地下水量指统计年所削减的地下水开采量。

(3)回灌水源类型包括河湖库水、自来水、再生水、雨洪水和其他。

7. 地下水管理控制水位监测情况

地下水管理控制水位监测情况主要是统计地下水观测井的数量、位置、监测的层位等，从而了解各地地下水观测情况。具体统计内容见年报表24。

(1)监测站(井)按照管理权限由各流域机构和省(自治区、直辖市)各级水行政主管部门分别填写。

(2)监测站(井)编码信息要按照《水文测站代码编制导则》(SL 502—2010)要求填

写。

(3)测站位置的描述为监测站所在镇、村名称及具体位置(方向等),如石河镇石河村西。

(4)地理坐标中,采用度、分、秒表示相应测站地理坐标。

8. 地下水取水工程统计表

地下水取水工程统计表主要反映地下水取水工程管理情况,要按类别分别统计。地下水取水工程的工程种类主要包括城镇公共供水水源井、企事业单位自备井、农村生活供水井、农业灌溉井等。具体统计内容见年报表25。

同时,还要统计说明地下水井运行情况和当年新建情况。

运行中工程是指正在运行的地下水取水工程,包括当年投入运行的新建地下水取水工程。

(四)水务管理统计

水务管理统计包括水务管理体制改革情况统计、水务管理基本情况统计、城市水务投资与水务企业运营情况统计。

1. 水务管理体制改革情况统计

水务管理体制改革情况统计主要统计本辖区内本年度已组建的水务局和承担水务管理职能的水利局基本情况。统计范围限于县级及以上各级水务局和承担水务管理职能的水利局。承担水务管理职能的水利局指在原批准的水行政主管部门职责外,新承担城市防洪、供水、节水、排水等其中一项或多项职能的水利局。具体统计内容见年报表26。

2. 水务管理基本情况统计

水务管理基本情况主要反映已组建的各级水务局和承担水务管理职能的各级水利局的管理职能情况。统计范围限于县级及以上各级水务局和承担水务管理职能的水利局。具体统计内容见年报表27。

3. 城市水务投资与水务企业运营情况统计

城市水务投资与水务企业运营情况统计主要反映本辖区内实行水务一体化地区的城市水务投资和水务运营情况。主要统计水务企业个数、从业人数、固定资产总值、年度投资总额(包括财政拨款数、国内贷款、利用外资、自筹资金、其他资金等)、新增固定资产。具体统计内容见年报表28。

(1)水务企业个数:指水务系统内从事城市供水、排水和污水处理回用等生产经营活动,并独立核算的企业数量。

(2)从业人数:指报告期末在水务企业工作取得工资或其他形式的劳动报酬的全部人数,包括在岗职工、再就业的离退休人员、兼职人员、借用的外单位人员和第二职业者,不包括离开本单位仍保留劳动关系的职工。

(3)年末固定资产总值:按原值填报,即不考虑设备折旧的固定资产总值。采用当年现价,不折算到水平年的不变价(可比价)。

(4)年度投资表28中额:指当年不同渠道、不同形式的城市水务投资。资金来源根据投资来源不同,分为财政拨款、国内贷款、利用外资、自筹资金和其他资金来源。

①财政拨款:指中央财政和地方财政中由国家统筹安排的基本建设拨款和更新改造

拨款,以及中央财政安排的专项拨款中用于基本建设的资金和基本建设拨款改贷的资金等。

②国内贷款:指企事业单位向银行及非银行金融机构借入的用于固定资产投资的各种国内借款。

③利用外资:指统计年度内收到的用于固定资产投资的国外资金,包括统借统还、自借自还的国外贷款,中外合资项目中的外资,以及对外发行的债券和股票等。

④自筹资金:指统计年度内收到的用于资产投资的上级主管部门、地方和企事业单位自筹的资金。

⑤其他资金:指统计年度内收到的除以上各种拨款、借款、自筹资金外,其他用于投资的资金。

(5)新增固定资产:指通过投资活动所形成的新的固定资产价值。包括已经建成投入生产或交付使用的工程价值和达到固定资产标准的设备、工具、器具的价值及有关应摊入的费用。它是以价值形式表示的固定资产投资成果的综合性指标,可以综合反映不同时期、不同部门、不同地区的固定资产投资成果。

(五)监控能力建设统计

1.流域省界断面监测统计

流域省界断面监测统计主要是调查统计各地省界断面监测情况,统计内容包括河流名称、监测断面和已实现动态监测的水量断面、水质断面等。具体统计内容见年报表29。

2.水资源监控统计

水资源监控统计主要反映本辖区内水资源监测情况。统计内容包括取用水户、省级重要江河湖泊水功能区、省级重要饮用水源地的监控建设情况。具体统计内容见年报表30。

(六)人员队伍建设统计

人员队伍建设统计主要统计反映本辖区内年度水资源管理人员队伍建设情况,一般每3年填写一次。具体统计内容见年报表31。

人员数包括在水资源管理机构中从事水资源管理工作的在职职工及合同聘用人员。

(七)大事记统计

大事记统计主要是指国家、流域及省(区、市)发生的涉及水资源管理相关工作的重大水事活动,重点反映当年制定的水资源管理有关方针、政策、法规、制度及采取的重大举措,记录水资源管理工作重要事件,突显主要工作成效。主要内容包括:

(1)重要政策、法规、规章、文件、规划颁布出台或批复。

(2)国家或行业技术标准制定出台。

(3)重要会议、活动。

(4)国家和地方采取的水资源管理重要举措。

(5)水资源重大突发事件及处理。

(6)新增重要水资源调配工程相关情况。

(7)其他重大事件。

具体统计内容见年报表32。

二、水资源管理的总结文字报告的编写说明

在统计工作中，如果仅有数据和事例，还不能直观和全面反映各地年度水资源管理的开展情况、取得的成绩和存在的问题，以及有什么建议等，还须有文字总结、说明，对过去一年中水资源管理各项工作进行回顾、分析，并做出客观评价，肯定已取得的成绩，指出应汲取的教训，把以后的工作做得更好。

水资源管理年报总结要重点阐述各项工作的年度进展、取得的成效、存在的主要问题及主要经验与做法，突出工作成效，反映工作创新。内容设置原则如下：

(1)记述年度水资源管理工作进展。

(2)总结水资源管理工作的重要成效。

(3)反映中央、流域和地方水资源工作特色和创新点。

(4)体现水资源管理能力提升。

(5)展示最严格水资源管理制度推进落实情况。

(6)记录水资源管理重大事件、活动。

水资源管理年报总结的内容主要包括：综述、总量控制制度落实情况(水资源配置)、用水效率控制制度落实情况(水资源节约)、水功能区限制纳污制度落实情况(水资源保护)、管理责任和考核制度落实情况、试点建设、水务管理、能力建设、水资源管理大事记，共计9个部分。

(一)综述

重点是对年度水资源管理工作主要进展和主要成效进行概要性地总结和回顾。各级水行政主管部门，应围绕职能和承担的业务工作，综述本辖区内的年度水资源管理工作主要内容、成效和创新。务求文字简明扼要，数据客观充分，分析科学合理。突出反映在全国、全省范围内有重要影响、重大突破的工作，以及出台的重要文件，突出反映最严格水资源管理制度实施、水生态文明建设等重点工作的推进情况，各单位的综述控制在3 000字以内。

其中，省、市两级在反映最严格水资源管理制度实施成效时，还需阐述本辖区内市、县“三条红线”指标的分解和制度建设进展情况，分别通过绝对数量(市、县个数)和百分比(完成指标分解任务的市、县个数/所辖市、县个数)两组数据反映市、县两级指标分解工作完成情况，尚未完成市、县指标分解工作的需说明原因。

另外，各地在水生态文明建设工作中，重点阐述水生态文明建设试点情况(含全国试点和省级试点)。

(二)总量控制制度落实情况

总量控制制度落实情况主要内容包括水量分配、水资源调度、水权交易、水资源论证、取水许可管理、取水计划与用水计量、水资源费征收与使用，共计7部分内容。

(三)用水效率控制制度落实情况

用水效率控制制度落实情况主要内容包括用水定额管理、计划用水管理、节水技改工程建设、节水载体建设和非常规水源利用，共计5部分内容。

(四)水功能区限制纳污制度落实情况

水功能区限制纳污制度落实情况主要内容包括水功能区监督管理、饮用水水源地管理、入河排污口监督管理、突发水污染事件应急处置、地下水保护,共计5部分内容。

(五)管理责任和考核制度落实情况

重点总结水资源管理责任制和最严格水资源管理制度考核制度的落实情况。

1. 水资源管理责任制落实情况

分析阐述本辖区内水资源管理责任制建立、落实进展情况,包括主要指标是否纳入经济社会发展综合评价体系、明确年度目标和工作计划、制订并实施工作方案、建立行政首长责任制度和协调联动机制、制定出台相关水资源管理制度等内容,归纳总结建立、落实水资源管理责任制后取得的主要成效以及存在的主要问题,梳理归纳在落实水资源管理责任制具体工作中的主要经验和做法。

2. 最严格水资源管理考核制度落实情况

最严格水资源管理考核制度落实情况主要是根据本辖区最严格水资源管理制度考核(年度、期末)结果,阐述本辖区最严格水资源管理制度目标完成、制度建设和措施落实情况,分析总结本省(区、市)取得较高考核等级的主要经验或者取得较低考核等级的主要原因。

(六)试点建设

试点建设主要内容包括加快实施最严格水资源管理制度试点、水生态文明建设试点、节水型社会建设试点和城市水资源实时监控与管理系统试点工作的年度进展情况、取得的成效、存在的主要问题及主要经验与做法。

(七)水务管理

一是阐述本辖区内年度水务一体化管理体制改革与管理职能调整情况等(按省、市、县三级统计),分析总结水务体制改革所取得的成效及其对水资源管理工作所起的促进作用,归纳本省(区、市)的主要经验和做法。

二是阐述本辖区内水务系统基本情况、各地现状水价(分地表水、地下水、其他)基本情况(主要包括分行业水价、农业水价、自来水综合水价和再生水水价情况等),分析总结水务系统供水、排水、污水处理回用、其他非传统水资源开发利用情况企业及投资等方面的主要进展和成效。

(八)能力建设

能力建设主要内容包括水资源监控能力建设、管理体制建设、人员队伍建设、培训与宣传,共计4部分内容。

(九)水资源管理大事记

根据本辖区内本年度重大水事活动发生情况,每年只填报2~3件重大事件,以文字报道和信息摘要形式(所附图片需有文字说明),对事件要素(时间、地点、人物、主要内容摘要、重要意义及影响等)进行概要性说明。

附件：

《水资源管理年报编制技术大纲表》

表 1 ________年__________水量分配工作情况统计表

填表人：　　填表日期：　　审核人：　　审核日：

序号	水量分配方案名称	所在流域/区域	批准机构	组织实施机构	水量分配方案进展情况	多年平均径流量（万 m^3）	总分配水量（万 m^3）	分水对象	各对象分配水量（万 m^3）	分配流量（m^3/s）	备注

表 2 ________年________水资源调度工作情况统计表

序号	水资源调度方案名称	方案批准机构	涉及河流、水库等	年度调度计划批准机构	年度调度组织实施机构	行政区水量指标			控制性断面水量指标			备注
						涉及行政区名称	计划分配水量（万 m^3）	实际用水量（万 m^3）	涉及的控制断面名称	计划控制流量（m^3/s）	实际下泄流量（m^3/s）	
1												
						…			…			

表 3 ________年________水资源论证工作情况统计表

<table>
<tr><td rowspan="6">行政</td><td colspan="10">建设项目水资源论证</td><td colspan="2" rowspan="2">规划水资源论证书数量(个)</td><td rowspan="6">水资源论证后评估项目数量(个)</td></tr>
<tr><td colspan="8">本审查机关年度审查报告书数量及水量</td><td colspan="2" rowspan="2">本辖区内年度审查的报告书总数(个)</td></tr>
<tr><td colspan="6">审查通过</td><td colspan="2">审查未通过</td><td rowspan="4">编制的数量</td><td rowspan="4">通过审查的数量</td></tr>
<tr><td rowspan="3">报告书数(个)</td><td colspan="5">水量(万m^3)</td><td rowspan="3">报告书数(个)</td><td rowspan="3">水量万(m^3)</td><td rowspan="3">审查通过</td><td rowspan="3">审查未通过</td></tr>
<tr><td colspan="2">地表水</td><td rowspan="2">地下水</td><td rowspan="2">再生水</td><td rowspan="2">其他</td></tr>
<tr><td>河道内</td><td>河道外</td></tr>
<tr><td></td><td></td><td></td><td></td><td></td><td></td><td></td><td></td><td></td><td></td><td></td><td></td><td></td><td></td></tr>
</table>

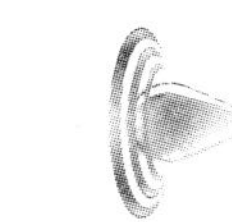

表 4　________年________建设项目水资源论证报告书(表)统计表

序号	报告书名称	编制单位	资质证书号	项目业主单位	行业类别	取水用途	项目提出的需水量(万m^3)	论证后的核定取水量(万m^3)						核减水量(万m^3)						取水地点		项目提出的退(排)水量(万m^3)	核减退(排)水量(万m^3)	审查机关	审查通过情况(是/否)	备注	独立编写情况(是/否)	合作编写情况(主持/合作)	合作单位名称
								总取水量	地表水		地下水	再生水	其他	总核减水量	地表水		地下水	再生水	其他	所属地级行政区	所属水资源二级区								
									河道内	河道外					河道内	河道外													
1																													

表 5　________年________取水许可审批与发放统计表

序号	取水户名称	取水地点				审批机关级别	取水许可类型	河道外用水取水户(万m^3)													河道内用水取水户(万m^3)			合计3
		取水口地址	水源名称	所属水功能区	所属水资源二级区			许可水量(按水源分类)					许可水量(按用途分类)							合计1	许可水量		合计2	
								地表水	地下水			其他	自来水		生活自备水	工业自备水		农业	其他		水力发电	其他		
									小计	其中			小计	其中：生活		小计	其中：直流火核电							
										地热水	矿泉水													

表 6　________年________取水许可证注销/吊销情况统计表

序号	取水户名称	取水地点				审批机关级别	类型	河道外用水取水户(万m^3)													河道内用水取水户(万m^3)			合计3	销/吊销主要原因
		地址	水源名称	所属水功能区	所属水资源二级区			注销/吊销水量(按水源分类)					注销/吊销水量(按用途分类)							合计1	注销/吊销水量		合计2		
								地表水	地下水			其他	自来水		生活自备水	工业自备水		农业	其他		水力发电	其他			
									小计	其中			小计	其中：生活		小计	其中：直流火核电								
										地热水	矿泉水														

表 7 ________年________流域/省(自治区、直辖市)年终保有有效取水许可证情况统计表

行政区名称	水资源分区名称	发证机关级别	河道外用水取水户																											
			年终保有有效证数和许可水量(按水源分类)												年终保有有效证数和许可水量(按用途分类)															
			地表水		地下水						其他		合计		自来水				生活自备水		工业自备水				农业		其他		合计	
					小计		其中								小计		其中：生活				小计		其中：直流火、核电							
							地热水		矿泉水																					
			证数	水量	证数	水量	证数	水量	证数	水量	证数	水量	证数	水量	证数	水量	证数	水量	证数	水量	证数	水量	证数	水量	证数	水量	证数	水量	证数	水量
合计																														

行政区名称	水资源分区名称	发证机关级别	河道内用水取水户				提交上一级机构备案的取水许可证	其中：已录入全国取水许可台账信息库情况	
			年终保有水力发电有效证数和许可水量		年终保有其他有效证数和许可水量				
			证数	水量	证数	水量	证数	证数	比例
		流域							
		(省级)							
		(地市级)							
		(县级)							
合计									

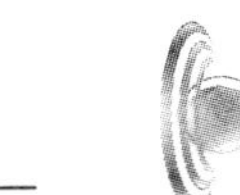

表8　＿＿＿＿年＿＿＿＿流域/省(自治区、直辖市)取水计划统计表

填表人：　填表日期：　审核人：　审核日期：

行政区名称	水资源分区名称	机构级别	河道外用水取水户取水量(万m^3)																								河道内用水取水户取水量(万m^3)			
			自来水						生活自备水			工业自备水						农业			其他			合计			水力发电		其他	
			合计			其中：生活						合计			其中：直流火、核电															
			户数	计划取水量	实际取水量	户数	计划取水量	实际取水量	户数	计划取水量	实际取水量	户数	计划取水量	实际取水量	户数	计划取水量	实际取水量	户数	计划取水量	实际取水量	户数	计划取水量	实际取水量	户数	计划取水量	实际取水量	计划取水量	实际取水量	计划取水量	实际取水量
		(省级)																												
		(地市级)																												
		(县级)																												
合计																														

表9　＿＿＿＿年＿＿＿＿流域/省(自治区、直辖市)用水计量统计表

填表人：　填表日期：　审核人：　审核日期：

行政区名称	自来水				生活自备水				工业用水				农业用水				其他				合计			
	取水许可证数量	已安装计量设施的数量	已安装计量设施的当年取水量(万m^3)	设施安装率(%)	取水许可证数量	已安装计量设施的数量	已安装计量设施的当年取水量(万m^3)	设施安装率(%)	取水许可证数量	已安装计量设施的数量	已安装计量设施的当年取水量(万m^3)	设施安装率(%)	取水许可证数量	已安装计量设施的数量	已安装计量设施的当年取水量(万m^3)	设施安装率(%)	取水许可证数量	已安装计量设施的数量	已安装计量设施的当年取水量(万m^3)	设施安装率(%)	取水许可证数量	已安装计量设施的数量	已安装计量设施的当年取水量(万m^3)	设施安装率(%)
合计																								

表 10 ________年________省（自治区、直辖市）水资源费征收和使用统计表

填表人：　　填表日期：　　审核人：　　审核日期：　　单位：万元

行政区名称	水资源费征收											水资源费使用							上缴中央水资源费
	按取水用途分类							按取水水源分类			合计1	管理	基础工作	水资源保护	节约用水	开发利用	其他	合计2	
	自来水	自备水		农业	火电	水力发电	其他	地表水	地下水	其他									
		生活	工业(不含火电)																
合计																			

表 11 ________年________省（自治区、直辖市）主要行业用水定额标准统计表

填表人：　　填表日期：　　审核人：　　审核日期：

火力发电 (m^3/MWh)	石化和化工 (m^3/t)			钢铁 (m^3/t)	造纸 (m^3/t)		纺织		酿酒 (m^3/t)		学校 (m^3/(人·a))		宾馆 (L/(床·d))		机关 (m^3/(人·年))	其他1	其他2	其他
	炼制	合成氨	尿素		漂白化学木浆	新闻纸	棉、麻、化纤及混纺机织物 (m^3/hm)	棉、麻、化纤及混纺针织物及纱线 (m^3/t)	啤酒	白酒	普通高等学校	普通中等学校	中档宾馆	高档宾馆				

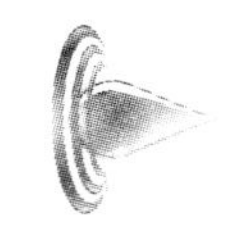

表 12 ________年________省(自治区、直辖市)计划用水管理情况统计表

填表人：　　填表日期：　　审核人：　　审核日期：

行政区名称	计划用水户数(个)	计划用水覆盖率(%)	计划用水量(万 m^3)	实际用水量(万 m^3)	超计划用水户数(个)	超计划收费总额(万元)
(省级)						
(地市级)						
(县级)						
合计						

表 13 ________年________省(自治区、直辖市)节水技改工程建设统计表

填表人：　　填表日期：　　审核人：　　审核日期：

行政区名称	农业					工业			城镇生活和服务业		
	节水资金投入(万元)		有效灌溉面积(万亩)	新增灌溉面积(万亩)	节水灌溉面积(万亩)	节水资金投入(万元)		工业用水重复利用率(%)	节水资金投入(万元)		城镇节水器具普及率(%)
	水行政部门	其他部门				水行政部门	其他部门		水行政部门	其他部门	
(省级)											
(地市级)											
(县级)											
合计											

表14 ________年________省(自治区、直辖市)节水载体建设情况统计表

填表人: 填表日期: 审核人: 审核日期: 单位: 个

行政区名称	节水型灌区	节水型单位					节水型社区
		企业	机关	学校	其他	合计	
(省级)							
(地市级)							
(县级)							
合计							

表15 ________年________省(自治区、直辖市)城市(含县城)非常规水源开发统计表

填表人: 填表日期: 审核人: 审核日期: 单位:万 m^3/年

行政区名称	污水处理回用		海水淡化		海水直接利用		雨水集蓄		苦咸水利用		矿井疏干水利用		其他	合计	备注
	利用量	用途	利用量	用途	利用量	用途	利用量	用途	利用量	用途	利用量	用途			
(省级)															
(地市级)															
(县级)															
合计															

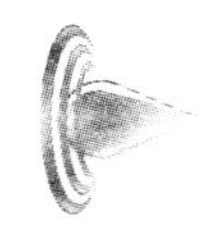

表 16　________年________省（自治区、直辖市）城市（含县城）排水统计表

填表人：　　　　填表日期：　　　　审核人：　　　　审核日期：

行政区名称	年用水总量（万 m^3）	年废污水排放总量（万 m^3）	污水处理厂		年污水处理总量（万 m^3）	污水处理率（%）	排水管道长度（km）
			数量（座）	处理能力（万 m^3/d）			
（省级）							
（地市级）							
（县级）							
合计							

表 17　________年________省（自治区、直辖市）城市（含县城）污水处理回用统计表

填表人：　　　　填表日期：　　　　审核人：　　　　审核日期：

行政区名称	年污水处理回用量（万 m^3）						再生水管道长度（km）	再生水厂		污水处理回用率（%）
	地下水补充	工业	农林牧业	城市非饮用水	景观环境	合计		数量（座）	生产能力（万 m^3/d）	
（省级）										
（地市级）										
（县级）										
合计										

表 18 ________年________流域/省（自治区、直辖市）水源地安全达标建设情况统计表

填表人：　　　填表日期：　　　审核人：　　　审核日期：

序号	水源地名称	水源地类型	所属水资源分区	水源地归属行政区	设计年供水能力（万 m^3）	年实际供水量（万 m^3）	使用状态	取水口水质类别	是否为全国重要饮用水水源地（是/否）	全国重要饮用水水源地情况				
										供水保证率是否达到95%以上（是/否）	水源保护区是否划定并完成审批程序（是/否）	保护区内入河排污口或污染源数量（个）		政府年度资金投入（万元）
												一级保护区	二级保护区	

表 19 ________年________流域/省（自治区、直辖市）入河排污口监督管理统计表

填表人：　　　填表日期：　　　审核人：　　　审核日期：

审批机构	水资源分区名称	排污口登记数（个）	年度增/减数（个）	监测排污口数（个）	年度污水总排放量（万 m^3）	整治排污口数（个）
（流域机构）						
（省级）						
（地市级）						
（县级）						

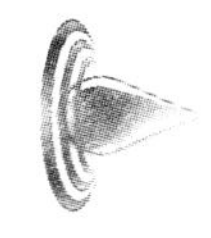

表 20　________年________流域/省（自治区、直辖市）突发性水污染事件统计表

填表人：　　填表日期：　　审核人：　　审核日期：

序号	行政区名称	突发性水污染事件名称	水资源分区名称	事件原因	主要污染物	事发时间	处置结束时间	影响范围及危害程度	采取的主要措施	是否为重大突发水污染事件（是/否）

表 21　________年________流域/省（自治区、直辖市）地下水开发利用统计表

填表人：　　填表日期：　　审核人：　　审核日期：

行政区名称	所属水资源分区名称	年度总量控制指标（万 m^3/年）	地下水供水量（万 m^3）						用水量（万 m^3）					
			浅层地下水	深层承压水	微咸水	其中		合计 1	居民生活	城镇公共	生态环境	工业	农业	合计 2
						地热水	矿泉水							
（省级）														
（地市级）														

表 22 ________年________省(自治区、直辖市)地下水超采区情况统计表

填表人: 填表日期: 审核人: 审核日期:

行政区名称	所属水资源分区名称	名称	中心水位埋深(m)	平均水位埋深(m)	面积(km²)	现状取水量(万 m³)	其中新增取水量(万 m³)	年度超采量(万 m³)	地下水取水工程数量(个)	限采区		禁采区	
										现状取水量(万 m³)	面积(km²)	现状取水量(万 m³)	面积(km²)
(地市级)													

表 23 ________年________省(自治区、直辖市)地下水超采区治理情况统计表

填表人: 填表日期: 审核人: 审核日期:

行政区名称	所属水资源分区名称	地下水压采						替代水源工程建设情况			地下水回灌工程		
		超采区		其中				替代水源类型	压采地下水量(万 m³/年)		回灌水源类型	回灌层位	回灌水量(万 m³)
				限采区		禁采区							
		封填机井数量(个)	压采取水量(万 m³)	封填机井数量(个)	压采取水量(万 m³)	封填机井数量(个)	压采取水量(万 m³)		浅层地下水	深层承压水			
(地市级)													
总计													

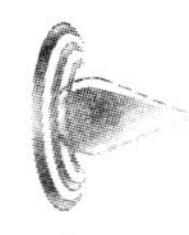

表24 ________年________流域/省(自治区、直辖市)地下水管理控制水位监测表

填表人： 填表日期： 审核人： 审核日期：

行政区名称	所属水资源分区名称	监测站(井)编码		测站名称	测站位置	地理坐标		监测层位	监测水位(m)		监测水质项目	是否开采井(是/否)
		国家	省内			经度	纬度		年初水位	年末水位		
(省级)												
(地市级)												

表 25 ________年________地下水取水工程统计表

行政区名称	所属水资源分区名称	运行中工程																			
		城镇公共供水水源井				企事业单位自备井				农村生活供水井				农业灌溉井				其他			
		工程数量（个）	设计/批准取水量（万 m^3）	实际取水量（万 m^3）	计量设施安装率（%）	工程数量（个）	设计/批准取水量（万 m^3）	实际取水量（万 m^3）	计量设施安装率（%）	工程数量（个）	设计/批准取水量（万 m^3）	实际取水量（万 m^3）	计量设施安装率（%）	工程数量（个）	设计/批准取水量（万 m^3）	实际取水量（万 m^3）	计量设施安装率（%）	工程数量（个）	设计/批准取水量（万 m^3）	实际取水量（万 m^3）	计量设施安装率（%）
		合计																			

新建工程																				报废工程统计		
城镇公共供水水源井				企事业单位自备井				农村生活供水井				农业灌溉井				其他				工程数量	原批准取水量（万 m^3）	处置方式
工程数量（个）	设计/批准取水量（万 m^3）	实际取水量（万 m^3）	计量设施安装率（%）	工程数量（个）	设计/批准取水量（万 m^3）	实际取水量（万 m^3）	计量设施安装率（%）	工程数量（个）	设计/批准取水量（万 m^3）	实际取水量（万 m^3）	计量设施安装率（%）	工程数量（个）	设计/批准取水量（万 m^3）	实际取水量（万 m^3）	计量设施安装率（%）	工程数量（个）	设计/批准取水量（万 m^3）	实际取水量（万 m^3）	计量设施安装率（%）			

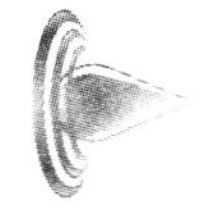

表26 ________年________省(自治区、直辖市)水务管理体制改革情况统计表

填表人：　　　填表日期：　　　审核人：　　　审核日期：

	已组建的水务局个数								已承担水务管理职能的水利局个数								已组建的水务局和已承担水务管理职能的水利局个数	
					其中本年度新增								其中本年度新增					
	省级(副省级)	地(市)级	县级	小计	省级(副省级)	地(市)级	县级	小计	省级(副省级)	地(市)级	县级	小计	省级(副省级)	地(市)级	县级	小计	合计	其中本年度新增
行政区个数																		
占同级行政区总数%					—								—					

表27 ________年________省(自治区、直辖市)水务管理基本情况统计表

填表人：　　　填表日期：　　　审核人：　　　审核日期：

单位名称	所属地市	组建(承担)时间	审批机关	职能范围						备注
				水行政	城市防洪	城市供水	城市节水	城市排水	污水处理回用	
合计										

表 28 ________年________省(自治区、直辖市)城市水务投资与水务企业运营情况统计表

填表人: 填表日期: 审核人: 审核日期: 单位:万元

行政区名称	水务企业个数	从业人数(人)	年末固定资产总值	销售收入	利润总额	年度投资额								本年新增固定资产
						合计	财政拨款		国内贷款	债券	利用外资	自筹资金	其他资金	
							中央	地方						
(省级)														
(地市级)														
(县级)														
合计														

表 29 ________年________流域省界断面监测统计表

填表人: 填表日期: 审核人: 审核日期:

流域片	列入国控项目监测断面情况			已实现动态监测断面情况	
	河流名称	水量断面数(个)	水质断面数(个)	水量断面数(个)	水质断面数(个)

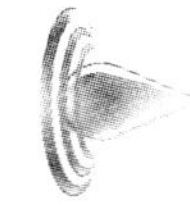

表30 ________年________省（自治区、直辖市）水资源监控统计表

填表人： 填表日期： 审核人： 审核日期：

序号	所在省区	取用水水量监测情况				重要江河湖泊水功能区水质监测情况								重要饮用水水源地水质监测情况			
		国控监测点监测情况		省控监测点监测情况		国家重要江河湖泊水功能区监测情况				省级重要江河湖泊水功能区监测情况				国家重要饮用水水源地监控情况		省级重要饮用水水源地监控情况	
		列入国控监测点个数	已实现实时监测的个数	列入省控监测点个数	已实现动态监测的个数	列入国控监测点的水功能区情况		已实施动态巡测的水功能区情况		列入省控监测点的水功能区情况		已实施动态巡测的水功能区情况		列入国控监测点个数	已实现实时监测的个数	列入省控监测点个数	已实现实时监测的个数
						个数	监测断面数	个数	监测断面数	个数	监测断面数	个数	监测断面数				
1																	
2																	

表 31 ________年________流域/省(自治区、直辖市)人员队伍建设情况统计表

填表人:　　　　填表日期:　　　　审核人:　　　　审核日期:

流域/行政区	行政管理机构				事业单位				其他				合计				
	上一年度		本年度		上一年度		本年度		上一年度		本年度		上一年度		本年度		
	机构(个)	人员(人)	机构(个)	人员(人)	机构(个)	人员(人)	机构(个)	人员(人)	机构(个)	人员(人)	机构(个)	人员(人)	机构(个)	人员(人)	机构(个)	人员(人)	其中大专及以上学历人员(人)
流域机构																	
省级																	
地市级																	
县级																	
总计																	

说明:“其他”是指除行政管理机构和事业单位外的水资源管理机构,如行业协会等社会团体。

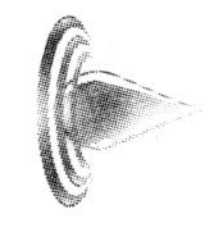

表 32 ________年________流域/省(自治区、直辖市)重大事件信息摘要表

填表人: 填表日期: 审核人: 审核日期:

事件名称				
时间			地点	
人物				
上报单位				
联系人信息	姓名		联系电话	
	手机		E-mail	
图片张数				
图片文字说明	1.			
	2.			
主要内容摘要				
重要意义及影响				

第三节　用水总量统计

一、概述

（一）目的与任务

用水总量统计是水资源管理的一项重要基础性工作，是落实《水法》中实施总量控制和计划用水管理的前提条件。通过及时统计各流域水系、各行政区域、各行业用水量情况，反映用水情况历年变化趋势，为水资源规划、管理、节约与保护等日常工作提供必要的基础支撑，为区域水资源战略提供决策依据。同时，用水总量统计数据的科学性、准确性和时效性，也是提升水资源公报编制质量的重要保障。国务院办公厅《实行最严格水资源管理制度考核办法》已将各级行政区用水总量控制目标确定为最严格水资源管理考核的重要内容之一。

用水总量统计的任务，在省级主要是各市级水行政主管部门对所辖区域内生活、工业、农业、生态环境等取用水户用水情况进行调查、审核、统计、汇总，并按时间节点将用水总量成果上报至省级水行政主管部门。各市级水行政主管部门应用规范的用水统计技术方法，加强对取用水户的监控和计量，完善用水总量统计制度，落实统计工作的保障措施，完成水资源管理信息系统中市级用水总量统计分析信息子系统建设，实现系统数据的录入和查询、统计和汇总等，为水资源管理考核提供依据。

（二）组织实施

由于国务院要组织对省级人民政府进行水资源管理考核，所以在省级要有相应的汇总成果。因此，在用水总量统计方面，省级水行政主管部门要负责全省用水总量统计工作的组织、协调、指导、部署和保障，组织相关技术支撑单位，按照水利部统一要求细化统计工作方案，对复核工作进行技术指导，并组织对市级技术培训和指导；组织协调各市之间的用水统计数据，及时向社会发布相关统计成果。

各市级水行政主管部门要负责本行政区内的用水总量统计工作，按照要求提出调查对象名录，按时上报调查对象用水量及相关信息，按时上报年度用水总量、分行业用水量及相关数据和资料；对本行政区内各县（市、区）上报数据进行审查、汇总，对本辖区内用水总量统计成果进行质量检查，汇总形成市级行政区、各水资源分区协调一致的成果，用水总量信息经省水行政主管部门组织复核通过后对外公开发布。在具体工作中，各市水行政主管部门的任务主要有以下几个方面：

（1）制订本市用水总量统计工作实施方案。

（2）按要求提出调查对象名录。

（3）完成被选定为统计对象的取用水户计量设施或在线监控设施安装工作。

（4）按时上报调查对象用水量及相关信息，按时将季度、年度用水总量、分行业用水量及相关统计数据及资料上报至省。

（5）按时完成省级水资源信息管理系统相关信息建库录入、复核工作，建设市级水资源信息管理系统。

二、统计调查对象、口径和内容

(一)统计调查对象

由于用水户数量巨大,用水计量尚未普及,不易做到逐个统计,各辖区需要选取重点取用水户和非重点样本用水户作为统计调查对象,以此为基础统计所辖行政区不同水资源分区的用水总量及分行业用水量。一般按农业用水、工业用水、生活用水和生态环境补水四大类进行统计,其中重点用水户作为直接统计对象,非重点样本户作为调查对象,并实时动态更新,见图 15-1。

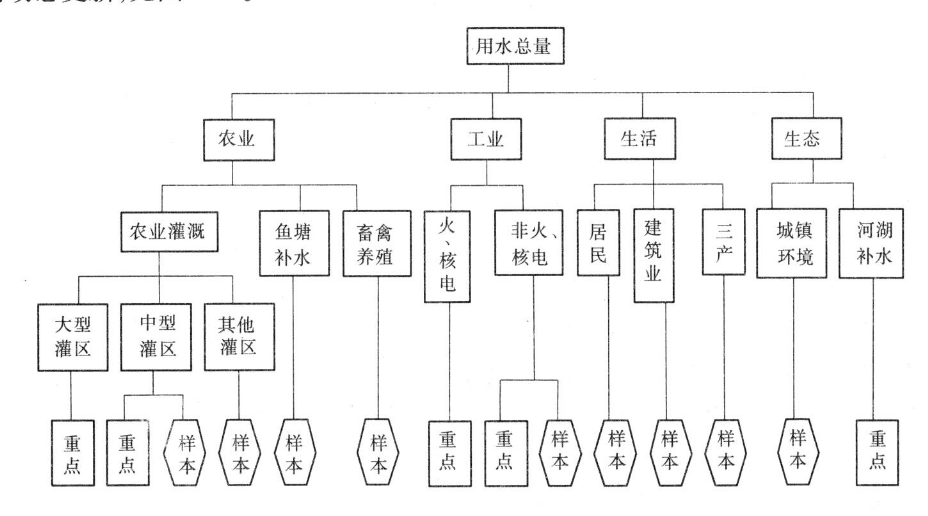

图 15-1　用水总量各行业调查对象重点和样本分布图

现阶段,设计灌溉面积 5 万亩及以上的灌区应全部作为农业用水直接统计对象;公共供水户和自备水源井年取水量 50 万 t 及以上的工业企业全部作为生活用水和工业用水直接统计对象(火、核电工业全部作为调查对象);补水河湖亦应全部作为生态环境用水直接统计对象;对非重点样本应进行抽样或选取典型调查对象进行调查统计。

从全国的要求看,到 2020 年,设计灌溉面积 1 万亩及以上的灌区全部作为农业用水直接统计对象;公共供水户和自备水源年取水量 5 万 t 及以上的工业企业全部作为工业用水和生活用水直接统计对象(火、核电工业全部作为调查对象);补水河湖全部作为生态环境用水直接统计对象。对非重点样本户应进行抽样或选取典型调查对象进行调查统计。以市级行政区为单元选取 1 个典型县(区),抽样选取 50 个居民用水户、5 个建筑业、40 个第三产业作为调查对象;城镇环境用水每个市级行政区至少选取 1 个典型县(区)。

(二)统计口径和内容

用水总量是指包括输水损失在内的毛用水量之和(主要指河道外用水,不包括水力发电和航运用水,以及取水后未被利用的弃水量和退水量),包括农业用水、工业用水、生活用水、生态环境补水四类。

农业用水指农田灌溉用水、林果地灌溉用水、草地灌溉用水、鱼塘补水和畜禽用水。

工业用水指工矿企业在生产过程中用于制造、加工、冷却、空调、净化、洗涤等方面的用水,按新水取水量计,不包括企业内部的重复利用量。水力发电等河道内用水不计入用水量。

生活用水指城镇生活用水和农村生活用水。城镇生活用水包括居民用水和公共用水(含第三产业及建筑业等用水);农村生活用水指农村居民家庭生活用水(包括零散养殖畜禽用水)。

生态环境补水包括人工措施供给的城镇环境用水和部分河湖、湿地补水,不包括降水、径流自然满足的水量。

对于直接从江河、水库、湖泊、地下水等水源提引水量的用水户,从水源取水口计算用水量;对于从公共供水管网取水的用水户,按入户水量计量统计,并在区域用水总量汇总时统一考虑输水损失的分摊。

三、工作内容

市县用水总量统计工作内容包括:前期基础性工作,统计调查对象用水量及相关信息获取,数据汇总、上报与复核,以及成果发布等。

(一)前期基础工作

在开展用水量统计之前,需要完成统计调查对象名录确定、统计调查对象计量设施安装和信息平台建设。

1. 统计调查对象名录

各市县水行政主管部门依据取水许可管理、计划用水管理、水利普查、经济普查和其他相关信息,充分利用国家水资源监控能力建设项目和省级水资源管理信息系统,确定农业、工业、生活、生态环境的统计调查对象名录,其中重点取用水户作为直接统计对象,非重点样本户作为调查对象,并实时动态更新。

各市级水行政主管部门按规定提出统计调查对象具体名录,报省级水行政主管部门进行复核;各市水行政主管部门对需要更新的调查对象,按年度提出更新名录,报省级水行政主管部门组织相关单位进行复核确认。

2. 计量及监控设施安装

被选定为统计调查对象的取用水户均应按要求安装合格的计量设施或在线监测设施。各市水行政主管部门应开展以下具体工作:

(1)摸清调查对象的计量现状。各市水行政主管部门要组织逐一摸清调查对象的计量设施安装、运行情况等。

①若调查对象为取水许可管理的,应结合取水许可台账建设工作,由各市级水行政主管部门摸清该调查对象的取水许可发证机关和取水许可日常监督管理机关;组织调查对象的取水许可发证机关或取水许可日常监督管理机关,摸清调查对象的计量设施安装、运行情况。其中,调查对象取水许可为市、县(区)级水行政主管部门审批的,由市级水行政主管部门负责摸清调查对象的计量现状;上级有关机构应当协助调查。

②若调查对象为取自公共供水系统等不需办理取水许可的，由市级水行政主管部门组织向调查对象供水的公共供水单位的取水许可监督管理机关，摸清调查对象的计量设施安装和运行情况。

③对于农业用水调查对象，灌区管理单位应当配合市级水行政区主管部门摸清调查对象的计量设施安装和运行情况等。

(2)对尚未安装或暂不具备安装监控设施条件的调查对象，要推动其安装取用水计量设施。对未安装取用水计量设施、计量设施不合格或无法正常运行的调查对象，市级水行政主管部门要监督调查对象安装合格的取用水计量设施。

对调查对象为取水许可管理对象的，市级水行政主管部门应组织有关取水许可监督管理机关，责成调查对象限期安装合格的取用水计量设施。其中，调查对象的取水许可为市、县(区)级水行政主管部门审批的，由市级水行政主管部门负责责成调查对象限期安装合格的取用水计量设施；上级有关机构亦应当协助做好相关工作。

3. 充分利用信息化统计平台

在省级水资源管理信息系统中增加用水总量统计分析信息子系统，满足省级、市级水行政主管部门对用水信息的录入、汇总和审核要求，各市级水行政主管部门应加快市级水资源信息管理系统建设。

(二)统计调查对象用水量及相关信息获取

1. 建立用水台账

各市被选定的调查对象均应建立用水台账，按月记录分水源取用水情况，并根据用水台账汇总每季度和全年用水量，以此为依据填报统计表。

2. 获取调查对象的取用水等信息

市级水行政主管部门组织获取调查对象的季度、年度用水量、灌溉面积等相关数据，于每季度和每年度结束后15日内完成。

1)农业用水调查对象

以灌区为基本单元，由灌区管理单位填报用水量和灌溉面积等信息，经所属管辖区水行政主管部门复核后，报省级和相应的市级水行政主管部门。

2)工业用水调查对象

属取水许可管理范围的，各市级水行政主管部门组织调查对象的取水许可审批机关或日常监督管理机关获取调查对象的取水量等信息；其中调查对象取水许可为市、县(区)级水行政主管部门审批的，由市级水行政主管部门负责相关信息获取；调查对象取水许可为上级水行政主管部门的，由上级有关机构获取。

3)取自公共供水的调查对象

不需办理许可证的，由各市级水行政主管部门组织向调查对象供水的公共企业单位的取水许可审批机关或取水许可日常监督管理机关，获取调查对象的取水量等信息；对调查对象的产值等信息，由各市级水行政主管部门协调统计部门获取。

4)城镇环境用水、人工河湖补水

参照有关调查和分析数据,结合实际获取。可结合自身实际,选取部分调查对象进行复核。

3. 调查对象取用水信息审核

通过上述方法获取的调查对象的取用水量等信息,必须经过检查核实,无误后方可作为用水量统计的依据。调查对象取用水等信息的审核由各市级水行政主管部门负责组织实施,省级水行政主管部门随机抽查复核。

4. 区域经济社会指标获取

各市级水行政主管部门应收集与用水量相关的区域主要经济社会指标,主要包括灌溉面积、常住人口、地区生产总值、工业增加值、工业总产值、建筑业竣工面积、第三产业从业人员、城镇绿地面积、城镇环卫面积、畜禽数量等相关指标。

(三)数据汇总、上报与复核

1. 汇总分析

按照重点取用水户逐一统计、非重点用水户抽样统计的方式,获得重点取用水户用水量和非重点样本用水户用水指标,结合区域经济社会指标综合分析和推算区域分行业用水量。其中,自备水源取水户需按照所属行业统计分行业用水量,公共供水户需根据供水对象所属行业统计分行业用水量。将各行业毛用水量相加获得区域用水总量,并形成行政分区和水资源分区用水总量成果。汇总分析时应注意供用水平衡。

2. 统计成果上报

为满足最严格水资源管理制度考核工作和编制水资源公报等需要,各市级水行政主管部门应按规定的时间节点要求,向省水行政主管部门报送统计成果资料,主要包括:调查对象的季度用水量数据和年度用水量数据及相关信息,本区域年度用水总量汇总统计成果及相关信息(年度数据),年度用水总量汇总统计成果报告。

3. 抽查复核

对各市上报的季度、年度数据及相关材料,省水行政主管部门在各市级上报后的 1 个月内完成抽查和复核工作。

(四)成果发布

市级行政区上报的用水量信息经省水行政主管部门复核审定后,对外公开发布。

四、技术路线

在用水总量统计工作中,可以结合取水许可制度、计划用水管理等日常水资源管理工作和水资源监控能力建设项目所掌握的信息,逐步推行重点取用水户逐一统计、非重点取用水户抽样或典型调查、综合推算用水总量的技术方法,并通过单点抽查、重要控制断面水量监测、区域供用水量平衡和流域水量平衡分析等手段,提高用水总量统计精度。具体技术路线如图 15-2 所示。

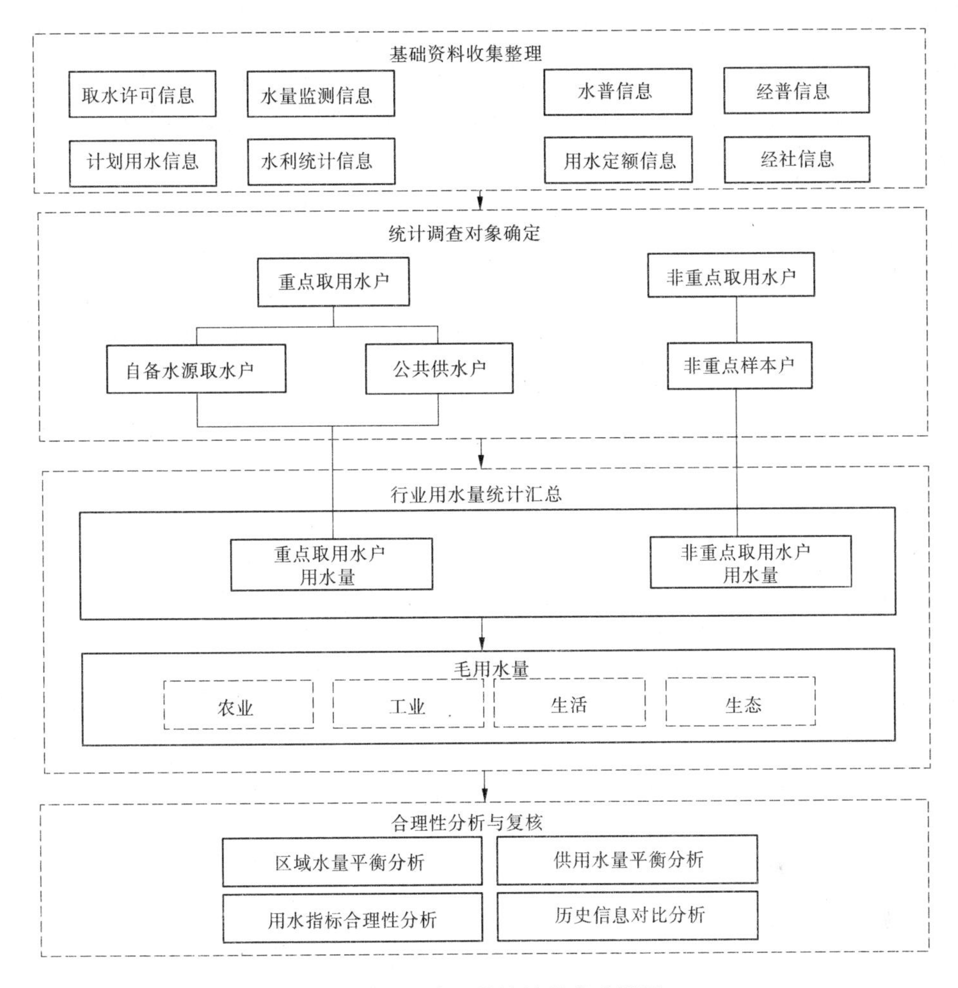

图 15-2　用水总量统计技术路线图

第四节　水功能区水质达标情况通报

一、概述

水功能区是指为满足水资源合理开发、利用、节约和保护的需求，根据水资源的自然条件和开发利用现状，按照流域综合规划、水资源与水生态系统保护和经济社会发展要求，依其主导功能划定范围并执行相应水环境质量标准的水域。

通过划分水功能区，从严核定水域纳污能力，提出限制排污总量意见，可为建立水功能区限制纳污制度，确立水功能区限制纳污“红线”提供重要支撑，有利于合理制定水资源开发利用与保护政策，调控开发强度、优化空间布局，有利于引导经济布局与水资源和水环境承载能力相适应，有利于统筹河流上下游、左右岸、省际间水资源开发利用和保护。

在区划完成后，如何对相应的水功能区进行有效的监督管理就显得尤其重要。通过

合理布设监测断面，对所监测的水功能区的水质状况进行动态跟踪监测，参照《水功能区水质达标评价技术方案》，分析对照功能区水质指标，评价确定是否达标和达标率，及时（可按年、季、月、旬）编制和向社会及公众发布水功能区水质达标情况通报，公开水环境信息，便于公众监督，让公众参与到水资源保护的具体工作中。

国务院办公厅在《实行最严格水资源管理制度考核办法》中已将水功能区水质达标情况列入考核的重要内容，各省也已将其相应纳入到对地（市）的考核内容中。比如，在国务院的考核办法中，对安徽省的“重要江河湖泊水功能区水质达标率控制目标”2015年为71%，2020年为80%。安徽省对各市的水功能区水质达标率控制目标见表15-2。

表15-2　安徽省各市列入全国及全省重要水功能区达标率控制目标　（%）

地区	2015年	2020年
全省	71	80
合肥市	57	64
淮北市	33	66
亳州市	55	66
宿州市	50	70
蚌埠市	66	68
阜阳市	54	72
淮南市	85	87
滁州市	64	70
六安市	85	87
马鞍山市	90	93
芜湖市	92	93
宣城市	92	93
铜陵市	90	92
池州市	92	93
安庆市	92	93
黄山市	90	92

二、水质达标评价

（一）水质达标评价的主要任务

（1）收集、整理江河湖泊水功能区水质、水量、入河排污量等相关资料，开展水功能区水质现状评价。

（2）根据年度水功能区达标率控制指标要求，分析水功能区的达标形势，提出达标建设的重点水功能区名录。

(3)通过水功能区水质达标评价,提出水功能区达标建设的对策,针对水功能区排查中存在的问题,制订相应的监管措施。

(二)技术标准

在水质监测与达标评价中,主要依据水利部颁发的《全国重要江河湖泊水功能区水质达标评价技术方案》和《安徽省水功能区监测与评价办法》等。评价方法主要还是传统的水环境水质评价方法,主要依据是《地表水环境质量标准》(GB 3838—2002)等。

三、通报内容

水功能区水质达标情况通报在总体上,要求简明、清晰,要体现时效性,要凸显与民生密切相关的饮用水源区、生态保护区的水质达标情况,尽可能用公众熟悉易懂的方式和文字表述,内容一般包括以下三个方面:

一是区域重点水功能区水质总体状况:包括达到各类水质标准的水功能区个数和占比、水功能区达标个数和达标率、达标河长和占比、达标湖库面积和占比等。可按行政区域和流域分别表述。

二是区域各类水功能区水质达标情况:分别按一级区(保护区、保留区、缓冲区)和二级区(饮用水源区、工业用水区、农业用水区、渔业用水区、景观娱乐用水区、过渡区、排污控制区)分别叙述其达标个数、达标率,以及达标河长、达标湖库面积及其占比。同时,可罗列部分重要水域的水质状况和污染类型、原因。根据需要,也可按行政区域和重要水系分别表述。

三是重大和典型的水污染事件:包括污染事件的基本情况,发生的原因、过程、后果、责任和处理结果等。

第五节　水资源公报

水资源公报是各级政府和社会公众了解掌握水资源状况和开发利用情况的重要途径,编制和发布水资源公报也是水行政主管部门的一项重要职责,水资源公报的发布为各地各部门合理利用、开发、保护水资源,编制经济发展规划及相关专业规划提供重要的决策依据。同时,水资源公报是水行政主管部门向社会公开发布水资源信息的一个重要载体和平台,是提高全民的节约水、爱惜水、保护水意识的有效媒介。编制水资源公报过程中所积累的资料,也是制定各级水资源综合规划和水中长期供求规划的重要基础依据。

水资源公报由县以上水行政主管部门组织编制和发布,具体编制工作可由相关的水文、水资源管理、科研、规划和设计单位承担。一般要求以年度为时段编制发布,即在当年适当时间发布上一年度的水资源及其开发、利用、管理基本情况和存在的问题,让公众了解,提供给领导做决策参考。

一、公报编制与发布的目的与意义

(1)编发水资源公报是各级水行政主管部门的一项重要职责。定期向社会各界公告水资源情势、开发利用保护情况和重要水事活动,引起各级政府对水资源的关注,提高全民的节水、惜水、保护意识是编发水资源公报的主要宗旨。

(2)编发水资源公报是推进水资源统一规划和强化管理的一项基础性工作。公报所提供的信息,是各级政府决策和有关部门工作的重要依据;所积累的资料,是编制各级水资源综合规划和水中长期供求规划的基础。

二、基本要求

(1)水资源公报的编制工作,应考虑社会各界关注的主要水资源问题,兼顾水资源综合规划、水中长期供求规划所需基础资料的要求,全面调查统计来水、蓄水、用水、耗水、水质等有关资料,分析水资源变化情势及其开发利用和保护现状,并结合经济社会发展,分析用水指标及用水效率和效益,揭示水资源开发利用与经济社会发展、生态环境之间的关系。

(2)为了满足水资源统一规划和管理的要求,应按流域分区和行政分区提出两套数据成果。从 2003 年度开始,水资源公报统一采用《全国水资源综合规划》规定的分区体系,详见水利部水利水电规划设计总院 2003 年 5 月印发的《全国水资源分区(修订稿)》。各省、自治区可按地级行政区套水资源三级区编制,应按地级行政区套水资源二级区上报;各直辖市可按区(县)套水资源三级区编制,应按区(县)套水资源二级区填报(城市中心区可以合并)。

(3)编制水资源公报的资料来源,应以收集利用有关部门已有资料为主,辅以必要的典型调查、观测试验和专题研究工作。人口、产值、产量采用统计主管部门的数据;水利工程、农田灌溉面积、林牧渔用水面积采用水行政主管部门的数据。来水、蓄水、用水、水质统计分析所需资料以水行政主管部门掌握的为主,并收集其他有关部门的资料进行补充。

(4)根据水资源公报编制内容拟定的 20 张表格,是反映水资源情势及开发利用状况的主要定量依据,是编制水资源公报的基础,各省、自治区、直辖市应按照规定的技术要求和项目含义,全面收集资料,按时逐项填报,不得随意改变表格形式或增减项目内容,更不可缺表漏项,以免影响流域和全国汇总。

(5)公报中涉及的降水量、地表水资源量和水资源总量等多年平均值,均统一采用 1956 ~ 2000 年平均值。

三、经济社会指标收集整理

(1)与用水密切相关的经济社会指标是分析现状用水水平和预测各项需水的基础数据,应及时收集、整理和分析。需要统计的主要指标包括人口、国内生产总值(GDP)、工业增加值、农田灌溉面积(包括有效灌溉面积和实灌面积)、林牧渔用水面积、牲畜头数等,并应结合用水分类的要求,对其中某些指标进一步划分为与用水项目对应的细目。

(2)人口按城镇人口和农村(乡村)人口分别统计。城镇人口按照 2000 年全国人口普查的统计口径,具体划分原则参阅国家统计局 1999 年发布的《关于统计上划分城乡的规定(试行)》。

(3)GDP 和工业增加值一律按当年价格统计。GDP 按第一、第二、第三产业分别统计。工业增加值是工业总产值扣除中间过程投入后的余额,应按火(核)电工业、全部国

有及规模以上(企业年销售收入达到或超过500万元)、非国有一般工业和规模以下非国有工业等三类分别统计。水力发电用水属河道内用水,应将其增加值从工业增加值中扣除。

(4)农田实灌和林牧渔用水均按当年实际灌溉、用水面积统计。其中,将农田实灌面积划分为水田、水浇地和菜田,将林牧渔用水面积划分为林果灌溉、草场灌溉和鱼塘补水。水田指以种植水稻为主的灌溉面积,水浇地指旱地的灌溉面积,菜田指专门用于蔬菜种植的灌溉面积,特别注意三者不能重复统计。临时抗旱点种的耕地不计入农田灌溉面积。

(5)牲畜分为大牲畜和小牲畜,均按年底存栏数统计。大牲畜包括牛、马、驴、骡和骆驼;小牲畜指猪和羊,但不包括鸡、鸭、鹅、兔等。

四、公报的主要内容

公报的主要内容包括综述、水资源量、蓄水动态、水资源开发利用、水质状况和重要水事六大方面。

(一)综述

主要概述与水资源有关的经济社会指标、年度降水量、水资源量、开发利用量、主要经济社会用水指标与水平等,通过综述让人们基本了解本行政区水资源及开发与节约保护情况。文字要简明扼要。

(二)水资源量

主要是计算当年降水量、降水频率、水资源总量、与多年平均水资源量对比,分析评述行政区、流域的年内时空分布等,并分析计算出入境水量。

(三)蓄水动态

主要是分析评价行政区和流域的年内蓄水变化情况,包括地下水位的变化,并分析区域内重要蓄水工程的年内蓄水动态变化情况。

(四)水资源开发利用

主要是统计分析区域年内水资源开发利用情况,包括供用水总量、分行业的供用水总量;耗水量、排水量;主要用水指标,如万元GDP用水量、万元工业增加值用水量、亩均灌溉用水量、人均用水量等。

(五)水质状况

一是公布各行政区、流域江河湖(库)水质状况,包括Ⅰ、Ⅱ、Ⅲ、Ⅳ、Ⅴ类和劣Ⅴ类的比例,Ⅰ~Ⅲ类的比例、劣于Ⅴ类的比例。

二是公报行政区水功能区达标率,并与水功能区管理目标进行对比分析。

(六)重要水事

主要是公布年内的重大水事,重点反映当年制定的水资源管理有关方针、政策、法规、制度及采取的重大举措,记录水资源管理工作重要事件,突显主要工作成效。

第四篇　节约用水

当今世界，人类社会面临的人口、资源和环境三大课题中，水已成为21世纪人类可持续发展的严重制约因素，世界各国将干旱缺水提高到人类生存与发展的战略高度。水是人类生存的基本条件，是经济社会发展的生命线，是实现可持续发展的重要物质基础。水资源的可持续利用，是经济社会可持续发展的基本保证。当前，我国水资源面临的形势严峻，水资源短缺、水污染严重、水生态环境恶化等问题日益突出，人多水少、水资源时空分布不均的基本国情和水情，决定了我国必须走节水型社会之路。

第十六章　节约用水的形势与要求

第一节　节约用水的形势

一、全国情况

我国是一个水资源短缺、干旱缺水严重的国家。水资源时空分布极不均衡。南方水多，北方水少；东部多，西部少；山区多，平原少；夏秋多，冬春少，且年际变化大。全国年降水量的分布由东南沿海的2 000 mm以上向西北递减至不足50 mm。北方地区（长江流域以北）7面积占全国的63.5%、人口约占全国的47%、耕地占65%、GDP占45%，而水资源量仅占19%。其中，黄河、淮河、海河三个流域耕地占35%、人口占35%、GDP占32%，水资源量仅占7%，人均水资源量仅为450 m^3左右，是我国水资源最紧缺的地区。北方地区汛期4个月径流量占年径流量的比例一般为70%～80%，其中海河、黄河区域部分地区超过了80%，西北诸河区部分地区可达90%；南方地区多年平均连续最大4个月径流量占全年的60%～70%，且水资源量中大约有2/3是洪水径流量。

按照水利部发布的《2013年中国水资源公报》，2013年全国平均降水量661.9 mm，折合降水总量62 674.4亿 m^3，比常年值偏多3.0%。全国水资源总量为27 957.9亿 m^3，比常年值偏多0.9%。其中，地表水资源量26 839.5亿 m^3，折合年径流深283.4 mm，比常年值偏多0.5%。地下水资源与地表水资源不重复量为1 118.4亿 m^3，占地下水资源量的

13.8%。

2013年全国总供水量6 183.4亿m^3，占当年水资源总量的22.1%。其中，地表水源供水量占81.0%；地下水源供水量占18.2%；其他水源供水量占0.8%。2013年全国总用水量6 183.4亿m^3。其中，生活用水占12.1%，工业用水占22.8%，农业用水占63.4%，生态环境补水占1.7%。

2013年全国人均综合用水量456 m^3，万元国内生产总值（当年价）用水量109 m^3。耕地实际灌溉亩均用水量418 m^3，农田灌溉水有效利用系数0.523，万元工业增加值（当年价）用水量67 m^3，城镇人均生活用水量（含公共用水）212 L/d，农村居民人均生活用水量80 L/d。

2013年，对全国20.8万km的河流水质状况进行了评价。全年Ⅰ类水河长占评价河长的4.8%，Ⅱ类水河长占42.5%，Ⅲ类水河长占21.3%，Ⅳ类水河长占10.8%，Ⅴ类水河长占5.7%，劣Ⅴ类水河长占14.9%。全国Ⅰ～Ⅲ类水河长比例为68.6%。从水资源分区看，西南诸河区、西北诸河区水质为优，珠江区、东南诸河区水质为良，长江区、松花江区水质为中，黄河区、辽河区、淮河区水质为差，海河区水质为劣。

2013年，对全国开发利用程度较高和面积较大的119个主要湖泊共2.9万km^2水面进行了水质评价。全年总体水质为Ⅰ～Ⅲ类的湖泊有38个，Ⅳ～Ⅴ类的湖泊有50个，劣Ⅴ类的湖泊有31个，分别占评价湖泊总数的31.9%、42.0%和26.1%。大部分湖泊处于富营养化状态，主要污染项目是总磷、五日生化需氧量和氨氮。对上述湖泊进行营养状态评价，国家重点治理的"三湖"中的巢湖情况为：总磷、总氮污染十分严重，西半湖污染程度重于东半湖。无论总氮是否参加评价，总体水质均为Ⅴ类。东半湖水质为Ⅳ类，西半湖水质为劣Ⅴ类。湖区整体处于中度富营养化状态。

2013年全国评价水功能区5 134个，满足水域功能目标的有2 538个，占评价水功能区总数的49.4%。其中，满足水域功能目标的一级水功能区（不包括开发利用区）占57.7%，二级水功能区占44.5%。

2013年，对全国512个重要省界断面进行了监测评价，Ⅰ～Ⅲ类、Ⅳ～Ⅴ类、劣Ⅴ类水质断面比例分别为62.3%、18.2%和19.5%。

2013年，依据1 229眼水质监测井的资料，北京、辽宁、吉林、黑龙江、河南、上海、江苏、安徽、海南、广东10省（直辖市）对地下水水质进行了分类评价。水质适用于各种用途的Ⅰ～Ⅱ类监测井占评价监测井总数的2.4%；适合集中式生活饮用水水源及工、农业用水的Ⅲ类监测井占20.5%；适合除饮用外其他用途的Ⅳ～Ⅴ类监测井占77.1%。

从以上统计资料看，我国总体上是一个干旱缺水的国家，降水时空分布不均、水污染严重又给水资源开发利用带来困难。同时，我国水资源利用效率不高，用水量浪费现象极为普遍。改革开放以来，我国工业用水和城镇生活用水持续增长，我国年总用水量1949年为1 030亿m^3，1980年为4 437亿m^3，2013年增长到6 183.4亿m^3。工业用水从1980年的457亿m^3增加到2013年的1 409.8亿m^3，增加了3倍多。城镇生活用水从1980年的68亿m^3提高到2013年的750.1亿m^3，增加了11倍。而农业用水在经过了大规模的增长后，基本上维持在4 000亿m^3的规模左右，占总用水量的比重由1980年的85%下降到2004年的65%及2013年的63.4%。据统计,我国每年缺水500多亿 m³,600多座城市中有400多个属于缺水城市。

在农业用水效率方面,全国平均单方灌溉水粮食产量约为1 kg,而世界上先进水平的国家(如以色列)平均单方灌溉水粮食产量达到2.5~3.0 kg。我国灌溉水有效利用系数仅为0.53(2014年),节水灌溉面积占耕地灌溉面积仅为42.7%(2013年),而英国、德国、法国、匈牙利和捷克等国家,节水灌溉面积比例都达到了80%以上,以色列的灌溉面积全部采用微灌和喷灌,灌溉水有效利用系数达0.7~0.8。

我国工业水重复利用和再生利用程度较低,用水工艺比较落后,用水效率较低。我国2004年万元工业增加值用水量为196 m³,到2013年万元工业增加值(当年价)用水量降为67 m³,工业用水重复利用率为60%~65%。国外发达国家万元工业增加值用水量一般为30~40 m³,工业用水重复利用率一般在80%~85%以上,如美国2000年万元工业增加值用水量不到15 m³,工业用水重复利用率约为94.5%;日本万元工业增加值用水量也仅为18 m³,工业用水重复利用率达到80%以上。总体来看,我国现状工业用水重复利用率仅相当于先进国家20世纪80年代初的水平,节约用水存在着较大潜力。

生活用水方面,公众节水意识不强,节水器具使用率不高。此外,我国海水利用和再生水利用水平较低。同时,我国北方一些地区大量挤占生态和环境用水,实际上是靠牺牲生态和环境用水来维持着经济社会发展的用水需求。全国以城市和农村井灌区为中心形成的地下水超采区数量已从20世纪80年代初的56个发展到现在的164个,超采区面积不断扩大,引起地面下沉、水质变硬、海水倒灌等严重生态问题。一些生态严重恶化的地区,河流断流,湖泊干涸,湿地萎缩,绿洲消失。

未来我国用水量,尤其是工业用水量和生活用水量,将随着人口的增长、经济的发展而进一步增加。我国水资源供需矛盾将更加突出。

二、安徽省情况

安徽省水资源特性与全国相似。由于地处南北气候过渡带,受降雨年内和年际变化影响,全省降雨时空分布极不均衡。全省多年平均降雨量1 175 mm,降雨空间分布不均,由南向北递减,新安江、长江、淮河流域的多年平均降雨量分别为1 788 mm、1 345 mm、946 mm,径流深从南部新安江流域1 200 mm递减至淮北北部100 mm以下。降雨时间分布不均,年际间悬殊大,丰水年降雨量是枯水年的5~8倍,5~8月降雨量约占全年的60%。降雨特征,使得安徽省水资源时空分布不均,南多北少,丰枯悬殊,年际变化大。全省多年平均水资源量716亿 m³,在全国排名第13位,其中地表水资源量652亿 m³;地下水资源量64亿 m³;人均占有水资源量1 033 m³,仅为全国人均水资源量2 088 m³的1/2。分流域看,淮河、长江、新安江流域多年平均水资源量占全省多年平均水资源总量的31.6%、58.7%、9.7%;人均水资源量分别为552 m³、1 565 m³和5 720 m³。

安徽省整体用水效率不高。2013年,全省用水总量296.02亿 m³,其中农业、工业、生活、生态用水量分别占总用水量的54.7%、33.3%、10.6%、1.4%。全省万元GDP用水量155.5 m³,比2010年降低83.0 m³;万元工业增加值用水量110.2 m³(扣除直流火电冷却用水为 54.4 m^3),比 2010 年降低 56.1 m^3(扣除直流火电冷却用水降低 42.2 m^3);农田灌溉水有效利用系数 0.508,比 2010 年提高 1.8 个百分点;节水灌溉面积 88.3 万 hm^2,比 2010 年增加 6.67 万 hm^2。尽管近年来用水水平提高较快,但与全国及先进地区相比,差距明显,全省万元 GDP 用水量、万元工业增加值用水量分别是全国平均水平的 1.4 倍和 1.7 倍;公共供水管网漏损率超过 20%,是先进地区的 1.5 倍;农田灌溉水有效利用系数 0.51,农业节水灌溉面积比例为 30.02%,均低于全国平均水平。

近年来,安徽省主要水体水质状况比较稳定,由于经济社会发展加快,承载能力趋弱。全省主要河流、湖泊、水库的水域按照主要供用水对象共划为 248 个水功能区,每个水功能区布设水质监测点,按月进行监测。2013 年,实测评价优于Ⅲ类水质比例为 56.5%,Ⅳ类水质比例为 20.6%,Ⅴ类和劣Ⅴ类水质比例为 22.9%,水功能区达标率为 66.9%,其中淮河、长江、新安江流域水功能区达标率分别为 47.1%、77.4%、100%。近年来,主要河湖水质整体略有好转,但巢湖及淮河部分支流污染问题仍较突出,湖泊富营养化趋势明显,2013 年巢湖湖区的 4 个水功能区均未达标,巢湖的南淝河、派河等支流和淮北主要支流颍河、涡河水质常年为Ⅴ类至劣Ⅴ类。

随着皖江城市带、合肥经济圈、加快皖北地区发展等区域发展战略实施,工业化、城镇化进程加速,工业和城市生活用水持续增加,高保证率的城市刚性用水增长较快,对供水安全保障要求明显提高,同期污水排放量相应大幅增加。此外,由于降雨时空分布不均,多集中在汛期,而皖南山区、皖中江淮丘陵地区缺少骨干蓄水工程,调蓄能力不足,皖北平原地带因预防内涝降雨难留,致使工程性、资源性、水质性缺水并存。安徽省现状多年平均缺水量 16.58 亿 m^3,缺水率 5%;中等干旱年份(75%年份)缺水量 32.13 亿 m^3,缺水率 9%;特旱年份(95%年份)缺水量 108.43 亿 m^3,缺水率达到 25%。从全省水资源条件和现有供水工程体系来看,到 2020 年和 2030 年,中等干旱年份总缺水量分别达 61.6 亿 m^3、63.2 亿 m^3。

一方面我国存在严重的缺水问题;另一方面水资源利用效率较低,一些地区水资源浪费、水环境恶化、水生态损害并存。因此,要从根本上解决这些问题,必须大力提倡节约用水,不断提高水资源利用效率和效益,建设节水型社会,这是保障我国经济社会可持续发展的必然选择。

第二节　节约用水的内涵

节约用水简称节水,我国在不同时期对节约用水内涵的阐述有所不同。从字面意思理解就是节约水、节省水。根据 2002 年全国节约用水办公室颁布的《全国节水规划纲要(2001—2010 年)》,节水是指采取现实可行的综合措施,减少水的损失和浪费,提高用水效率,合理和高效利用水资源。

"节水"一词出现在很久以前,其内涵随着社会和技术的进步而在不断扩展,关于节水的概念和准确定义不断变化。1996 年《节水型城市目标导则》指出,节约用水是指通过行政、技术、经济等管理手段加强用水管理,调整用水结构,改进用水工艺,实行计划用水,杜绝用水浪费，运用先进的科学技术建立科学的用水体系，有效地使用水资源，保护水资源，适应城市经济和城市建设持续发展的需要。

有关学者对节水的内涵提出了不同的定义。刘昌明提出节水的内涵包括挖潜，使区域水资源的潜力得以充分发挥。沈振荣等提出真实节水、资源型节水、效率型节水的概念，认为节水就是最大限度地提高水的利用率和水分生产效率，最大限度地减少淡水资源的净消耗量和各种无效流失量。陈家琦认为节约用水不仅是减少用水量和简单地限制用水，而是在用水最节省的条件下达到最优的经济效益、社会效益和环境效益。刘戈力认为节水就是采取各种措施，使用水户的单位取水量（用水量、耗水量、水质污染量）低于本地区、本行业现行标准的行为，凡是有利于减少取水量（用水量、耗水量、水质污染量）的行为均应视为节水。陈东景、樊自立等认为通过技术手段和经济手段节水，其效益体现在提高水资源利用效率，增加单位水资源产值，提高经济效益。

国外对节水的阐述也不尽相同。如美国内务部、水资源委员会等机构均从不同角度对节约用水给予了解释。1978 年，美国内务部对节约用水的定义是：有效利用水资源，供水设施与供水系统布局合理，减少需水量。1979 年又提出新的节约用水定义：减少水的使用量，减少水的浪费与损失，增加水的重复利用和回用。1978 年，美国水资源委员会认为，节约用水是减少需水量，调整需水时间，改善供水系统管理水平，增加可利用水量。1983 年，美国政府对于节约用水的内涵重新给予说明：减少需水量，提高水的使用效率并减少水的损失和浪费，为了合理用水，改进土地管理技术，增加可供水量。美国奥尔良州水法将节水定义为：通过改善引水、输水和回收水的技术，或通过实施其他许可的节水办法来减少引水量以满足当前有效的用水。

事实上，人们长期以来之所以存在对节约用水的概念及其内涵的不同定义和阐述，关键在于对强调节约用水的角度、实现节约用水的前提、节约用水所达的目标及所采取的具体措施等问题的认识与理解不同。

可以看出，根据已有的对节约用水内涵的说明与定义，节约用水着重强调如何有效利用有限的水资源，实现以地域性经济、技术和社会的发展为前提。如果不考虑地域性的生产力发展程度，脱离技术发展水平，很难采取经济有效的措施以保证节约用水的实现。节约用水的关键在于根据有关的水资源保护法律法规，通过广泛的宣传教育，提高全民的节水意识；引入多种节水技术与措施，采用有效的节水器具与设备，降低生产或生活过程中水资源的利用量，达到经济效益、社会效益、环境效益的统一与可持续发展的目的。

从实施环节上看，节约用水包括对天然水资源进行有效保护和合理开发，并对开发利用的水资源量（供水量）进行合理、高效使用。总之，节水的核心是因地制宜地采取行政、经济、法律、市场等各种手段，避免和减少水浪费，提高水的利用效率，并寻求常规淡水资源的替代，通过降低对水资源的需求减少对水环境的污染，从而实现水资源的可持续利用和社会的可持续发展。

第三节 节约用水的政策要求

一、节水法规政策

(一)我国节水工作历程

我国历来重视节水工作,早在1959年,我国召开的全国城市供水会议上首次提出了提倡节约、反对浪费、开展节约用水工作的要求。1961年,中共中央批转农业部和水利电力部《关于加强水利管理工作的十条意见》中,提出农业节水问题,可谓是我国现代最早的水管理法规。1984年国务院印发了《关于大力开展城市节约用水的通知》,再次提出解决今后城市用水问题,必须坚持"开源节流并重"的方针。1986年,中共中央书记处农研室和水电部联合召开了"农村水利工作座谈会",会后国务院办公厅转发了《关于听取农村水利工作座谈会汇报的会议纪要》(国办发〔1986〕50号),强调要促使全社会重视节水,建立节水型社会。1988年,《中华人民共和国水法》首次将节水纳入国家法律。同年12月,经国务院批准颁布了《城市节约用水管理规定》。1997年,国务院《关于印发〈水利产业政策〉的通知》(国发〔1997〕35号)中明确规定,各行业和各地区要大力普及节水技术,全面节约用水。2000年,《中共中央关于制定国民经济和社会发展第十个五年计划的建议》中明确提出大力推行节约用水措施,发展节水型农业、工业和服务业,建立节水型社会。

进入21世纪,我国节水及立法工作稳步推进。2001年3月22日,在纪念"世界水日"座谈会上,全国人大常委会委员长李鹏为"国家节水标志"揭牌。2002年2月,水利部印发了《关于开展节水型社会建设试点工作指导意见的通知》,8月,第九届人大常委会第29次会议修订通过的《水法》明确规定:"国家厉行节约用水,大力推行节水措施,发展节水型工业、农业和服务业,建立节水型社会。"2002年8月20日,全国节约用水办公室印发了《全国节水规划纲要(2001~2010年)》,要求结合实际情况,抓紧开展本地区节水规划工作。2005年4月,国家发改委、科技部、水利部、建设部和农业部联合发布了《中国节水技术政策大纲》。2006年3月,第十届全国人大第4次会议通过的《国民经济和社会发展第十一个五年规划纲要》提出,要建设资源节约型和环境友好型社会。2007年1月,国家发展和改革委员会、水利部和建设部联合批复了《全国十一五节水型社会建设规划》。与此同时,节水型社会试点工作有序推进。2002年3月,甘肃省张掖市被确定为全国第一个节水型社会建设试点,先后启动并实施4批共100个国家级节水型社会建设试点和示范区。

2011年,中央一号文件中明确规定,要把节水工作贯穿于经济社会发展和群众生产生活全过程;加快建设节水型社会,促进水利可持续发展。2012年1月,国务院发布了《关于实行最严格水资源管理制度的意见》(国发〔2012〕3号),提出以"三条红线"(水资源开发利用控制红线、用水效率控制红线、水功能区限制纳污红线)控制和"四项制度"(用水总量控制制度、用水效率控制制度、水功能区限制纳污制度、水资源管理责任和考核制度)管理为核心的最严格水资源管理制度的具体措施。这是指导当前和今后一个时期我国水资源工作的纲领性文件,对于解决我国复杂的水资源水环境问题,实现经济社会的可持续发展具有深远意义和重要影响。3月,水利部印发了《节水型社会建设"十二五"规划》,全面部署"十二五"时期节水型社会建设工作。4月,为贯彻落实《国务院关于实行最严格水资源管理制度的意见》(国发〔2012〕3号),推动节约型社会建设,进一步加强节水型城市建设工作的指导,规范国家节水型城市管理,切实提高城市用水效率,改善城市水环境,国家住房和城乡建设部、国家发展和改革委员会印发新修订的《国家节水型城市申报与考核办法》和《国家节水型城市考核标准》,要求各地加大城市节水工作力度,并组织做好国家节水型城市申报、复查和日常管理工作。

2013年1月,国务院办公厅发布《实行最严格水资源管理制度考核办法》,自发布之日起施行。此后,各地相继出台了实施意见及配套政策措施。如安徽省人民政府于2013年3月1日发布了《关于实行最严格水资源管理制度的意见》(皖政〔2013〕15号)及《安徽省人民政府办公厅关于印发实行最严格水资源管理制度考核办法的通知》(皖政办〔2013〕49号)。安徽省水利厅、发展改革委、经济和信息化委、财政厅、国土资源厅、环境保护厅、住房和城乡建设厅、农委、审计厅、统计局联合印发了《安徽省实行最严格水资源管理制度考检工作实施方案》(皖水资源〔2014〕48号)。

(二)国家层面节水法规

1. 国家法律规定

《中华人民共和国宪法》第一章总纲中第十四条规定:"国家厉行节约,反对浪费"。这里的"节约"二字,显然包括节水的内容。第九条规定:"国家保障自然资源的合理利用。禁止任何组织或者个人用任何手段侵占或者破坏自然资源"。这里的自然资源包括水资源。

《水法》总则第八条规定,"国家厉行节约用水,大力推行节约用水措施,推广节约用水新技术、新工艺,发展节水型工业、农业和服务业,建立节水型社会"。要求"各级人民政府应当采取措施,加强对节约用水的管理,建立节约用水技术开发推广体系,培育和发展节约用水产业",指出"单位和个人有节约用水的义务。"第五章专设"水资源配置和节约使用",对节约用水进行了具体规范。

《中华人民共和国环境保护法(试行)》《中华人民共和国电力法》《中华人民共和国防沙治沙法》《中华人民共和国农业法》《中华人民共和国清洁生产促进法》《中华人民共和国循环经济促进法》等有关法律,都对加强节水管理做出相应规定。

2. 行政法规和法规性文件规定

国家关于节约用水的行政法规和规范性文件较多,主要有《国务院关于加强城市供水节水和水污染防治工作的通知》(国发〔2000〕36号)、《国务院办公厅关于推进水价改革促进节约用水保护水资源的通知》(国办发〔2004〕36号)、《取水许可和水资源费征收管理条例》(国务院令第460号)、《黄河水量调度条例》(国务院令第472号)、《中华人民共和国抗旱条例》(国务院令第552号)、《中共中央　国务院关于加快水利改革发展的决定》(中发〔2011〕1号)等。

2013年出台的《国务院关于实行最严格水资源管理制度的意见》(国发〔2012〕3号),是近期对节约用水工作规定最具体的规范性文件,从加快节水型社会建设、全面加强节约

用水管理、节水"三同时"制度、加快推进节水技术改造、节水技术推广与应用、健全政策法规和社会监督机制等方面予以规定。

(三)安徽省的节水立法和推进工作

安徽省先后修订并颁布了《安徽省实施〈中华人民共和国水法〉办法》,出台了《安徽省取水许可和水资源费征收管理实施办法》(省政府令第212号),完善了取水许可和水资源有偿使用配套制度,明确规定新建、改建、扩建项目没有制定节水措施方案、没有配套建设节水设施的,不予批准取水许可;取水项目竣工投产,节水设施必须达到"三同时"要求,否则不予验收、发证。通过加强水资源费征收使用管理,逐步完善了水价形成机制,初步建立了节水减排机制。2012年7月,安徽省人民代表大会常务委员会发布第四十四号公告,《安徽省城镇供水条例》已于2012年4月24日安徽省第十一届人民代表大会常务委员会第三十三次会议通过,自2012年7月1日起施行。《安徽省城镇供水条例》第三条、第七条、第十条对实行严格的水资源管理制度、节约用水、再生水利用等作了规定。

安徽省专门的节水立法工作开展较早。2015年10月,省政府办公厅《关于印发安徽省建设节约型社会近期重点工作实施方案的通知》(皖政办〔2005〕48号),即要求尽快开展《安徽省节约用水条例》的调研起草工作。2009年,省委以皖发〔2009〕6号文转发省人大常委会《关于省十一届人大常委会立法规划的请示》中,将《安徽省节约用水条例》列入2009年立法规划。2011年1月,省委、省政府印发《关于贯彻〈中共中央、国务院关于加快水利改革发展的决定〉的实施意见》(皖发〔2011〕1号),要求建立用水效率控制制度,出台《安徽省节约用水条例》。省水利厅于2007年成立了《安徽省节约用水条例》编写组,组织立法调查研究,收集了有关节水法律法规。2010年,根据新的水资源形势和国家对水资源节约保护的政策要求,省水利厅重新组织开展《安徽省节约用水条例(草案)》编写,并会同省人大法工委、农经委和省政府法制办共同开展节水立法调研,多次征求社会各界意见、反复修改后报省政府。2012年7月10日,省政府第101次常务会议通过《安徽省节约用水条例(草案)》。由于当时安徽省经济下行压力较大,省政府认为出台条例时机欠成熟,没有将《安徽省节约用水条例(草案)》提交省人大常委会审议。随着最严格水资源管理制度的实施,《安徽省节约用水条例》再次启动,修改完善后的《安徽省节约用水条例(草案)》于2015年3月18日经省人民政府第46次常务会议通过。2015年7月17日,《安徽省节约用水条例》经省十二届人大常委会第二十二次会议审议通过,于10月1日起实施,其最大特点,融会了实行最严格水资源管理制度的节水要求,体现了节水优先、统筹规划、综合利用、分类指导、市场调节的原则,首次提出了建立举报制度、规划制度、水资源论证制度、水平衡测试制度等有关节约用水管理制度,将加强非常规水源利用作为促进水资源节约保护的重点,针对安徽省沿淮淮北、江淮之间和长江以南的地区差异性设定了相应的节水措施,罚责突出了监管部门不依法履职的法律责任。

二、节水标准

与节水有关的国家标准主要有:

《节水型城市目标导则》(建城〔1996〕593号);

《节水型企业(单位)目标导则》(建城〔1997〕45号);

《取水许可技术考核与管理通则》(GB/T 17367—1998);
《城市居民生活用水量标准》(GB/T 50331—2002);
《工业企业产品取水定额编制通则》(GB/T 18820—2002);
《节水型企业评价导则》(GB/T 7119—2006);
《企业水平衡测试通则》(GB/T 12452—2008);
《坐便器用水效率限定值及用水效率等级》(GB 25502—2010);
《水嘴用水效率限定值及用水效率等级》(GB 25501—2010);
《企业用水统计通则》(GB/T 26719—2011);
《工业企业产品取水定额编制通则》(GB/T 18820—2011);
《服务业节水型单位评价导则》(GB/T 26922—2011);
《节水型企业 纺织染整行业》(GB/T 26923—2011);
《节水型企业 钢铁行业》(GB/T 26924—2011);
《节水型企业 火力发电行业》(GB/T 26925—2011);
《节水型企业 石油炼制行业》(GB/T 26926—2011);
《节水型企业 造纸行业》(GB/T 26927—2011);
《节水型社区评价导则》(GB/T 26928—2011);
《节水型产品通用技术条件》(GB/T18870—2011);
《取水定额》(GB/T 18916.1—2012 等,分火力发电等 16 部规范);
《小便器用水效率限定值及用水效率等级》(GB 28377—2012);
《淋浴器用水效率限定值及用水效率等级》(GB 28378—2012);
《便器冲洗阀用水效率限定值及用水效率等级》(GB 28379—2012);
《节水型社会评价指标体系和评价方法》(GB/T 28284—2012);
《国家节水型城市申报与考核法》和《国家节水型城市考核标准》(建城〔2012〕57 号)等。
节水灌溉技术方面的规范主要有:
《节水灌溉工程技术规范》(GB/T 50363—2006);
《喷灌工程技术规范》(GB/T 50085—2007);
《微灌工程技术规范》(GB/T 50485—2009);
《渠道防渗工程技术规范》(GB/T 50600—2010);
《节水灌溉工程验收规范》(GB/T 50769—2012);
《灌溉用水定额编制定额》(GB/T 29404—2012);
《节水灌溉工程规划设计通用图形符号标准》(SL 556—2011);
《喷灌工程技术管理工程规范》(SL 569—2013);
《衬砌与防渗渠道工程技术管理规程》(SL 599—2013)及地方用水定额标准等。

第十七章　节水措施

第一节　工程措施

一、农业节水

2013 年全国总用水量 6 183.4 亿 m^3，其中农业用水量占总用水量的 63.4%。农业用水依然是我国的主要用水大户，多年来我国农业用水量一直在 4 000 亿 m^3 左右，占全国用水总量的 60% 以上。目前，我国灌溉水的利用率仅为 0.52 左右，比发达国家低 0.25 ~ 0.30；吨粮耗水 1 330 m^3，比发达国家高 300 ~ 400 m^3，农业节水潜力很大。如果灌溉水利用率提高 10% ~ 15%，每年可减少取水量 400 亿 ~ 500 亿 m^3。所以，加快推进节水农业，是缓解我国水资源供需矛盾、实现农业可持续发展的关键措施。

农业灌溉用水从水源到田间，再到被作物吸收、形成产量，主要包括水资源调配、输配水、田间灌水和作物吸收等环节。在各个环节采取相应的节水措施，组成一个完整的节水灌溉技术体系，包括节水灌溉工程技术（输水与灌水环节）、农艺及生物节水技术、水资源优化调配、节水管理技术（灌溉制度和田间辅助措施）等。节水灌溉工程技术措施即通过各种工程手段，达到高效节水的目的。常用的节水灌溉工程技术措施有地面节水灌溉技术、渠道衬砌防渗技术、低压管道输水灌溉技术、喷灌、微灌、地下灌溉等。根据水利部《2013 年全国水利发展统计公报》，截至 2013 年底，全国耕地灌溉面积 6 347.3 万 hm^2，占全国耕地面积的 52.9%。全国节水灌溉工程面积 2 710.9 万 hm^2，其中喷灌、微灌面积 684.7 万 hm^2，低压管灌面积 742.4 万 hm^2。

（一）地面节水灌溉技术

地面灌溉是指灌溉水通过地面渠道系统或管道系统输送到田间，水流在田面形成薄水层或细小的水流向前移动，通过土壤毛细管和水的重力作用渗入土壤。地面灌溉是传统的灌水方法，包括畦灌、沟灌、淹灌等，但地面灌溉技术粗放，存在田间跑水、流失、蒸发和深层渗漏等损失，灌溉水利用效率低；还有，地面灌水质量不容易得到保证，需改进地面灌水方法和灌水技术，以达到节水、增产、省工和提高灌溉水利用率的目的。地面节水灌溉技术的具体要求是：节水、灌水适量、灌水均匀、灌水质量高、高效节能、占地少、成本低、便于推广应用、田间水的有效利用系数高等。经改进后的地面灌溉技术主要有畦灌、沟灌、膜上灌和涌流灌溉等。在国外已通过使用改进的简易人工控制阀进行间歇灌，输水速度较连续沟灌快 1.8 倍，节约水量 48%，且灌水均匀并可提高田间灌水效率，是一种新的灌水方法。

1.畦灌技术

畦灌是用土埂把灌溉土地分隔成一系列狭长的地块——畦田，灌水时将灌溉水从输水沟或毛渠引入畦田后，在地面形成薄水层，沿畦田纵坡方向流动，在流动过程中逐渐入渗，达到湿润土壤的目的。它适用于窄行距密播作物，如小麦、谷子和某些速生密植蔬菜等。畦灌技术要素主要包括畦田规格、入畦单宽流量和畦田灌水时间等。

为杜绝大水漫灌，提高灌水质量，降低灌溉成本，推广先进的节水型畦灌技术，如"三改"灌水技术，即"长畦改短畦，宽畦改窄畦，大畦改小畦"以及小畦灌、长畦分段灌、宽浅式畦沟结合灌、水平畦灌、波涌灌溉等优化畦灌技术等。根据试验，畦长 160 m，畦宽 4.4 m，亩灌溉水量为 75 m^3；而畦长 50 m，畦宽 2.4 m，亩灌溉水量为 41 m^3，两者相比，小畦节水 45% 以上。小畦灌水，既节约了灌溉用水，又减轻了繁重的体力劳动，便于机械田间耕作。在坡地上，根据坡度大小实行斜畦灌溉，也是一种很好的地面节水灌溉方法。

2. 沟灌技术

沟灌是在作物行间开挖灌水沟，水在作物行间的灌水沟中流动，靠重力和毛管力作用湿润土壤的一种灌水方法。沟灌适用于宽行距作物，如棉花、玉米、高粱等。沟灌与土壤质地关系密切，不同土壤入渗后湿润范围不同。黏性土壤透水性弱，毛管力作用强，湿润范围宽而浅；酸性土壤透水性强，毛管力作用差，故湿润范围窄而深。沟灌的主要技术要素包括灌水沟间距、灌水沟长度、灌水沟坡度和入沟流量等。

节水沟灌技术包括封闭式直形沟、方形沟、锁链沟、八字沟、细流沟、沟垄灌水、沟畦灌、波涌沟灌等。如在一些地面坡度较大，土壤适水性差的地区，多采用细流沟灌，使水在灌水沟流动过程中全部渗入土壤，停水后不形成积水。细流沟灌沟深一般为 15 ~ 20 cm，沟宽为 30 ~ 40 cm。每条沟的入沟流量控制在 0.1 ~ 0.5 L/s，沟中水深为沟深的 1/5 ~ 2/5。沟灌时，为使沿沟各点土壤湿润均匀，在开始放水时，流量应大些，使沟中水流较快，然后将入沟流量适当减小，使水流到达沟尾即全部被土壤吸收。一般在水流达到沟长的七八成时，停水封口。在入沟流量大于 0.5 L/s 时，也有到达沟长的 90% ~ 95% 时封口停水，视土壤渗透情况而定。根据径惠渠试验资料，当沟灌流量为 0.2 L/s 时，入渗深度为 40 ~ 50 cm；当沟灌流量为 0.5 L/s 时，入渗深度为 30 ~ 40 cm；当沟灌流量为 0.8 L/s 时，入渗深度只有 18 ~ 24 cm。细流沟灌由于水层浅，灌水时间长，可使表土温度比大水沟灌提高 2 ℃左右，因而有利于作物生长。

3. 地膜覆盖技术

地膜覆盖技术就是在地膜栽培的基础上，把膜侧水流改为膜上流，利用地膜输水，通过放苗孔和膜侧旁渗给作物供水的灌溉方法，包括膜畦灌、膜沟灌、膜下滴灌等。

（1）膜畦灌。膜畦灌是将塑料平铺在畦面上，作物种在塑膜下畦面内，灌水时将水引入畦田后，水在膜上流，并经由放苗孔或人工打的补水孔和膜缝渗入土中。

（2）膜沟灌。膜沟灌是在沟底和沟坡甚至一部分垅背上铺上塑料薄膜，作物种在沟坡或垅背上，水流通过沟中地膜上专门打的补水孔渗入土壤内。

（3）膜下滴灌。膜下滴灌是指将土壤表面覆膜，滴灌带设置在膜下的灌水方法。这种灌水方式特别适用于干旱缺水地区。膜下滴灌技术是在新疆生产建设兵团发展起来的新型滴灌技术，在新疆已得到大面积应用。它将滴灌技术与地膜覆盖技术有机结合，充分发挥其节水、节肥、节力、节工和增产、增效作用，为干旱地区发展高效节水灌溉技术开辟了一条新路。近年来，新疆生产建设兵团推广使用一次性滴灌带，并大面积应用于棉花生产的棉花膜下滴灌技术，与常规沟灌相比，膜下滴灌可节水50%左右，增产15%～25%，肥料利用率提高15个百分点左右，亩节水增效100元左右，用功效率提高3～4倍。

与传统的畦、沟灌相比，地膜覆盖技术具有田面蒸发和深层渗漏少，不冲刷畦、沟，田面不板结，地面糙率降低，保温保墒和提高田间灌水均匀度及田间灌溉水有效利用率等优点。同时，随着超薄膜的出现，地膜价格在降低，目前已经降到0.06元/m^{2}左右。按种棉花计算，与常规地面灌溉相比，膜孔灌溉可增产10%～15%，农民增收750～1 800元/hm^2，并节水30%以上，而地膜投入只有600元/hm^2，经济效益显著。

4. 波涌灌溉技术

波涌灌溉是一种改进的地面灌溉，又称涌流灌溉或间歇灌溉，它是把灌溉水按一定周期间歇地向畦田(沟)供水，逐段湿润土壤，直到水流推进到畦田(沟)末端的一种节水型地面灌水技术。

试验表明，和连续畦灌相比，波涌灌溉的灌水均匀度可提高10%～20%，输水速度比连续沟灌快1.8倍，节约水量43%，并提高了田间供水效率。

5. 地面灌溉尾水回收技术

当土壤入渗速度较小时，每条沟的入沟流量过大时水灌得均匀一些，但是往往使得水已流到沟尾时，沟首的水还没有灌足，这样就不可避免地造成沟尾泄水，如果在沟尾安装集水系统把泄水收集起来用于更低地块灌溉，或用水泵抽到高处重新灌溉，就可以节省灌溉水量，提高水的有效利用率。

(二)低压管道输水灌溉技术

低压管道输水灌溉简称“管灌”，是指以低压输水管道代替明渠输水灌溉的一种形式，它是通过一定的压力，将灌溉水由低压管道系统输送到田间，再由管道分水口分水或外接软管输水进入沟、畦的地面灌溉技术，其特点是出水流量大，出水口工作压力较低(3～5 kPa)，管道系统设计工作压力一般小于0.2 MPa。目前，我国低压管灌面积已达742.4万hm^2。

低压管道输水灌溉系统与其他灌溉方式相比，具有省水、节地、节能、省工省时、成本低、灌溉效益高、对地形适应性较强等优点。采用管道输水，减少了输水过程中的渗漏与蒸发损失，井灌区管道灌溉系统水的利用系数在0.95以上，比土渠输水节水30%左右；渠灌区采用管道输水后，比土渠节水40%左右。井灌区渠道占用耕地一般在1%左右，渠灌区渠道占用耕地面积1.5%～2%，采用管道输水后，可增加1%～2%的耕地面积；管道输水比土渠输水节能20%～30%。管道输水速度快、供水及时，可缩短轮灌周期和节省管理用工。低压管道灌溉系统单位面积上管道用量少，一次性投资少，移动式软管灌溉平均管道用量为75～90 m/hm^2，远小于喷灌或微灌的投资；同等水源条件下，由于管道灌溉可扩大灌溉面积，改善田间灌水条件，有利于适时适量灌溉，从而及时、有效地满足作物生长期的需水要求，起到了增产增收的效果，一般年份可增产15%，干旱年份增产20%以上。

低压管道输水灌溉系统一般由水源与取水工程、输水配水管网系统和田间灌水系统三部分组成。按输配水方式低压管道灌溉系统可分为水泵提水输水系统和自压输水系统；按管网布置方式可分为树状网和环状网两种类型；按管道的固定方式可分为移动式、半固定式、固定式三种。

田间水利用系数、灌溉水储存率和灌水均匀度是评价低压管道输水灌溉灌水质量的主要技术指标。在生产实践中,这些技术指标往往难以形成最佳组合,因此在实际灌水时必须根据当地条件合理确定灌水要素才能达到预期的灌水效果。

(三)渠道衬砌防渗技术

1. 渠道防渗作用

渠系在输水过程中,渠道渗漏水量占输水损失的绝大部分。一般情况下,渠道渗漏水量占渠首引水量的30% ~50%,有的灌区高达60% ~70%,损失水量惊人。渠系水量损失不仅减少了灌溉面积,浪费了珍贵的水资源,而且会引起地下水位上升,导致农田作物渍害。在高矿化度地下水地区,渠系水量损失可能会引起土壤次生盐渍化,危害作物生长而减产。由于渠系水量损失,渠道上游建筑物尺寸和渠道工程量相应增大,增加了工程投资。渠系水量损失还会增加灌溉成本和用水户的水费负担,降低灌溉效益。因此,在加强渠系配套和维修养护、实行科学的水量调配、提高灌区管理水平的同时,对渠道进行衬砌防渗,减少渗漏水量,提高渠系水利用系数,是节约水量、实现节水灌溉的重要措施。目前,我国渠道防渗节水灌溉面积已达1 282.3万 hm^2,万亩以上灌区固定渠道防渗长度所占比例为25%,其中干、支渠防渗长度所占比例为35%。

大量工程实践证明,采取渠道防渗措施以后,可以减少渗漏损失70% ~90%,渠系水利用系数能得到显著提高。例如,陕西省泾惠渠灌区的四级渠道采取防渗措施后,渠系水利用系数由0.59提高到0.85;福建晋江县晋南电灌站永和二级电灌站12 km长的干渠,采取砌石防渗后,渠系水利用系数由0.55提高到0.8;湖南涟源县白马水库灌区62 km长的干渠,进行防渗处理后,渠系水利用系数由0.3提高到0.68。因此,对渠道进行衬砌防渗,不但可以提高渠系水利用系数,节约水资源,而且是提高现有水利工程效益的重要途径。

渠道衬砌防渗的作用主要有以下几个方面:

(1)减少渠道渗漏损失水量,节省灌溉用水量,更高效地利用水资源。

(2)提高渠床的抗冲刷能力,防止渠岸坍塌,增加渠床的稳定性。

(3)减小渠床糙率,增大渠道流速,提高渠道输水能力。

(4)减少渠道渗漏对地下水的补给,有利于控制地下水位上升,防止土壤盐碱化及沼泽化的产生。

(5)防止渠道长草,减少泥沙淤积,节约工程维修费用。

(6)降低灌溉成本,提高灌溉效益。

2. 渠道防渗衬砌类型

按其所用材料的不同,渠道防渗衬砌类型一般分为土料防渗、砌石防渗、混凝土防渗、沥青材料防渗及膜料防渗等类型。

土料防渗包括土料夯实、灰土护面、三合土护面等。这种防渗措施具有就地取材、施工简便、造价低等优点,但其抗冻性、耐久性较差,工程量大,质量不易保证。可用于气候温和地区的中、小型渠道防渗衬砌。

砌石防渗具有就地取材、施工简便、抗冲刷、耐久性好等优点,这种防渗措施一般可减少渗漏量70% ~80%,使用年限可达20~40年。

混凝土衬砌渠道是目前广泛采用的一种渠道防渗措施,它的优点是防渗效果好、耐久性好、强度高,可提高渠道输水能力,减小渠道断面尺寸,适应性广,管理方便,一般可减少渗漏损失量85% ~95%,使用年限可达30~50年。混凝土衬砌方法有现场浇筑和预制装配两种。现场浇筑的优点是衬砌接缝少,与渠床结合好;预制装配的优点是受气候条件影响小,混凝土质量容易保证,衬砌速度快,能减少施工与渠道引水的矛盾。混凝土衬砌渠道的断面形式常为梯形或矩形,其优点是便于施工。近年来,混凝土U形渠道以其水力条件好、经济合理、防渗效果好等优点,得到了较快发展。U形渠道衬砌可采用专门的衬砌机械施工,施工速度快且省工、省料。

沥青防渗材料主要有沥青玻璃布油毡、沥青砂浆、沥青混凝土等。沥青材料防渗具有防渗效果好、耐久性好、投资少、造价低、对地基变形适应性好、施工简便等优点,可减少渗漏量90% ~95%,使用年限可达10~25年。

膜料防渗就是用不透水的土工织物(即土工膜)来减小或防止渠道渗漏损失的技术措施。膜料按防渗材料可分为塑料类、合成橡胶类和沥青及环氧树脂类等。膜料防渗具有防渗性能好、应变形能力强、材质轻、运输方便、施工简单、耐腐蚀、造价低等优点。膜料防渗一般可减少渠道渗漏损失90% ~95%。塑料薄膜防渗是膜料防渗中采用最为广泛的一种,目前通用的塑料薄膜为聚氯乙烯和聚乙烯,防渗有效期可达15~25年。一般都采用埋铺式,保护层可用素土夯实或加铺防冲材料,总厚度应不小于30 cm。薄膜接缝用焊接、搭接及化学溶剂(如树脂等)胶结,在薄膜品种不同时只能用搭接方法,搭接长度5 ㎝左右。

除以上防渗措施外,还有在砂土或砂壤土中掺入水泥,铺筑成水泥土衬砌层,以及在渠水中拌入细粒黏土,淤填沙质土渠床的土壤孔隙,减少渠床渗漏的人工挂淤防渗,和在渠床土壤中渗入食盐、水玻璃以及大量有机质的胶体溶液,减少土壤渗透能力的化学防渗方法等。

(四)喷灌技术

喷灌是利用自然水头落差或机械加压把灌溉水通过管道系统输送到田间,利用喷洒器(喷头)将水喷射到空中,并使水分散成细小水滴后均匀地洒落在田间进行灌溉的一种灌水方法。同传统的地面灌溉方法相比,它具有节水、省劳、节地、增产、适应性强等特点,被世界各国广泛采用。喷灌几乎适用于除水稻外的所有大田作物,以及蔬菜、果树等,对地形、土壤等适应性强。与地面灌溉相比,大田作物喷灌一般可节水30% ~50%,增产10% ~30%,但耗能多、投资大,不适宜在多风条件下使用。世界许多国家都非常重视这项节水技术的应用。2013年底,我国已有喷灌、微灌面积684.7万hm^2。

喷灌系统一般是指从水源取水到田间喷洒灌水整个工程设施的总称,由水源工程、水泵及动力设备、输水管道系统和喷头等组成。若按系统获得压力的方式分,喷灌系统可分为机压喷灌系统和自压喷灌系统;按系统设备组成分,喷灌系统为管道式喷灌系统和机组式喷灌系统;按喷灌系统中主要组成部分是否移动的程度,喷灌系统可分为固定式、移动式和半固定式三类等。

（五）微灌技术

微灌是根据作物需水要求，通过低压管道系统与安装在末级管道上的灌水器，将作物生长所需的水分和养分以较小的流量均匀、准确地直接输送到作物根部附近的土壤表面或土层中的灌水方法，是一种现代化、精细高效的节水灌溉技术，具有省水、节能、适应性强、灌水均匀、操作方便等特点，灌水同时可兼施肥，灌溉效率能够达到90%以上。

微灌一般需要利用专门设备，将有压水流变成细小水流或水滴，湿润植物根区土壤的灌水方法，包括滴灌、微喷灌、涌泉灌（或小管出流灌）和渗灌等。微灌系统一般由水源工程、首部枢纽、输配水管网和灌水器以及流量、压力控制部件和量测仪表等组成。

（六）地下灌溉技术

地下灌溉是指灌溉水从地面以下的一定深度处，借助毛管力的作用，自下而上浸润土壤的一种灌水方法。可分为：

（1）地下水浸润灌溉。它适用于土壤透水性较强，地下水位较高，地下水及土壤含盐量均较低的不易发生盐碱化的地区。地下水浸润灌溉是利用沟渠河网及其节制建筑物控制，将地下水位上升到一定高度，借助毛管引力作用向上湿润土壤；在不灌溉时开启节制闸门，使地下水位回降到一定深度，以防作物遭受渍害。

（2）地下暗管灌溉（又称渗灌）。利用修筑在地下的专门设施（管道或者鼠洞）将灌溉水引入田间耕作层，借毛细管作用自下而上湿润作物根区附近土壤的灌水方法，适用地下水较深和灌溉水质较好，要求湿润土层透水性适中的地区。地下暗管灌溉具有灌水质量高，能很好地保持土壤结构，避免地表板结，且能减轻中耕除草劳动的优点。但是，它湿润表层土壤较差，对幼苗生长不利；在透水性强的土壤上容易产生深层渗漏，使水量损失多；地下暗管灌溉基本建设投资大，施工技术复杂，暗管易堵塞，又难以检修。目前，在我国推广应用尚不普遍。

（七）集雨节灌技术

在丘陵、山区和干旱地区，可因地制宜地建设水窖、水池、水柜、水塘等小型集雨工程，开展覆盖集雨、雨水集蓄补灌、保墒固土、生物节水、保护性耕作等措施。综合运用农艺、生物和工程等措施，积极推广深松蓄水保墒等旱作节水技术，扩大节水作物品种和种植面积，缓解旱作区水资源供需矛盾。各地迅速发展起来的集雨节灌技术有甘肃省实施的“121”雨水集流工程（每户建100 m^2左右的雨水集流场，打2眼水窖，发展0.067 hm^2左右庭院经济）、内蒙古自治区实施的“112”集雨节水灌溉工程（1户建1眼旱井或水窖，采用坐水种和滴灌技术，发展0.134 hm^2抗旱保收田）、宁夏回族自治区的“窖水蓄流工程”、陕西省的“甘露工程”，还有山西、河南、河北等省的雨水集蓄工程。这些有效的雨水集蓄措施的研究和应用，产生了明显的经济效益、社会效益和生态效益。

二、工业节水

所谓工业用水，就是同工业生产有直接的关系，其量的大小会对工业生产产生直接的影响。这种用水的经费是工业成本的组成部分，即只要是被工业生产使用的水都作为工业用水。工业用水的来源包括常规水资源和非常规水资源两类。常规水资源有地表水（以净水厂供水计量）、地下水、城镇供水工程供水，以及企业从市场购得的其他水或水的产品(如蒸汽、热水、地热水等)。非常规水资源有雨水、海水、苦咸水、矿井水和城镇污水再生水等。目前,我国工业增长速度较快,工业生产用水量稳定增长,既增加了城市用水压力,也加重了城市污水处理负担。我国工业用水占整个城市用水的1/4左右,因此需不断推行工业节水,减少取水量,降低排放量。

工业用水按用水性能可分为冷却用水、锅炉用水、工艺用水及其他用水等;按生产系统分类,包括主要生产用水、辅助生产用水和附属生产用水。工业用水分类如图17-1所示。主要生产用水是指主要生产系统(主要生产装置、设备)的用水;辅助生产用水是指为主要生产系统服务的辅助生产系统(包括工业水净化单元、软化水处理单元、水汽车间、循环水场、机修、空压站、污水处理场、贮运、鼓风机站、氧气站、电修、检验化验等)的用水;附属生产用水是指在厂区内,为生产服务的各种服务、生活系统(如厂办公楼、科研楼、厂内食堂、厂内浴室、保健站、绿化、汽车队等)的用水。工业用水类型不同,节水的途径和方式也不同,主要包括生产过程节水(如节水技术改造、加强用水管理等)、生产工艺节水、再生水利用等。

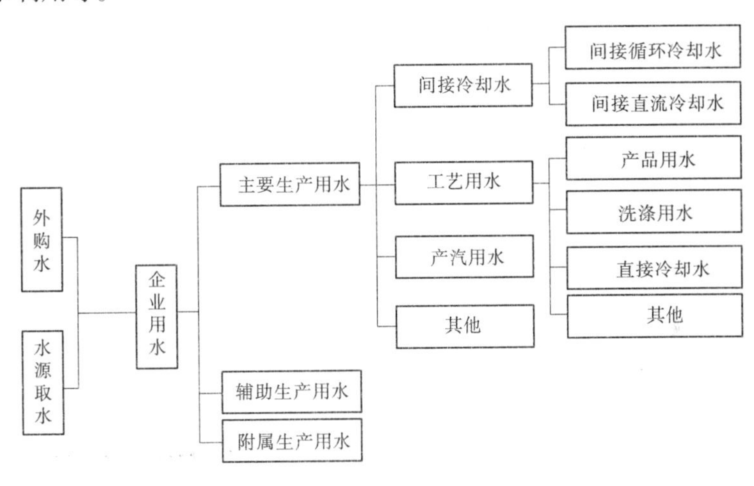

图17-1　工业用水分类示意图

(一)节水技术改造

节水技术改造主要包括冷却水的回收利用和冷凝水的回收利用等。

1.冷却水的回收利用

因为水具有使用方便、热容量大、便于管道输送且化学稳定性好等特点,许多工业生产中都直接或间接地将水作为冷却介质。工业冷却水中的大部分是间接冷却水,间接冷却水在生产过程中作为热量的载体,不与被冷却的物料直接接触,使用后除温度升高外一般较少受污染,不需较复杂的净化处理或无须处理,经冷却降温后即可重复使用。因此,实行冷却水尤其是间接冷却水的循环利用,提高冷却水的循环利用率应成为工业节水的一个重点。

2.冷凝水的回收利用

高温蒸汽冷凝水是指锅炉产生的高温蒸汽在经用汽部位后以及在输汽管道途中部分蒸汽凝结成的水,这部分水的水质较好,符合锅炉用软化水的水质标准,可重新注入锅炉使用,将节省大量的软化水。同时,这部分水水温较高,在 80 ~ 100 ℃,及时地将其重复利用,能节省大量的能源,具有很高的经济效益。

热力供应行业的高温蒸汽冷凝水在未回收前,往往是排入管道或沟道中,造成大量软化水的浪费,即使是开放性回收,也有大量蒸汽泄漏,设备房间内常常雾气腾腾,这不仅浪费了大量的水和能源,还影响其他设备的使用寿命,而且回收水的水质也易受到污染。如果采取措施将高温蒸汽冷凝水加以密闭回收,将大量节约软化水,节省煤、电、气等能源。因此,技术改造中多采用密闭式冷凝水回收系统,以实现高效、高温、密闭回收蒸汽冷凝水的目标。

除部分城市的工业冷却水、冷凝水可以利用天然河、湖、水库水面做自然冷却池而采用直流式用水系统外,我国大多城市水资源紧缺,不适合采用直流式用水系统,很多行业如火力发电、饮料制造等行业,冷却水、蒸汽冷凝水用量较大,均需通过节水技术改造,实现降低企业取水量的目的。

如啤酒生产企业,若糖化车间生产用蒸汽和啤酒车间杀菌机循环水箱系统所用蒸汽没有回收,必然造成冷凝水直排,浪费严重。若将蒸汽冷凝水回收,作为啤酒车间杀菌机软化水的补充,可为企业直接创造经济效益。若通过安装的输水管路系统,将冷凝水输送到锅炉采暖系统,也能为企业创造直接的经济效益。

(二)再生水回用

再生水回用的主要对象是冷却用水和工艺的低质用水(洗涤、冲灰、除尘等)及工业废水的处理回用等。由于国家政策引导和扶持,近年来城镇污水再生利用增长较快,再生水取代常规水源作为生产用水水源的比例越来越大。如,安徽省对火力发电、钢铁等工业企业要求优先利用再生水,淮南和淮北两大火电基地、合肥电厂、大唐滁州电厂、宿州钱营孜发电公司、神皖庐江电厂等均采用城市中水作为循环冷却水,这些火电项目全部正常运行将消化中水近 1 亿 m^3。2010 年前城市污水再生利用几乎为零,到 2014 年,全省非常规水源利用量为 3.3 亿 m^3,其中再生水 1.78 亿 m^3,矿排水 1.44 亿 m^3,回用的主要方向有工业企业回用,以及公园、河道、湖泊的生态补水,绿化浇洒、道路浇洒等市政用水,合肥、淮北、宿州、阜阳、临泉等市县已建成中水回工程,淮北市城市污水再生利用率达 43.6%。

工业废水的处理回用是重要的节水途径之一,可涉及冷却、除灰、循环水、热力等系统。冷却水系统主要根据系统对水质要求的不同而采取循环、循序、梯级使用。热力系统主要是蒸汽回收利用,其他系统的排水经处理后主要用于水力除灰渣,生产、生活杂用水进一步处理后作为冷却系统的补水。

目前,大多数企业都有污水处理厂,但仅限于将生产废水和生活污水处理达标后直接排放,只有少数企业能做到废水处理回用,但回用率不高,造成了水资源的浪费。在企业生产运行中,应根据各工序生产对水质的要求不同,可以最大限度地实现水的串联使用,使各工序各取所需,做到水的梯级使用,从而减少取水量,实现污水排放量的最小化。也可以针对污、废水的不同性质采取不同的水处理方法,回用于不同的生产环节,从而减少新鲜水的取水量,降低污水排放量和污水的处理费用。

废水处理回用蕴含的节水潜力大。交通运输设备制造业可将含油废水、电泳废水、切削液废水以及清洗液废水等处理,回用于绿化、生活杂用以及生产。石油化工行业在有机生产过程中,可考虑将蒸汽冷凝水回收利用,作为循环系统的补水。将生产用井水回收利用,作为循环系统补水,也可增加回用水深加工装置,将处理后的水作为循环系统的补水。有些冷却器和特殊部位需要工艺水冷却,也可考虑采用回用水。纺织印染业是用水大户,可采用生产过程中不同生产工序排放的废水通过处理后再回用,以节约用水。

三、城市节水

城市节水是解决水资源供需矛盾、提升水环境承载能力、应对城市水安全问题的重要举措,对支撑新型城镇化战略实施和社会主义生态文明建设具有重要意义。

(一)规划引领

城市总体规划编制要科学评估城市水资源承载能力,坚持以水定城、以水定地、以水定人、以水定产的原则,统筹给水、节水、排水、污水处理与再生利用以及水安全、水生态和水环境的协调。缺水城市要先把浪费的水管住,严格控制生态景观取用新水,提出雨水、再生水及建筑中水利用等要求,沿海缺水城市要因地制宜地提出海水淡化利用等要求。按照有利于水的循环、循序利用的原则,规划布局市政公用设施;明确城市蓝线管控要求,加强河湖水系保护。编制控制性详细规划要明确节水的约束性指标。各城市要依据城市总体规划和控制性详细规划编制城市节水专项规划,提出切实可行的目标,从水的供需平衡、潜力挖掘、管理机制等方面提出工作对策、措施和详细实施计划,并与城镇供水、排水与污水处理、绿地、水系等规划相衔接。

(二)严控城市供水管网"跑、冒、滴、漏"

城市供水管网是指出水厂后的干管,以及至用户水表之间的所有管道及其附属设备和用户水表的总称。城市供水过程中难免出现水量漏失现象,以城镇供水管网漏损用漏损率指标衡量,计算方法是年自来水厂产水总量与收费水量之差占产水总量的百分比。城市供水总量是指城市供水企业以公共供水管道及其附属设施向单位和居民生活、生产和其他各项建筑提供的用水。有效供水量是指水厂将水供出厂外后,各类用户实际使用到的水量,包括售水量和免费损耗水量。售水量指收费供应的水量,免费损耗水量指无偿供应的水量。城市供水管网改造和管网漏损控制、评定是加强城市节水的重要途径。漏损率是反映管网漏耗的重要指标,其大小取决于供水总量、售水量、免费供水量及它们之间的关系。其影响因素包括计量不准确(系统误差、方法误差、偶然误差)和应计量未计量(各种无法计量的管网暗漏、明漏损耗水量,消防、绿化、环卫等相关单位未计量的无偿使用水量,各种偷盗用水行为损失水量,共用水设施水损(含偷水)未分摊由供水企业承担,管网自用水(如管网末梢排水、管网维修耗水量等)未计量水量,各种人为管网爆漏事件的损失水量)等。管网漏损率控制措施包括加大管网改造力度,严格执行工程施工规范要求,提高工程施工质量,减少爆漏,降低漏耗;加大管网查漏、修漏力度,定期对市政管网进行查漏、修漏,并及时完成用户反映缺水、漏水的管道检修工作;落实供水设施巡查工作,及时发现供水设施漏水、损坏或各种偷盗水、违章用水行为;提高水表抄表准确率,减少误差,对小区、楼宇的绿化、卫生等公共用水进行复核,确保有表用水等。

供水管网和设备日常维护,需制定供水管网维护管理制度,强化巡查力度等。如实行"日巡查、周检查、月维护"制度等,提高设备完好率,减少管网漏损率,确保设备设施正常运行。对于跑、冒、滴、漏和浪费水严重的自来水管网和原有建筑用水器具应进行改造，并通过建立合理的水价形成机制，实现人均综合生活用水量零增长或缓慢增长。对新建、改建和扩建建设工程，节水设施必须与主体工程同时设计、同时施工、同时投入使用；对使用年限超过50年和材质落后的供水管网进行更新改造，确保公共供水管网漏损率达到国家标准。

（三）节水型生活器具的使用

节水型生活用水器具是指满足相同的饮用、厨用、洁厕、洗浴、洗衣等用水功能，较同类常规产品能减少用水量的器件、用具，包括节水型水龙头（水嘴）、节水型便器、节水型洗衣机、节水型淋浴器等。目前，我国执行的是国家质量监督检验检疫总局发布的最新强制性水效标准如《水嘴用水效率限定值及用水效率等级》（GB 25501—2010）、《坐便器用水效率限定值及用水效率等级》（GB 25502—2010）等，以及住房和城乡建设部发布的《节水型生活用水器具》（CJ/T 164—2014）。

1. 水龙头

水龙头是最末端的取水器具，人人都要使用它。人们经常看到在不同场所使用的不同式样的水龙头，如普通（冷）水龙头、热水龙头、混合水龙头、浴盆水龙头、淋浴水龙头、洗衣机水龙头、旋转出水口水龙头、手持可伸缩式水龙头（洗涤盆用）、机械式自动关闭水龙头、电控全自动水龙头、感应式水龙头、自动收费（插卡）水龙头以及净身器水龙头等。

选用水龙头时应该首先考虑它的使用环境。固定的个人使用者选用一般的手动水龙头，公共场所安装延时、定量（时）自闭水龙头，有条件时应该考虑自动控制的水龙头。为了避免交叉感染，医院应该选用非接触式水龙头（如感应式）。

（1）节水型水龙头。为了减少水的不必要浪费，应选择节水型的产品。节水型水龙头产品应该针对使用特点，能够保障最基本的出水量（如洗手盆用0.05 L/s、洗涤盆用0.1 L/s、淋浴用0.15 L/s），自动减少无用水的消耗（如加装充气口防飞溅），洗手用喷雾方式，提高水的利用率，经常发生停水的地方选用停水自闭水龙头，公用洗手盆安装延时、定量（时）自闭水龙头。当管网的给水压力静压超过0.4 MPa或动压超过0.3 MPa时，应该考虑在水龙头前面的干管上加装减压阀或孔板等减压措施。

（2）绿色环保材料水龙头。除了注意选用节水龙头，还应大力提倡选用绿色环保材料制造的水龙头。绿色环保水龙头除在一些密封的零件材料表面涂装选用无害的材料（曾经使用的石棉、有害的橡胶、含铅的油漆、镀层等都应该淘汰）外，还要注意控制水龙头阀体材料中的含铅量。制造水龙头阀体应该选择低铅黄铜、不锈钢等材料。

为了防止铁管或镀锌管中的铅对水的二次污染以及接头容易腐蚀等问题，现在已广泛采用新型管材，一类是塑料，另一类是薄壁不锈钢等。在选用水龙头时，除注意尺寸及安装要求外，还应该在固定水龙头的方法上给以足够重视，否则会因为经常搬动水龙头手柄，造成水龙头和接口松动。

2. 冲水便器

根据不同的使用要求，冲水便器系统已经发展成种类繁多的大家族，分为蹲便器、坐便器、小便器、净身器等，另外，还有“干式”（利用微生物分解）便器、化学药剂便器、焚烧式便器、冷冻式便器等不需要水冲洗技术的便器也在一些特定环境中使用。常说的抽水

马桶专指冲水式坐便器,简称坐便器。

冲水便器系统一般由水箱及配件、便器(含防臭水封)、污水输送管路组成。冲水便器的冲水方式分为水箱(一挡、两挡式,大小便分别用不同水量冲洗)和手动(脚踏)延时自闭冲洗阀以及自动控制式。目前,大部分冲水便器均使用优质的自来水(饮用水质),水资源浪费很多。冲水便器仅仅是以水作为运输介质,对水质的要求远不需要达到饮用标准,应尽量创造条件使用中水(二次水、再生水等)。此外,还应尽可能减少每次冲水的用水量。减少便器用水量不能只减少水箱的贮水量或减少冲水时间,整个冲水便器的各个环节都要适应减少水量的要求。尽管水箱、水箱配件、便器都能做到适应减少水量的要求,如果输送水的管道阻力大,水量少了就稀释不了污物,流速不够,还会发生管路堵塞的严重问题。既要用水少,又要保证系统安全运行,才能真正做到节约用水。

根据《节水型产品通用技术条件》(GB/T 18870—2011),节水型便器用水量应满足以下要求:①坐便器平均用水量应不大于5.0 L,双挡坐便器的小挡排水量应不大于大挡明示排水量3.5 L;小便器平均用水量应不大于3 L;蹲便器平均用水量应符合《卫生陶瓷国家标准》(GB 6952—2005)的规定。②坐便器和蹲便器在任一试验压力下,最大用水量不得超过规定值1.5 L。

3.洗衣机

洗衣机是生活中普及率很高的用水器具,使用频繁,耗水量较大。我国生产和使用的洗衣机主要有波轮式和滚筒式两类,两者各有利弊。滚筒式较波轮式大约省水50%,但费电;波轮式洗净度较高,但对衣物磨损较大。洗衣机节水主要是从三个方面入手:一是要根据洗衣的多少确定用水量。早期的洗衣机洗多洗少都是满桶水,现在新的自控洗衣机可根据洗衣量多少控制进水,减小内外桶的间距也可以减少用水。二是利用超声波、臭氧、电解水、加强水流的喷淋及循环冲洗作用、改变洗涤程序、提高转速等物理方法,提高洗净的效率,减少耗水。三是提倡使用低泡、无泡洗衣粉及减少水体污染无磷洗衣粉,这样可以大大减少漂洗耗水量并减少对环境水体的污染。

节水型洗衣机是指在额定工作状态下满足漂洗、洗净和能耗要求,洗净性能试验全过程单位洗涤容量耗水量不超过规定限值的家用洗衣机。在进行洗净性能试验全过程中,节水型洗衣机单位洗涤容量耗水量和洗净比应符合表17-1的规定。

表17-1 洗衣机单位洗涤容量耗水量和洗净比指标

产品名称	耗水量限定值(L/kg)	洗净比
双桶波轮式洗衣机	<24	≥0.83
全自动波轮式洗衣机	<25	≥0.83
全自动搅拌式洗衣机	<32	≥0.83

4.洗浴、淋浴器和热水器

据粗略估算,洗浴用水量要占城镇人口生活用水量的1/3,而且随着人们生活水平的提高,还在不断增加。最基本的洗浴方式是淋浴,它方便、卫生,但没有自动控制关闭的简单淋浴喷头很浪费水。实践研究显示,能够达到基本舒适淋浴的最小水量是7 L/min,根据实际测量，有的宾馆饭店的喷头达到 25 ~ 30 L/min。因此，应该采取措施（降压、节流、限量）减少水的浪费。淋浴时会有很多时间是不需要淋水的，应该及时让淋浴器停止出水，这一过程用手操作比较麻烦，如果采用机械或电子的方式自动开关淋浴器，就可以节省一半以上的淋浴用水。典型的机械式半自动淋浴器是脚踏淋浴器，典型的电子式自动淋浴器是主动式红外线淋浴器。插卡计费式淋浴器则更是把用水与个人的经济利益直接挂钩，这些都是行之有效的节水器具。

热水器是为家庭提供洗涤（洗浴）温水的器具，开水器（水壶）是提供沸水的器具。早期的产品多属燃气加热，现在电加热居多，而且功率越来越大。一般燃气输配容量较大，容易实现即热式，电加热受到输配容量的限制，应该优先考虑选用容积式。电加热水器更加方便控制、清洁、卫生、少污染。从安全和节水角度出发，上述两种器具的选用原则是容积和功率够用即可，不必贪大，大了既费水又费能，一般三四口人的家庭，即热式热水器应该选用 8 ~ 10 L/min 的，容积式热水器选用 60 L，电开水器（壶）可选 1.5 L。暖水瓶经常要倒掉剩水，是一个很大的浪费，应逐步淘汰。

四、非常规水资源利用

非常规水资源（也称非传统水资源）是相对常规水资源（地表水、地下水）而言的，通常包括污水处理回用水、海水、雨水、微咸水以及矿井水等。从节约水资源的角度来看，一方面是采取各种措施，包括工程技术、农业技术和管理技术措施等，把各类损失水量减少到最低程度，提高单方水的生产效率；另一方面是开发利用多种水资源，除一般的地表水和地下水外，很有必要开发利用非常规水资源。

（一）矿井水资源化利用

目前，我国矿产多以井工开采为主，为了确保井下安全生产，必须排出大量的矿井水。矿床开采破坏了地下水原始赋存状态，而且产生了裂隙，致使大气降水、地表水、地下水和生活用水及各含水层之间的水力联系加强，各种水沿着原有通道和新的裂隙渗入井下采掘空间形成矿井水。矿井水是煤炭生产过程中排放量最多的废水，由于技术所限和认识不足，矿井水被当作水害加以预防和治理，矿井水被白白排掉而未加以综合利用和保护。据统计，平均每开采 1 t 原煤需排放 2 t 矿井水。直接排放不仅浪费水资源，也污染环境，造成了工业用水和生活用水短缺。对矿井水进行处理并加以利用，不但可防止水资源浪费，避免对水环境造成污染，而且对于缓解矿区供水不足、改善矿区生态环境、最大限度地满足生产和生活需求有着重要意义。随着科学的发展和人们环境保护意识的提高，对矿井水也有了新的认识，开始将矿井水作为一种水资源加以处理利用，即矿井水资源化。

矿井水水质状况随矿山开采的品种、类型、方式以及矿山所处的区域和地质构造等的不同有较大的差异。按水质可分为五类，即洁净矿井水、含悬浮物矿井水、高矿化度矿井水、酸性矿井水和特殊污染型矿井水。不同水质的矿井水只要经过相应的工艺处理，才可能达到生活饮用水和工业用水的标准。

矿井水经处理后主要用于矿区生产、绿化、防尘等用水，矿区周边企业的工业补充用水，矿区周边农田灌溉用水，居民生活用水等。

(二)污水再生利用

要将污水再生利用作为削减污染负荷和提升水环境质量的重要举措,合理布局污水处理和再生利用设施,按照“优水优用,就近利用”原则,在工业生产、城市绿化、道路清扫、车辆冲洗、建筑施工及生态景观等领域优先使用再生水。人均水资源量不足500 m^3/年和水环境状况较差的地区,应合理确定再生水利用的规模,制定促进再生水利用的保障措施。如北京市近年来加大再生水利用,2014年再生水利用量已达8.6亿 m^3。

(三)雨水利用

在我国西部地区,对雨水的汇集和利用已有丰富的经验,但城市雨洪利用很少。城市的道路、建筑物、屋顶、公园、绿化地等都是截留雨水的好场所。降雨形成的大量径流一般都是汇集到排污管道或沟道流走。在城市中汇集的雨洪一般不含有毒物质,经过简单沉淀处理即可用于灌溉、消防、冲洗汽车、喷洒马路等。而我国许多城市都是用自来水灌溉树木、绿化地和冲洗汽车、道路等,浪费自来水量大,成本也高。随着城市绿化覆盖率的日益增加,灌溉、洗车及其他清洁用水量将大大增加。因此,必须重视对城市雨洪的利用。2014年8月,住房和城乡建设部、国家发展和改革委员会联合下发通知,要求对成片开发地块的建设应大力推广可渗透路面和下凹式绿地,通过雨水收集利用、增加可渗透面积等方式控制地表径流;新建城区硬化地面中,可渗透地面面积比例不应低于40%;有条件的地区应对现有硬化路面逐步进行透水性改造,提高雨水滞渗能力;按照对城市生态环境影响最低的开发建设理念,控制开发强度,最大限度地减少对城市原有水生态环境的破坏,建设自然积存、自然渗透、自然净化的“海绵城市”。“海绵城市”是通过屋顶绿化、雨水收集利用设施等措施,让城市像“海绵”一样,充分对雨水吸纳、蓄渗和缓释作用,有效缓解城市内涝,削减城市径流污染负荷,节约水资源,保护和改善城市生态环境,更好地应对自然灾害,做到“小雨不积水,大雨不内涝,水体不黑臭”,同时缓解城市“热岛效应”。中国住房和城乡建设部计划3年内投资865亿元建设16个“海绵城市”试点(包括迁安、白城、镇江、嘉兴、池州、厦门、萍乡、济南、鹤壁、武汉、常德、南宁、重庆、遂宁、贵安新区和西咸新区),建设面积450多 km^2,在此基础上推出一批可复制、可推广的经验和模式。

国外在雨水利用方面已有不少经验,如日本东京有8.3%的人行道采用透水性柏油路面,使雨水入渗到地下,汇集后利用。为了汇集雨水,澳大利亚在城市内设有两套集水系统,一套是生活污水集水系统,另一套是雨水汇集系统。污水处理的成本高,而集蓄的雨水经简单处理后即可利用。应加强对城市雨洪利用的研究,研究雨水储存、防渗和净化,雨水汇集和利用系统的规划设计,以及城市郊区利用汇集雨水回灌地下水技术等。

(四)土壤水利用

从某种意义上讲,土壤犹如一个天然的蓄水库,可存蓄雨水和灌溉水。通过改进耕作和种植制度,采取覆盖措施、添加保水剂和抑制蒸发药物等,可增加土壤蓄水、保墒能力,达到节约灌溉用水的目的。我国在这方面已有一些经验,需要进一步深化研究。如在覆盖条件下进行灌溉和保墒技术、土壤墒性监测和预报新技术以及地理信息系统(GIS)的应用等。

(五)海水淡化

因地制宜地推进海水淡化利用,鼓励沿海淡水资源匮乏的地区和工矿企业开展海水淡化利用示范工作，将海水淡化水优先用于工业企业生产和冷却用水。在满足各相关指标要求、确保人体健康的前提下，开展海水淡化水进入市政供水系统试点，完善相关规范和标准。

近年来，我国海水淡化有了较快的发展，产业化发展态势良好。2011 年底，我国已建成海水淡化能力达 66 万 m^3/d。其中，浙江省的海水淡化总产水能力已达 11 万 m^3/d，约占全国总产能的 16%。截至 2012 年底，我国已建成海水淡化工程 95 个，日产淡化水总规模达到 77.4 万 m^3，其中最大的海水淡化工程规模达到日产 20 万 m^3。我国沿海 9 个省市的城市及海岛都分布有全国海水淡化工程。经过多年的科技攻关，中国在海水淡化、海水直接利用等海水利用关键技术方面取得重大突破，技术经济日趋合理，如低温多效海水淡化技术、海水循环冷却技术已跻身国际先进水平。目前，中国海水淡化已基本具备了产业化发展条件。以色列的海水淡化以反渗透法为主，在埃拉特的海水淡化厂日产量为 13 500 m^3。在埃及，海水淡化成本为 1.0 美元/m^3，主要用于沿海夏季避暑地区。埃及有一个国家提供资金的计划，鼓励用污水、咸水和海水。西班牙淡化海水的成本为 0.6 ~ 1.4 美元/m^3。澳大利亚也是 1.0 美元/m^3。总的来说，海水淡化的成本仍较高。随着科学技术的发展，其成本必然会进一步降低，不久的将来，淡化海水将成为一种有实用价值的水资源。2012 年，全国直接利用海水共计 663.1 亿 m^3，主要作为火(核)电的冷却用水。

第二节　非工程措施

一、健全管理制度促进节水

(一)加强节水管理制度建设

1. 推进节水立法

为了促进水资源节约利用，国家先后颁布了《水法》《水污染防治法》《城市供水条例》《取水许可和水资源费征收管理条例》(国务院第 460 号令)等法律、法规和规章，制定了一系列节水制度。主要包括节水管理体制制度、取水许可制度、用水总量控制和定额管理相结合的制度、用水实行计量收费和超定额累进加价制度、节水产品质量认证制度、高耗水产品与设备淘汰制度、国家推行和鼓励开发利用节水技术制度、节水“三同时”制度、节水激励制度等，这一系列制度为建立资源节约型和环境友好型社会提供了良好的制度保障。安徽省也颁布了《安徽省实施〈中华人民共和国水法〉办法》《安徽省取水许可和水资源费征收管理实施办法》(安徽省人民政府第 212 号令)等法规及配套的政策规定，《安徽省节约用水条例》于 2015 年 10 月 1 日起施行。

2. 出台节水政策

特别是近年来，从国家到地方都出台了关于实行最严格水资源管理制度的政策体系，节约用水的政策措施是重要内容，本书第二篇已作较为详细的介绍，此处不再赘述。

(二)加强节水管理

严格落实取用水管理的各项制度，是实现节约用水的关键措施，如计划用水管理、用水定额管理、用水总量控制、水资源有偿使用制度等，本书第三篇等有关篇章已有介绍，本处不再赘述。

二、推广使用节水工艺和技术

（一）节水工艺技术

发节水型生产工艺，这是比节水技术改造高一个层次的工业节水。工业企业可根据行业特征、用水特点，开发、研制不同的节水型生产工艺，如钢厂、电厂的干法除尘技术，钢厂的干法熄焦技术，味精生产中的一步冷冻法提取谷氢酸，罐头生产中的节水罐装技术和高逆流螺旋式冷却工艺等，可以实现用水点减少或用水量减少，以达到节水目的。

（二）节水农艺技术

节水农艺技术包括农田保蓄水技术、节水耕作和栽培技术、适水种植技术、优选抗旱品种、土壤保水剂及作物蒸腾调控技术、各种节水灌溉制度等。由于农作物需水规律不同，各自的灌溉制度及管理措施也不同。灌溉制度包括作物播种前（或插秧前）以及全生育期内的灌水次数、每次灌水的日期、灌水定额与灌溉定额等方面。

中耕保墒是在每次灌后将土表耙松，这样可以切断毛细管，使表面以下土中的水分不会在毛管作用下送到表面而蒸发掉。麦秆覆盖，是将麦秆（或其他植物茎叶）切碎后铺在土表，这样也可以有效地减少土表水分蒸发。

节水灌溉制度是根据作物的需水规律把有限的灌溉水量在灌区内及作物生育期内进行最优分配，达到高产、高效的目的，主要包括不充分灌溉技术、调亏灌溉技术、控制分根交替灌溉技术、水稻“薄、浅、湿、晒”灌溉技术等。

不充分灌溉是指在水资源紧缺的条件下，为了最大限度地发挥水资源的经济效益，按低于正常水平的供水量进行灌溉的方法。调亏灌溉是指在作物某一生育期内，有目的、主动地减少灌水量，造成作物受到一定程度的水分胁迫的灌溉方法。在北方冬麦区，冬小麦调亏灌溉制度是：一般降水年份灌两次水，分别在越冬前和拔节期。如果播种后降水多，越冬时土壤墒情好，可以不冬灌，春季早灌，然后在拔节后期至孕穗期再灌一次水。

控制分根交替灌溉技术是改变根系生长空间的土壤湿润方式，人为控制根区土壤某个区域的干燥或湿润，使作物根区土壤交替干燥，以减少作物奢侈的蒸腾和植株间的无效蒸发，节约灌溉用水量，同时有利于促进根系补偿性生长，提高作物对水、肥的利用率。控制分根交替灌溉主要有隔沟交替灌溉、田间移动控制性交替滴灌及自动控制滴灌和控制性隔管渗灌等形式，主要用于宽行种植的大田作物及果树。

水稻“薄、浅、湿、晒”灌溉技术是指薄水插秧，浅水返青，分蘖前期田间湿润管理，分蘖后期晒田，拔节抽穗保持薄水，乳熟保持田间湿润，黄熟湿润落干。这种方法可大大减少渗漏量和植株棵间蒸发量，从而减少灌水量。

化学抗旱技术是指利用各种化学制剂调控土壤表面及作物叶面蒸发达到节水的目的。如采用保水剂拌种包衣，能使土壤在降水或灌溉后吸收相当于自身重量数百倍至上千倍的水分，在土壤水分缺乏时将所含的水分慢慢释放出，供作物吸收利用，遇降水或灌水时还可再吸水膨胀，重复发挥作用。喷施黄腐酸（抗旱剂 1 号），可以抑制作物叶片气孔开张度，使作物蒸腾减弱等。

（三）灌溉水资源优化调配、管理及自动化技术

1. 灌溉水资源优化调配

灌溉水资源优化调配技术主要包括地表水与地下水联合调度技术、灌溉回归水利用技术、多水源综合利用技术、雨洪利用技术等。优化配置与调度需加强水资源统一管理，强化农业用水管理和监督，严格控制农业用水量，合理确定灌溉用水定额。

2. 节水灌溉管理技术

节水灌溉管理技术是指根据作物的需水规律控制、调配水源，以最大限度地满足作物对水分的需求，实现区域效益最佳的农田水分调控管理技术。同时，明确农业节水工程设施管护主体，落实管护责任。完善农业用水计量设施，加强水费计收与使用管理。完善农业节水社会化服务体系，加强技术指导和示范培训。积极推行农业节水信息化，有条件的灌区要实行灌溉用水自动化、数字化管理。节水灌溉技术包括用水管理信息化系统、输配水自动量测及监控技术、土壤墒情自动监测技术、田间管理技术等。其中，输配水自动量测及监控技术采用高标准的量测设备，能及时准确地掌握灌区水情，如水库、河流、渠道的水位、流量以及抽水水泵运行情况等技术参数，通过数据采集、传输和计算机处理，实现科学配水，减少弃水。土壤墒情自动监测技术采用张力计、中子仪、TDR 等先进的土壤墒情监测仪器监测土壤墒情，科学制订灌溉计划，实施适时、适量的精细灌溉。田间管理方面可通过平整土地、秸秆覆盖、地膜覆盖、少耕免耕技术以及合理调蓄、综合利用、定量调配灌溉水源等方法以达到节水的目的。随着信息技术的发展，通过遥感（RS）、地理信息系统（GIS）、全球定位系统（GPS）及计算机网络技术获取、处理、传送各类农业节水信息，为现代农业的发展提供技术支持。

3. 节水灌溉自动化技术

节水灌溉自动化技术与人工控制灌溉模式相比，具有节省水、肥、能量、杀虫剂、人工等优点，并可基本消除在灌溉过程中人为因素造成的不利影响，有利于灌溉过程的科学管理和先进灌溉技术的推广。同时，通过灌溉控制器适时、适量地灌水，提高农作物产量，有利于我国广大农村劳动力的转移和农村经济结构的调整，对环境保护也起到一定的作用。

节水灌溉自动化控制系统主要由中央控制系统、田间工作站、RTU（远程网络终端单位）或解码器（阀门控制器）、电磁阀及田间信息采集或监测设备等部分组成，如图 17-2 所示。

控制系统主要通过安装于微机设备上控制系统软件实现自动控制，其内容有信息采集与处理模块、信息数据显示模块、信息记录与报警模块、阀门状态监控模块和首部控制模块等。现有自动化监测及控制系统除具有预测、预报等功能外，还在计算机上实现过程监视、数据收集、数据处理、数据存储、报警、数据显示、数据管理和过程控制等，并实现实时过程智能决策，达到完全自动控制。田间工作站是中央控制器与 RTU 或解码器及田间信息采集监测设备的中转站。采集的信息需要通过中间站输送到中央控制器，而中央控制器发送的指令则需通过田间工作站传达到各个 RTU 或解码器。田间信息采集及监测设备是自动化控制系统的关键部件。田间信息采集主要依赖于传感设备，及时采集土壤水分、养分、温度、作物水分、养分、长势、气象类的光照、蒸发、风速、雨量及系统类的水压、阀门状态、流量、水质等数据资料。经由墒情信息采集站将信息传输至中央控制器，通过

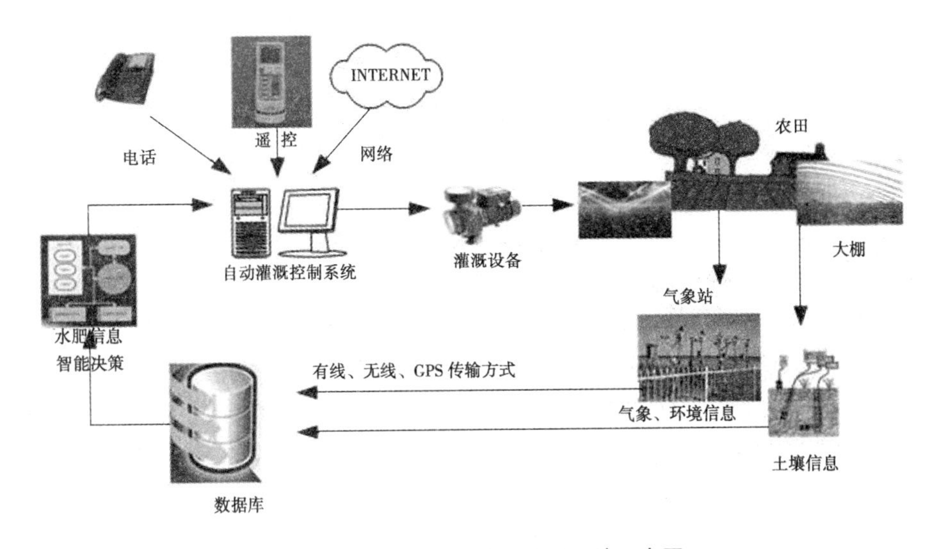

图17-2　节水灌溉自动化控制系统示意图

中央控制器安装的各类自动化监测软件系统对采集的数据分析，再以数值和曲线形式显示历史与实时参数值和变化曲线，并进行信息实时报警与记录。

三、辅助节水措施

根据水资源承载能力，合理安排作物种植结构和发展灌溉规模，优化农业种植结构和布局，发展高效节水农业和生态农业，可有效提高水资源利用率。水资源短缺地区要限制和压缩高用水、低产出作物种植面积，因地制宜地发展旱作节水农业，积极培育和推广耐旱的优质高效作物品种，发展雨热同期作物，优化种植结构。同时，对大、中、小型灌区进行节水改造，重点解决骨干工程老化失修、渠系不配套、渗漏损失严重等问题，提高用水效率。大、中型灌区节水改造的重点是粮食主产区、严重缺水区和生态脆弱区。我国小型灌区数量多、分布广，占全国灌溉面积的27%，主要集中在北方地区。小型灌区普遍存在灌溉规模小、设施老化、配套不全、用水效率偏低等问题，应结合农田水利基本建设，加快节水改造，重点解决水源脆弱、输水漏损严重和田间用水效率低的问题。我国井灌面积约占全国灌溉面积的23%，要积极进行节水改造，推广高效节水灌溉技术，发展井渠结合灌溉技术，提高井灌区灌溉水的利用率。

对于牧区水利，宜发展人工改良草场灌溉，推广草场节水灌溉和耕作技术，建设牧区节水灌溉饲草基地。东北牧区因地制宜地发展部分饲草料节水灌溉工程；华北牧区重点进行现有工程节水改造，适当建设一些小型水利工程；西南牧区重点发展饲草灌溉；西北牧区重点进行现有工程改造；新疆北部牧区重点建设饲草料灌溉工程；青藏高原牧区重点加强三江源区、环青海湖草原区退耕还草和节水改造，部分地区实施生态移民。

在开展节水灌溉工作中，要因地制宜地选择一种或几种方法进行节水。首先，选用投资最少而又能取得最好节水效果，节约最多水的节水灌溉技术；其次，需注意积极推广渠系配套、土地平整、管道输水、渠道防渗等技术；第三，南方大部分地区种植水稻，应积极推广“浅”“薄”节水灌溉技术，在北方旱作地区积极试验与推广不充分灌溉技术，在经济条件许可的地方应考虑推广喷灌、滴灌和微喷灌等先进的灌水方法。在推广节水灌溉技术的过程中,关键是树立全民节水观念。

四、宣传教育

人们生活中的用水方式直接取决于人们的用水行为和习惯。行为和习惯往往受某种潜意识影响,欲改变浪费水的不良行为或习惯,就必须加强宣传教育,进行正面引导。教育主要依靠潜移默化的影响,而宣传则是教育的强化。因此,通过宣传教育去节约用水是一种长期行为。要把节水纳入到国民素质教育体系中,从幼儿园、小学、初中、高中到大学以及干部教育培训,把节约用水作为重要的学习内容。日本水资源比较贫乏,他们十分重视节约用水的宣传教育。日本把每年的“六·一”定为全国的“节水日”,而且注意从儿童开始灌输节水意识。从1989年开始,水利部将每年的7月1~7日确定为“水法宣传周”。从1992年开始,每年5月15日所在的那一周确定为“全国城市节水宣传周”。1993年联合国做出决定,将每年的3月22日定为“世界水日”。从1994年起,水利部决定将每年的3月22~28日定为“水法宣传周”,即为“中国水周”。

通过宣传教育,让人们认识到,我国水资源比较短缺,节水是建设“资源节约型和环境友好型社会”的必经之路,节水是一种美德,可以通过建立合理的水费机制,实行计量收费,运用经济杠杆促进节约用水。长期以来,人们普遍认为水是“取之不尽,用之不竭”,不知道爱惜。应当知道我国水资源人均占有量并不丰富,地区分布不均匀,年内变化巨大,年际差别很大,再加上污染,使水资源更加紧缺。节水要从爱惜水做起,牢固树立“节约水光荣,浪费水可耻”的信念,才能时时处处注意节水。要养成好习惯。据分析,家庭只要注意改掉不良的习惯,就能节水70%左右。其次,推广应用节水器具和设备也是城市生活用水的主要节水途径之一。家庭除注意养成良好的用水习惯外,采用节水器具很重要,也最有效。节水器具种类繁多,有节水型水箱、节水龙头、节水马桶等。使用节水器具和设备对于有意节水的用户而言有助提高节水效果,对于不注意节水的用户而言,至少可以限制水的浪费。

第十八章　水平衡测试

第一节　水平衡测试概述

一、水平衡与水平衡测试

（一）水平衡

水平衡是指在一个确定的用水系统中，输入水量之和等于输出水量之和。自然界的水在循环过程中总是保持平衡的。水在一个地区、一个工厂乃至一个车间和每台用水设备的运动都符合一个原理，即用水量应该与各种消耗水量、回用水量、排水量相平衡。

（二）水平衡测试

水平衡测试是指对用水单元和用水系统的水量进行系统的测试、统计、分析得出水量平衡关系的过程。

二、企业水平衡测试的目的与意义

水平衡测试是为了加强用水的科学化管理，最大限度地节约用水和合理用水的一项基础工作。通过水平衡测试应达到以下目的：

（1）掌握单位用水现状。如水系管网分布情况，各类用水设备、设施、仪器、仪表分布及运转状态，用水总量和各用水单元之间的定量关系，获取准确的实测数据。

（2）对单位用水现状进行合理化分析。依据掌握的资料和获取的数据进行计算、分析、评价有关用水技术经济指标，找出薄弱环节和节水潜力，制订出切实可行的技术、管理措施和规划。

（3）找出单位用水管网和设施的泄漏点，并采取修复措施，堵塞跑、冒、滴、漏。

（4）健全单位用水三级计量仪表。既能保证水平衡测试量化指标的准确性，又为今后的用水计量和考核提供技术保障。

（5）可以较准确地把用水指标层层分解下达到各用水单元，把计划用水纳入各级承包责任制或目标管理计划，定期考核，调动各方面的节水积极性。

（6）建立用水档案，在水平衡测试工作中，收集的有关资料、原始记录和实测数据，按照有关要求，进行处理、分析和计算，形成一套完整、翔实的包括有图、表、文字材料在内的用水档案。

（7）通过水平衡测试提高单位管理人员的节水意识、单位节水管理节水水平和业务技术素质。

（8）为制定用水定额和计划用水量指标提供了较准确的基础数据。

三、水平衡测试程序

水平衡测试具体实施包括四个阶段(见图 18-1):准备阶段、实测阶段、汇总阶段、分析阶段,从时间上看,准备阶段所用的时间最长,汇总、分析阶段次之,实测阶段最短。分析阶段具体步骤见图 18-1。

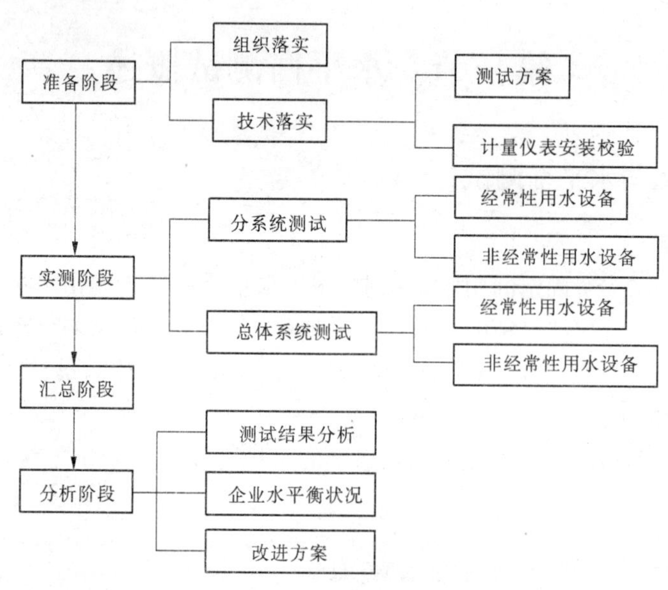

图 18-1　水平衡测试步骤

(一)准备阶段

准备工作做的好坏直接影响整个测试工作的进程、效率和质量,必须在人力、物力和财力等方面给予充分的保证。

(1)组织落实。为了确保测试工作的顺利进行,首先要制订水平衡测试工作计划(或测试方案),抽调专人具体完成此项工作,明确任务并进行职责分工,必要时由企业分管领导组织协调,向有关部门落实各项任务。测试方案主要包括:组织机构设立,具体实施部门,参加人员,测试日程安排,人员分工,明确测试要求、测试方法、测试项目、测点布置,测试仪器选择等。其次,组成以企业主管领导亲自挂帅的测试领导组,并组织有关职能部门的技术人员成立水平衡测试组,根据测试对象下达测试任务,以保证各车间(部门)密切配合测试人员开展各项测试工作。

(2)历年用水情况调查。主要包括工业产值、主要产品产量、职工人数、历年用水台账、用水指标等。

(3)进行企业现状用水普查。

①全厂各类供水水源(自来水、自井备水、河水、坑下水)情况,包括供水能力、水质、水温等。

②供、排水管线要明确,特别是一些老企业,由于对工业用水不够重视,基础资料不健全,供、排水管网不清,给测试工作带来很大困难,所以只有在管网明确以后,才能摸清水的来龙去脉,便于装表计量,测出可靠的数据。管网摸底主要包括:管路走向(包括排

水)、各管路的供水对象;各用户从何处接管或取水、取水用途、水量大小、浪费情况等;整个供水系统的供水方式、特点及各子系统的相互关系。

③各车间或部门用水种类及特点。

④主要用水设备的基本情况(设备的名称、台数、开机率、用水种类等)。

⑤水表的配备情况(数量、规格和部位)。

⑥其他情况调查,如各主要蓄水池的容积,各居民居住户数、人数,不同规模的锅炉台数,医院的床位数,招待所的客流量等,外供驻地单位及农村用水情况。

(4)搞好设备检修。在进行测试之前要检查用水设备及辅助用水设备运行是否正常,如果发现异常,应予排除,以免影响测试工作。

(5)抽调有关技术人员进行水平衡测试技术培训。

(6)按国家计量规定,凡取水量大于2 m^3/h 的用水户必须装表计量的原则,确定新装水表和更换旧表的数量、位置、型号和规格等,并组织实施安装,根据装表情况随时完善计量台账。排水和复用水不要求装表。

(7)随时杜绝跑、冒、滴、漏现象。

(8)根据了解的真实情况绘制给水排水管网草图。

(9)绘制给水排水管网底图。

(10)制定测试及汇总所需有关表格。

(11)为了尽量少走弯路,确保测试工作的顺利进行,新装水表可采用边计量边验收的方法,不仅能真正起到验收效果,随时掌握各级水表配备率和检测率,而且还能查出许多意想不到的问题,如走字不准或不走字等,以便及时分析解决。这样做,还可以建立较长系列的抄表台账,找出用户的用水规律。

(12)各供水水源井的供水成本调查。主要包括钻井投资、配套设备投资、管道投资、运行年限、提供水所用电费、维修费、水资源费、管理人员工资及水处理费用等。

(13)现状节水措施调查。内容包括节水项目名称、投入运行时间、复用水方式、复用水能力、节水量或复用水量、工程投资、各项成本费用(包括折旧费、电费、管理费、维修费等)、附加回收效益、节约的排水费等。

(二)实测阶段

采用的测试方法不同,所花费的时间也有较大差异,具体测试方法见后。

(三)汇总、分析阶段

根据前两个阶段中发现的问题,除进行汇总分析工作外,继续穿插进行杜绝跑、冒、滴、漏工作和查找部分用水单位和住宅楼用水指标过高的原因。具体工作内容包括以下几方面:

(1)抽调专门绘图人员正式绘制包括所有水源在内的企业给水排水管网图(蓝图)并进行晒图。

(2)利用计算机和先进软件整理、汇总调查的有关资料及实际测试结果。各用水户最终的日取水量应取多日平均值。

(3)计算有关用水指标、各级水表配备率和检测率及综合配备率和检测率。

(4)绘制企业水平衡图示。

(5)绘制企业用水计量网络图。

(6)根据历年用水台账和本次水平衡测试成果,完善历年的有关用水指标。

(7)编写水平衡测试总结与合理化用水分析报告。主要包括考核指标分析、同行业比较、工艺合理化分析、耗水设备分析、专业化生产分析、耗水状况分析、节水潜力分析等。

(8)按照国家及省部有关标准和文件,填写水平衡测试报告书。

(9)完善用水计量台账。

(10)制订各用水单位的用水定额或用水计划。

(11)制订节水措施规划或节水方案,主要包括管理方面的改进、技术措施(复用、改革工艺等)、设备更新规划、调整产品结构。

(12)整理水平衡测试验收所需其他材料。

(13)打印总结和分析报告。

(14)继续查清部分用水单位用水指标过高的原因。

水平衡测试是对用水单位进行科学管理行之有效的方法,也是进一步做好城市节约用水工作的基础。它的意义在于,通过水平衡测试能够全面了解用水单位管网状况,各部位(单元)用水现状,画出水平衡图,依据测定的水量数据,找出水量平衡关系和合理用水程度,采取相应的措施,挖掘用水潜力,达到加强用水管理,提高合理用水水平的目的。

第二节 水平衡测试方法

一、水平衡测试开展的要求

水平衡测试是一项要求很严格的技术性工作,而且测试全过程和成果还应满足国家及本省有关标准。因此,必须具备以下要求,方能开始测试。

(1)水平衡测试要求在生产正常的情况下进行,否则数据再准确也无代表性。若在半停产或局部生产(主要指与用水有关的部位)等不正常状态下进行测试,应注明情况并提出恢复生产时可能需要的水量。

(2)供、排水管线要明确,特别是一些老企业,由于对工业用水不够重视,基础资料不健全,供、排水管网不清,给测试工作带来很大困难,所以只有在管网明确以后,才能摸清水的来龙去脉,才便于装表计量,测出可靠的数据。

(3)配齐配全计量水表。

此项工作是水平衡测试的基础条件和要求,也是企业用水考核的基础工作,对于装表有以下要求:

①各类供水水源(自来水、自备井水、河水等)都要分别装表计量。

②企业外供水要装表计量,并按价收费。

③企业生产和生活用水一定要分开装表计量。

④家属宿舍楼或平房要按户装表,集中水龙头也要装表计量,一律取消生活用水包费制。

⑤各用水车间(部门)要分开装表计量,实行独立核算。

⑥$\geqslant 2\ m^3/h$ 的用水设备都要装表计量,单独考核。

$$装表率 = \frac{已安装的水表数}{应安装的水表数} \times 100\% \tag{18-1}$$

$$水表的完好率 = \frac{运行正常的水表数}{已安装的水表数} \times 100\% \tag{18-2}$$

国标规定:车间用水计量率应达到100%,设备用水计量率不低于90%。

(4)按不同季节多次测量。对于一个企业来讲,在生产工艺确定后,生产规模不变的情况下,从理论上讲用水量应该是一定的。但由于冷却水在企业中所占比重一般较大,而这部分水受季节影响也比较大;另一方面,冬季取暖也要增加水量。故而影响了企业总水量的变化。所以水平衡测试必须按不同的季节进行,才能取得合理的数据。

二、水平衡测试内容

(1)各类水源的日供水量。

(2)各类水源的水质及水温。

(3)全厂管道的泄漏量。

(4)设备的开机率。

(5)用水设备的进出口水温。

(6)各车间、工序及单台设备的不同种类用水(间接冷却、工艺、锅炉、职工生活)日取水量。

(7)各车间、工序及单台设备的不同种类用水日复用水量。

(8)各车间、工序及单台设备的不同种类用水日排水量。

(9)各车间、工序及单台设备的不同种类用水日耗水量。

(10)各车间辅助或附属生产设施(办公室、厕所、浴室、茶炉等)的日取水量、日复用水量、日排水量、日耗水量。

(11)全厂职工生活(浴室、职工食堂、厂区绿化、消防等)日取水量、日复用水量、日排水量、日耗水量。

(12)生活区居民生活及公共设施(招待所、医院、技校等)日取水量、日复用水量、日排水量、日耗水量。

(13)外供驻地单位及农村日取水量、日复用水量、日排水量、日耗水量。

三、水量测试方法

(一)用水单元的划分

根据生产流程或供水管路等的特点,把具有相对独立性的生产工序、装置(设备)或生产车间、部门等,划分为若干个用水系统(单元),即水平衡测试的子系统。

在测试之前,应按企业的生产编制和供水区域划分为生产系统、辅助生产系统和附属生产系统等。由于这样的系统都很大,包容的用水内容很多,所以有必要再划分。

如在生产系统中,可按产品的生产线再区分,分为以第一产品生产线、第二产品生产线为单位的用水子系统。

辅助系统可按车间区分,分为机修车间、动力车间、仪表车间、锅炉车间等用水子系统。

附属系统也可分为办公楼、食堂、浴室、绿化、科研、车队等用水子系统。

(二)测试水量的时段选取

选取生产运行稳定的、有代表性的时段,每次连续测试时间为 48 ~ 72 h,每 24 h 记录一次,共取 3 ~ 4 次测试数据。

经过长期的水平衡测试,多数人认为水平衡测试应与企业的生产周期相适应,所以确定测试周期,选择具有代表性的测试时段成为水平衡测试的关键。

水平衡测试的周期与测试的时段是有所区别的。水平衡测试周期从时间上来讲是比较长的,它包括了生产用水大小变化的全过程,这个过程没有重复,也不存在缺漏,是一个完整的极具代表性的用水过程,它与生产周期相吻合。而时段是包括在测试周期之中的,它是周期内的某一时间段。一个周期中包含了很多的时段。在测试中所取得时段越多,准确、可信的数据就越易取得。

(三)测试参数

1. 水量参数

需要测试的水量参数有新水量、循环水量、串联水量、耗水量、排水量和漏失水量。

2. 水质参数

企业主要用水点和排水点的水质测试,应根据本地区和企业具体情况确定。

3. 水温参数

应测定循环水进出口及对水温有要求的串联水的控制点的水温。

4. 漏失水量的测定

(1)对于有条件停水的系统或单元,可选择适当的时间,如公休日等,关闭全部用水阀门,若水表继续走动,则表明管网有漏水,水表的读数可近似认为是该区的漏失水量。

(2)采用容积法或现场安装超声波流量计等方法对全部水表进行校验,当二级水表的计量率为 100% 时,一级水表计量数值与二级水表计量数值之差即为漏失水量。

(3)当无条件对全部水表进行校验,且二级水表的计量率为 100%,一级水表计量数值与二级水表计量数值之差大于 3% ~5% 时,可近似认为其大于部分为该区的漏失水量,具体取值依据水表校验情况而定。

(4)对可能漏水的部位进行检查,及时维修。确保用水系统无异常泄漏以后,进行水平衡测试。

由于一般水表的误差都在 ±5% 内,如果前后都由水表计数核对,那么误差可能要上升到 10% 了,所以具体测试方法就是将供水树枝状管网,分片、分段区割,利用管网干、支线主要控制阀门的关闭、开启观察下游水量的流或断,再根据上游的干线表计量读数来判断漏失水量。如果漏失水量不便确定,可根据具体情况适当的缩小区域范围,这样分片、分段逐步测得各片、各段的漏渗水量,最后将各区、各段的漏失水量合计在一起就是整个企业的漏失水量。

(四)其他水量数值的获得方法

(1)对于用水档案齐全,有稳定、可靠的水表、电磁流量计、孔板流量计、涡接流量计等计量资料并记录完整的用水系统,可以通过对历史数据的统计分析得到水量数值。

(2)对于用水定额稳定、运行可靠的用水设备,可采用设备的用水定额值。

(3)实测水量可以采用水表计量、容积法、流速法、堰测法以及便携式超声波流量计等方法测定。

(4)敞开式循环冷却水系统耗水量计算方法可以参见《企业水平衡测试通则》(GB/T 12452—2008)附录 A。

四、测试数据汇总分析

通过测试,按要求汇总测试结果。如以水量为参数,按工艺流程图或用水流程图顺序逐项填写用水单元水平衡测试表等。然后汇总各生产用水单元水平衡测试表,填写企业水平衡测试统计表以及近 3 ~5 年企业年用水情况表。并根据汇总情况,通过计算来绘制相关的图形。

(一)给排水管网图绘制

要求企业有按比例正式绘制的给水排水管网图,但正式填写报告时可附示意图并可分块绘制。给水排水管网图应包括以下主要内容:

(1)自来水管、井水管、河水管、回水管、排水管等各类上下水管。

(2)冷却塔、储水池、回水池等。

(3)管径及水池容量。

(4)用户名称及占用范围。

(5)水表位置等。

(二)计量网络图绘制

参照国家计量局《工业企业计量网络图设计规定》的要求绘制。

(三)水平衡图示绘制与计算

水平衡图示要求反映企业各部门的供水、排水、耗水流程及水量等用水全貌。水平衡图示是在测试完毕,并对各种数据进行整理和分析后,把确实能代表企业用水现状的数据标在图上,最终绘制而成的,是评价企业用水水平和分析节水潜力的主要资料。水平衡图示与水平衡方程式如下:

以水的流向表示进入(输入)和排出(输出)生产单元或系统的水量,与其化学成分和物理状态无关。

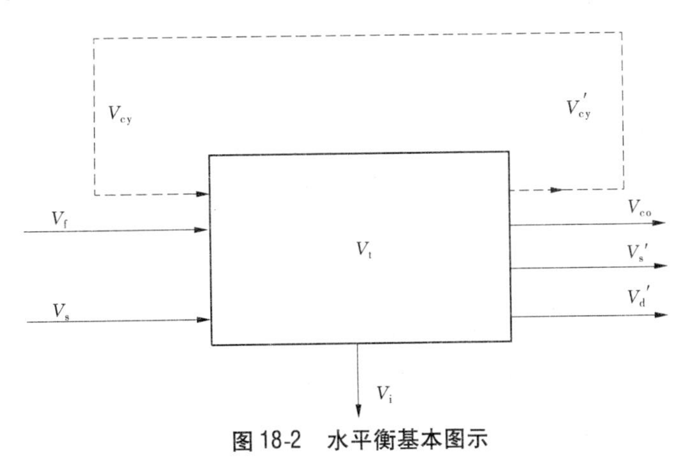

图 18-2 水平衡基本图示

输入表达式:

$$V_{cy} + V_f + V_s = V_t \tag{18-3}$$

输出表达式：

$$V_t = V'_{cy} + V_{co} + V_d + V_t + V_i + V'_s \tag{18-4}$$

输入输出平衡方程式：

$$V_{cy} + V_f + V_s = V'_{cy} + V_{co} + V_d + V_t + V_i + V'_s \tag{18-5}$$

式中：V_{cy}、V'_{cy} 为循环水量，m^3；V_f 为新水量，m^3；V_s、V'_s 为串联水量，m^3；V_t 为用水量，m^3；V_{co} 为耗水量，m^3；V_d 为排水量，m^3；V_i 为漏失水量，m^3。

（四）绘制水平衡图示的基本要求

（1）做好分块工作。方块代表一个用水部门，一种用水工艺，亦即一个用水体系。通常采用以用水部门为方块，以各种不同线条为符号表示供水、排水、重复利用水、耗水等类别。用水体系的分割是测试、绘图和表示企业用水特点的关键所在。各用水体系应有明确的边界线，并且用框图表示出体系的范围。边界线的确定应符合所考察体系的要求。体系确定后，要把所有进入和排出体系的水量用箭头标在框图上，每个体系水量必须平衡。

（2）水平衡图示要求概括、简单、明了，图幅大小适中，布置匀称，各种线条尽可能避免交叉。

（3）最好能在相应线条附近标上水的种类。

（4）水源类别如自来水、井水、河水等必须注明。

（5）制订统一图例（见图 18-3）。

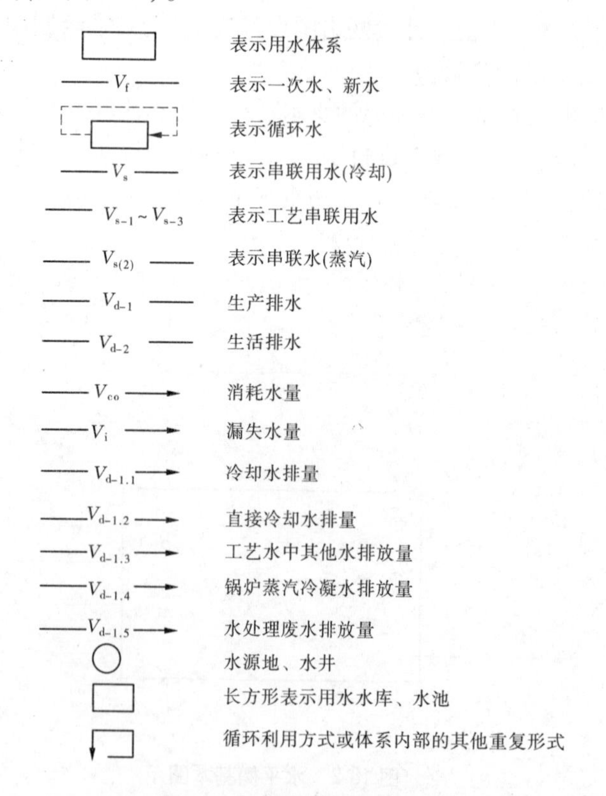

图 18-3　水平衡图示图例

(6)各种用水数据要准确,不得遗漏。

五、测试结果分析应用

(一)企业水平衡测试后评估及改进措施

(1)应依据以下内容,对水平衡测试过程进行后评估,评估水平衡测试是否科学,其测试数据是否准确,测试结果是否符合实际。

①计量仪器表安装是否齐全,并保持完好、运转无误。

②水平衡测试过程是否进展顺利,各项步骤是否完成无误。

(2)根据企业的水平衡测试结果,按 GB/T 18916、GB/T 7119 等标准有关要求,计算本企业内各种用水评价指标,包括单位产品取水量指标,重复利用率、漏失率、排水率、废水回用率、冷却水循环率、冷凝水回用率、达标排放率、非常规水资源代替率等评价指标。

(二)根据企业的水平衡测试分析结果,总结经验,提出持续改进方案

(1)改进和完善企业日常计量统计制度和方法,提高用水计量统计的精度。

(2)分析测算相关改水改造项目的节水效益和成本。

(3)与同类企业的水平进行比对或对标自检,挖掘企业内节水潜力。

(三)提出企业取水、用水、排水、节水的改进措施

(1)在生产工艺条件和用水量一定的情况下最大限度地提高本企业的重复利用水量,从而减少取水量。

(2)采用可不用水或少用水的生产工艺来改造、代替原来的工艺,从而使用水量减少,达到节约取水的最终目的。

(3)结合企业生产发展和技术改造规划,综合制订节水规划。

(4)采用节水新技术、新工艺。

第十九章　用水水平评估

第一节　评估内容和方法

一、评估内容

按照《节水型社会评价指标体系和评价方法》《用水指标评价导则》等的有关规定，用水水平可用用水指标评估。针对评估发现的问题，需找出不同行业节水潜力，提出整改措施。

用水指标是衡量用水水平的一项参数，反映用水户对水资源的利用状况及其利用效率与效益，考核不同用水户用水水平的指标，可分为综合性指标、农业用水指标、工业用水指标、生活用水指标、水生态与环境指标、节水管理指标等。具体如下：

(1)综合性指标：综合反映节水型社会建设成就和效果的指标，包括反映经济发展指标和水资源可持续利用指标。

(2)农业用水指标：反映农业用水效率和节水情况的主要指标。

(3)工业用水指标：反映工业用水效率和节水情况的主要指标。

(4)生活用水指标：反映生活用水安全保障和城镇生活节水情况的指标。

(5)水生态与环境指标：与水相关的生态环境情况指标。

(6)节水管理指标：反映节水管理综合情况的指标。

具体评估指标见表 19-1。

表 19-1　用水水平评价指标体系

类别	序号	评价指标	适用范围
综合性指标	1	人均 GDP 增长率	通用
	2	万元 GDP 用水量	通用
	3	取水总量控制度	通用
	4	非常规水源利用替代水资源比例	缺水区
农业用水指标	5	农田灌溉水有效利用系数	通用
	6	节水灌溉工程控制面积比例	通用
工业用水指标	7	工业用水重复利用率	通用
	8	万元工业增加值取水量	通用
生活用水指标	9	节水器具普及率	通用
	10	城镇供水管网漏损率	通用

续表 19-1

类别	序号	评价指标	适用范围
水生态与环境指标	11	地表水水功能区水质达标率	通用
	12	工业废水达标排放率	通用
	13	城镇污水集中处理率	通用
节水管理指标	14	水资源和节水法规制度建设	通用
	15	节水型社会建设规划	通用
	16	节水市场运行机制	通用
	17	节水投入机制	通用
	18	节水宣传与大众参与	通用
	19	计划用水率	通用
	20	取水计量率	通用
	21	节水管理机构	通用

对于行政区域的用水水平，可参照2015年4月16日国务院印发的《水污染防治行动计划》(国发〔2015〕17号)，该计划从全面控制污染物排放、着力节约保护水资源等十个方面开展防治行动，并对水污染治理和用水水平提出了具体指标：

(1)七大流域水质优良比例超70%。2020年，长江、黄河、珠江、松花江、淮河、海河、辽河等七大重点流域水质优良(达到或优于Ⅲ类)比例总体达到70%以上，地级及以上城市建成区黑臭水体均控制在10%以内。到2030年，全国七大重点流域水质优良比例总体达到75%以上，城市建成区黑臭水体总体得到消除，城市集中式饮用水水源水质达到或优于Ⅲ类比例总体为95%左右。

(2)地级市集中饮用水水质达到Ⅲ类高于93%。地级及以上城市集中式饮用水水源水质达到或优于Ⅲ类比例总体高于93%。

(3)敏感区域(重点湖泊、重点水库、近岸海域汇水区域)城镇污水处理设施应于2017年底前全面达到一级A排放标准。建成区水体水质达不到地表水Ⅳ类标准的城市，新建城镇污水处理设施要执行一级A排放标准。

(4)污水基本实现全收集、全处理。到2017年，直辖市、省会城市、计划单列市建成区污水基本实现全收集、全处理，其他地级城市建成区于2020年底前基本实现。现有城镇污水处理设施，要因地制宜进行改造，2020年底前达到相应排放标准或再生利用要求。按照国家新型城镇化规划要求，到2020年，全国所有县城和重点镇具备污水收集处理能力，县城、城市污水处理率分别达到85%、95%左右。

(5)缺水城市再生水利用率达20%以上。到2020年，缺水城市再生水利用率达到20%以上，京津冀区域达到30%以上。自2018年起，单体建筑面积超过2万m^2的新建公共建筑，北京市2万m^2、天津市5万m^2、河北省10万m^2以上集中新建的保障性住房，应安装建筑中水设施。

(6)重要用水量两指标双下降。提高用水效率,到 2020 年,全国万元国内生产总值用水量、万元工业增加值用水量比 2013 年分别下降 35%、30% 以上。

(7)加强城镇节水,限期淘汰不合标准用水器具。禁止生产、销售不符合节水标准的产品、设备。公共建筑必须采用节水器具,限期淘汰公共建筑中不符合节水标准的水嘴、便器水箱等生活用水器具。鼓励居民家庭选用节水器具。到 2017 年,全国公共供水管网漏损率控制在 12% 以内;到 2020 年,控制在 10% 以内。

(8)积极推行低影响开发建设模式,建设滞、渗、蓄、用、排相结合的雨水收集利用设施。新建城区硬化地面,可渗透面积要达到 40% 以上。到 2020 年,地级及以上缺水城市全部达到国家节水型城市标准要求,京津冀、长三角、珠三角等区域提前 1 年完成。

(9)抓好工业节水。制定国家鼓励和淘汰的用水技术、工艺、产品和设备目录,完善高耗水行业取用水定额标准。开展节水诊断、水平衡测试、用水效率评估,严格用水定额管理。到 2020 年,电力、钢铁、纺织、造纸、石油石化、化工、食品发酵等高耗水行业达到先进定额标准。

(10)发展农业节水。推广渠道防渗、管道输水、喷灌、微灌等节水灌溉技术,完善灌溉用水计量设施。到 2020 年,大型灌区、重点中型灌区续建配套和节水改造任务基本完成,全国节水灌溉工程面积达到 7 亿亩左右,农田灌溉水有效利用系数达到 0.55 以上。

二、用水指标分析方法

(一)综合性指标

(1)人均 GDP 增长率:地区评价期内年人均 GDP 平均增长率,即

$$RGZ = (RG_1/RG_0)^{1/t} - 1 \tag{19-1}$$

式中:RGZ 为人均 GDP 增长率;RG_0 为地区评价期初上一年的人均 GDP,元;RG_1 为地区评价期末年份的人均 GDP,元;t 为评价期年数。

人口和 GDP 采用地区统计年鉴数,其中 GDP 采用可比价计算。

(2)万元 GDP 用水量:地区评价年每生产 1 万元地区生产总值的取水量,即

$$W_{GDP} = W_{总}/G_{总} \tag{19-2}$$

式中:W_{GDP}为万元 GDP 用水量,m^3;$W_{总}$为地区评价年总取水量,按照水资源公报统计口径统计,不包括非常规水源利用量,m^3;$G_{总}$为地区评价年生产总值,万元。

(3)取水总量控制度:评价年实际取水量与取水总量控制值的比值,即

$$K_W = W_{总}/W_{控} \tag{19-3}$$

式中:K_W为取水总量控制度;$W_{控}$为评价地区取水总量控制值,依据当地节水型社会建设规划确定的近期水平年取水总量控制目标,由专家按照评价年降水频率核算,m^3。

(4)非常规水源利用代替水资源比例:评价年海水、苦咸水、雨水、再生水等非常规水源利用折算成的替代水资源量占水资源总取用量的百分比,即

$$T_{非比} = T_{非}/(W_{总} + T_{非}) \times 100\% \tag{19-4}$$

$$T_{非} = T_{海} + T_{咸} + T_{雨} + T_{再}$$

式中:$T_{非比}$为非常规水源利用代替水资源比例,100%;$T_{海}$、$T_{咸}$、$T_{雨}$、$T_{再}$分别为海水、苦咸水、雨水、再生水利用量替代水资源量,m^3。

非常规水源利用代替水资源比例由各地区水资源管理部门统计，其中再生水利用不包括排入河道后被农田灌溉利用的水量，替代水资源量除海水冷却用水按利用量的5%计外，其余按利用量计。

（二）农业用水指标

（1）农田灌溉水有效利用系数：评价年作物净灌溉需水量占灌溉水量的比例系数，即

$$K_{灌} = W_{灌需} / W_{灌} \tag{19-5}$$

式中：$K_{灌}$为农田灌溉水有效利用系数；$W_{灌需}$为灌溉农作物净灌溉需水量，等于作物需水量扣除生长期的有效降水量，m^3，由各级农业科学研究院、所根据联合国粮农组织 FAO－56 手册中提出的参考作物腾发量——作物系数法确定，其中参考作物腾发量用 Penman－Monteith 公式计算，作物系数用当地资料确定；$W_{灌}$为灌溉水量，m^3，按取水口灌溉水量计算，由各地区水资源管理部门统计。

（2）节水灌溉工程控制面积比例：评价年节水灌溉工程控制面积占有效灌溉面积的百分比，即

$$B_{节灌} = F_{节灌}/F_{有效} \times 100\% \tag{19-6}$$

式中：$B_{节灌}$为节水灌溉工程控制面积比例，100%；$F_{节灌}$为投入使用的节水灌溉工程控制面积，等于渠道防渗、低压管灌、喷滴灌、微灌和其他节水工程控制面积之和（同一灌溉面积不能重复计算），按水利统计年鉴统计口径统计，khm^2；$F_{有效}$为有效灌溉面积之和（同一灌溉面积不能重复计算），按水利统计年鉴统计口径统计，khm^2。

节水灌溉工程包括渠道防渗、低压管灌、低压灌溉、喷滴灌、微灌和其他节水工程。

（三）工业用水指标

（1）万元工业增加值取水量：按地区评价年每产生1万元工业增加值的取水量，即

$$W_{工} = Q_{工}/Z_{工} \tag{19-7}$$

式中：$W_{工}$为万元工业增加值取水量，m^3；$Q_{工}$为工业取水量，按照水资源公报统计口径统计，不包括非常规水源利用量，m^3；$Z_{工}$为地区评价年工业增加值，万元；

（2）工业用水重复利用率：评价年工业用水重复利用量占工业总用水量的百分比，即

$$R_I = C_I/Y_I \times 100\% \tag{19-8}$$

式中：R_I为工业用水重复利用率（%）；C_I为工业用水重复利用量，m^3；Y_I为工业总用水量，m^3。

（四）生活用水指标

（1）城镇供水管网漏损率：评价年自来水厂产水量与收费水量之差占产水总量的百分比，即

$$R_{管} = (W_{供} - W_{收})/W_{供} \times 100\% \tag{19-9}$$

式中：$R_{管}$为城镇供水管网漏损率（%），可采用城市供水统计年鉴数；$W_{供}$为自来水厂出厂水量，m^3；$W_{收}$为自来水厂收费水量，m^3。

（2）水器具普及率：评价年公共生活和居民生活用水使用节水器具数与总用水器具之比，即

$$R_{具} = (J_{节}/ J_{总}) \times 100\% \tag{19-10}$$

式中：$R_{具}$为节水器具普及率(%)；$J_{节}$为公共生活和居民生活用水使用节水器具数；$J_{总}$为公共生活和居民生活用水总用水器具数。

节水器具包括节水型水龙头、便器、洗衣机和淋浴器。

(五)水生态与环境指标

(1)地表水水功能区水质达标率：评价年地表水二级水功能区水质达标个数占地表水水功能区总个数的百分比，即

$$R_{年功} = \sum R_{功i}/n \tag{19-11}$$

$$R_{功i} = (W_{功标i}/W_{功总}) \times 100\% \tag{19-12}$$

式中：$R_{年功}$为评价年地表水水功能区水质达标率(%)，由地方水资源保护部门计算；$R_{功i}$为每次监测时的地表水水功能区水质达标率(%)；n 为年测次；$W_{功标i}$为每次监测时水功能区水质达标个数；$W_{功总}$为水功能区总个数。

(2)工业废水达标排放率：评价年达标排放的工业废水量占工业废水排放总量的百分比，即

$$R_{工排} = (W_{工标}/W_{工排}) \times 100\% \tag{19-13}$$

式中：$R_{工排}$为工业污水达标排放率(%)，依据地方环境统计资料计算；$W_{工标}$为达标排放的工业污水量，m^3；$W_{工排}$为工业污水排放总量，m^3。

(3)城镇污水集中处理率：评价年城镇集中处理的污水量(达到二级标准)占城镇污水总量的百分比。该指标在欠发达地区统计到县城，发达地区统计到镇。

$$R_{城污} = (W_{城标}/W_{城污}) \times 100\% \tag{19-14}$$

式中：$R_{城污}$为城镇污水集中处理率(%)；$W_{城标}$为城镇集中处理达标的污水量，采用污水集中处理厂的统计数，m^3；$W_{城污}$为城镇工业和生活污水总量，不包括工业企业自身的处理回用量，m^3，由水资源管理部门按照城镇取水总量和耗水量测算。

(六)节水管理指标

(1)节水管理机构：水资源统一管理，节水管理机构组织和人员健全。其考评内容及权重见表19-2。

表19-2 节水管理机构考评内容及权重 (%)

考评内容	权重
水资源统一管理	30
县级以上人民政府都有节水管理机构	20
县以下政府有专人负责	20
企业、单位有专人管理	15
农村用水有管理组织	15
合计	100

(2)水资源和节水法规制度建设：具有系统的水资源管理和节约用水规章，节水执法得当。其考评内容及权重见表19-3。

表 19-3　水资源和节水法规制度建设考评内容及权重　（%）

考评内容	权重
用水总量控制和定额管理相结合的管理制度	25
取水许可制度	15
水资源有偿使用制度	10
水资源论证制度	10
节水减排制度	10
节水产品认证和市场准入制度	10
用水计量制度	10
用水节水统计制度	10
合计	100

（3）节水型社会建设规划：县级以上人民政府制定了节水型社会建设规划，节水型社会各项工作按照规划有序进行，其考评内容及权重见表 19-4 。

表 19-4　节水型社会建设规划考评内容及权重　（%）

考评内容	权重
规划经地方政府和上一级水利部门批准	50
执行情况	50
合计	100

（4）水市场运行机制：在节水领域形成了政府主导、市场调节、公众参与的良性市场运行机制。其考评内容及权重见表 19-5。

表 19-5　水市场运行机制考评内容及权重　（%）

考评内容	权重
政府主导作用	30
市场调节效果	20
公众参与情况	20
激励政策手段	30
合计	100

（5）节水宣传与大众参与：通过各种形式的宣传与监督，广大群众的水资源节约与保护意识广泛增强。其考评内容及权重见表 19-6。

表 19-6　节水宣传与大众参与考评内容及权重　（%）

考评内容	权重
水资源节约保护的教育培训体系	30
利用多种形式开展宣传	25
全社会节水意识、节水风尚	25
舆论监督举报制度	20
合计	100

（6）计划用水率：列入年度取水计划的实际取水量（含自来水厂用户的计划用水量）占年总取水量的百分比，即

$$R_{计划} = W_{计划}/W_{总} \times 100\% \tag{19-15}$$

式中：$R_{计划}$为计划用水率（%）；$W_{计划}$为计划内实际取水量，m^3。

（7）取水计量率：所有用水户计量设施取水量占地区取水总量的百分比，包括农业用水计量、工业用水计量、生活用水计量和生态环境用水计量，即

$$R_{计量} = W_{计量}/W_{总} \times 100\% \tag{19-16}$$

式中：$R_{计量}$为取水计量率（%）；$W_{计量}$为所有用水户计量取水量之和，m^3。

（8）人均用水量：综合性指标，评价期按地区常住人口计算的人均水资源取用量，即

$$W_{人} = W_{总}/P_{常} \tag{19-17}$$

式中：$W_{人}$为人均用水量，m^3；$P_{常}$为地区常住人口（按照2010年人口普查规定的口径统计）。

三、评价方法

（一）对比分析法

选取适宜的评价标准作为参照值，将被评价的指标与参照值进行比较，判别用水水平的高低。评价标准可以是已颁布的相关规范标准、全国平均指标、同类可比区域平均指标、相关定额指标及国际同类指标等，不同用水指标根据具体情况适当选取。该评价方法可用于考察不同经济状况、不同产业结构以及不同自然条件等因素下的用水水平的差异。

（二）趋势分析法

将某一区域（行业）的现状用水指标与该区域（行业）以往时段的同类指标进行比较，分析其用水指标在时间轴上的变化规律。评价中要注意指标的可比性，尤其是与产值关联的用水指标需考虑价格水平的影响。该评价方法用于分析用水指标的变化历程，进而研究区域（行业）用水水平的变化规律，预测其未来的发展趋势。

（三）综合分析法

将某一区域（行业）的现状用水指标与该区域（行业）所分配用水总量指标进行比较，分析其用水指标是否满足总量控制指标的要求。该评价方法用于分析用水区域（行业）结合自身区域特点、工艺水平等情况，其用水指标满足总量控制指标的程度。

第二节　企业用水水平评价

一、评价要求

(一)企业用水水平评价指标体系

企业用水水平评价指标体系包括基本要求、管理考核指标和技术考核指标。

(二)基本要求

(1)企业在新建、改建和扩建项目时应实施节水的"三同时、四到位"制度,"三同时"即工业节水设施必须与工业主体工程同时设计、同时施工、同时投入运行;"四到位"即工业企业要做到用水计划到位、节水目标到位、管水制度到位、节水措施到位。

(2)严格执行国家相关取水许可制度,开采城市地下水应符合相关规定。

(3)生活用水和生产用水分开计量,生活用水没有包费制。

(4)蒸汽冷凝水进行回用,间接冷却水和直接冷却水应重复使用。

(5)具有完善的水平衡测试系统,水计量装置完备。

(6)企业排水实行清污分流,排水符合 GB 8978 的规定,不对含有重金属和生物难以降解的有机工业废水进行稀释排放。

(7)没有使用国家明令淘汰的用水设备和器具的。

(三)管理考核指标

主要考核企业的用水管理和计量管理等,包括管理制度、管理人员、供水管网和用水设备管理、水计量管理和计量设备等。节水型企业管理考核指标见表19-7,表中各项指标为必考指标。

表 19-7　用水水平管理考核指标

考核内容	考核指标及要求
管理制度	有节约用水的具体管理制度; 管理制度系统、科学、适应、有效; 计量统计制度健全、有效
管理人员	有负责用水、节水管理的人员,岗位职责明确
管网(设备)管理	有近期完整的管网图,定期对用水管网、设备等进行检修
水计量管理	具备依据 GB/T 12452 的要求进行水平衡测试的能力或定期开展水平衡测试;原始记录和统计台账完整,按照规范完成统计报表
计量设备	企业总取水,以及非常规水资源的水表计量率为 100%; 企业内主要单元的水表计量率≥90%; 重点设备或者各重复利用用水系统的水表计量率≥85%; 水表的精确度不低于 ±2.5%

(四)技术考核指标

主要考核企业取水、用水、排水以及利用常规水资源等四个方面。依据不同行业取水、用水、节水的特点,选择不同的考核内容和技术指标,见表 19-8。

表 19-8　用水水平技术考核指标

考核内容	考核指标
取水量	单位产品取水量 万元工业增加值取水量
重复利用	重复利用率 直接冷却水循环率 间接冷却水循环率 蒸汽冷凝水回用率 废水回用率
用水漏损	用水综合漏失率
排水	达标排放率
非常规水资源利用	非常规水源替代率

二、评价指标

(一)管理指标

管理考核指标见表 19-7。

(二)技术指标

技术考核指标见表 19-8。

(三)节水型企业评价的基本标准与考核指标

(1)符合国家产业政策相关要求。

(2)符合节水型企业相关标准,即符合《节水型企业评价导则》(GB/T 7119—2006)及本行业的节水标准。

(3)满足节水型企业基本要求:①生活用水不采用包费制;②生活用水和生产用水分开计量;③供汽锅炉冷凝水回收;④间接冷却水和直接冷却水不直排;⑤水计量器具的配备与管理符合 GB 24789 的要求(附水计量器具一览表、技术档案等相关材料);⑥企业废水排放符合标准要求(附地方环保局证明);⑦不使用国家明令淘汰的用水设备和器具;⑧有取用水资源的合法手续(附批件复印件);⑨近 3 年用水无超计划(附地方节水办证明);⑩新建、改建、扩建项目时实施节水“三同时、四到位”制度。节水“三同时”即工业节水设施必须与主体工程同时设计、同时施工、同时投入运行。“四到位”即工业企业要做到用水计划到位、节水目标到位、管水制度到位、节水措施到位。

(4)符合节水型企业技术考核要求,即企业的单位产品取水量、水重复利用率、用水漏损等有关指标符合国家最新规定的指标要求。

(5)满足节水型企业管理评价要求。考核指标体系参见表19-9。满分60分,评价应达到48分以上(含48分)。

表19-9　节水型企业管理评价考核指标

序号	考核指标	考核内容	考核方法	评分
1	管理制度	有科学合理的节水管理网络和岗位责任制	查阅文件、网络图和工作记录	4
		有制定节水规划和年度节水计划	查阅有关文件和记录	4
		有健全的节水统计制度,定期向相关部门报送节水统计报表	查阅有关资料	4
2	管理机构和人员	有主要领导负责用水、节水工作	查阅有关文件及会议记录	4
		有用水、节水管理部门和专(兼)职用水、节水管理人员	查阅企业上级主管部门文件	4
3	管网(设备)管理	有详细的供水管网图、排水管网图和计量网络图	查阅图纸及查看现场	4
		有日常巡查和保修、检修制度,定期对管道和设备进行检修	查阅巡查记录和落实情况	4
4	水计量管理	原始记录和统计台账完整规范并定期进行分析	查阅台账和分析报告,核实数据	4
		内部实行定额管理,节奖超罚	查阅定额管理节奖超罚文件和资料	4
5	水平衡测试	按规定周期进行水平衡测试	查阅水平衡测试报告书及有关文件	8
6	生产工艺和设备	开展节水技术改造	查阅有关工作记录	4
		使用节水新技术、新工艺、新设备	节水设备管理好且运行正常	4
7	节水宣传	经常性开展节水宣传教育	查看相关资料	4
		职工有节水意识	询问职工节水常识	4

三、指标说明

(一)单位产品取水量

单位产品取水量按下式计算:

$$V_{ui} = V_i / Q \tag{19-18}$$

式中:V_{ui}为单位产品取水量,m^3/单位产品;V_i为在一定的计量时间内,企业的取水量,m^3;Q为在一定计量时间内的产品产量。

（二）万元工业增加值取水量

万元工业增加值取水量按下式计算：

$$V_{vai} = V_i / VA \tag{19-19}$$

式中：V_{vai}为万元工业增加值取水量，m^3/万元；V_i为在一定的计量时间内，企业的取水量，m^3；VA 为在一定计量时间的工业增加值，万元。

（三）重复利用率

重复利用率按下式计算：

$$R = V_r / (V_i + V_r) \times 100\% \tag{19-20}$$

式中：R 为重复利用率（%）；V_r为在一定的计量时间内，企业的重复利用水量，m^3；V_i为在一定计量时间内，企业的取水量，m^3。

（四）直接冷却水循环率

直接冷却水循环率按下式计算：

$$R_d = V_{dr} / (V_{dr} + V_{df}) \times 100\% \tag{19-21}$$

式中：R_d为直接冷却水循环率；V_{dr}为直接冷却水循环量，m^3/h；V_{df}为直接冷却水循环系统补充水量，m^3/h。

（五）间接冷却水循环率

间接冷却水循环率按下式计算：

$$R_c = V_{cr} / (V_{cr} + V_{cf}) \times 100\% \tag{19-22}$$

式中：R_c为间接冷却水循环率；V_{cr}为间接冷却水循环量，m^3/h；V_{cf}为间接冷却水循环系统补充水量，m^3/h。

（六）蒸汽冷凝水回用率

蒸汽冷凝水回用率按下式计算：

$$R_d = (V_{br} / D + \rho) \times 100\% \tag{19-23}$$

式中：R_d为蒸汽冷凝水回用率（%）；V_{br}为蒸汽冷凝回用量，m^3/h；D 为产汽设备的产汽量，t/h；ρ 为蒸汽体积质量，t/m^3。

注：V_{br}、ρ 均指在标准状态下。

（七）废水回用率

废水回用率按下式计算：

$$K_w = V_w / V_d + V_w \tag{19-24}$$

式中：K_w为废水回用率（%）；V_w为在一定的计量时间内，企业对外排废水自行处理后的回用量，m^3；V_d为在一定的计量时间内，企业对外排放的废水量，m^3。

（八）非常规水源替代率

非常规水源替代率按下式计算：

$$K_b = (V_{ih} / V_i + V_{ih}) \times 100\% \tag{19-25}$$

式中：K_b为非常规水源替代率（%）；V_{ih}为在一定的计量时间内，非常规水源替代的取水量，m^3；V_i为在一定的计量时间内，企业的取水量，m^3。

（九）用水综合漏失率

用水综合漏失率按下式计算：

$$K_l = V_l / V_i \times 100\% \tag{19-26}$$

式中：K_l为用水综合漏失率（%）；V_l 为在一定的计量时间内，m^3；V_i为在一定的计量时间内，m^3。

（十）达标排放率

达标排放率按下式计算：

$$K_p = V'_p / V_p \times 100\% \tag{19-27}$$

式中：K_p 为达标排放率（%）；V'_p为在一定的计量时间内，企业达到排放标准的排水量，m^3；V_p 为在一定的计量时间内，企业的排水量，m^3。

（十一）水表计量率

水表计量率按下式计算：

$$K_m = V_{mi} / V_i \times 100\% \tag{19-28}$$

式中：K_m 为水表计量率（%）；V_{mi}为在一定的计量时间内，企业或企业内各层次用水单元的水表计量的用（或取）水量，m^3；V_i 为在一定的计量时间内，企业或企业内各层次用水单元用水（或取）水量，m^3。

注：一般应计算以下取水、用水的水表计量率：入厂的取水量、非常规水资源用水量、企业内主要用水单元以及重点用水设备或系统的用水量，特别是循环用水系统、串联用水系统、外排废水回用系统的用水量。

四、企业节水整改措施

（1）改革工艺，尽量使水洗产品和用水工序减少；如毛纺厂的水冲压毛改为滚筒压毛、湿法洗涤改为干法洗涤、风冷代替水冷等。

（2）凡是不需要连续供水的工序，应采取间断供水方式；如产品冲洗过程中，期间若产生间隔，可改造成自动间断式的供水。

（3）在多段冲洗工艺流程中，应采取逆向冲洗方式（逐格倒流）；如印染和电镀行业等。

（4）尽可能采取循环用水和一水多级串联使用方式。

可分为三种情况：①被排放出的水是清洁的好水，完全可以重复利用；②被排放出的水中含有一些杂质，但比较容易分离，去掉杂质的水仍可重复利用；③排放出的水中含有杂质和有害物质，需要经过净化处理后才可重复利用，如钢铁行业、石化行业、化工行业和有色金属行业等的回收利用及水网络集成技术。

企业有各种各样，生产工艺流程和用水特点有很大差异，在生产过程中有间接冷却水和直接冷却水、原料用水、洗涤用水等多种用水形式。因此，企业节水的具体技术措施，需要根据上述的主要途径，结合水量、水质、水温、经济性及设备条件等情况，因地制宜地来确定。

第二十章　节水型社会建设

第一节　节水型社会建设的目标

20 世纪 80 年代国家就提出了建设节水型社会。1986 年，中央书记处农研室和水电部联合召开了“农村水利工作座谈会”，会后国务院办公厅转发了《关于听取农村水利工作座谈会汇报的会议纪要》(国办发〔1986〕50 号)，强调促使全社会重视节水，建立节水型社会。2002 年 8 月 29 日第九届全国人民代表大会常务委员会第二十九次会议修订通过的《水法》总则第八条规定：“国家厉行节约用水，大力推行节约用水措施，推广节约用水新技术、新工艺，发展节水型工业、农业和服务业，建立节水型社会”。2005 年，胡锦涛总书记在中央人口资源环境工作座谈会上指出，“要把建设节水型社会作为解决我国干旱缺水问题最根本的战略举措”。2010 年国家“十二五”规划纲要明确提出“要高度重视水安全，建设节水型社会，健全水资源配置体系，强化水资源管理和有偿使用，鼓励海水淡化，严格控制地下水开采”。2011 年中央一号文件《关于加快水利改革发展的决定》强调加快建设节水型社会，促进水利可持续发展，努力走出一条中国特色水利现代化道路。2012 年，《国务院关于实行最严格水资源管理制度的意见》(国发〔2012〕3 号)中指出：加强用水效率控制红线管理，全面推进节水型社会建设。为贯彻落实国家关于节水型社会建设的治水方针政策，2007 年 1 月，国家发改委、水利部和建设部联合批复了《全国“十一五”节水型社会建设规划》，2012 年 1 月，水利部印发了《节水型社会建设“十二五”规划》。可见，在国家政策层面，已经将节水型社会建设工作提升到重要高度。

一、节水型社会的含义

节水型社会是资源节约型和环境友好型社会的重要内容。张季农等提出的节水型社会的定义为：充分开发利用水资源，对水资源要合理调度，科学用水，节约用水，用最少的水量建设经济高度发展、人民的物质和文化生活丰富多彩的现代化社会。何希吾等认为，节水型社会的主要目的为通过强化水资源管理，最大限度地合理开发利用当地水资源，根据水资源条件确定工农业及城市的发展规模及其合理的结构与布局；并认为，节水型社会应利用现代科学技术和传统适用技术，尽可能地提高水的有效利用率，以最少的用水量满足社会经济发展对水的需求，使资源开发、社会经济进步及生态环境改善得到长期协调发展。

在国家标准《节水型社会评价指标体系和评价方法》(GB/T 28284—2012)编制说明中指出，节水型社会目前阶段的内涵是：有水资源统一管理和协调顺畅的节水管理体制，政府主导、市场调节、公众全面参与的机制和健全的节水法规与监管体系；是“节水体系完整，制度完善，设施完备，节水自律，监管有效，水资源高效利用，产业结构与水资源条件

基本适应，经济社会发展与水资源相协调的社会”。

节水型社会是一种以节水为基本特征的社会意识形态，其基本点是建立一种支持经济可持续发展、生活富裕、生态环境良好的水资源管理体制和运行机制，调整水资源优化配置和高效利用为核心的生产关系，促进生产力发展。节水型社会不是在现有的社会系统上加上节水的内容，而是在社会各个层面和各个领域的具体实践活动中，都以节水作为其社会行为的基本准则之一，建立健全相关机制体系，协调社会经济结构，实现社会系统、生态系统和水资源的良性发展，保障水资源的持续利用。

由此可见，节水型社会较传统意义的节水有着更为丰富的内涵。节水型社会和通常讲的节水，既互相联系又有很大区别。无论是传统的节水，还是节水型社会建设，都是为了提高水资源的利用效率和效益，这是共同点。但传统的节水更偏重于节水的工程、设施、器具和技术等措施，偏重于发展节水生产力，主要通过行政手段来推动。而节水型社会的节水主要通过制度建设，注重对生产关系的变革，形成以经济手段为主的节水机制。通过生产关系的变革进一步推动经济增长方式的转变，推动整个社会走上资源节约和环境友好的道路。

节水型社会建设，是希望人们在生活和生产过程中，使水资源的节约和保护意识得到提高，并贯穿于水资源开发利用的各个环节。在政府、用水单位和公众的参与下，以完备的管理体制、运行机制和法制体系为保障，运用制度管理，通过法律、行政、经济、技术和工程等措施，结合社会经济结构的调整，建立与水资源承载能力相适应的经济结构体系，实现全社会的合理用水、高效率用水和生态环境良好，促进经济社会的可持续发展。

二、节水型社会建设目标和任务

2012 年水利部印发了《节水型社会建设“十二五”规划》（简称《规划》），全面部署“十二五”时期节水型社会建设工作，明确了“十二五”时期全国节水型社会建设的目标任务，确定了区域的建设重点，提出了建设的重点领域和保障措施。《规划》在全面总结“十一五”节水型社会建设成效和经验的基础上，认真分析“十二五”节水型社会建设面临的新形势和新要求，明确提出“十二五”时期节水型社会建设的指导思想。《规划》强调，要把落实最严格水资源管理制度作为节水型社会建设的重要内容，全面树立社会和广大民众节水意识，弘扬节水文化，做到经济社会发展和群众生活、生产全过程节水，工业、农业、服务业全方位提高用水效率，实现水资源可持续利用，支撑经济社会可持续发展。

（一）节水型社会建设目标

1. 近期目标

《规划》提出，到 2015 年，节水型社会建设取得显著成效，水资源利用效率和效益大幅度提高，用水结构进一步优化，用水方式得到切实转变，最严格的水资源管理制度框架以及水资源合理配置、高效利用与有效保护体系基本建立；全国用水总量控制在 6 350 亿 m^3以内，全国万元 GDP 用水量降低到 105 m^3以下，比 2010 年下降 30%；农田灌溉水有效利用系数提高到 0.53，农业灌溉用水总量基本不增长；万元工业增加值用水量降低到 63 m^3，比 2010 年降低 30% 以上；全国设市城市供水管网平均漏失率不超过 18%；海水淡化、再生水利用、雨水集蓄利用、矿井水利用等非常规水源利用年替代新鲜淡水量达到 100 亿

m^3以上。此外,《全国节水灌溉发展“十二五”规划》和《大型灌区续建配套和节水改造“十二五”规划》提出,到2015年,力争全国新增高效节水灌溉面积达0.067亿hm^2,全国70%大型灌区和50%中型灌区完成配套续建和节水改造任务,共涉及灌溉面积近0.19亿hm^2。两项规划,国家财政“十二五”期间每年投入高效节水灌溉领域的扶持资金至少将达200亿元。上述规划拟定的“十二五”高效节水灌溉目标,比2011年中央一号文件提出的目标高出1倍,凸显出政策对于“十二五”期间大力发展节水灌溉的重视。据预测,如果以每亩推广喷灌和微灌等高效节水工程建设及运营维护投资1 000~1 500元来推算,5年内国内节水灌溉业拉动的新增投资总额可高达1 000亿~1 500亿元。

2. 远景目标

根据2012年国务院发布的《关于实行最严格水资源管理制度的意见》《国家农业节水纲要(2012—2020年)》以及国务院批复的《全国水资源综合规划(2010—2030年)》,到2020年,全国用水总量力争控制在6 700亿m^3以内;万元工业增加值用水量降低到65 m^3以下,农田灌溉水有效利用系数提高到0.55以上;全国农业用水量基本稳定,旱作节水农业技术推广面积达到0.33亿hm^2以上,高效用水技术覆盖率达到50%以上;重要江河湖泊水功能区水质达标率提高到80%以上,城镇供水水源地水质全面达标,初步建成与小康社会相适应的节水型社会,力争实现经济社会发展用水零增长,在维系良好生态系统的基础上实现水资源的供需平衡。到2030年,全国用水总量控制在7 000亿m^3以内,用水效率达到或接近世界先进水平,万元工业增加值用水量(以2000年不变价计,下同)降低到40 m^3以下,农田灌溉水有效利用系数提高到0.6以上,主要污染物入河湖总量控制在水功能区纳污能力范围之内,水功能区水质达标率提高到95%以上。

(二)节水型社会建设主要任务

节水型社会建设主要任务包括建立健全以水资源总量控制与定额管理为核心的水资源管理体系、与水资源承载能力相适应的经济结构体系、水资源优化配置和高效利用的工程技术体系以及自觉节水的社会行为规范体系等四大体系。具体内容为:

(1)实行最严格水资源管理制度,健全以总量控制与定额管理为核心的水资源管理体系。建立和完善用水总量控制制度,制订全国主要江河流域的水量分配方案,建立和完善流域和省、市、县三级行政区域的取用水总量控制指标体系,严格实施取水许可和水资源论证制度,严格控制地下水开采;建立和完善用水效率控制制度,加快制定区域、行业和用水产品的用水效率指标体系,加强用水定额和计划用水管理,实施建设项目节水设施与主体工程同时设计、同时施工、同时投产使用的管理制度(简称“三同时”制度);建立和完善水功能区限制纳污制度,提出重要江河湖库的限制排污总量意见,强化入河排污口规范化管理,加强饮用水水源保护;建立水资源管理考核制度,健全责任制,严格实行问责制;建立和完善经济调节机制,健全水资源有偿使用制度,完善水价形成机制,完善节奖超罚的节水财税政策。推进节水标准体系及节水技术创新机制建设。

(2)建立与水资源承载能力相协调的经济结构体系。落实节约资源和保护环境的基本国策,逐步建立与水资源和水环境承载能力相适应的国民经济体系。建立自律式发展的节水机制,在产业布局和城镇发展中充分考虑水资源条件,控制用水总量,转变用水方式,提高用水效率,减少废、污水排放,降低经济社会发展对水资源的过度消耗和对水环境

与生态的破坏。

对水资源短缺地区要实行严格的总量控制，控制需求的过快增长，通过节约用水和提高水的循环利用，满足经济社会发展的需要。现状水资源开发利用挤占生态环境用水的地区，要通过节约使用和优化配置水资源，逐步退减经济发展挤占生态环境的水量，修复和保护河流生态和地下水生态。对水资源丰富地区，要按照提高水资源利用效益的要求，严格用水定额，控制不合理的需求，通过节水减少排污量，保护水环境。在生态环境脆弱地区，要按照保护优先、有限开发、有序开发的原则，加强对生态环境的保护，严禁浪费资源和破坏生态环境的开发行为。

(3)完善水资源高效利用的工程技术体系。加大对现有水资源利用设施的配套与节水改造，推广使用高效用水设施和技术，完善水资源高效利用工程技术体系，逐步建立设施齐备、配套完善、调控自如、配置合理、利用高效的水资源安全保障体系，保障经济社会可持续发展。通过工程措施合理调配水资源，发挥水资源的综合效益，对地表水与地下水、本地水与外调水、新鲜水和再生水进行联合调配。通过采取调整用水结构，提高地下水水资源费征收标准等多种调控手段，促进水资源配置结构趋于合理，逐步控制地下水超采。

加大力度推进大中型灌区的续建配套和节水改造，加强小型农田水利基础设施建设，完善灌溉用水计量设施。在有条件的地区积极采取集雨补灌、保墒固土、生物节水、保护性耕作等措施，大力发展旱作节水农业和生态农业。加快对高用水行业的节水技术改造，采用先进的节水技术、工艺和设备，提高工业用水的重复利用率，逐步淘汰技术落后、耗水量高的工艺、设备和产品。新建、扩建、改建建设项目应按照要求配套建设节水设施，并与主体工程同时设计、同时施工、同时投产。加快对跑、冒、滴、漏严重的城市供水管网的技术改造，降低管网漏失率。提高城市污水处理率，完善再生水利用的设施和政策，鼓励使用再生水，扩大再生水利用规模。加强城镇公共建筑和住宅节水设施建设，普及节水器具，推广中水设施建设。

(4)建立自觉节水的社会行为规范体系。建设节水型社会是全社会的共同责任，需要动员全社会的力量积极参与。加强宣传教育，营造氛围，充分利用各种媒体，大力宣传我国的水资源和水环境形势以及建设节水型社会的重要性，宣传资源节约型、环境友好型社会建设的发展战略，节约用水的方针、政策、法规和科学知识等，使每一个公民逐步形成节约用水的意识，养成良好的用水习惯。强化节水的自我约束和社会约束，建设与节水型社会相符合的节水文化，倡导文明的生产和消费方式，逐步形成“浪费水可耻，节约水光荣”的社会风尚，建立自觉节水的社会行为规范体系。

要逐步建立和完善群众参与节水型社会建设的制度。通过建立机制、积极引导，鼓励成立各类用水户协会，参与水量分配、用水管理、用水计量和监督等工作；要规范用水户管理制度，形成民主选举、民主决策、民主管理、民主监督的工作机制。

全国《节水型社会建设“十二五”规划》提出的节水型社会建设四大体系构成了一个完整系统。其中，健全完善水资源管理的政策法规和制度体系是根本保证，经济结构体系优化调整是根本举措，工程技术体系是重要支撑，自觉节水的社会行为规范体系是保障。四大体系建设之间的关系如图20-1所示。

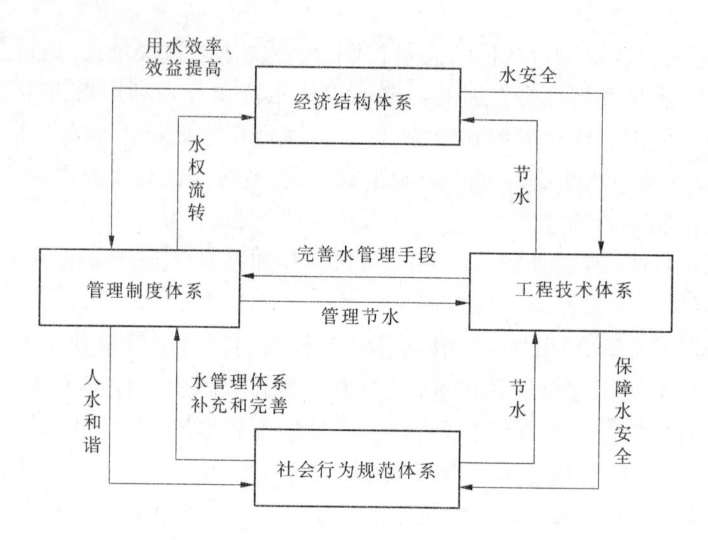

图20-1 节水型社会四大体系建设之间的关系

(三)节水型社会建设的重点

1.突出制度建设

《规划》根据深入推进节水型社会建设的要求,提出五个方面的制度建设内容。一是建立和完善用水总量控制制度;二是建立和完善用水效率控制制度;三是建立和完善水功能区限制纳污制度;四是建立健全节约用水利益调节机制;五是建立和完善节水标准体系及节水技术创新机制。《规划》确定节水型社会建设的重点领域为农业节水、工业节水、城镇生活节水和非常规水源利用四大领域。针对各个领域,《规划》提出了具体的建设任务和内容。

2.突出区域重点

全国主体功能区规划和区域经济发展规划明确了不同区域经济发展的总体布局和经济结构调整的空间布局,《规划》与国家已经颁布实施的珠江三角洲、长江三角洲、黄河三角洲、中部崛起、新增千亿斤粮食生产能力规划等区域发展规划和产业振兴规划进行了紧密衔接,根据各区域的水资源条件及开发利用方式和生态环境状况,立足区域水资源约束程度、节水要求和节水难易程度,确定不同区域节水型社会建设的方向和重点。在充分考虑通过节水型社会建设加快推动区域发展规划和产业振兴规划实施的基础上,按照东北地区、黄淮海地区、长江中下游地区、华南沿海地区、西南地区、西北地区等六大分区,明确了节水型社会建设的重点领域、关键环节、具体措施。

3.突出重点领域

《规划》从农业、工业、城镇生活和非常规水源利用四个领域提出了重点任务。主要是从促进农业结构调整、加快推进大中型灌区续建配套与节水改造、加快高效节水灌溉工程建设、积极推进井灌区改造和小型农田水利设施建设、因地制宜发展牧区节水灌溉、大力发展旱作农业、积极发展林果和养殖业节水、积极推进村镇集中供水和农村生产节水等方面推进农业节水;从促进工业结构调整和发展方式转变、大力推动节水型企业建设、积极推进工业园区节水、加快高用水重点行业节水技术改造等方面推进工业节水;从加快城镇供水管网节水改造、积极推广再生水利用、加强公共用水管理、全面推广节水器具等方面推进城镇生活节水；从再生水利用、雨水集蓄利用、海水与微咸水利用、矿井水利用等方面推进非常规水源利用。

4. 突出示范带动

《规划》从农业、工业、城镇生活、非常规水源利用和能力建设五个方面，提出了具体、明确的示范工程建设任务。

5. 突出保障措施

《规划》提出了六项保障措施：一是加强组织领导，强化责任落实；二是加强法制建设，规范节水管理；；三是拓宽投资渠道，保障资金投入；四是完善管理体制，统筹城乡水务；五是加强能力建设，提高监管效率；六是加强宣传教育，倡导节水文化。

三、节水型社会建设试点情况

20 世纪 80 年代国家就提出了建设节水型社会。1986 年，中央书记处农研室和水电部联合召开了“农村水利工作座谈会”，会后国务院办公厅转发了《关于听取农村水利工作座谈会汇报的会议纪要》（国办发〔1986〕50 号），强调促使全社会重视节水，建立节水型社会。2001 年全国节约用水办公室批复了天津节水试点工作实施计划，具备节水型社会的雏形。2002 年 8 月 29 日第九届全国人民代表大会常务委员会第二十九次会议修订通过的《水法》总则第八条规定：“国家厉行节约用水，大力推行节约用水措施，推广节约用水新技术、新工艺，发展节水型工业、农业和服务业，建立节水型社会”。2002 年 2 月，水利部印发《关于开展节水型社会建设试点工作指导意见的通知》，专题部署节水型社会建设试点工作。同年 3 月，甘肃省张掖市被确定为全国第一个节水型社会建设试点。之后水利部和地方省政府联合批复绵阳、大连和西安 3 个节水型社会建设试点。紧接着在 2002 年 10 月，水利部在张掖市召开了全国节水型社会建设动员大会，对节水型社会建设进行部署。2004 年 11 月，水利部正式启动了“南水北调东中线受水区节水型社会建设试点工作”。2005 年，胡锦涛同志在中央人口资源环境工作座谈会上指出，“要把建设节水型社会作为解决我国干旱缺水问题最根本的战略举措”。2006 年 5 月，国家发展和改革委员会和水利部联合批复了《宁夏节水型社会建设规划》，同年，水利部启动实施了全国第二批 30 个国家级节水型社会建设试点。2007 年 1 月，国家发展和改革委员会、水利部和建设部联合批复了《全国“十一五”节水型社会建设规划》。2008 年 6 月，启动实施了全国第三批 40 个国家级节水型社会建设试点。2010 年 7 月，启动实施了全国第四批 18 个国家级节水型社会建设试点。2010 年国家“十二五”规划纲要明确提出“要高度重视水安全，建设节水型社会，健全水资源配置体系，强化水资源管理和有偿使用，鼓励海水淡化，严格控制地下水开采”。2011 年中央一号文件《关于加快水利改革发展的决定》更是强调加快建设节水型社会，促进水利可持续发展，努力走出一条中国特色水利现代化道路。2012 年，《国务院关于实行最严格水资源管理制度的意见》（国发〔2012〕3 号）中指出：加强用水效率控制红线管理，全面推进节水型社会建设。同年，水利部印发了《节水型社会建设“十二五”规划》，全面部署“十二五”时期节水型社会建设工作。可见，在国家政策层面，已经将节水型社会建设工作提升到重要高度。

通过制定政策、改革管理体制、开展试点工作、技术推广和加强宣传等措施，到2010年，初步建立起我国节水型社会的法律、行政、经济技术政策、宣传教育体系；水资源节约技术和管理水平取得较大进步；全社会自觉节水的机制初步形成，全民的节水意识明显增强，浪费水资源现象得到有效遏制，建设了100个国家级节水型社会试点和示范区。全国主要节水指标完成情况见表20-1。

表20-1　全国主要节水指标完成情况

指标	2005年	2010年(目标)		2010年(实际达到)	
		绝对值	相对值	绝对值	相对值
万元GDP用水量(m^3)	304	低于240	下降20%	192	下降36.8%
万元工业增加值用水量(m^3)	169	低于115	下降30%	105	下降37.9%
农田灌溉用水有效利用系数	0.45	0.5		0.5	

注：表中指标采用2005年不变价计算。

安徽也在积极开展节水型社会建设试点，努力探索不同地区的节水型社会建设的成功经验。已经开展的全国试点有三个，即处于淮河流域的淮北市、横跨江淮流域的省会城市合肥市、处于长江流域的临江城市铜陵市，分属于水资源紧缺、相对紧缺和较为丰富的三个典型地区，分别于2006年11月、2008年10月、2010年7月被列为全国第二批、第三批、第四批试点。试点期内，淮北等三个市加强制度建设，创新体制机制，建设节水载体，大力开展节水宣传教育，分别探索并形成了不同地区开展节水型社会建设的经验。2011年8月，安徽省开始省级节水型社会建设试点工作，按照典型性、代表性的原则，选择分别属于工业基础和农业基础较好、涉水管理能力较强的淮南市的凤台县及蚌埠市的固镇县及作为安徽省的首批节水型社会建设试点县。

节水型社会建设的历程表明，建设节水型社会是解决我国水资源问题的根本出路，是贯彻节约保护资源基本国策的战略措施，是实现可持续发展的必然要求。试点地区通过采取工程、经济、技术、行政措施，减少了水资源开发利用各个环节的损失和浪费，增强了全民的节水意识，提高了可持续发展能力，改善了生态环境，实现了人与水的和谐相处，促进了经济、社会、环境的协调发展。探索并形成的成功经验，为其他同类地区建设节水型社会提供了有效示范及有益借鉴。

第二节　节水型社会建设的内容

随着经济社会的发展，节水型社会建设的内涵也在不断变化，并带有浓厚的区域特色。从宏观层面上看，建设内容主要包括水资源管理制度体系建设和农业、工业、城市等重点节水领域用水指标的实现等。从微观层面上看，节水型社会建设的主要内容包括管理措施、经济措施、工程措施、法律措施、科技和宣传教育措施等。

一、制度建设

建设节水型社会是对生产关系的变革，是一场革命。节水型社会和通常讲的节水，既互相联系又有很大区别。传统的节水和节水型社会建设,都是为了提高水资源的利用效率和效益,但传统的节水更偏重于节水的工程、设施、器具和技术等措施,偏重于发展节水生产力,而节水型社会的节水主要通过制度建设,形成以政府主导、经济手段为保障的节水机制。节水型社会的制度建设要解决的节水动力和节水机制问题,动力来自两个方面:一是靠社会成员内心的自觉,靠道德和良知的引导,靠观念引导;二是靠外界的约束和激励,靠压力和推力,并把这种约束、压力和推力转化为自觉的行为。节水型社会建设的重要任务,就是要建立一整套制度,建立一种体制、机制,使得各行各业、社会成员受到普遍的约束,需要去节水;通过制度创新,使得全社会能够获得制度的收益,愿意去节水,使节水成为用水户自觉、自发的长效行为,而不是仅靠行政推动的权宜之计。

《规划》全面部署"十二五"时期节水型社会建设工作。《规划》根据深入推进节水型社会建设的要求,提出五个方面的制度建设内容:一是建立和完善用水总量控制制度,二是建立和完善用水效率控制制度,三是建立和完善水功能区限制纳污制度,四是建立健全节约用水利益调节机制,五是建立和完善节水标准体系及节水技术创新机制。

《安徽省节水型社会建设"十二五"规划》提出,要完善节水型社会建设制度体系和节水激励政策。在"十一五"节水型社会建设成果的基础上,建立健全促进节约用水的法律法规体系,通过制度建设规范用水行为。通过研究制定重点流域(区域)水量分配方案,积极探索用水单元总量控制和定额管理相结合的水资源配置和污染控制的有效运行机制,提出水资源宏观分配指标和微观取水定额指标。在此基础上探索推进水权制度建设,全面实行区域用水总量控制与定额管理。

首先,要完善节水管理制度。严格取水、用水、排水的全过程管理,实行源头控制与末端控制相结合的管理;强化取水许可和水资源有偿使用;全面推进计划用水,加强用水计量与监督管理,逐步建立用水审计制度,通过对大用水户年度审计,规范重点用水户的用水行为,根据审计结果有针对性的提出节水方案,促进用水单位节约用水;加强水功能区和退排水管理,建立健全节水型社会管理体系。

其次,完善节水激励政策。发挥市场机制在资源配置中的基础性作用,利用经济杠杆对用水需求进行调节,注重运用价格、财税、金融等手段促进水资源的节约和高效利用,实现水资源的合理配置。

二、机制建设

节水型社会建设是一项长期的、复杂的、艰巨的工作,要实现常态化、规范化,关键是要建立健全节水型社会建设的长效机制。首先,节水型社会建设需要在政府主导下推进。各级政府要组织好节水型社会建设,可以出政绩、出经验。政府的主导作用主要表现在:建设节水型社会的政策支持和资金支持;根据水资源承载能力,调整经济结构和产业结构,分配初始用水权;制定科学的水价形成机制和公平的水市场交易规则,监督水权交易;保障公民,特别是弱势群体基本生活用水的权利和用水安全;保障生态用水和环境用水等。其次,政府作为生态和环境的代言人,应坚持科学发展观,按照经济、政治、文化、社会、生态"五个统筹"的发展战略,推动经济社会全面协调可持续发展,大力推动资源节约、环境友好型社会建设,努力构建社会主义和谐社会,实现人与自然和谐相处。在组织领导、部门协调、制度执行、资金保障、技术支持、宣传教育、公众参与等方面，建立推进节水型社会建设的长效机制；健全节水型社会建设目标责任考核制度，进一步完善考核机制，做到层层有责任，逐级抓落实；涉水管理部门按照职责分工，建立事权清晰、分工明确、行为规范、运转协调的水资源管理工作机制，确保节水型社会建设持续深入开展并取得实效，真正形成“政府主导、市场调控、公众参与”的节水机制。

《安徽省节水型社会建设“十二五”规划》提出，要完善水资源管理体制，加强水资源管理能力建设，推进城乡水务一体化管理，对城乡供水、水资源综合利用、水环境治理等实行统筹规划、协调实施；理顺节约用水管理体制，依法加强对节约用水的统一管理和监督；构筑水资源综合管理信息平台，提高政府部门社会管理和公共服务能力，推进水资源规划、配置、评价、调度、节约、保护的综合管理，提高管理水平；建立统一、协调、高效的水资源管理体制；扩大水资源费征收范围、提高水资源费征收标准，提高排污费收费标准，强化征收力度，逐步建立中水替代自来水的成本补偿机制与价格激励机制；加强水价形成机制的研究和探索，稳步推进水价改革，建立合理的水价形成机制，发挥水价调节作用，强化超计划用水执行累进加价收费和核减下年度计划的措施；形成“超用加价，节约奖励”的机制，促进节约用水，保护水资源。

三、节水载体建设

节水型社会建设必须通过节水型城市、节水型企业、节水型单位、节水型家庭等载体建设，通过好的体制、机制建立和示范引领作用，促进人们养成好的节水习惯和节水意识，在全社会形成良好的节水氛围。

（一）节水型城市创建

节水型城市是指一个城市通过对用水和节水的科学预测和规划，调整用水结构，加强用水管理，合理配置、开发、利用水资源，形成科学的用水体系，使其社会、经济活动所需用水量控制在本地区自然界提供的或当代科学技术水平能达到或可得到的水资源量的范围内，并使水资源得到有效的保护。在节水型城市创建工作过程中，有关部门共颁布了三个具有纲领性和里程碑性质的标准，分别是1996年建设部、国家计委、国家经贸委联合印发的《节水型城市目标导则》（建城〔1996〕593号），2006年建设部、国家发展和改革委员会联合印发的《节水型城市申报与考核办法》《节水型城市考核标准》（建城〔2006〕140号），以及2012年住房和城乡建设部、国家发展和改革委员会联合印发的《国家节水型城市申报与考核办法》与《国家节水型城市考核标准》（建城〔2012〕57号）。具体规定了申报、建设、评估、考核等。至2013年，全国启动了六批“节水型城市”建设，全国有64座城市被命名为“节水型城市”，合肥、黄山、池州跻身国家节水型城市之列。

（二）节水型企业创建

节水型企业是指采用先进适用的管理措施和节水技术，经评价用水效率达到国内同行业先进水平的企业。2012年9月出台的《工业和信息化部、水利部、全国节约用水办公室关于深入推进节水型企业建设工作的通知》（工信部联节〔2012〕431号），明确提出了节水型企业建设工作的总体思路、主要目标、具体要求。2006年国家质量监督检验检疫总局、国家标准化管理委员会联合颁布的《节水型企业评价导则》（GB/T 7119—2006），是评价节水型企业的技术规范。

1. 节水型企业建设具体要求

(1)完善企业节水管理制度。建立科学、合理的节水管理岗位责任制,健全企业节水管理机构和人员,明确节水管理主要领导职责、管理部门、人员和岗位职责。加强目标责任管理和考核。制定并实施节水规划和年度节水计划。

(2)加强定额管理,向先进水平对标达标。严格执行国家和地方取(用)水定额指标和标准,按照定额指标选择适合的用水工艺和技术,实施企业内部节水评价。向节水标杆企业和标杆指标进行对标达标,不断提升用水效率。

(3)加强用水管网(设备)建设,完善用水计量配备和管理。依据《用水单位水计量器具配备和管理通则》(GB 24789)配备用水计量器具,建立完整、规范的原始记录和统计台账,健全节水统计制度。编制详细的供水排水管网图和计量网络图,定期开展水平衡测试,加强用水效率和总量分析。建立日常巡查和检修制度,防止跑、冒、滴、漏。

(4)加强节水技术改造,推进节水技术进步。推进节水重点技术改造项目实施。积极研发或采用节水新技术、新工艺、新设备,加快淘汰落后的用水工艺、设备和器具。节水设施与主体工程同时设计、同时施工、同时投入运行。

(5)加强冷凝水、冷却水循环利用,推进工业废水回用,提高水资源重复利用率,积极努力推进废水“零”排放。

(6)提高职工节水意识。定期组织开展节水宣传和教育活动,不断提高职工节水意识。

2. 节水型企业申报

企业按照节水型企业建设要求和评价标准,编写节水型企业申请报告(申请表及证明材料要求见附件),报送省级工业和信息化主管部门、水行政主管部门、节约用水办公室。

申报材料分三个部分:一是节水型企业申请表;二是节水型企业自评估报告;三是有关附件。节水型企业申请表参见表20-2,节水型企业相关证明材料清单参见表20-3。

表 20-2　节水型企业申请表

企业名称				
通信地址			邮政编码	
所属行业		企业人数		
法人代表		电话/传真		
节水管理部门		电话/传真		
节水管理负责人		电话/传真		
主要产品		主要水源		
上年总产值(万元)		上年取水量(m^3)		
申请企业自评结果	经对照标准和要求进行自查,符合节水型企业示范的基本要求,管理考核得分为　分,技术考核的各项指标值分别为: 符合节水型企业示范要求,申请审核验收。 申请企业:(公章) 年　　月　　日			

节水型企业自评估报告的编写重点包括以下部分：一是申报单位的基本情况，包括坐落地点、生产产品和规模、投产年限、在本行业的大体位置、审批的取退水等情况；二是节水型企业基本要求的符合性评估；三是节水型企业技术考核要求的符合性评估；四是节水型企业管理要求的符合性评估；五是存在问题及下一步工作安排；六是打分情况及自评结论；七是有关附件。

3. 节水型企业评价和命名

由省级工业和信息化主管部门、水行政主管部门、节约用水办公室组织专家对相关材料进行评审，必要时可进行现场考察。达到节水型企业要求的，命名公示发布节水型企业名单。

表 20-3　节水型企业相关证明材料清单

序号	项目	备注
1	企业废水排放符合标准要求	由所在地环保部门出具
2	取用水资源的合法手续	所在地水利部门的批复复印件
3	近 3 年用水不超计划的证明	由所在地水利部门出具
4	企业水计量器具一览表、技术档案等相关材料	企业出具
5	企业水平衡测试报告	企业出具

（三）节水型单位（公共机构）创建

为发挥公共机构的示范带头作用，加快节水型单位建设，水利部、国家机关事务管理局、全国节约用水办公室联合下发了《关于开展公共机构节水型单位建设工作的通知》（水资源〔2013〕389 号），要求各地区水行政主管部门、公共机构节能管理部门、节约用水办公室要组织、指导本地区公共机构积极创建节水型单位。

安徽省也在积极开展创建节水型单位活动。以安徽省省级公共机构节水型单位建设为例，介绍节水型单位创建工作程序和要求。

一是做好组织协调工作。安徽省水利厅、省管局、省节水办加强沟通协调，研究推进措施。转发了三部委文件，并结合安徽省实际提出了本省的贯彻落实意见；召开全省公共机构节水型单位建设工作会议，各省辖市、省直管县水利（水务）局和公共机构节能管理部门分管领导与工作部门负责人，以及省级机构节能联络员或负责水管理工作人员共200 多人参加会议进行动员部署；省水利厅、省管局、省节水办的负责人和有关工作部门及时研究解决创建工作推进过程中的重要问题。

二是加强创建工作的技术支撑。委托合肥市节水办承担省级机构节水型单位创建的日常工作。合肥市节水办承担着省城用水户的日常用水管理职能，对省级公共机构日常用水情况熟、有技术管理人员，由合肥市节水办负责申报材料的复核、现场核查等工作，既发挥了专长，也有利于创建工作开展。

三是因地制宜地制定创建标准。坚持因地制宜、分类指导、经济实用的原则，立足于国家出台的节水型单位创建标准，对水计量率、节水器具普及率、节水技术推广与改造等有关指标的赋分方法进行了调整，设置非常规水源利用指标附加赋分，研究制定了《安徽省公共机构节水型单位建设标准》（见表 20-4），实行百分制。

四是确定切实可行的创建目标。根据国家三部委印发的通知要求，结合安徽省实际，制定并印发了《安徽省省级公共机构开展节水型单位建设工作实施方案》，确定全省到2015年和2020年的省级公共机构总体创建目标，在摸底统计的基础上，按照先易后难、积极性高的原则，明确了2014年和2015年的近期创建任务，确定了2014年创建单位的名单。

五是明确和规范创建工作程序。创建单位对照节水型单位创建内容和《安徽省公共机构节水型单位建设标准》开展自评估，达到节水型单位标准的，将创建节水型单位工作自评报告、自评打分表及相关材料一式5份提交合肥市节水办。合肥市节水办组织技术力量对申报材料进行初审，必要时进行现场复核，并提出整改意见。申报单位整改完成后提出验收申请，并附本单位创建节水型单位工作自评报告、自评分打分表，有关材料一式8份，省水利厅会同省管局、省节水办对照节水型单位创建内容和《安徽省节水型单位建设标准》对申报单位进行现场验收，实行现场打分，获得90分以上的单位通过验收，对建成节水型单位的命名并授牌，同时报送水利部和国管局、全国节水办备案。

六是落实创建工作的保障措施。将节水型单位建设情况纳入对省直机关节约能源资源考核评价内容，对率先建成的节水型单位实行以奖代补，补助资金专项用于节水技改和用水管理工作，并在安排资金和有关节能、节水的技改示范项目时，优先支持节水型单位建设。省水利厅、省机关事务管理局、省节水办对节水型单位实行动态管理，定期对节水型单位开展重点抽查，5年复核一次，抽查中达不到省节水型单位建设标准的限期整改，复核时达不到省节水型单位建设标准的将取消其节水型单位资格，并在网站公布名单。

表20-4　安徽省公共机构节水型单位建设标准

一、节水技术标准(40分)

序号	指标	计算方法	评分规则	分值
1	★水计量率	$\frac{水计量器具计量水量}{总水量}\times100\%$	用水单位水计量率达到100%，得4分； 次级用水单位水计量率达到95%，得4分；达到90%，得2分	8
2	★节水器具普及率	$\frac{节水设备、器具数量}{总用水设备、器具数量}\times100\%$	节水设备、器具数量占总用水设备、器具数量的比例，≥98%得8分；每低1个百分点，扣2分，扣完为止	8
3	人均用水量	$\frac{单位全年用水量}{用水总人数}$	依据评价上一个自然年度本省(区、市)同类型单位用水量平均值进行判定；无法取得平均值时，依据本省办公、生活等相关用水定额进行判定：人均用水量≤0.9×平均值(或定额)，得8分； 0.9×平均值(或定额)<人均用水量≤平均值(或定额)，得6分； 平均值(或定额)<人均用水量≤1.1×平均值(或定额)，得4分； 1.1×平均值(或定额)<人均用水量≤1.2×平均值(或定额)，得2分； 1.2×平均值(或定额)<人均用水量(或定额)，得0分	8
4	用水器具漏失率	$\frac{漏水件数}{总件数}\times100\%$	用水器具漏失率≤4%，得8分，否则每高1%扣2分，直至扣完	8
5	中央空调冷却塔补水率	$\frac{中央空调冷却塔补水量}{中央空调冷却塔总循环量}\times100\%$	中央空调冷却塔补水率≤1%得5分，每高2%扣1分，高于10%的不得分	5
6	锅炉冷凝水回收率	$\frac{年蒸汽冷凝水回收量}{年蒸汽发气量}\times100\%$	锅炉冷凝水回收率大于50%得3分，每低5%扣1分，直至扣完	3

二、节水管理标准(60 分)

序号	指标	考核方法	评分规则	分值
1	规章制度	查看文件和相关资料	(1)建立节水管理规章和制度得 4 分; (2)制定并落实年度用水计划、完成当年节水指标得 4 分,完成其中 1 项得 2 分; (3)明确节水主管部门和节水管理人员得 3 分; (4)制定节水目标责任制和考核制度得 2 分; (5)两年未受到浪费用水处罚得 2 分	15
2	计量统计	查阅有关资料,核实数据	(1)依据《公共机构能源资源计量器具配备和管理要求》(GB/T 29149—2012),用水计量器具的配备按分户、功能分区、主要设备实现三级计量,得 4 分,实现按分户、功能分区计量得 3 分,实现按分户计量得 2 分; (2)有原始用水记录和统计台账得 3 分	7
3	节水技术推广与改造	查阅节水改造资料和设施建设材料、核对节水器具清单,现场查看	(1)节水设施与主体工程同时设计、同时施工、同时投入使用得 3 分; (2)实施食堂用水设施、中央空调冷却塔、老旧管网和耗水设施等节水改造和节水设施建设,每实施一项得 1 分,满分 4 分; (3)铺设透水地面或地面采取透水措施得 1 分; (4)所用节水设备和器具全部为列入《节能产品政府采购清单》的节水产品,或者符合《水嘴用水效率限定值及用水效率等级》(GB 25501—2010)、《坐便器用水效率限定值及用水效率等级》(GB 25502—2010)等国家颁布最新节水标准的节水产品,以及节水管理部门公布并经有资质机构检测合格的节水产品,得 3 分; (5)景观用水、泳池、浴室等采用水循环利用或其他节水措施,每一项得 1 分,满分 3 分; (6)绿化采用高效浇灌方式得 1 分	15
4	管理维护	查阅相关资料、现场抽查	(1)定期巡护和维修用水设施设备,得 2 分,记录完整得 1 分; (2)无擅自停用节水设施行为得 2 分, (3)有完整的管网图得 2 分; (4)有完整的计量网络图得 2 分; (5)5 年内开展水平衡测试得 4 分,经节水管理部门验收合格,得 2 分	15
5	节水宣传	查阅有关资料、现场查看	(1)编制节水宣传材料得 2 分; (2)开展节水宣传主题活动、专题培训、讲座等,每开展一次得 1 分,满分 3 分; (3)在主要用水场所和器具显著位置张贴节水标识得 3 分	8

三、鼓励性标准(5分)

序号	指标	考核方法	评分规则	分值
1	非常规水源利用	查阅有关资料、现场查看	(1)建设雨水集蓄、水重复利用设施,得2分,正常运行的,得1分; (2)绿化、景观用水等采用非常规水源,每一项得1分,总分2分	5

说明:1.对于有缺项指标(如无锅炉、无中央空调)的单位,按其余项目达标情况进行折算,公式:折算后总得分=其余项目实际得分(不包括鼓励性标准得分)/(100-缺项的分值)×100+鼓励性标准得分。

2.本标准由节水技术标准和节水管理标准、鼓励性标准三部分组成,总计105分。其中,节水技术标准为40分,由水计量率、节水器具普及率等6项指标组成;节水管理标准为60分,由规章制度、计量统计等5项指标组成;鼓励性标准为5分,为非常规水源利用1项指标。

3.其他按水利部等三部委水资源〔2013〕389号文印发的《节水型单位建设标准》所附的说明执行。

(四)节水示范小区建设

通过节水示范小区建设,以点带面、典型带动,把节水型社会、节水型城市建设工作不断引向深入。对于节水示范小区,可以成立小区节水协调小组,委托小区物业主管担任组长,加强节水宣传,开展有关节水活动,及时总结节水工作,加强节水管理。将节水工作作为小区可持续发展的重要内容来抓,在巩固诸如"国家康居工程小区"的基础上,结合实际,通过开展"节水型小区"建设来引导本小区居民科学节水节能意识。对国家明令禁止使用的高耗水用水器具(水龙头、淋浴器、冲厕装置)应进行更换;铺设中水回用管道,建设小区集雨设施,小区景观、绿化保洁采用城市中水厂提供的中水和收集的雨水等非常规水源,并做到循环使用;对于大楼冬季采暖使用的冷凝水系统也可以进行改造,通过中水管道回收再利用,以降低热水排放温度而消耗的自来水,或将冷凝水回收用于职工浴室,实现水资源和热力资源的双重利用等。

(五)节水型灌区创建

节水型灌区建设应坚持全面规划、统筹兼顾、因地制宜、突出重点、分步实施的原则,通过法律法规、管理制度、节水技术、经济手段、行政引导、宣传教育等措施,实现"水权明晰,以水定地,配置优化,供需平衡,水价合理,用水高效,技术先进,制度完备,宣传普及"的目标,以达到水资源的可持续利用、保障经济社会可持续发展的目的。主要内容包括调查摸底、编制水资源配置方案,进行水权分配,进行灌区管理体制和运行机制改革,建立健全规章制度和管理办法等。具体建设内容为渠道砌护、建筑物修复、田间工程配套、节水灌溉技术应用、种植结构调整、节水宣传教育等。参照全国各省(区)节水型灌区建设经验,其指标体系可包括渠系水利用系数、灌溉水有效利用系数、节水灌溉工程面积比例、全灌区平均综合灌溉定额、用水计量体系建设、主要作物灌溉定额、水分生产率及灌区管理等。节水型灌区建设标准可参考表20-5。

表 20-5　节水型灌区建设标准

序号	指标类型	考评内容	考评方法	考评标准	标准分	自查分	实得分
1	技术指标	灌溉水利用系数	查资料：灌溉水利用系数 = 灌入田间的水量（或流量）÷ 渠首引进的总水量（或流量）	大型灌区 0.52，中小型灌区 0.58，井灌区 0.70，喷灌、微灌、滴灌区 0.85。每低标准水平 1% 扣 1 分，扣完为止	10		
2		渠系水利用系数	查资料：渠系水利用系数 = 末级固定渠道放出的总水量 ÷ 渠首引进的总水量	大型灌区 0.58，中小型灌区 0.65，井灌区 0.80。每低标准水平 1% 扣 1 分，扣完为止	10		
3		水分生产率（kg/m^3）	查资料：水分生产率 = 作物单位面积产量 ÷ 作物全生育期耗水量	水分生产率大于 1.2 kg/m^3，每低标准水平 1% 扣 1 分，扣完为止	10		
4		用水计量率（%）	查资料、看现场：用水计量率 =（渠道上已安装计量设施数 ÷ 应安装计量设施数）× 100%	灌区干渠渠首全部安装计量设施的，得 10 分；否则，按计量率 × 10 计分	10		
5		节水灌溉工程面积率（%）	查资料、看现场：节水灌溉工程面积率 =（节水灌溉工程面积 ÷ 有效灌溉面积）× 100%	大中型灌区 45%，小型灌区 60%，井灌区 90%。每低 1 个百分点扣 1 分，扣完为止	10		
6		全灌区平均综合灌溉定额	灌区提供作物种植面积和全年用水统计资料：全灌区平均综合灌溉定额 = 灌区全年灌溉用水总量 ÷ 灌区实际灌溉面积	达到标准值（根据各地情况确定）要求得 10 分；每高出 2%，扣 1 分；最低 0 分	10		
7	管理指标	组织机构	查资料和文件	成立灌区专职管理机构，得 2 分；灌区内节水管理网络健全，有专职节水管理人员，岗位责任制明确，得 3 分；加强灌区用水管理，成立用水户协会，得 3 分；重视节水投入，积极开展灌区节水改造，推广节水措施，节水成效显著，得 2 分	10		

续表 20-5

序号	指标类型	考评内容	考评方法	考评标准	标准分	自查分	实得分
8	管理指标	计划用水	查资料	制定灌区节水规划,得3分;向基层用水单位下达年度用水计划,得2分	5		
9		制度建设	查资料和文件,看现场	有严格的灌区用水制度,推行计量用水,按规定收缴水费,取消各种福利用水,得3分;用水原始记录齐全,统计台账数据准确可靠,得3分;管理机构清楚灌区用水情况,有完整的灌区供排水渠道分布图以及用水设施和计量设施分布图,得2分;定期巡回检查,有巡查记录,发现问题及时解决,无大水漫灌等浪费水现象,得2分	10		
10		节水设施	抽查现场	定期进行渠道清淤,拆除坝埂,沟通水系,渠道标准达标,完好率高,计量设施完好,得4分;泵站维护运行良好,装机效率高,泵房及周围环境整洁,得2分;灌溉设备采用国家认定的节水型设备,得2分;各种用水设施定期维护,运行正常,得2分	10		
11		节水宣传	查资料,询问节水常识	经常性开展节水宣传,灌区内有节水宣传标语、标识,节水气氛浓厚,得3分;灌区管理单位职工和灌区内群众了解节水常识,积极推广和使用先进的节水灌溉措施,得2分	5		
12	鼓励性指标	奖惩机制、信息化建设等	查资料,看现场	灌区用水推行用水总量控制和定额管理,节奖超罚的,加2分;建立灌区用水自动监控系统,支渠计量设施安装率超过50%以上的,加3分;开展灌区用水自动监测等信息化工作的,得5分	10		
				合计	110		

说明:1.本标准是根据江苏、浙江、甘肃等地节水型灌区建设实施情况制定的,可适用于节水型灌区的建设和验收。

2.节水型灌区建设标准主要由技术指标、管理指标两部分组成,总计110分。其中,技术指标为60分,由灌区灌溉水有效利用系数、用水计量率等6项指标组成;管理指标为40分,由组织机构、制度建设等5项指标组成。另外,为了加强总量控制和定额管理以及推广灌区信息化建设等工作,增设鼓励性指标10分作为加分项。

3.节水型灌区的总得分应当≥90分。

节水型灌区申报与考评可参考如下程序:

(1)申报。节水型灌区建设工作完成后,各灌区管理机构按照要求,填写好节水型灌区申报书,根据隶属关系向市、县(市、区)水行政主管部门申报。

(2)初审。收到各灌区管理机构申报材料后,由市、县(市、区)水行政主管部门组织初审及复核。对初评分在90分以上(含90分)的,由市水行政主管部门复核后汇总初审材料向水利厅推荐。

(3)评审。水利厅对市级水行政主管部门推荐报送的灌区组织评审,符合节水型灌区建设标准的灌区将在安徽省水利厅网站上进行公示,公示无异议后予以公布。

四、宣传教育措施

建设节水型社会是全社会的共同责任,必须深入开展节水宣传教育活动,充分利用各种媒体,大力宣传水资源和水环境形势,提高全民对水情的了解和认识,培养公众逐步养成科学用水、节约用水的生活习惯和行为,养成健康、文明、进步的节水理念,开展以广大在校学生等为主要对象的节水宣传教育系列活动,培养学生自觉养成珍惜和爱护水资源的行为;在各行各业中大力开展节水载体创建,进入单位、社区、家庭,引领带动公众积极投身到节水型社会建设中,为节水型社会建设持续深入开展营造良好的社会氛围,普及节水意识。

(一)建立节水公众参与机制

只有公众自觉参与节水活动,在全社会营造"节约水光荣,浪费水可耻"的良好氛围和风气,节水型社会才能真正建立。充分利用广播、电视、报刊、网络等新闻媒介,积极采取编发制作易于大众理解和接受的宣传标语,通过多种途径和方式的教育宣传,在全社会树立珍惜水、保护水、节约水的责任感、紧迫感和危机感,提高全民节水意识,使全社会转变用水和节水观念,树立节水型社会的新型价值观,普遍接受、理解和积极参与节水型社会建设,使节水成为全社会的自觉行为。

(二)提高公众参与意识

节水型社会建设是全社会的任务,不只是水务局或是政府的职能。因此,公众参与意识的普及与提高是节水型社会建设的重要内容之一,实践过程中要通过广泛的宣传教育来提高公众的水忧患意识和节水意识,充分培育广大群众的参与热情,尊重他们的首创精神,倡导一线群众在节水方法和实践上积极创新。

第三节　绩效评估

一、节水型社会评价指标体系

为强化节水型社会建设和取得建设成效,水利部、国家质检总局等相继出台了评价指标体系和办法。2005年,水利部印发了《节水型社会建设评价指标体系(试行)》(办资源〔2005〕179号文)(简称《指标体系》),内容包括综合性指标、节水管理、生活用水、生产用水、生态指标共5类32项主要评价指标。各地在编制节水型社会建设规划、各省(自治区、直辖市)在编制节水型社会建设规划、各节水型社会建设试点在中期评估及试点验收时,都参照了该《指标体系》。2006年,水利部向国家标准化管理委员会申请编制国家标准《节水型社会评价指标体系》。2012年3月,国家质检总局、国家标准化管理委员会批准发布了《节水型社会评价指标体系和评价方法》(GB/T 28284—2012),自2012年8月1

日起实施。该标准包括评价范围、评价指标体系的构成、指标内涵及计算方法、节水型社会评价方法4个方面内容和5个资料性附录。该标准已在我国广泛开展的节水型社会建设中发挥了重要作用。根据评价得分，分为优秀、良好、基本合格和不合格4类。这项标准的核心内容之一是评价指标体系。节水型社会评价指标体系包括综合性指标、农业用水指标、工业用水指标、生活用水指标、水生态与环境用水指标、节水管理6个方面共计21个指标，以及由人均用水量、城镇人均生活用水量、水资源开发利用率、地下水超采程度和地下水水质达标率5个指标构成的参考指标。

（一）节水型社会评价的主要内容

《节水型社会评价指标体系和评价方法》（GB/T 28284—2012）主要内容有标准适用范围，节水型社会建设评价指标体系的构成，指标内涵及计算方法，推荐了指标权重计算方法、参考权重和评价方法等。

（二）评价指标体系的构成与分类

节水型社会评价指标体系中，人均GDP增长率、万元GDP用水量、农田灌溉水有效利用系数、万元工业增加值取水量、工业用水重复利用率、城镇供水管网漏失率、人均用水量和城镇人均生活用水量都是国际通用指标，在水资源条件和经济发展程度类似的国家之间具有可比性。其余指标（注明适用范围的除外）都是国内通用指标，在水资源条件和经济发展程度类似的地区之间具有较强的可比性。

在生活用水指标中，鉴于目前农村生活用水主要是保障供给问题，该标准暂未将农村生活节水指标作为评价指标。参考指标中的5个指标都是重要指标，其中人均用水量和城镇人均生活用水量2个指标是通用指标，但节水水平和生活水平提高对其数值变化具有不同方面的影响，无法对其进行直观评价，故作为参考指标；水资源开发利用率、地下水水质达标率和地下水超采程度是在特定类型区必须考虑的指标，亦作为参考指标。

（三）指标内涵及计算方法

取水总量控制度和非常规水源利用替代水资源比例两个指标的计算方法以及节水管理机构、水资源和节水法规制度建设、节水型社会建设规划、节水市场运行机制、节水投入机制、节水宣传与大众参与6个定性指标评分计算方法，是在征求相关专家意见后确定的，其余指标的计算方法都是目前通用的方法。计算工业用水重复利用率时，由于很多地区缺乏统计资料，实际计算时，应由地方节约用水办公室采用抽样调查的数值，用加权计算的方法确定。

每一项指标都对应一个数学公式，每个公式中的每一个符号都有若干文字说明。如节水灌溉工程控制面积比例的计算公式中，代表投入使用的节水灌溉工程控制面积，标准的解释是“等于渠道防渗、低压管灌、喷滴灌、微灌和其他节水工程控制面积之和（同一灌溉面积不能重复计算），按水利统计年鉴统计口径统计，单位为khm^2”。标准对指标内涵的阐述十分重要，如对节水灌溉工程控制面积比例的阐述就是：评价年节水灌溉工程控制面积占有效灌溉面积的百分比；节水灌溉工程包括渠道防渗、低压管灌、喷滴灌、微灌和其他节水工程。

（四）节水型社会评价方法

该标准推荐的节水型社会评价方法较为科学，但操作有些复杂。各地亦可由专家直

接确定指标权重，采用比较简单的加权计算评价方法。

二、节水型社会建设中期评估与验收

为推进节水型社会建设，强化过程管理，及时总结建设成效及存在的问题，更好地贯彻落实最严格水资源管理制度，不断提高水资源利用效率和效益，努力改善水生态环境，主要建设指标要达到预期目标，需进行中期评估，强化过程管理。

中期评估需主管部门牵头，组织相关部门领导及专家对节水型社会建设阶段目标、建设任务、体制机制建设、公众的参与程度等进行评估。针对评估专家组提出的问题及下阶段应重点开展和加强的工作进行认真研究，谋划对策，加以落实。以更高要求扎实推进节水型社会建设工作，特别要在用水指标、水生态与环境指标、节水管理等创建上需加大力度，更好地完成节水型社会建设各项工作任务。针对存在的问题，要认真研究对策，及时改进工作。

节水型社会建设试点验收主要考察节水型社会建设目标任务完成情况。针对建设规划和建设试点实施方案确定的各项工作目标和任务，现场查看资料情况、建设程序和成效，是否符合全国节水型社会建设试点验收条件，达到要求后才给予验收。

如合肥市2008年被水利部列为第三批全国节水型社会建设试点市，经过几年建设，全部完成了目标任务。据分析测算：2011年合肥用水量为21.21亿m^3，实现了用水总量控制目标，万元GDP用水量从150.38 m^3降低到65.35 m^3，农田灌溉水有效利用系数从0.47提高到0.502，农业节水灌溉率从16.1%提高到30.1%，万元工业增加值用水量从138.3 m^3降低到48.9 m^3，工业用水重复率从62%提高到83%，供水管网漏损率从14%降低到12.19%，节水器具普及率从35%提高到95%，城镇污水收集处理率从48%提高到95%，城市污水处理回用率从23.8%提高到38%，水功能区水质达标率从14.3%提高到66.9%，各项指标均达到节水型社会建设试点期间的目标。2013年10月，合肥市节水型社会建设试点通过国家验收。由此可见，合肥市节水型社会建设成效显著，主要是靠制度创新、政府推动、目标年度考核等。同时，合肥市还出台了一系列规章制度，初步建立了水务一体化管理体制，逐步完善了水资源管理、保护和节约用水管理制度。合肥市初步探索出中部缺水地区节水型社会建设模式，取得了较好的节水效果和实践经验，可为其他同类地区建设节水型社会提供示范和借鉴。

三、绩效评估考核

自国务院颁发《实行最严格水资源管理制度的意见》及《实行最严格水资源管理制度考核办法》以来，各地均制定了具体的实施方案，如《安徽省实行最严格水资源管理制度考核工作实施方案》已实施。方案中，对各市实行最严格水资源管理制度工作进行考核测评，重点考核水资源管理“三条红线”“四项制度”建立情况，水资源管理能力建设，水资源配置、用水效率管理、水资源保护和相关配套政策制定及制度建设情况以及用水总量控制指标（包括用水总量，以及生活用水量和工业用水量）、用水效率控制指标（包括万元工业增加值用水量和农田灌溉水有效利用系数）、水功能区限制纳污指标（包括水功能区水质达标率、城镇生产生活废污水处理回用率）的完成情况等。考核分为优秀、良好、合格、不合格四个等级。考核方式采用年度考核和期末考核相结合的方式进行。年度考核和期末考核结果经省政府审定,交由干部主管部门,作为对各市人民政府主要负责人、领导班子综合考核评价的重要依据。各市、县人民政府是实行最严格水资源管理制度的责任主体,政府主要负责人对本行政区域水资源管理和保护工作负总责。国务院颁发的《实行最严格水资源管理制度的意见》规定,水资源开发、利用、节约和保护的主要指标将纳入经济社会发展综合评价体系,省政府对各市、县实施最严格水资源管理制度目标完成情况、制度建设和措施落实情况进行考核。对在水资源节约、保护和管理中取得显著成绩的单位和个人,按照国家有关规定给予表彰奖励。

最严格水资源管理制度考核是水资源管理绩效评估的重要形式,也是水资源管理绩效评估的具体体现。做好水资源管理考核评估工作,首先应成立领导小组,研究解决本地区水资源管理工作中的突出问题。

水资源管理绩效评估考核指标应包括用水总量、万元工业增加值用水量、农田灌溉水有效利用系数、重要江河湖泊水功能区水质达标率、取水企业水表安装率、水资源论证率、人均用水量、水资源开发利用率等。对照指标要求,确定评价等级。

《节水型社会评价指标体系和评价方法》采取的节水型社会评价方法为2层次分析法,每一层次评价采用加权平均法进行,根据评价得分,分为优秀(大于或等于90分)、良好(大于或等于80分,小于90分)、基本合格(大于或等于65分,小于80分)和不合格(小于65分)。评价方法较为科学,但操作有些复杂。《水利部办公厅关于做好第四批全国节水型社会建设试点验收工作的通知》(办资源〔2014〕37号)所附的《节水型社会建设评价标准》,体现了当前经济社会发展形势和水资源管理的现实要求,具有较强的针对性性和可操作性,各地可以参照或借鉴。

第二十一章 国内外先进节水经验

一、美国节水经验

(一)美国节水策略

美国水资源实行两级管理。联邦政府负责制定水资源管理的总体政策和规章,由各州负责其辖区内的水和水权分配、水交易、水质保护等问题,并建立健全了州级水资源管理机构。对于跨州的水资源管理问题,美国建立了一些基于流域的水资源管理委员会。

美国在水资源管理方面制定了很多法律法规和政策,包括《水资源规划法》《清洁水法》《美国能源政策法》《安全饮用水法》《濒危物种法》等法律以及日最大负荷总量限制、水质管理规划、非点源控制计划等一系列重要的政策措施。

由于水资源管理涉及不同的层面和部门,涉及多方利益,为促进公众参与水资源管理,美国环保署在1979年颁布了专门法规,并于2003年制定了《公众参与政策》,就促进公众参与提出了具体要求。

在过去十几年里,美国在水资源管理中越来越多地采用经济手段,主要有:①水权及水权交易。具体包括水权分配、水交易和水质交易,但各州做法彼此有很大差异。②价格和税收。美国普遍将价格和税收作为环境管理的政策手段,广泛应用于水污染控制、生活用水供给、工业用水供给、污水处理、农业用水等多个方面。③私人投资。公共部门保留供水和污水处理系统的所有权,让私营部门参与一些服务的经营管理,政府对水务服务提供补贴等。

(二)城镇用水节水措施与管理

美国的城市公共供水系统包括家庭、商业、工业、公共用水、漏失水以及少量热电用水。美国的城市用水中,家庭用水和商业用水的比例较大,占城镇总用水的70%以上。美国在城镇节水中以家庭和公共绿地用水以及室内卫生用水为重点。20世纪80年代中期,美国一些缺水地区就已经开始城乡节水运动。更换、安装室内节水器具是美国节水的主要措施。节水器具不但减少用水量,还同时减少污水处理,即所谓“节水减污”。

城市节水中,马萨诸塞州的大波士顿地区的节水成效被认为是美国最全面、最成功的计划之一。大波士顿地区有250万人,若改装33万户的用水器具后,将节水2亿多m^3,比1987年的总用水量减少50%以上。根据大波士顿的经验,每年人均用水125 m^3(342.5 L/d),便可满足城市生活用水、工业用水和商业用水的需求,如果实现上述目标,将是城市用水的一次革命。

(三)农业用水与节水

美国国土面积936万km^2,耕地占19%,约178万km^2。东部降雨充沛,年降水量在800 mm以上,农田一般不灌溉;中西部属沙漠气候,年降水量在500 mm以下,为了保证作物高产必须灌溉。

1. 农业节水措施

(1)采用先进的灌溉技术及装备。一是注重研究和全面应用作物需水的预测和预报技术;二是推广喷灌和滴灌技术,改进地面灌溉,节水20% ~30%,滴灌节水可达30% ~50%;三是改进地面灌溉技术(指采用间歇灌和改进的沟灌),收到了均匀灌水和省水效果。灌次多、灌量小的灌溉方法,改变了农民灌次少、灌量大的陋习,取得了好的收成。

(2)采用了一些有效的节水办法。一是利用激光平地机组,每年秋后对农田进行一次平整,田面不平度可控制在10~15 mm;二是渠道衬砌和管道输水,以减少蒸发和渗透损失;三是用拖拉机消除无衬砌渠道中的杂草,或养鱼吃草,解决因杂草造成水流滞缓的问题,从而减少渠道渗漏损失。

(3)使用污水和咸水灌溉。使用污水和咸水灌溉,节省河水和地下水。注重水的质量和水的有效利用技术的研究和开发,使灌溉水高质、高效被利用。

(4)采用自动控制技术。美国垦务局将自动控制技术用于灌区配水调度,配水效率可由过去的80%增加到96%。

(5)非充分灌溉。在加利福尼亚州开展的为期10年的非充分灌溉研究示范表明,非充分灌溉可使单位水量的产出提高。研究发现,在考虑所有投入后,应用非充分灌溉农场的净收入比较低,但他们所使用单位水量的收益较高。对于那些供水量有限的地区,推广应用非充分灌溉是一项有益的长期战略。

(6)进行灌溉农业结构调整。将灌溉农业由水资源紧缺的地区转移到水资源丰富的地区。在20世纪80年代美国有85%的灌溉面积在西部,15%在东部,而在20世纪90年代有77%的灌溉面积在西部,23%在东部。

2. 农业节水灌溉技术

农业节水灌溉技术主要包括滴灌技术、间歇滴灌、浸润灌溉、喷灌技术、节水的地面灌技术、地下水回灌(地下水库)等。如美国很多灌区都修建了地下水回灌工程,称为"地下水库"。丰水年购买低价水回灌到地下,利用地下水库蓄水,干旱年缺少水时,再抽出来灌溉农田。"地下水库"的建设与运行费用由受益的各个灌区分摊,由灌区组成董事会,董事会再聘请管理人员。由于修建地下调蓄水量的工程造价比修建地面调蓄水量工程投资要低许多,且对生态环境影响小,故美国灌区现基本采取这种模式,并且运行管理良好。

(四)启示

美国在加强用水管理,提高用水效率的转变中,从战略级、政策级、技术级和社会的不同层面上,采取了一系列的对策,有人称之为一场"用水革命"运动。在这种较为严厉的政策下,从1975~2000年的战略转变规划和从1995~2025年实现城镇节水的国家级目标计划,前后历经半个世纪。从美国实践中看出,改变用水方式和治理水污染,都不是短期内可以解决的。美国加强用水管理,提高用水效率的战略转变,不仅是为了缓解缺水,在很大程度上也是为了减少环境压力。

二、日本节水经验

(一)日本节水策略

日本水资源的利用形态划分为农业用水、都市用水两大类。都市用水又包括工业用水和生活用水。20 世纪 90 年代,日本年用水量约为 900 亿 m^3,约占水资源总量的 14%。在年用水量中,农业用水 586 亿 m^3,占 65%;工业用水 154 亿 m^3,占 17%;生活用水 160 亿 m^3,占 18%。

1. 建立机构,协调管理

在管理体制上,日本属于“多龙治水,多龙管水”的模式。水资源开发管理分别由国土厅、建设省、农林水产省等多部门按政府赋予的职能进行管理。几个部门依靠法律紧密地统一在一起,依法办事,既分工又合作,关系协调。例如,全国的水资源综合规划、治水工程建设由国土厅负责;防洪、水资源开发设施的建设,河流水资源开发的审批,由建设省负责;工业用水、水力发电由通商产业省负责;灌溉和农业用水由农林水产省负责;生活用水由厚生省负责;地方水资源开发经费管理,国家水资源开发预算、管理以及水资源开发利用情报,则分别由自治省、大藏省和科学技术厅负责。

2. 依法治水,严格执法

日本建立了较完善的水法律法规,并在实践中不断修正和调整。日本为了适应经济发展的需要,制定了《水防法》《土地改良法》《国土综合开发法》《森林法》《电源开发促进法》《工业用水法》《特定多功能水库法》《上水道法》《工业用水道事业法》《下水道法》《治山治水紧急措施法》《水资源开发促进法》《灾害对策基本法》《河川法》《公害对策基本法》《城市规划法》《水质污染防治法》《自然环境保护法》《水源地区对策特别措施法》等。进入 20 世纪 80 年代,日本还制定了许多纲领性文件,如《水资源白皮书》《全国水资源综合规划》《新的全国水资源综合规划》等。除制定完善的法律外,日本还非常注重严格执法和监督。各个管理机构职责分明,在执法过程中有明确细致的内容和程序的规定,因此避免了部门之间的矛盾与扯皮现象。例如,1961 年制定的《水资源开发利用法》中规定,指定的水系由内阁总理大臣决定。

3. 制定规划,树立危机意识

日本在水资源利用过程中,非常注重总体和流域的规划,注重可持续开发。通过规划明确节水方向,行动一致,并能巩固效果。水资源开发公团负责制定国家的长期规划和地方政府的远景规划,对七大水系进行统一开发、治理,并解决资金筹建和调整各方面的关系。2000 年,日本以 2010 ~ 2015 年为目标,制定了《新的全国综合水资源计划》,简称“21 世纪水计划”。在计划中,日本提出要“构筑可持续发展的水资源利用体系”,重点是构筑可持续的用水体系,保护和整治水环境,恢复和培育水文化,以适应循环型社会的需要。在“21 世纪水计划”中,日本提出了“水危机”的概念,认为今后有可能发生缺水危机、水质恶化危机以及供水系统和水处理系统不能正常发挥功能而产生的危机等,强调在解决较严重自然灾害时,不仅要保证足够的用水量,而且要确保饮用水等各种用水的质量。

4. 征收高价水费,经济杠杆调节

水利的效益是由水的使用而产生的,因此为了鼓励节水事业能够正常发展,确立各用水者都能接受综合费用的分摊,在用水不断紧张的情况下,节水率的设定能够反映到管理费用的分摊甚至建设费用的分摊上来,将是非常重要的。据日本经济规划局的资料,日本的水费高于许多发达国家的水平,其每月 20 m^3 用水的水费是伦敦的 1.36 倍、巴黎的 1.17 倍、纽约的 3.25 倍。水费的高低在日本一直存在着争议,但水费高确实有其合理性。

5. 重视宣传,树立公众节水意识

日本高度重视对水的知识普及和宣传教育工作,政府部门和各水利管理单位都印制了大量精致的宣传资料,采取各种手段,使人们了解水、亲近水、保护水。无论是政府机关、企业、社会团体还是公共场所,到处都张贴着珍惜用水、节约用水的标语,从而使普通民众树立节水意识。

(二)启示

日本在节水立法与执法监督、水资源利用和管理目标规划、树立用水危机意识、对水源地及地下水的保护和对河流污染的治理、城市的污水和工业用水回用、宣传教育、科研和技术推广等方面取得了很大成效,值得借鉴。

我国应该通过法制的方式规范水资源的利用和节水,不但要对水资源的利用方式进行规定,还要对执法的程序和过程进行规范。加强执法监督力度,加强对法律的普及工作。

目前我国许多地区,尤其是一些缺水城市,还是以开源为主的思路来解决缺水问题,造成地下水过度开采、河流水库水位不断下降等,应逐步转变这种做法,加强对地面水和地下水的保护和水环境的治理。

在北方一些缺水城市,有关部门应该拿出切实行动来支持节水项目的发展。目前,不少城市已经制定了鼓励节水和污水回用的宏观政策,但还缺少长期性和稳定性。因此,应将节水作为一项长期工作坚持不懈。

我国与日本都是"多龙治水",但日本在这方面做得较好。我国目前各个部门之间缺乏协调,布站不合理,监测数据不系统,并且经常难以比较,等发现问题就很难处理,并且各个部门之间相互扯皮、推诿责任的现象也较常见。应明确部门职责,加强协调。同时,应加大宣传教育工作的力度,尤其是科普工作更要加强。

对群众的教育并不是仅仅靠简单的一些口号和标语就能够解决问题,只有人们真正了解水的知识、用水的过程和缺水的现状,才会从心里真正认识到节水的重要性。因此,通过多种媒体,加强宣传非常重要。

三、以色列节水经验

(一)以色列节水策略

以色列是一个水资源严重紧缺的国家,人均水资源占有量只有 365 m^3,是世界人均占有水资源量的 1/33,中国人均的 1/7。以色列淡水资源主要集中在约旦河与加利利湖。1997 年以色列的淡水供水量为 16.2 亿 m^3,淡水资源的 82% 依靠加利利湖供应,淡水资源的 3/4 用于农业。另外,还有 2.75 亿 m^3 城镇污水、1.25 亿 m^3 微咸水、0.1 亿 m^3 淡化海水得以利用。据统计,每年地下水、地表水、淡化海水和废水利用合计 22 亿 m^3。

1. 通过立法和政策，合理规范水价

以色列建国不久，就陆续制定了《水法》《水井控制法》《量水法》等有关水的法律，明确国家统一管理全国水资源，对用水权、用水定额、水费征收、水质控制等做了详细规定。以色列于1959年颁布实施了《水法》。该法构筑了以色列全部灌溉发展的框架，并阐明以色列的水资源是公共财产，由国家控制，用于满足公民的需要和国家的发展。一个人拥有土地的产权，但并不拥有位于其土地上或通过其土地境内的水资源的权力。

以色列采用法制和市场并举，实行奖惩配额用水制。以此为核心，建立了一套十分细致的水价体系，通过市场手段引导公众节约用水。对不同的水源也采用不同的水价，规定凡超过配额用水者超额部分加价3～4倍。在以色列，全社会实行有偿用水制、用水许可制、配额制。如农业用水，年初分配70%的配额，其余30%根据降水量分配，水价根据配额调节。用水计划是按每年降水量、种植面积、最佳需水量按户分配。用水量在计划内70%者水价按100%收；70%～100%的部分按水价加收2/3，超额部分4倍收费。这样使农民自觉提高水利用率。对冲洗汽车和浇灌花园用水都有规定，违反规定、浪费用水将受重罚。

2. 建立管理机构，加强用水管理

以色列将水作为最重要的国家战略资源而严格地计划使用，由国家水资源管理机构统一管理水的开发、分配、收费及污水处理、地下水开采、水源保护等。政府的强制干预对于合理使用水资源是非常重要的。政府还制定了许多激励政策，鼓励节水技术的发展，培养公众的节水意识。以色列政府设立了水资源咨询委员会、水资源执行委员会和水事法院。水资源咨询委员会直属中央政府，共有39个成员，其中2/3来自民间各用水户，1/3为政府代表，负责制定全国水利政策和法规。水资源执行委员会隶属农业部，负责水资源的规划决策、水利工程建设和水的分配。水事法院为独立的法制系统，由1名司法官和民间代表组成，负责解决用水纠纷和仲裁。水在以色列是非常贵重的商品，水资源属国家所有，任何单位和个人都无权开采和擅自使用。一切水利规划、工程建设、水资源调配以及经过处理后的污水都由水资源管理机构代表国家进行审查、批复、调度。

为加强管理，以色列把全国所有的地表水源和遍布各地1 000多口机井用管道联在一起，形成一个覆盖全国的给水网络。处理后的干净水也用不同颜色的管网连为一体，专门用于农业灌溉。所有提水设备和用水单位都有计量装置，全部用计算机控制，全国每日用水多少、各水源地储水情况、水在网络里的流向是否合理等都反映在中央控制室内。

3. 开源节流，建设引水工程

为了克服水源分布南北不均的困难，以色列修建了国家管道工程，把北方稍微富裕的淡水资源通过管道输送至南方少雨和沙漠地带，保障当地的农业和生活需要。此外，以色列通过各种外交和军事途径，开展地区合作，寻找新的水源，可以说，在总体资源匮乏的情况下，增加淡水储备，扩大淡水来源，在以色列仍然是非常重要的措施。目前，以色列正在实施海水淡化工程，这也是引水工程的重要内容。

4. 增强全民的节水意识

以色列通过报刊、电视等媒体大张旗鼓地宣传“水非常珍贵”“节省每一滴水”的观念，并报道节水的好典型，批评浪费水的坏典型，大力推广宣传节水的小诀窍和办法，如洗碗时如何节约用水，推广节水型抽水马桶、节水器具，敦促人们不用水时关紧水龙头等。

（二）启示

1. 重视农艺节水技术的应用，提高土地的增产潜力

一是充分利用土壤水库的调蓄功能，二是重视耐旱作物种类及品种的选育和应用。土壤有机质衰竭将导致土壤结构破坏，进而导致降雨时水分的入渗和储存减少及植被恶化，风蚀水蚀加剧，生态环境恶化，最终导致作物产量下降。尽管这一恶化过程缓慢，30～50年才明朗化，但后果却是致命的。因此，土壤地力建设和管理应该作为农业节水技术的重点，充分利用土壤水库的蓄水和供水工程，维护地下水的合理开采。任何区域的灌溉农业都是建立在充分利用自然降水的基础上，通过土壤地力和生物技术的结合，确保水资源的可持续利用，降低农业生产成本。

2. 大力发展科技，推广节水技术

以色列农业高度发达与其加强科研、推广和服务体系有着极大关联。科研是农业发展的后盾，推广和服务体系是动脉，两者结合为以色列农业的发展提供了原动力。在以色列，每个农业科研人员都是某一方面的专家，为农业生产、经营者提供技术指导、咨询和培训，同时他们还是科技推广者和技术承包的实践者，科研人员与农户签订服务合同，从而使农民获得更大的经济效益。在总体水资源不足的情况下，节约使用就非常重要。在节水方面，以色列人充分发挥了聪明才智和创造精神，发展了节水农业，采用了滴灌、渗灌等节水灌溉技术，大大降低了农田的单位耗水量，水肥利用率高达80%～90%，可耕地面积增加5倍，农业产值增长了近20倍。可以说，节水灌溉是以色列合理利用水资源的核心与关键，几乎成为以色列的代名词。

3. 成功的"公司＋农户"模式

以色列的农业生产经营特点：一是订单式生产；二是农业生产与国际市场联系紧密。基布兹（农村合作组织形式之一）的农业生产直接与国际市场连结，从生产、加工到包装、销售基本是一体化的经营。在莫沙夫（农村合作组织形式之一）中，则是农户直接与国内的公司签订购销合同或者直接上网销售。在以色列，农户和公司之间还有着另一种关系，就是公司与农户建立股份制，由公司为农户提供用于农业基础建设的资金并负责农产品收购，再从每年付给农户的贷款中分成或逐年回收投资。由于以色列的农业相当发达，农民的文化水平也很高，农民可以直接从英特网上了解农副产品的市场行情，知道如何保护自己的利益，在与公司签订购销合同中也能取得比较合理的利益分配，从而形成了公司与农户的良好互动机制。

4. 出色的公众教育

以色列的教育非常发达，国民受教育程度很高，农民中大学以上文化程度占到47%，其他农民至少是高中文化程度。高素质的农业劳动力为学习、运用先进的生产技术和管理技术提供了可靠的保障，同时也使农民更乐于接受新生事物，能够更快地掌握和运用新技术，这就为以色列现代农业的发展插上了腾飞的翅膀。

四、国内节水经验

（一）依法节水

为了促进节约用水，国家先后颁布了《水法》《取水许可和水资源费征收管理条例》等法律法规和规章，制定了一系列节水制度，为节水提供了良好的制度保障。如用水总量控制和定额管理制度等，以量定发展，实行节约奖励、超额累进加价、阶梯水价制度。我国许多城市，如北京、深圳、合肥等地严格用水计划和定额管理，居民生活用水实行阶梯水价制度，深圳市单位用水和居民用水超额的分别最高收取基本水价的4倍和2倍，北京市各单位的用水定额指标实行严格的用水超定额累进加价制度，用水量超过定额指标的20%，将按照水费的2倍交费。安徽省规定超额取水的，对超额部分的水资源费实行累进加价制度，取水量超额20%（不含20%）以下的，超额部分加收1倍的水资源费；超额20%以上50%以下（不含50%）的，超额部分加收2倍的水资源费；超额50%以上的，超额部分加收3倍的水资源费，并由县级以上地方人民政府水行政主管部门责令暂停取水，限期改正。

（二）积极推进节水型社会建设

我国是一个水资源相对短缺的国家，随着工农业生产的发展和人民生活水平的提高，水资源供求矛盾日益突出。厉行节约用水，缓解水资源紧缺矛盾，关系到国民经济的发展，势在必行。节水型社会就是一种以节水为基本特征的社会形态，不是在现有的社会系统上加上节水的内容，而是在社会各个层面和各个领域的具体实践活动中，都以节水作为其社会行为的基本准则之一，保障水资源的可持续利用。通过节水型城市、节水型企业（单位）、节水型灌区、节水型家庭等载体建设以及宣传教育活动等，促使人们形成好的节水习惯和节水意识。

（三）积极推广先进节水用水技术设备

先进节水用水技术设备的推广应用是节约用水的重要环节，也是节水型社会建设的重要物质载体，我国非常重视。近几年，有关部门采取水价改革、开展节水产品认证、公布节水技术产品目录和政府采购等各种措施，有力地推动了这项工作的开展，也为广大节水技术设备的研制、开发厂商营造了市场空间。并且，国家进行立法，对从事符合条件的节水项目实行免征、减征企业所得税的办法，有力地促进了我国节水产业的发展。

全国节约用水办公室和水利部水资源管理中心已成功举办了多届节水用水先进技术产品展览会，对我国节水产业发展产生了积极影响，对促进节水型社会建设起到了很好的推动作用。展示产品包括生活节水器具（如节水龙头、节水水嘴、阀门、节水淋浴技术设备、感应洁具、智能水表、节水马桶、节水型水箱、多功能节水喷枪、红外线节水控制系统、纯净水设备、家庭中水处理系统、校园一卡通等）、农业节水技术（如农业高效灌溉技术与设备、微灌系统、自动控制装置、喷灌技术及设备、低压管道输水灌溉系统、排水工程装备及各种水泵、劣质水灌溉技术及设备、雨水集蓄及利用技术、雨洪资源化技术及其利用技术、灌区自动化技术及设备、防渗水材料等）、工业节水技术（如工业水循环设备、中水回用系统、冷却塔、废水零排放技术等）。

(四)强化宣传教育

每年3月,我国利用“世界水日”和“中国水周”广泛地开展节约用水和保护水资源等宣传活动。通过宣传教育,让人们认识到节水是一种美德,要珍惜水,爱惜水,要养成节约用水的良好习惯,认识到节水是建设“资源节约型和环境友好型社会”的必经之路。

第五篇　水资源和水生态保护

第二十二章　水功能区管理

第一节　概　述

一、目的与意义

水是人类生存和发展不可缺少的重要自然资源，随着社会和国民经济的迅速发展，对水资源的质量要求也越来越高。水资源的匮乏和水污染的日益严重，在许多地区已成为社会经济发展的制约因素。为进一步加强水资源管理与保护，合理开发利用水资源，以水资源的可持续利用支撑安徽省经济社会持续发展，根据安徽省水资源开发利用、保护和水污染防治的现状，结合社会发展的需求，确定重要水域的主导功能及功能排序，科学合理地划分水功能区，是水资源保护和水污染防治目标管理的重要基础。

水功能区是指根据流域和区域的水资源条件和水环境状况，结合水资源开发利用现状和经济社会发展对水量水质的需求以及水体的自然净化能力，在江河湖库划定的具有相应使用功能并且主导功能和水质管理目标明确的水域。经批准的水功能区划是核定该水域的纳污能力，即水环境承载能力，提出该水域的限制排污总量意见，将水质管理目标落实到具体水域和入河污染源，为水资源调度，维持江河合理流量和湖泊、水库及地下水的合理水位，维护水体的自然净化能力和陆域污染源管理，产业布局的优化，科学确定和实施污染物排放总量控制提供依据。

二、水功能区划的原则

（一）可持续发展原则

水功能区划应与区域水资源开发利用规划及社会经济发展规划相结合，并根据水资源的可再生能力和自然环境的可承受能力，以及国家有关保护环境资源的方针政策，使水功能区划满足社会经济持续发展需求，促进社会经济和生态的协调发展。

（二）统筹兼顾，突出重点原则

水功能区划要尊重水域的自然属性，充分考虑其原有的基本特性，兼顾上下游、干支流、左右岸、行政区域间、近远期社会经济发展需要。在划定水功能区的范围和类型时，优先保护城市集中供水水源地、自然保护区用水水域、大型调水工程水源区。

(三)前瞻性和实用可行相结合原则

水功能区划要体现社会发展的超前意识,结合未来社会发展需求划定水功能区,为将来社会经济发展需求留有余地。水功能区的分区界限尽可能与行政区界一致,以便管理。水功能区划是水资源保护规划的基础,区划方案的确定不仅要反映实际需求,还要考虑技术和经济发展,切实可行。

(四)水质水量并重原则

水功能区划既要考虑水资源开发利用对水量的需求,又要从分区类型划分上考虑其对水质的要求。划分水功能区,确定其功能和水质保护目标不得低于现状功能和现状水质。要综合考虑江河湖库的自然条件、开发利用现状及污染程度,合理利用水环境容量。对水质水量要求不明确,或仅对水量有要求的,不予单独区划。

(五)以主导功能为主的原则

水功能类型的确定以主导功能为主,兼顾其他功能。在有两种以上用水功能时,按功能主要性排序,确定主导功能。

第二节 水功能区划体系

根据《全国水功能区划技术大纲》的规定,将一级水功能区划分四类,即保护区、保留区、缓冲区、开发利用区;二级水功能区划在一级区划的开发利用区内进行,分七类,包括饮用水源区、工业用水区、农业用水区、渔业用水区、景观娱乐用水区、过渡区、排污控制区。水功能区划的分级分类系统见图22-1。

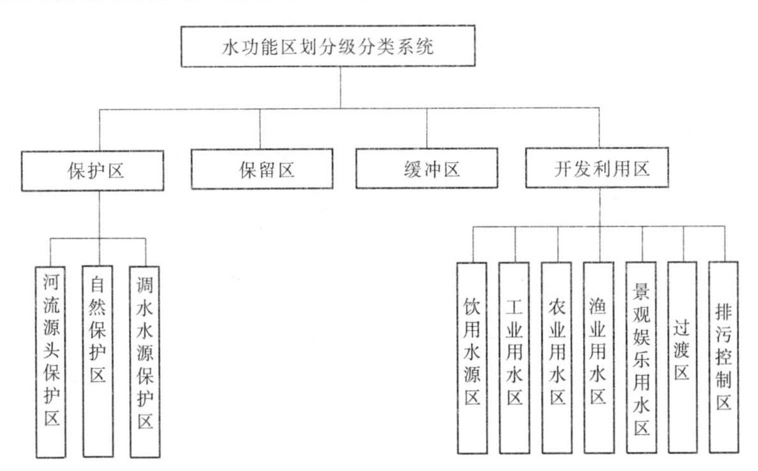

图22-1 水功能区划的分级分类系统

一、一级区划各功能区定义

(一)保护区

保护区是指对水资源保护、自然生态及珍稀濒危物种的保护有重要意义的水域。该区内严格禁止进行破坏水质的开发利用活动。保护区的划分可分为以下三类：

(1)河流源头保护区。指以保护水资源为目的，在重要河流的源头河段划出专门保护的区域。

(2)自然保护区。指国家级和省级自然保护区的用水水域或具有典型生态保护意义的自然环境所在水域。

(3)调水水源保护区。指跨流域或跨省以及省内的特大型调水工程水源地及输水线路。保护区水质管理目标是根据需要，执行国家《地表水环境质量标准》(GB 3838—2002)Ⅰ类、Ⅱ类水质标准，或维持水质现状。

(二)保留区

保留区指目前开发利用程度不高，水质较好，为今后开发利用和保护水资源而预留的水域。保留区应维持现状水质不遭破坏，并按照河道管理权限，未经相应的水行政主管部门批准，不得在保留区内进行大规模的水资源开发利用活动。保留区的划分标准应满足下列条件之一：

(1)受人类活动影响较少，水资源开发利用程度低。

(2)目前不具备开发条件的水域。

(3)考虑可持续发展的需要，为今后的社会经济发展预留的水资源区。保留区水质管理目标按不低于现状水质类别控制。

(三)缓冲区

缓冲区主要指为协调省际间用水关系而划定的特殊水域，在该区进行的开发利用活动必须经有管辖权的流域机构批准，并不得对水质产生不利影响。缓冲区水质管理目标按实际需要执行相关水质标准或按现状水质控制。

(四)开发利用区

开发利用区指具有满足城镇生活、工农业生产、渔业和娱乐等多种需求的水域。该区内的开发利用必须服从二级功能区的分区要求。开发利用区的划分条件为取水口较集中，取水量大，如重要城市河段，具有一定灌溉规模和渔业用水要求的水域等。开发利用区的水质管理标准按二级区划分类分别执行相应的水质标准。在开发利用中必须注意节约水资源，加强对水资源质量的保护。

城市人口、用水量、供水能力、城区面积及工业布局和产值等方面因素是划分开发利用区和保留区的重要指标及参考。

二、二级区划各功能区定义

二级水功能区划是在一级水功能区划的基础上，对重要的开发利用水域进行功能区划分，共分七个区。

(一)饮用水源区

饮用水源区指满足城镇生活用水需要的水域。其划分的条件是已有或规划的城镇生活用水取水口较集中的水域。

水质管理目标根据需要分别执行《地表水环境质量标准》(GB 3838—2002)Ⅱ类、Ⅲ类水质标准和《生活饮用水卫生标准》(GB 5749—2006)有关水源选择和水源卫生防护的

规定。饮用水源取水口的保护范围和等级由地方人民政府划定。

(二)工业用水区

工业用水区指满足城镇工业用水需要并达到一定规模的水域。其划分的条件是现有或规划水平年内的工矿企业生产用水的集中取水水域。

水质管理目标执行《地表水环境质量标准》(GB 3838—2002)Ⅳ类标准。现状水质优于Ⅳ类的,按现状水质类别控制。

(三)农业用水区

农业用水区指满足农田灌溉用水需要的水域。其划分条件为已有农田灌溉用水集中取水点并达到一定规模的水域,或根据规划水平年内农田灌溉的发展,需要设置农田灌溉集中取水点且取水量大的水域。

水质管理目标执行《农田灌溉水质标准》(GB 5084—92)、《地表水环境质量标准》(GB 3838—2002)Ⅴ类标准,现状水质优于Ⅴ类的,按现状水质类别控制。

(四)渔业用水区

渔业用水区指具有鱼、虾、蟹、贝类产卵场和养殖场的水域。

水质管理目标执行《渔业水质标准》(GB 11607—89)、《地表水环境质量标准》(GB 3838—2002)Ⅱ类标准,一般鱼类养殖水域可参照执行Ⅲ类水质标准。

(五)景观娱乐用水区

景观娱乐用水区指以满足景观、疗养、度假和娱乐需要为目的的江河湖库等水域。其划分条件为风景名胜区所涉及的水域,度假、娱乐、运动场所涉及的水域。

水质管理目标执行《景观娱乐用水水质标准》(GB 12941—91)、《地表水环境质量标准》(GB 3838—2002)Ⅲ类标准。

(六)过渡区

过渡区是指为使水质要求有差异的相邻功能区顺利衔接而划定的水域。其划分条件为下游用水水质要求高于上游的或有双向水流的水域,且水质要求不同的相邻功能区之间。

水质管理目标执行《地表水环境质量标准》(GB 3838—2002),按相邻功能区水质要求选用相应的控制标准。

(七)排污控制区

排污控制区指接纳大中城市生产生活废污水较集中且对环境无重大不利影响的水域,其划分条件为接纳的废污水量较大或污染物浓度高但为可降解稀释的,水域的自净能力较强,其水文、生态特性适宜作为排污区。排污控制区是结合水污染现状及治理的技术经济实际情况,合理利用江河水体自净能力而划定的水域,在区划时从严控制。

排污控制区暂不执行水质管理标准,但其水质在通过过渡区后应能满足下一功能区需求。

第三节 水功能区划划分

一、水功能区划的分级与分类

安徽省水功能区划采用两级体系,即一级功能区和二级功能区。一级区划是从宏观上解决水资源开发利用与保护问题，协调省际间用水关系，考虑可持续发展的需求。二级区划主要协调省内各市之间用水关系，具体分类开发利用和保护水资源。水功能区一级区划对二级区划具有宏观指导作用。其中，一级功能区划分由安徽省和淮河、长江、太湖三个流域机构配合完成，二级功能区划分是在一级功能区划的基础上完成的。

根据《安徽省水功能区划》，安徽省一、二级水功能区划分共计 230 个。

河流级水功能区 147 个，代表河长 8 189. 4 km。其中，保护区 8 个、保留区 28 个、缓冲区 30 个、开发利用区 81 个，分别代表河长 275. 0 km、1 984. 7 km、595. 2 km、5 334. 5 km。在 81 个河流开发利用区，共划分 128 个二级水功能区。其中，饮用水源区 25 个、工业用水区 13 个、农业用水区 66 个、景观娱乐用水区 10 个、过渡区 11 个、排污控制区 3 个，分别代表河长 394. 2 km、148. 5 km、4 452. 5 km、120. 0 km、193. 3 km、26. 0 km。

湖库一级水功能区 35 个，代表水面面积 3 585. 1 km^2。其中，保护区 22 个、缓冲区 1 个、开发利用区 12 个，分别代表水面面积 2 963. 3 km^2、20. 0 km^2、601. 8 km^2。在 12 个湖库开发利用区，共划分 13 个二级水功能区。其中，饮用水源区 3 个、农业用水区 2 个、渔业用水区 5 个、景观娱乐用水区 2 个、过渡区 1 个，分别代表水面面积 117. 0 km^2、153. 0 km^2、301. 6 km^2、23. 2 km^2、7. 0 km^2。

二、淮河流域水功能区划

安徽省淮河流域水功能一级区划共划分 81 个功能区，其中 9 个保护区、3 个保留区、21 个缓冲区、48 个开发利用区。

安徽省境内的淮河干流处于淮河中游，上自豫皖交界的洪河口，下至皖苏交界的洪山头，河道长 430 km，后因对干流局部河道进行裁弯取直，干流河长缩至 401 km。河道基本自西向东略偏北流，至阚台子折向南流，进入江苏省洪泽湖。沿淮的凤台、淮南、怀远、蚌埠、五河等市县城区均以淮河为供水水源地，同时也接纳沿岸城镇排放的工业废水和生活污水，淮河还为两岸提供了农田灌溉用水。淮河干流共有一级功能区 3 个，其中 2 个缓冲区、1 个开发利用区。从上游至下游分别是淮河豫皖缓冲区、淮河干流开发利用区、淮河皖苏缓冲区。

淮河支流包括左岸的洪河、谷河、颍河、泉河、西淝河、茨淮新河、怀洪新河、黑茨河、茨河、涡河、惠济河、赵王河、小洪河、北淝河；右岸的史河、史河总干渠、沣河、汲河、渒河、西渒河、东渒河、渒河总干渠、东淝河、天河、濠河、池河等。一级区划共划分 43 个功能区，其中 1 个保护区、1 个保留区、11 个缓冲区、30 个开发利用区。

洪泽湖水系包括怀洪新河、浍河、包河、沱河、新汴河、萧濉新河、濉河、奎河、老濉河等。共划分 1 个保留区、8 个缓冲区和 7 个开发利用区。

入江水道白塔河开发利用程度较高，划分为 1 个保留区、2 个开发利用区。

安徽省淮河流域主要湖泊有八里湖、焦岗湖、四方湖、沱湖、天井湖、城西湖、城东湖、瓦埠湖、高塘湖、天河湖、女山湖、七里湖。一级功能区划共划分 13 个功能区，其中 5 个保护区和 8 个开发利用区。

安徽省淮河流域大别山区建有佛子岭、磨子潭、响洪甸、梅山等 4 座大型水库，还有规划待建的白莲崖水库。已建的 4 座大型水库犹如镶嵌在大别山区北麓的“四颗灿烂明

珠”,为工农业生产和人民生活世代造福。各大水库都以防洪、灌溉为主,兼有发电、水产、航运和城乡供水等综合利用效益。佛子岭和梅山水库近年来又成为旅游区。四大水库是淠史杭灌区的主要水源,每年要向淠河和史河灌区供水 20 余亿 m^3。各大水库水质优良,生态环境好,全部划为河流源头保护区。

安徽省淮河流域水功能二级区划在一级区划 48 个开发利用区内进行,共划分为 7 个饮用水源区、3 个工业用水区、43 个农业用水区、4 个渔业用水区、3 个景观娱乐用水区、9 个过渡区和 2 个排污控制区。

三、长江流域水功能区划

安徽省长江流域水功能一级区划共划分 82 个功能区,其中 19 个保护区、18 个保留区、9 个缓冲区和 36 个开发利用区。

安徽省处于长江下游,长江干流左岸上自鄂皖交界的段窑,下至皖苏交界的驷马新河(驷马山引江水道口),左岸上始赣皖交界的牛矶,下至皖苏交界的慈湖河,长 416 km,总的走向由西南流向东北,江面开阔,沙洲众多,水位一般变化不大,终年不冻。沿江的安庆、池州、铜陵、芜湖、马鞍山 5 个城市都以长江水为城市供水水源地,长江既是这些城市生活、工业用水的水源地,又是生活、工业废污水的排放地。长江充沛的水资源提供了两岸的农田灌溉用水,水质良好的长江水还将南水北调,引江济淮。长江干流生态环境良好,铜陵江段活跃着珍稀野生动物白暨豚。

安徽省长江干流共有 18 个一级功能区,其中 2 个保护区、6 个保留区、4 个缓冲区和 6 个开发利用区。因长江干流水域宽阔,沙洲罗列,江道似藕,宽窄不一,一般宽 2.0 km,最宽处为 4.5 km,在分岔江段遇大洪水,最大宽度可达 10 km,最窄处宽 1 km。两岸社会经济及地理状况不尽相同,城市取水及排污不会影响对岸,在划分长江干流水功能区时,将其当作左右两条河流来考虑,左岸划分为 1 个保护区、4 个保留区、2 个缓冲区和 2 个开发利用区,右岸划分为 1 个保护区、2 个保留区、2 个缓冲区和 4 个开发利用区。

长江支流一级功能区划共划分 45 个功能区,其中 13 个保护区 12 个保留区、4 个缓冲区和 26 个开发利用区。

湖库一级功能区划共划分 19 个功能区,其中 14 个保护区、1 个缓冲区,4 个开发利用区。

安徽省长江流域水功能二级区划在一级区划 36 个开发利用区内进行,共划分为 14 个饮用水源区、8 个工业用水区、23 个农业用水区、1 个渔业用水区、6 个景观娱乐用水区、2 个过渡区和 1 个排污控制区。

四、新安江流域水功能区划

安徽省新安江流域水功能一级区划共划分 19 个功能区,其中 2 个保护区、7 个保留区、1 个缓冲区和 9 个开发利用区。

在一级区划 9 个开发利用区中共划分为 15 个二级区划,其中 7 个饮用水源区、2 个工业用水区、2 个农业用水区、3 个景观娱乐用水区和 1 个过渡区。

五、安徽省水功能区划调整

根据安徽省人民政府批准实施的《安徽省水功能区划》(皖政秘〔2003〕104 号)和《安徽省长江干流水功能区划调整方案》(皖政秘〔2011〕11 号),调整后的安徽省水功能区划共划定了 245 个一、二级水功能区。涵盖长江、淮河、新安江干流及其一级、二级支流和少数小支流,共 113 条河流、13 座大型水库、23 个湖泊。涉及河流长度 8 167 km,湖(库)面积 3 585.1 km²。一级功能区 194 个,其中保护区 30 个、保留区 34 个、缓冲区 31 个、开发利用区 99 个。依据有关规定和标准对 99 个开发利用区,按主导功能又划分为 150 个二级功能区,其中饮用水源区 27 个、工业用水区 23 个、农业用水区 67 个、渔业用水区 5 个、景观娱乐用水区 11 个、过渡区 14 个、排污控制区 3 个。

安徽省各流域水功能区划简明情况见表 22-1。

表 22-1　安徽省各流域水功能区划简明情况表

<table>
<tr><th colspan="2" rowspan="3">范围</th><th colspan="4">一级区划</th><th colspan="5">二级区划</th></tr>
<tr><th rowspan="2">功能区名称</th><th rowspan="2">功能区个数</th><th rowspan="2">长度(km)/面积(km²)</th><th rowspan="2">占河湖库比例(%)</th><th rowspan="2">功能区名称</th><th rowspan="2">功能区个数</th><th rowspan="2">长度(km)/面积(km²)</th><th colspan="2">比例(%)</th></tr>
<tr><th>占开发利用区</th><th>占河湖岸</th></tr>
<tr><td rowspan="18">全省</td><td rowspan="10">河流</td><td>保护区</td><td>8</td><td>272</td><td>3.3</td><td colspan="5" rowspan="3">注:全省 8 167 km 的河道共划分 209 个功能区</td></tr>
<tr><td>保留区</td><td>34</td><td>1 750.7</td><td>21.4</td></tr>
<tr><td>缓冲区</td><td>30</td><td>591.2</td><td>7.3</td></tr>
<tr><td rowspan="6">开发利用区</td><td rowspan="6">87</td><td rowspan="6">5 553.1</td><td rowspan="6">68.0</td><td>饮用水源区</td><td>24</td><td>387.6</td><td>7.0</td><td>4.7</td></tr>
<tr><td>工业用水区</td><td>23</td><td>382.1</td><td>6.9</td><td>4.7</td></tr>
<tr><td>农业用水区</td><td>65</td><td>4 437.1</td><td>79.9</td><td>54.3</td></tr>
<tr><td>景观娱乐区</td><td>9</td><td>118.5</td><td>2.1</td><td>1.5</td></tr>
<tr><td>过渡区</td><td>13</td><td>201.8</td><td>3.6</td><td>2.5</td></tr>
<tr><td>排污控制区</td><td>3</td><td>26.0</td><td>0.5</td><td>0.3</td></tr>
<tr><td>小计</td><td>159</td><td>8 167.0</td><td>100.0</td><td>小计</td><td>137</td><td>5 553.1</td><td>100</td><td>68.0</td></tr>
<tr><td rowspan="8">湖库</td><td>保护区</td><td>22</td><td>2 963.3</td><td>82.6</td><td colspan="5" rowspan="2">注:全省 3 585.1 km² 的湖库共划分 36* 个功能区</td></tr>
<tr><td>缓冲区</td><td>1</td><td>20.0</td><td>0.6</td></tr>
<tr><td rowspan="5">开发利用区</td><td rowspan="5">12</td><td rowspan="5">601.8</td><td rowspan="5">16.8</td><td>饮用水源区</td><td>3</td><td>117.0</td><td>19.4</td><td>3.3</td></tr>
<tr><td>农业用水区</td><td>2</td><td>153.0</td><td>25.4</td><td>4.3</td></tr>
<tr><td>渔业用水区</td><td>5</td><td>301.6</td><td>50.1</td><td>8.4</td></tr>
<tr><td>景观娱乐区</td><td>2</td><td>23.2</td><td>3.9</td><td>0.6</td></tr>
<tr><td>过渡区</td><td>1</td><td>7.0</td><td>1.2</td><td>0.2</td></tr>
<tr><td>小计</td><td>35</td><td>3 585.1</td><td>100.0</td><td>小计</td><td>13</td><td>601.8</td><td>100.0</td><td>16.8</td></tr>
</table>

续表 22-1

范围		一级区划				二级区划				
		功能区名称	功能区个数	长度(km)/面积(km^2)	占河湖库比例(%)	功能区名称	功能区个数	长度(km)/面积(km^2)	比例(%) 占开发利用区	比例(%) 占河湖岸
淮河	河流	保护区	1	33.0	0.8	注:淮河流域 4 221.1 km 的河道共划分 87 * 个功能区				
		保留区	3	200.7	4.8					
		缓冲区	21	427.1	10.1					
		开发利用区	40	3 560.3	84.3	饮用水源区	6	224.5	6.3	5.3
						工业用水区	3	49.0	1.4	1.2
						农业用水区	41	3 067.8	86.2	72.7
						景观娱乐区	2	34.0	1.0	0.8
						过渡区	8	172.0	4.8	4.1
						排污控制区	2	13.0	0.4	0.3
		小计	65	4 221.1	100.0	小计	62	3 560.3	100.0	84.3
	湖库	保护区	8	854.4	71.8	注:淮河流域 1 177.2 km^2 的湖库共划分 17 个功能区				
		开发利用区	8	331.8	28.2	饮用水源区	1	22.0	6.6	1.9
						农业用水区	2	153.0	46.1	13.0
						渔业用水区	4	141.6	42.7	12.0
						景观娱乐区	1	8.2	2.5	0.7
						过渡区	1	7.0	2.1	0.6
		小计	16	1 177.2	100.0	小计	9	331.8	100.0	28.2
长江	河流	保护区	5	179.3	5.2	注:长江流域 3 450 km 的河道共划分 97 个功能区				
		保留区	24	1 216	35.2					
		缓冲区	8	151.5	4.4					
		开发利用区	38	1 903.2	55.2	饮用水源区	11	140.5	7.4	4.1
						工业用水区	18	319.4	16.8	9.3
						农业用水区	22	1 349.3	70.9	39.1
						景观娱乐区	4	55.5	2.9	1.6
						过渡区	4	25.5	1.3	0.7
						排污控制区	1	13.0	0.7	0.4
		小计	75	3 450	100	小计	60	1 903.2	100	55.2
	湖库	保护区	14	2 117.9	88.0	注:长江流域 2 407.9 km^2 的湖库共划分 19 个功能区				
		缓冲区	1	20.0	0.8					
		开发利用区	4	270.0	11.2	饮用水源区	2	95.0	35.2	3.9
						渔业用水区	1	160.0	59.3	6.6
						景观娱乐区	1	15.0	5.6	0.6
		小计	19	2 407.9	100.0	小计	4	270.0	100.0	11.2

续表 22-1

<table>
<tr><th rowspan="3" colspan="2">范围</th><th colspan="4">一级区划</th><th colspan="5">二级区划</th></tr>
<tr><th rowspan="2">功能区名称</th><th rowspan="2">功能区个数</th><th rowspan="2">长度(km)/面积(km²)</th><th rowspan="2">占河湖库比例(%)</th><th rowspan="2">功能区名称</th><th rowspan="2">功能区个数</th><th rowspan="2">长度(km)/面积(km²)</th><th colspan="2">比例(%)</th></tr>
<tr><th>占开发利用区</th><th>占河湖岸</th></tr>
<tr><td rowspan="9">新安江</td><td rowspan="9">河流</td><td>保护区</td><td>2</td><td>59.7</td><td>12.0</td><td rowspan="3" colspan="5">注:新安江流域 495.9 km 的河道共划分 25 个功能区</td></tr>
<tr><td>保留区</td><td>7</td><td>334.0</td><td>67.4</td></tr>
<tr><td>缓冲区</td><td>1</td><td>12.6</td><td>2.5</td></tr>
<tr><td rowspan="5">开发利用区</td><td rowspan="5">9</td><td rowspan="5">89.6</td><td rowspan="5">18.1</td><td>饮用水源区</td><td>7</td><td>22.6</td><td>25.2</td><td>4.6</td></tr>
<tr><td>工业用水区</td><td>2</td><td>13.7</td><td>15.3</td><td>2.8</td></tr>
<tr><td>农业用水区</td><td>2</td><td>20.0</td><td>22.3</td><td>4.0</td></tr>
<tr><td>景观娱乐区</td><td>3</td><td>29.0</td><td>32.4</td><td>5.8</td></tr>
<tr><td>过渡区</td><td>1</td><td>4.3</td><td>4.8</td><td>0.9</td></tr>
<tr><td>小计</td><td>19</td><td>495.9</td><td>100.0</td><td>小计</td><td>15</td><td>89.6</td><td>100.0</td><td>18.1</td></tr>
</table>

六、安徽省水质保护目标

根据国务院批准的淮河流域水污染防治“九五”“十五”计划、巢湖流域水污染防治“九五”“十五”计划、《安徽省水功能区划》和安徽省有关水污染防治规划的目标要求,三流域最低要求如下:

(1)淮河干流水质管理目标为Ⅲ类。

(2)淮河流域其他主要河流水质管理目标为Ⅳ类。

(3)长江干流水质管理目标为Ⅱ~Ⅲ类。

(4)长江流域其他主要河流水质管理目标为Ⅲ~Ⅳ类。

(5)巢湖湖区水质管理目标为Ⅲ类,向中营养化转化。

(6)新安江干流水质管理目标为Ⅱ~Ⅲ类,新安江上游主要支流水质管理目标为Ⅱ类。

(7)大型水库水质管理目标为Ⅱ类。

第四节　水功能区纳污能力与计算

一、基本概念

(一)水功能区纳污能力

水功能区纳污能力指对确定的水功能区,在满足水域功能要求的前提下,按给定的水

功能区水质目标值、设计水量、排污口位置及排污方式，功能区水体所能容纳的最大污染物量，以 t/a 表示。

（二）保护区和保留区纳污能力

保护区和保留区的水质目标原则上是维持现状水质，其纳污能力则采用其现状污染物入河量。对于需要改善水质的保护区，需提出污染物入河量及污染源排放量的削减量，其纳污能力需要通过计算求得，具体方法同开发利用区纳污能力计算。

（三）缓冲区纳污能力

缓冲区纳污能力分两种情况处理：水质较好，用水矛盾不突出的缓冲区，可采用其现状污染物入河量为纳污能力；水质较差或存在用水水质矛盾的缓冲区，按开发利用区纳污能力计算方法计算。

（四）开发利用区纳污能力

开发利用区纳污能力需根据各二级水功能区的设计条件和水质目标，选择适当的水量水质模型进行计算。

二、纳污能力设计条件

水功能区纳污能力计算的设计条件，以计算断面的设计流量（水量）表示。现状条件下，一般采用最近 10 年最枯月平均流量（水量）或 90% 保证率最枯月平均流量（水量）作为设计流量（水量）。集中式饮用水水源地，采用 95% 保证率最枯月平均流量（水量）作为其设计流量（水量）。对于北方地区部分河流，可根据实际情况适当调整设计保证率，也可选取平偏枯典型年的枯水期流量作为设计流量。

由于设计流量（水量）受江河水文情势和水资源配置的影响，规划条件下的设计流量（水量）应根据水资源配置推荐方案的成果确定。

（一）设计流量的计算

有水文长系列资料时，现状设计流量的确定，选用设计保证率的最枯月平均流量，采用频率计算法计算。无水文长系列资料时，可采用近 10 年系列资料中的最枯月平均流量作为设计流量。无水文资料时，可采用内插法、水量平衡法、类比法等方法推求设计流量。

（二）断面设计流速确定

有资料时，可按式（22-1）计算：

$$V = Q/A \tag{22-1}$$

式中：V 为设计流速；Q 为设计流量；A 为过水断面面积。

无资料时，可采用经验公式计算断面流速，也可通过实测确定。对实测流速要注意转换为设计条件下的流速。

（三）岸边设计流量及流速

宽深比比较大的江河，污染物从岸边排放后不可能达到全断面混合，如果以全断面流量计算河段纳污能力，则与实际情况不符。此时，纳污能力计算需采用按岸边污染区域（带）计算的岸边设计流量及岸边平均流速。计算时，要根据河段实际情况和岸边污染带宽度，确定岸边水面宽度，并推求岸边设计流量及其流速。

（四）湖（库）的设计水量

一般采用近10年最低月平均水位或90%保证率最枯月平均水位相应的蓄水量。根据湖（库）水位资料，求出设计枯水位，其所对应的湖泊（水库）蓄水量即为湖（库）设计水量。

三、水功能区纳污能力计算

纳污能力计算应根据需要和可能选择合适的数学模型，确定模型的参数，包括扩散系数、综合衰减系数等，并对计算成果进行合理性检验。

（一）模型的选择

小型湖泊和水库可视为功能区内污染物均匀混合，可采用零维水质模型计算纳污能力。

宽深比不大的中小河流，污染物质在较短的河段内，基本能在断面内均匀混合，断面污染物浓度横向变化不大，可采用一维水质模型计算纳污能力。

对于大型宽阔水域及大型湖泊、水库，宜采用二维水质模型或污染带模型计算纳污能力。

不论采用哪种水质模型，对所采用的模型都要进行检验，模型参数可采用经验法和试验法确定，计算成果需进行合理性分析。

（二）初始浓度值 C_0 的确定

根据上一个水功能区的水质目标值来确定 C_0，即上一个水功能区的水质目标值就是下一个功能区的初始浓度值 C_0。

（三）水质目标 C_s 值的确定

水质目标 C_s 值为本功能区的水质目标值。

（四）综合衰减系数的确定

为简化计算，在水质模型中，将污染物在水环境中的物理降解、化学降解和生物降解概化为综合衰减系数。所确定的污染物综合衰减系数应进行检验。

四、安徽省水功能区纳污能力

水功能区纳污能力是开展入河排污总量控制的基础，针对水功能区水文水资源状况、城镇点污染源分布及入河排污量状况，依据水功能区的水质目标和计算条件下水功能区的设计流量（水量）及功能区长度等特征资料，按照《水域纳污能力计算规程》（SL 348—2006）分别对全省245个水功能区的纳污能力进行了分析计算。

全省河流、湖库245个功能区，主要污染物纳污能力为：化学需氧量132.506 6万t/a，氨氮10.953 0万t/a。其中，各流域主要污染物纳污能力：淮河流域，化学需氧量12.659 7万t/a，氨氮0.798 9万t/a；长江流域，化学需氧量115.694万t/a，氨氮9.919 9万t/a；新安江流域，化学需氧量3.977 5万t/a，氨氮0.234 2万t/a。

安徽省设区市水功能区纳污能力见表22-2。

表 22-2 安徽省设区市水功能区纳污能力、入河控制量统计 (单位:t/a)

设区市	纳污能力		入河控制量	
	化学需氧量	氨氮	化学需氧量	氨氮
合肥	21 114	2 771	10 907	1 258
淮北	355	21	355	21
亳州	724	47	662	43
宿州	971	60	971	60
蚌埠	25 311	1 600	22 013	1 356
阜阳	17 054	999	16 943	983
淮南	22 926	1 393	19 525	1 207
滁州	42 311	2 542	42 281	2 541
六安	23 552	1 473	20 396	1 072
马鞍山	249 735	24 806	242 776	24 266
芜湖	377 507	28 504	341 888	25 999
宣城	5 397	455	3 657	303
铜陵	134 988	11 701	106 765	9 442
池州	146 461	12 356	133 485	11 476
安庆	214 485	18 327	206 285	17 794
黄山	42 175	2 475	39 008	2 348
淮河	126 597	7 989	115 479	7 072
长江	1 158 694	99 199	1 054 726	90 859
新安江	39 775	2 342	37 714	2 239
合计	1 325 066	109 530	1 207 919	100 170

第五节 水功能区限排

一、污染物入河限制排放总量

(一)污染物入河控制量

根据纳污能力和规划水平年污染物入河量,综合考虑水功能区水质状况、当地技术经济条件和经济社会发展,确定水功能区各规划水平年污染物入河限制排放总量,分别按以下情况确定:

(1)对于年污染物入河量小于纳污能力的水功能区,一般是经济欠发达、水资源丰沛、现状水质良好的地区，可采用小于纳污能力的入河控制量进行控制。

(2)对于年污染物入河量大于纳污能力的水功能区，应综合考虑功能区水质状况、功能区达标计划和当地社会经济状况等因素确定污染物入河限制排放总量。

(二)污染物入河削减量

水功能区的污染物入河量与其入河控制量相比，如果污染物入河量超过污染物入河控制量，其差值即为该水功能区的污染物入河削减量。

污染物入河控制量和入河削减量必须对应到相应的水功能区。

二、陆域污染物限制排放总量

(一)污染物排放控制量

功能区相应陆域的污染物排放控制量等于该功能区入河控制量除以规划条件下的入河系数。

(二)污染物排放削减量

功能区相应陆域的污染物预测排放量与排放控制量之差，即为该功能区陆域污染物排放削减量。

(三)考虑面源贡献

在制定陆域污染物排放控制量和削减量时，应结合面源污染估算成果，对面源污染所占比例较大、对水质影响程度较高的区域，其陆域污染物排放控制量制定要留有余地。

三、安徽省污染物入河控制量

(一)污染物入河控制量的确定原则

全省现状污染物入河控制量以功能区为分析计算单元，采取自上而下的次序进行计算。确定全省水域污染物入河控制量的原则如下：

(1)保护区水质不得恶化，保护区污染物入河控制量取纳污能力与现状污染物入河量中较小者。

(2)禁止向饮用水源区排污，污染物入河控制量取零值。

(3)其他功能区的污染物入河控制量按该功能区的纳污能力确定。

(二)污染物入河控制量

依照各功能区不同条件下入河污染物控制量分析计算结果，全省水域主要污染物入河控制量分别为：化学需氧量 120.791 9 万 t/a，氨氮 10.017 0 万 t/a。其中各流域主要污染物入河控制量：淮河流域，化学需氧量 11.55 万 t/a，氨氮 0.707 万 t/a；长江流域，化学需氧量 105.47 万 t/a，氨氮 9.086 万 t/a；新安江流域，化学需氧量 3.77 万 t/a，氨氮 0.224 万 t/a。

安徽省各省辖市污染物入河控制量见表 22-2。

第二十三章　水功能区监测与评价

第一节　地表水监测与评价

一、地表水采样

（一）采样断面、采样垂线和采样点的设置

布点前要做调查研究和收集资料工作，主要收集水文、气候、地质、地貌、水体沿岸城市工业分布、污染源和排污情况、水资源的用途及沿岸资源等资料。再根据监测目的、监测项目和样品类型，结合调查的有关资料进行综合分析，确定采样断面和采样点。

采样断面和采样点布设的总原则是以最小的断面、测点数，取得科学、合理的水质状况的信息。关键是取得有代表性的水样。因此，布设采样断面、采样点的原则主要考虑以下几点：

（1）在大量废水排入河流的主要居民区，工业区的上游、下游。

（2）湖泊、水库、河口的主要出入口。

（3）河流主流、河口、湖泊水库的代表性位置，如主要的用水地区等。

（4）主要支流汇入主流、河流或沿海水域的汇合口。

在河段上一般应设置对照断面（又称背景断面）、削减断面各一个，并根据具体情况设若干监测断面。

（二）采样垂线与采样点位置的确定

各种水质参数的浓度在水体中分布的不均匀性，与纳污口的位置、水流状况、水生物的分布、水质参数特性等（各种水质参数的浓度在水体中分布的不均匀性）有关。因此，布置时应考虑这些因素。

1. 河流上采样垂线的布置

在污染物完全混合的河段中，断面上的任一位置，都是理想的采样点；若各水质参数在采样断面上，各点之间有较好的相关关系，可选取一适当的采样点，据此推算断面上其他各点的水质参数值，并由此获得水质参数在断面上的分布资料及断面的平均值；更一般的情况则按表23-1的规定布设。

表23-1　江河采样垂线布设

水面宽度（m）	采样垂线布设	岸边有污染带	相对范围
<50	1条（中泓处）	如一边有污染带，增设1条垂线	
50～100	左、中、右3条	3条	左、右设在距湿岸5～10 m处
100～1 000	左、中、右3条	5条（增加岸边两条）	岸边垂线距湿岸边5～10 m处
>1 000	3～5条	7条	

2. 湖泊(水库)采样垂线的分布

我国《水环境监测规范》(SL 219—98)规定的湖泊中应设采样垂线的数量是以湖泊的面积为依据的,见表23-2。

表 23-2　湖泊(水库)采样垂线设置

水面宽度(m)	垂线数量	说明
≤50	1条(中泓处)	(1)面上垂线的布设应避开岸边污染带。有必要对岸边污染带进行监测时,可在污染带内酌情增设垂线。 (2)无排污河段并有充分数据证明断面上水质均匀时,可只设中泓1条垂线
50~100	2条(左、右近岸有明显水流处)	
>100	3条(左、中、右)	

3. 采样垂线上采样点的布置

垂线上水质参数浓度分布取决于水深、水流情况及水质参数的特性等因素。具体布置规定见表23-3。为避免采集到漂浮的固体和河底沉积物,并规定至少在水面以下、河底以上50 cm处采样。

表 23-3　垂线上采样点布置

水深(m)	采样点数	位置	说明
<5	1	水面下0.5 m	(1)不足1 m时,取1/2水深; (2)如沿垂线水质分布均匀,可减少中层采样点; (3)潮汐河流应设置分层采样点
5~10	2	水面下0.5 m、河底上0.5 m	
>10	3	水面下0.5 m、1/2水深、河底上0.5 m	

(三)采样时间和采样频率

采集的水样要具有代表性,并能同时反映出空间和时间上的变化规律。因此,要掌握时间上的周期性变化或非周期性变化以确定合理的采样频率。

为便于进行资料分析,同一江河(湖、库)应力求同步采样,但不宜在大雨时采样。在工业区或城镇附近的河段应在汛前一次大雨和久旱后第一次大雨产流后,增加一次采样。具体测次,应根据不同水体、水情变化、污染情况等确定。

(四)采样准备工作

1. 采样容器材质的选择

因容器材质对水样在存储期间的稳定性影响很大,要求容器材质具有化学稳定性好、可保证水样的各组成成分在存储期间不发生变化;抗极端温度性能好,抗震,大小、形状和质量适宜,能严密封口,且容易打开;材料易得,价格低;容易清洗且可反复使用的特点。如高压低密泵乙烯塑料和硼硅玻璃可满足上述要求。

2. 采样器的准备

根据监测要求不同,可选用不同采样器。若采集表层水样,可用桶、瓶等直接采取,通常情况下选用常用采水器;当采样地段流量大、水层深时应选用急流采水器;当采集具有溶解气体的水样时应选用双瓶溶解气体采水器。

按容器材质所需要的洗涤方法将选定合适的采水器洗净待用。

3. 水上交通工具的准备

一般河流、湖泊、水库可用小船采样。小船经济、灵活，可到达任一采样位置。最好有专用的监测船或采样船。

（五）采样方法

1. 自来水的采集

先放水数分钟，使积累在水管中的杂质及陈旧水排除后再取样。采样器须用采集水样洗涤3次。

2. 河湖水库水的采集

考虑其水深和流量，表层水样可直接将采样器放入水面下0.3～0.5 m处采样，采样后立即加盖塞紧，避免接触空气。深层水可用抽吸泵采样，并利用船等乘具行驶至特定采样点，将采水管沉降至所规定的深度，用泵抽取水样即可。采集底层水样时，切勿搅动沉积层。

3. 工业废水和生活污水的采集

常用的采样方法有瞬时个别水样法、平均水样法、比例组合水样法。采集的水样，有条件在现场测定的项目应尽量在现场测定，如水温、pH、电导率等；不能在现场处理的，在水样采集后的运输和实验室管理过程中，为保证水样的完整性、代表性，使之不受污染、损坏和丢失以及由微生物新陈代谢活动和化学作用影响引起水样组分的变化，必须遵守各项保证规定。

二、水体污染源调查

向水体排放污染物的场所、设备、装置和途径等称为水体污染源。水体污染物按污染源释放有害物种类分类及其来源归纳于表23-4中。

表23-4　水体中主要污染物分类和来源

类别	来源
无机无毒物	酸、碱、一般无机盐、氮、磷等植物营养物质
无机有毒物	重金属、砷、氰化物、氟化物等
有机无毒物	碳水化合物、脂肪、蛋白质等
有机有毒物	苯酚、多环芳烃、PCB、有机农药等

水体污染源的调查就是根据控制污染、改善环境质量的要求，对某一地区水体污染造成的原因进行调查，建立各类污染源档案；在综合分析的基础上选定评价标准，估量并比较各污染源对环境的危害程度及其潜在危险，确定该地区的重点控制对象（主要污染源和主要污染物）和控制方法的过程。

（一）水体污染源调查的主要内容

1. 水体污染源调查

（1）污废水直接排入河道等水域的工业污染源。应调查以下内容：①企业名称、厂址、企业性质、生产规模、产品、产量、生产水平等；②工艺流程、工艺原理、工艺水平、能源和原材料种类及分耗量、消耗量；③供水类型、水源、供水量、水的重复利用率；④生产布局、污水排放系统和排放规律、主要污染物种类、排放浓度和排放量、排污口位置和控制方式以及污水处理工艺与设施运行状况。

(2)城镇生活污染源。应调查以下内容：①城镇人口、居民区布局和用水量；②医院分布和医疗用水量；③城市污水处理厂设施、日处理能力及运行状况；④城市下水道管网分布状况；⑤生活垃圾处置状况。

(3)农业污染源。应调查以下内容：①农药的品种、品名、有效成分、含量、使用方法、使用量和使用年限及农作物品种等；②化肥的使用品种、数量和方式；③其他农业废弃物。

2. 污水量及其所含污染物质的量

污水量及其所含污染物质的量包括其随时间变化的过程。污水量测量频次应符合以下要求：

(1)连续排放的排污口，每隔 6 ~ 8 h 测量 1 次，连续施测 3 d。

(2)间歇排放的排污口，每隔 2 ~ 4 h 测量 1 次，连续施测 3 d。

(3)季节性排放的排污口，应调查了解排污周期和排放规律，在排放期间，每隔 6 ~ 8 h 测量 1 次，连续施测 3 d。

(4)脉冲型排放的排污口，每隔 2 h 测量 1 次，连续施测 3 d。

(5)排污口发生事故性排污时，每隔 1 h 施测 1 次，延续时间可视具体情况而定。

(6)对污水排放稳定或有明显排放规律的排污口，可适当降低测量频次。

(7)潮汐河段应根据污水排放规律及潮汐周期确定测量频率。

3. 污染治理情况

(1)污水处理设施对污水中所含成分及污水量处理的能力、效果。

(2)污水处理过程中产生的污泥、干渣等的处理方式。

(3)设施停止运行期间污水的去向及监测设施和监测结果等。

4. 污水排放方式和去向以及纳污水体的性状

(1)污水排放通道及其排放路径、排污口的位置及排入纳污水体的方式(岸边自流、喷排及其他方式)。

(2)排污口所在河段的水文水力学特征、水质状况，附近水域的环境功能污水对地下水水质的影响等。

5. 污染危害

(1)污染物对污染源所在单位和社会的危害。单位内主要是工作人员的健康状况，社会上指接触或使用污水后的人群的身体健康。

(2)有关生物群落的组成，生物体内有毒有害物质积累的情况。

(3)发生污染事故的情况，发生的原因、时间，造成的危害等。

6. 污染发展趋势

(1)污染物对河流、湖泊和社会的危害有增加趋势。

(2)污染物致使生物群落产生部分种群的变异、消亡，生物体内有毒有害物质的积累有增加的趋势。

(二)水体污染源调查的方法

1. 表格普查法

由调查的主管部门设计调查表格,发至被调查单位或地区,请他们如实填写后收取。表格普查法花费少,调查信息量大。

2. 现场调查法

对污染源有关资料的实地调查,包括现场勘测、设点采样和分析等。现场调查可以是大规模的,也可以是区域性的、行业性的或个别污染源的所在单位调查。现场调查法的结果比其他调查方法都准确,但缺陷是短时间的,总体代表性不好,花费大。

3. 经验估算法

经验估算法指用典型调查和研究中所得到的某种函数关系对污染源的排放量进行估算的办法。当要求不高或无法直接获取数据时,可采用经验估值法。

三、地表水水质评价

(一)水质评价方法

地表水水质评价是指根据水的用途和水的物理、化学、生物性质,按照相应的水质参数、水质标准和评价方法,对水质状况、利用价值及水的处理要求等进行的分析评定。江河与湖泊(库)水质评价标准执行《地表水环境质量标准》(GB 3838—2002)。评价方法采用单因子评价法,湖泊、水库富营养化评价采用《地表水资源质量评价技术规程》(SL 395—2007)。评价项目选择常规监测项目约 31 项。其中,总磷、总氮不列入江河、湖(库)水质类别评价指标,只作为湖(库)富营养化评价指标。

(二)安徽省地表水水质评价

2008 年,全省共监测水功能区 116 个,其中江河水功能区 94 个,湖库水功能区 22 个。水质符合Ⅰ～Ⅱ类的占 45.8%,Ⅲ类的占 24.3%,Ⅳ类的占 9.7%,Ⅴ类的占 1.3%,劣Ⅴ类的占 19.0%。河流水质汛期略优于非汛期,湖库水质非汛期略优于汛期。符合水功能区水质管理目标的占 72.2%,其中江河与湖(库)符合水质管理目标要求所占比例分别为 68.6%、87.7%。对照水功能区水质管理目标,淮河流域达标率为 63.6%、长江流域为 78.2%、新安江流域为 100%。总体上,淮河干流虽不能稳定达到Ⅲ类标准,但水质有改善。淮河以北主要支流水质明显劣于淮河以南支流。长江干流和新安江水质良好,长江流域部分支流污染较重。巢湖东半湖呈轻度富营养化状态,西半湖呈中度富营养化状态。西半湖在夏季和秋季出现过较重的藻类水华。重要的饮用水水源地和大型水库水质良好。

2000 年以来,安徽省地表水水质总体状况略有好转,淮河流域水质改善较明显,长江流域、钱塘江流域水质变化不大。淮河干流田家庵、蚌埠闸上段水质好转较明显,其他河段变化不大;淮河支流及湖库中,颍河、泉河、涡河、奎河、濉河、新汴河水质有所好转,水库水质一直较好,湖泊水质无明显变化。长江干流由于监测资料系列较短,水质变化不明显,支流中巢湖、南淝河、皖河、水阳江水质有所好转,滁河、裕溪河水质有所恶化。新安江流域水质总体较好,干、支流水质变化不大。

第二节　水功能区监测

一、水功能区水质监测断面的布设

水功能区水质监测断面布设应符合《水环境监测规范》(SL 219)有关地表水功能区采样断面的布设规定,并同时满足以下要求:

(1)每个水功能区应至少有1个固定的水质监测断面,且所选监测断面应能代表该水功能区的水质状况。

(2)对于不跨行政区的水功能区,其河长大于50 km或水域面积大于50 km^2的,一般不少于2个断面(点位);对于跨行政区范围的水功能区,应在行政区界附近设置监测断面,行政区界监测断面位置的确定,应征求相关地方人民政府意见。

二、水功能区水质监测项目

(1)河流水功能区监测项目为《地表水环境质量标准》(GB 3838—2002)中除总氮、粪大肠菌群外的基本项目,包括水温、pH、溶解氧、高锰酸盐指数、生化需氧量、氨氮、挥发酚、汞、铅、总磷、化学需氧量、铜、锌、氟化物、硒、砷、镉、铬(六价)、氰化物等。

(2)湖泊、水库水功能区监测项目增测总氮、叶绿素a、透明度。

(3)饮用水源区增测硫酸盐、氯化物、硝酸盐氮、铁、锰。

三、水功能区监测频次

安徽省境内的全国重要水功能区、饮用水源区、水功能区行政区界监测断面,原则上每月监测一次,必要时增加监测频次。其他水功能区每2个月至少监测一次,每年监测不少于6次。保护区的监测频次可按不同类型及其水质状况适当调整。

第三节　水功能区水质评价

一、评价标准与评价方法

水质评价标准采用《地表水环境质量标准》(GB 3838—2002)为基本标准,水质评价方法和湖库营养状态评价采用《地表水资源质量评价技术规程》(SL 395—2007)规定的方法。

二、水功能区水质评价内容

评价内容包括水功能区双因子水质达标评价和水功能区全因子水质达标评价。

(1)双因子评价项目为高锰酸盐指数(或化学需氧量)和氨氮。

(2)全因子评价项目为GB 3838—2002中除水温、总氮、粪大肠菌群外的基本项目。

(3)饮用水源区还应包括饮用水水源地补充监测项目,有条件的可增加其他特定

项目。

(4)湖库型水功能区营养状况评价项目为高锰酸盐指数、总磷、总氮、透明度、叶绿素a，其中叶绿素a为必评项目。

水功能区水质项目评价代表值应按《地表水资源质量评价技术规程》(SL 395—2007)规定的方法确定：

(1)水功能区只有1个水质监测代表断面的，以该断面的水质数据作为水功能区的水质代表值。

(2)涉及行政区界的水功能区有多个水质监测代表断面时，应以行政区界控制断面监测数据作为水质代表值。

(3)有饮用水源区多个水质监测代表断面的，应以最差断面的水质数据作为水质代表值。

(4)其他水功能区有2个或2个以上水质监测代表断面的，应以代表断面水质浓度的加权平均值或算术平均值作为水功能区的水质代表值。采用加权方法时，河流应以流量或河流长度作权重，湖泊应以水面面积作权重，水库应以蓄水量作权重。

三、水功能区达标评价

(1)单次水功能区水质达标评价应根据水功能区管理目标规定的评价内容进行。高锰酸盐指数与氨氮均满足水质类别管理目标要求的水功能区为水质达标水功能区，有一项不满足水质类别管理目标要求的为水质不达标水功能区。

(2)对规定了水质类别管理目标和营养状态管理目标的水功能区应分别进行水质类别达标评价和营养状态达标评价，水质类别和营养状态均达标的水功能区才为水质达标水功能区。水质类别评价应进行汛期、非汛期及全年评价。

(3)年度水功能区达标评价应在单次达标评价成果的基础上进行。在评价年度内，水功能区达标的测次与全年总测次之比大于或等于80%的为年度达标水功能区。

季节性河流水功能区水质监测断面断流，则以该断面实际有水量的月份计算水质达标率，无水质监测数据的月份不纳入评价。行政区域内年度水功能区达标个数与参评水功能区个数之百分比即为该行政区域的水功能区达标率。有纠纷的跨行政区界断面由上一级水行政主管部门或其他行政主管部门组织开展联合监测，监测结果作为考核该断面的重要依据之一。

水文机构在次月上旬组织开展水功能区监测评价工作，及时上报监测评价成果。在每个季度第一个月30日前将上季度的水功能区监测情况通报给各设区市人民政府和有关部门。

第二十四章　水源地保护

水源地保护是指为防治水源地污染、保证水源地环境质量而要求的特殊保护。一般水源地保护应当遵循保护优先、防治污染、保障水质安全的原则。

所谓“饮用水水源保护区”，是指国家为防止饮用水水源地污染、保证水源地环境质量而划定的，并要求加以特殊保护的一定面积的水域和陆域。按照《水污染防治法》的要求，饮用水水源保护区分为一级保护区和二级保护区，必要时还可以在饮用水水源保护区外围划定一定的区域作为准保护区。应当按照不同的水质标准和防护要求划分不同级别的保护区，不同级别的饮用水水源保护区，将采取不同的保护管理措施。

第一节　水源地保护区划分

水源地保护区划分包括集中式地表水、地下水饮用水水源保护区（包括备用和规划水源地）的划分和农村及分散式饮用水水源保护区的划分。

饮用水水源保护区是指国家为防治饮用水水源地污染、保证水源地环境质量而划定的，并要求加以特殊保护的一定面积的水域和陆域。

一、水源地保护区的设置与划分

饮用水水源保护区分为地表水饮用水水源保护区和地下水饮用水水源保护区。地表水饮用水水源保护区包括一定面积的水域和陆域。地下水饮用水水源保护区指地下水饮用水水源地的地表区域。

集中式饮用水水源地（包括备用的和规划的）都应设置饮用水水源保护区；饮用水水源保护区一般划分为一级保护区和二级保护区，必要时可增设准保护区。

饮用水水源保护区的设置应纳入当地社会经济发展规划和水污染防治规划；跨地区的饮用水水源保护区的设置应纳入有关流域、区域、城市社会经济发展规划和水污染防治规划。

在水环境功能区和水功能区划分中，应将饮用水水源保护区的设置和划分放在最优先位置；跨地区的河流、湖泊、水库、输水渠道，其上游地区不得影响下游（或相邻）地区饮用水水源保护区对水质的要求，并应保证下游有合理水量。

应对现有集中式饮用水水源地进行评价和筛选；对于因污染已达不到饮用水水源水质要求的，经技术、经济论证证明饮用水功能难以恢复的水源地，应采取措施，有计划地转变其功能。

饮用水水源保护区的水环境监测与污染源监督应作为重点纳入地方环境管理体系中，若无法满足保护区规定水质的要求，应及时调整保护区范围。

二、水源地保护区划分的一般原则

(1)确定饮用水水源保护区划分的技术指标,应考虑以下因素:当地的地理位置、水文、气象、地质特征、水动力特性、水域污染类型、污染特征、污染源分布、排水区分布、水源地规模、水量需求。其中,地表水饮用水水源保护区范围应按照不同水域特点进行水质定量预测并考虑当地具体条件加以确定,保证在规划设计的水文条件和污染负荷下,供应规划水量时,保护区的水质能满足相应的标准。

地下水饮用水水源保护区应根据饮用水水源地所处的地理位置、水文地质条件、供水的数量、开采方式和污染源的分布划定。各级地下水水源保护区的范围应根据当地的水文地质条件确定,并保证开采规划水量时能达到所要求的水质标准。

(2)划定的水源保护区范围,应防止水源地附近人类活动对水源的直接污染;应足以使所选定的主要污染物在向取水点(或开采井、井群)输移(或运移)过程中,衰减到所期望的浓度水平;在正常情况下保证取水水质达到规定要求;一旦出现污染水源的突发情况,有采取紧急补救措施的时间和缓冲地带。

(3)在确保饮用水水源水质不受污染的前提下,划定的水源保护区范围应尽可能小。

三、水源地保护区的水质要求

(一)地表水饮用水水源保护区水质要求

地表水饮用水水源一级保护区的水质基本项目限值不得低于 GB 3838—2002 中的Ⅱ类标准,且补充项目和特定项目应满足该标准规定的限值要求。地表水饮用水水源二级保护区的水质基本项目限值不得低于 GB 3838—2002 中的Ⅲ类标准,并保证流入一级保护区的水质满足一级保护区水质标准的要求。地表水饮用水水源准保护区的水质标准应保证流入二级保护区的水质满足二级保护区水质标准的要求。

(二)地下水饮用水水源保护区水质要求

地下水饮用水水源保护区(包括一级、二级和准保护区)水质各项指标不得低于 GB/T 14848中的Ⅲ类标准。

四、河流型饮用水水源保护区的划分方法

(一)一级保护区

1. 水域范围

通过分析计算方法,确定一级保护区水域长度。对于一般河流型水源地,应用二维水质模型计算得到一级保护区范围,一级保护区水域长度范围内应满足 GB 3838—2002 Ⅱ类水质标准的要求。二维水质模型及其解析解参见《饮用水水源保护区划分技术规范》(HJ/T 338—2007)附录 B,大型、边界条件复杂的水域采用数值解方法,对小型、边界条件简单的水域可采用解析解方法进行模拟计算。

一级保护区上、下游范围不得小于卫生部门规定的饮用水水源卫生防护带范围。

在技术条件有限的情况下,可采用类比经验方法确定一级保护区水域范围,同时开展跟踪监测。若发现划分结果不合理,应及时予以调整。一般河流水源地,一级保护区水域

长度为取水口上游不小于 1 000 m,下游不小于 100 m 范围内的河道水域。一级保护区水域宽度为 5 年一遇洪水所能淹没的区域。通航河道:以河道中泓线为界,保留一定宽度的航道外,规定的航道边界线到取水口范围即为一级保护区范围。非通航河道:整个河道范围。

2. 陆域范围

一级保护区陆域范围的确定,以确保一级保护区水域水质为目标,采用分析比较确定:陆域沿岸长度不小于相应的一级保护区水域长度。陆域沿岸纵深与河岸的水平距离不小于 50 m;同时,一级保护区陆域沿岸纵深不得小于饮用水水源卫生防护规定的范围。

(二)二级保护区

1. 水域范围

通过分析计算方法确定二级保护区水域范围。二级保护区水域范围应用二维水质模型计算得到。二级保护区上游侧边界到一级保护区上游边界的距离应大于污染物从 GB 3838—2002 Ⅲ类水质标准浓度水平衰减到 GB 3838—2002 Ⅱ类水质标准浓度所需的距离。二维水质模型及其解析解参见《饮用水水源保护区划分技术规范》(HJ/T 338—2007)附录 B,大型、边界条件复杂的水域采用数值解方法,对小型、边界条件简单的水域可采用解析解方法进行模拟计算。

在技术条件有限的情况下,可采用类比经验方法确定二级保护区水域范围,但是应同时开展跟踪验证监测。若发现划分结果不合理,应及时予以调整。一般河流水源地,二级保护区长度从一级保护区的上游边界向上游(包括汇入的上游支流)延伸不得小于 2 000 m,下游侧外边界距一级保护区边界不得小于 200 m。

二级保护区水域宽度:一级保护区水域向外 10 年一遇洪水所能淹没的区域,有防洪堤的河段二级保护区的水域宽度为防洪堤内的水域。

2. 陆域范围

二级保护区陆域范围的确定,以确保水源保护区水域水质为目标,采用分析比较确定:二级保护区陆域沿岸长度不小于二级保护区水域河长。二级保护区沿岸纵深范围不小于 1 000 m,具体可依据自然地理、环境特征和环境管理需要确定。对于流域面积小于 100 km^2 的小型流域,二级保护区可以是整个集水范围。

当面污染源为主要水质影响因素时,二级保护区沿岸纵深范围,主要依据自然地理、环境特征和环境管理的需要,通过分析地形、植被、土地利用、地面径流的集水汇流特性、集水域范围等确定。

当水源地水质受保护区附近点污染源影响严重时,应将污染源集中分布的区域划入二级保护区管理范围,以利于对这些污染源的有效控制。

(三)准保护区

根据流域范围、污染源分布及对饮用水水源水质影响程度,需要设置准保护区时,可参照二级保护区的划分方法确定。

五、湖泊、水库型饮用水水源保护区的划分方法

（一）水源地分类

依据湖泊、水库型饮用水水源地所在湖泊、水库规模的大小，将湖泊、水库型饮用水水源地进行分类，分类结果见表24-1。

表24-1　湖泊、水库型饮用水水源地分类

水源地类型		水源地类型	
水库	小型，$V<0.1$ 亿 m^3	湖泊	小型，$S<100\ km^2$
	中型，0.1 亿 $m^3 \leqslant V<1$ 亿 m^3		大中型，$S \geqslant 100\ km^2$
	大型，$V \geqslant 1$ 亿 m^3		

注：表中 V 为水库总库容；S 为湖泊水面面积。

（二）一级保护区

1. 水域范围

小型水库和单一供水功能的湖泊、水库应将正常水位线以下的全部水域面积划为一级保护区。

大中型湖泊、水库采用模型分析计算方法确定一级保护区范围。当大中型水库和湖泊的部分水域面积划定为一级保护区时，应对水域进行水动力（流动、扩散）特性和水质状况的分析、二维水质模型模拟计算，确定水源保护区水域面积，即一级保护区范围内主要污染物浓度满足GB 3838—2002 Ⅱ类水质标准的要求。具体方法参见《饮用水水源保护区划分技术规范》（HJ/T 338—2007）附录B，宜采用数值 计算方法。

一级保护区范围不得小于卫生部门规定的饮用水水源卫生防护范围。

在技术条件有限的情况下，采用类比经验方法确定一级保护区水域范围，同时开展跟踪验证监测。若发现划分结果不合理，应及时予以调整。

小型湖泊、中型水库水域范围为取水口半径300 m范围内的区域。大型水库为取水口半径500 m范围内的区域。大中型湖泊为取水口半径500 m范围内的区域。

2. 陆域范围

湖泊、水库沿岸陆域一级保护区范围，以确保水源保护区水域水质为目标，采用以下分析比较确定。

小型湖泊、中小型水库为取水口侧正常水位线以上200 m范围内的陆域，或一定高程线以下的陆域，但不超过流域分水岭范围。大型水库为取水口侧正常水位线以上200 m范围内的陆域。大中型湖泊为取水口侧正常水位线以上200 m范围内的陆域。卫监发〔2001〕161号文生活饮用水集中式供水单位卫生规范。一级保护区陆域沿岸纵深范围不得小于饮用水水源卫生防护范围。

（三）二级保护区

1. 水域范围

通过模型分析计算方法确定二级保护区范围。二级保护区边界至一级保护区的径向

距离大于所选定的主要污染物或水质指标从 GB 3838—2002Ⅲ类水质标准浓度水平衰减到 GB 3838—2002Ⅱ类水质标准浓度所需的距离，具体方法参见《饮用水水源保护区划分技术规范》(HJ/T 338—2007)附录 B，宜采用数值计算方法。

在技术条件有限的情况下，采用类比经验方法确定二级保护区水域范围，同时开展跟踪验证监测。若发现划分结果不合理，应及时予以调整。

小型湖泊、中小型水库一级保护区边界外的水域面积设定为二级保护区。大型水库以一级保护区外径向距离不小于 2 000 m 区域为二级保护区水域面积，但不超过水面范围。大中型湖泊一级保护区外径向距离不小于 2 000 m 区域为二级保护区水域面积，但不超过水面范围。

2. 陆域范围

二级保护区陆域范围应依据流域内主要环境问题，结合地形条件分析确定。

1) 依据环境问题分析法

当面污染源为主要污染源时，二级保护区陆域沿岸纵深范围，主要依据自然地理、环境特征和环境管理的需要，通过分析地形、植被、土地利用、森林开发、地面径流的集水汇流特性、集水域范围等确定。二级保护区陆域边界不超过相应的流域分水岭范围。

当水源地水质受保护区附近点污染源影响严重时，应将污染源集中分布的区域划入二级保护区管理范围，以利于对这些污染源的有效控制。

2) 依据地形条件分析法

小型水库可将上游整个流域(一级保护区陆域外区域)设定为二级保护区。小型湖泊和平原型中型水库的二级保护区范围是正常水位线以上(一级保护区以外)，水平距离 2 000 m 区域，山区型中型水库二级保护区的范围为水库周边山脊线以内(一级保护区以外)及入库河流上溯 3 000 m 的汇水区域。大型水库可以划定一级保护区外不小于 3 000 m 的区域为二级保护区范围。大中型湖泊可以划定一级保护区外不小于 3 000 m 的区域为二级保护区范围。

(四) 准保护区

按照湖泊、水库流域范围、污染源分布及对饮用水水源水质的影响程度，二级保护区以外的汇水区域可以设定为准保护区。

第二节 水源地保护措施

按照水资源综合规划、水功能区划及取水工程建设情况，确定地表水源地的具体位置。在地表饮用水源地和工业集中取水水源地设立保护区。保护区范围应包括地表水源地保护、地表设计蓄水水域、主要汇流河道、沿岸陆域及汇水区域的耕地、林地等。

地表水源地主要水体应满足《地表水环境质量标准》(GB 3838—2002)相应标准：饮用水水源地水质应符合Ⅱ类水质以上标准；农业供水水源地应符合Ⅴ类水质以上标准；工业供水水源地应符合Ⅳ类水质以上标准。

批准的一级、二级饮用水水源保护区，应设置明确的地理界标和明显的警示标志及防护设施。

在地表饮用水水源地准保护区和二级保护区内，禁止下列行为：

(1)设置排污口。

(2)直接或者间接向水体排放工业废水和生活污水。

(3)建设向水体或者河道排放污染物的项目。

(4)非法采矿、毁林开荒、破坏植被。

(5)使用炸药、高残留农药及其他有毒物质。

(6)堆放、存储、填埋或者向水体倾倒废渣、垃圾、污染物。

(7)对水体造成污染的其他行为。

在饮用水水源地一级保护区内，除进行水利工程建设和保护水源地水质安全的建设项目外，禁止任何污染水体或者可能造成水体污染的各类活动。

第三节　重要水源地安全保障达标建设

饮用水安全关系到人民群众生命健康和社会和谐稳定。自2006年以来，水利部实行"全国重要饮用水水源地名录"(简称《名录》)核准公布制度，并对列入《名录》的水源地提出了管理要求和目标。为贯彻落实《中共中央 国务院关于加快水利改革发展的决定》(中发〔2011〕一号)精神，实行最严格的水资源管理制度，保障饮用水安全，进一步推动水源地保护工作，经研究，对列入《名录》的全国重要饮用水水源地开展达标建设工作。

全国重要饮用水水源地达标建设的总体目标是：水量保证，水质合格，监控完备，制度健全。具体目标要求如下。

一、水量

(1)饮用水水源地供水保证率达到95%以上。

(2)流域和区域调度中，应有优先满足饮用水供水要求的调度配臵方案，确保相应保证率下取水工程正常运行的水量和水位。

(3)供水设施完好，取水工程和输水工程运行安全；取水口处河势稳定；地下水水源地采补基本平衡，长期开采不产生明显的地质和生态环境问题。

(4)建立重要城市应急备用水源地，建立特枯年或连续干旱年的供水安全储备，制订特殊情况下的区域水资源配臵和供水联合调度方案；备用水源能够满足特殊情况下一定的时间内生活用水需求，并具有完备的接入自来水厂的供水配套设施。

二、水质

饮用水水源地水质达标建设目标包括水质保护和区域综合治理两类。

(一)水质保护

(1)地表水饮用水水源地取水口供水水质达到或优于《地表水环境质量标准》(GB 3838—2002)Ⅲ类标准(按基本项目和补充项目评价)。

(2)地下水饮用水水源地供水水质达到或优于《地下水质量标准》(GB/T 14848—1993)Ⅲ类标准。

(二)区域综合治理

(1)饮用水水源地一级保护区内有条件的应实行封闭管理,保护区边界设立明确的地理界标和明显的警示标志;取水口和取水设施周边设有明显的具有保护性功能的隔离防护设施。

(2)饮用水水源地一级保护区内,没有与供水设施和保护水源无关的建设项目,没有从事网箱养殖、旅游、游泳、垂钓或者其他可能污染饮用水水体的活动;二级保护区内,无入河排污口,无排放污染物的建设项目,无污染饮用水水体的网箱养殖、旅游等活动,无固体废物储存、堆放场所,禁止使用含磷洗涤剂、农药和化肥;准保护区内,没有对水体产生严重污染的建设项目,没有危险废物、生活垃圾堆放场所和处路场所。

(3)饮用水水源地保护区范围内有公路、铁路通过的,交通设施应建设和完善桥面雨水收集处路设施与事故环境污染防治措施,在进入保护区之前应设立明显的警示标志,确保水源不被污染。

(4)饮用水水源地一级保护区内适宜绿化的陆域,植被覆盖率应达到80%以上;二级保护区和准保护区内适宜绿化的陆域,植被覆盖率应逐步提高。

三、安全监控体系

(一)实现对饮用水水源地的全方位监控

(1)管理部门建立自动在线监控设施,对饮用水水源地取水口及重要供水工程设施实现24 h自动视频监控。

(2)建立巡查制度,饮用水水源地一级保护区实行逐日巡查,二级保护区实行不定期巡查,做好巡查记录。

(二)常规性监测和排查性监测相结合,形成较为完善的监测机制

(1)地表水饮用水水源地水质指标定期监测,监测项目为《地表水环境质量标准》(GB 3838—2002)规定的基本项目和补充监测项目;饮用水水源地保护区水域每月至少监测2次,取水口附近水域实施必要的在线监测。

(2)按照《地表水环境质量标准》(GB 3838—2002)规定的特定项目,地表水饮用水水源地每年至少进行1次定期排查性监测。

(3)湖泊、水库型饮用水水源地除按照以上要求开展相关监测外,还应按照《地表水资源质量评价技术规程》(SL 395—2007)规定的项目开展营养状况监测。

(4)地下水饮用水水源地按照《地下水监测规范》(SL 183—2005)和《地下水质量标准》(GB/T 14848—1993)有关规定,对水位、水质和采补量进行定期监测。

(三)具备一定的信息管理和应急监测能力

具备水量、水质、水位、流速等水文水资源监测信息采集、传输和分析处理能力,建立饮用水水源地水质水量安全管理信息系统;加强针对突发污染事件及藻华等水质异常现象的应急监测能力建设,具备预警和突发事件发生时,加密监测和增加监测项目的应急监测能力。

四、管理

(1)按照《水污染防治法》等有关法律法规的要求,地方政府负责全国重要饮用水水源地保护工作,水行政主管部门按照职责分工做好饮用水水源地安全保障工作。重要饮用水水源地的管理和保护应配备专职管理人员,落实工作经费。

(2)建立水源地安全保障部门联机机制,实行资源共享和重大事项会商制度。

(3)完成饮用水水源保护区划分,报省级人民政府批准实施;完成饮用水水源地边界、保护区边界警示标志的设路。

(4)制定饮用水水源地保护的相关法规、规章或办法,并经批准实施;建立稳定的饮用水水源地保护资金投入机制;完善饮用水水源地监测设施,加强技术人员培训,提高监测能力和水平。

(5)制定应对突发水污染事件、洪水和干旱等特殊条件下供水安全保障的应急预案;建立应对突发事件的人员、物资储备机制和技术保障体系;实行定期演练制度,建立健全有效的预警机制等。

第二十五章　入河排污口

第一节　概　述

《水法》《防洪法》和《河道管理条例》等法律法规，均规定了对入河排污口实施监督管理，这是依法保护水资源、改善水环境、促进水资源可持续利用，以及保障防洪和工程设施安全的重要手段；是落实《水法》确定的水功能区划制度和饮用水水源保护区制度的主要措施，也是保护生态环境、维持河流健康生命的必然要求。

入河排污口设置的监督管理是水行政主管部门切实履行水资源保护职责的一项重要内容，同时它也是《水法》中设定的一项重要的行政许可事项。在许可审批的操作过程中，它与取水许可制度、建设项目水资源论证制度、河道管理范围内建设项目的审批管理制度存在较为密切的联系，所以在实施中，经常遇到需要密切配合和合理衔接的情形。

因此，水利部在 2004 年制定了《入河排污口监督管理办法》，2011 年又颁布了《入河排污口管理技术导则》（SL 532—2011），按照公开、公正、高效和便民的原则，对入河排污口设置分别从申请、审查到决定等各个环节，以及论证分析的内容和技术方法，论证报告书的编制、论证单位资质要求、排污口登记、监督管理以及有关的法律文书等方面，均进行了相对统一的规范。

第二节　入河排污口监督管理

一、入河排污口

在《水法》施行前，已经设置有大量的入河排污口。这些排污口已经成为排污的客观存在，数量众多，情况复杂，属历史遗留问题，管理难度较大，对于这类排污口，采取的监督管理措施主要有以下三种方式：

一是登记。要求排污单位到入河排污口所在地县级人民政府水行政主管部门或者流域管理机构所属管理单位进行入河排污口统一登记，掌握各排污口的具体排污情况，工作流程如图 25-1 所示。入河排污口登记表文书格式由水利部统一规定。

二是整治。由县级以上地方人民政府水行政主管部门对饮用水水源保护区内的排污口现状情况进行调查，并提出整治方案报同级人民政府批准后实施。

三是建立档案。县级以上地方人民政府水行政主管部门和流域管理机构应当对管辖范围内的入河排污口设置建立档案制度，并定期统计，掌握总体情况，为上级部门决策提供依据。

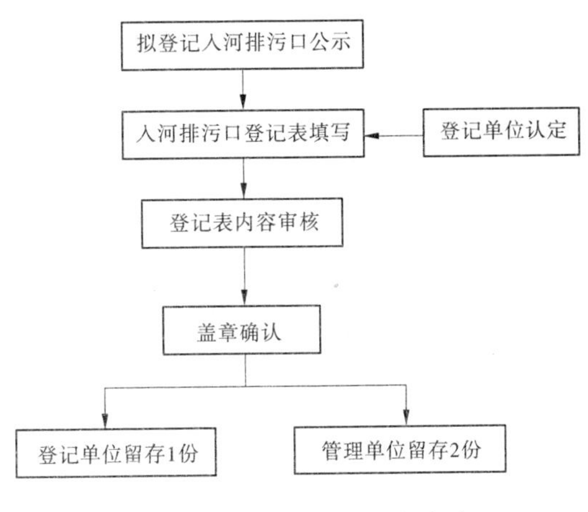

图 25-1 入河排污口登记程序

二、监督检查

监督检查是许可审批得到有效落实的重要手段。县级以上地方人民政府水行政主管部门和流域管理机构应当对入河排污口设置情况进行监督检查,确保依法审批的严肃性。在检查过程中,要求被检查单位如实提供有关文件、证照和资料。

对于那些未经审查同意,擅自在江河、湖泊设置入河排污口的情形,或者虽经审查同意,但却未按要求设置入河排污口的,要追究相应的法律责任。

在饮用水水源保护区内设置排污口的,以及已设排污口不依照整治方案限期拆除的,依法追究法律责任。

三、加强验收

入河排污口设置单位应在入河排污口试运行 3 个月后,正式投入使用前向入河排污口管理单位提出入河排污口设置验收申请,填写"入河排污口设置验收申请书",提交入河排污口监测报告等相关材料。入河排污口管理单位收到入河排污口设置单位提交的验收申请后,应及时组织有关单位组成验收组对入河排污口进行验收,查阅相关文件资料和组织现场查勘。

入河排污口设置的验收内容应包括:

(1)入河排污口设置位置、废污水排放方式和排污口门是否符合入河排污口设置行政许可决定规定的要求。

(2)入河排污口的废污水排放量、主要污染物排放浓度及排放总量是否符合入河排污口设置行政许可决定规定的要求。

(3)入河排污口设置行政许可决定规定的各项水资源保护措施是否落实。

(4)入河排污口设置决定书要求的入河排污口水质、水量在线监测设施、报送信息方式是否符合有关规定的要求。

(5)入河排污口设置行政许可决定规定的其他事项是否落实。

通过验收的入河排污口,做出允许使用的书面通知;对未通过验收的入河排污口,做出不允许使用的通知，并要求入河排污口设置单位按行政许可决定书相关要求限期整改，整改后再次组织验收。

如果河道建设项目审批和取水许可审批中包含有排污口设置的有关内容，审批机关应当在有关的验收环节中重视和加强排污口设施的验收，从项目设施的实施和运行方面对照批准和执行是否一致。

第三节 入河排污口的申请与审批

入河排污口设置申请及审批工作程序主要包括申请、审核、审查、决定和验收。工作程序见图 25-2。

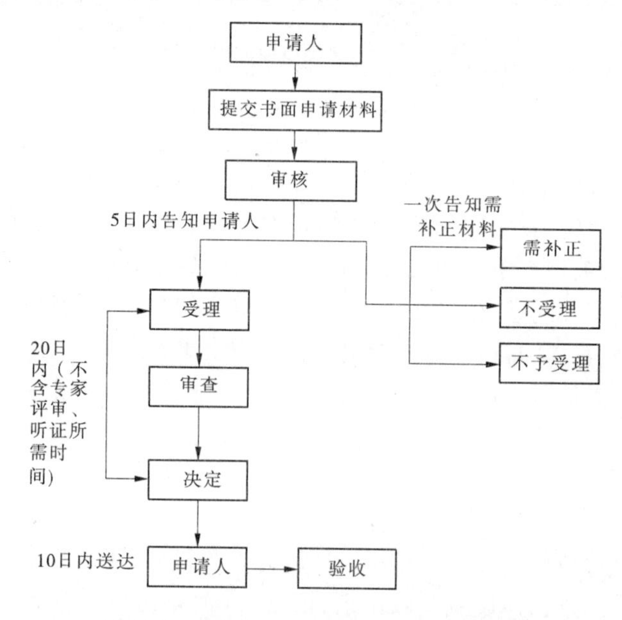

图 25-2 入河排污口设置申请及审批程序

一、申请

一般来说，在许可管理中，申请是获得审批的前提和必经阶段。设置入河排污口的单位（下称排污单位），应当在向环境保护行政主管部门报送建设项目环境影响报告书之前，向有管辖权的县级以上地方人民政府水行政主管部门或者流域管理机构提出入河排污口设置申请。这里的管辖权，主要是指审批权，既包含了河道审批的管辖权，又包含了取水许可的管辖权。

关于河道的管辖权，《河道管理条例》和各省（市、区）分别有相应的规定，一般来说，是按照河道的重要性实行分级管理的。关于河道管理范围内建设项目的管理，国家出台有专门的规定，即经国务院批准，水利部、国家计委颁发的《河道管理范围内建设项目管理的有关规定》；关于取水许可的管理，国务院颁布有专门行政法规，并制定有配套的具体规定。由于这些许可审批，其审批、审查机关基本上都是各级水行政主管部门或其授权

的管理机构，为了简化行政审批流程，提高行政管理的效率，方便申请人，各级审查、审批机关根据管理工作中业务关系，对上述审查、审批事项和流程进行了有机的整合和简化。根据具体情形，把入河排污口设置审批分别嵌入到河道管理范围内建设项目审批和取水许可审批的流程中。

所以，按照上述整合原则，对依法需要办理河道管理范围内建设项目审查手续或者取水许可审批手续的，同时又需要设置入河排污口的，排污单位应根据具体要求，分别在提出河道管理范围内建设项目申请或者取水许可申请的同时，提出入河排污口设置申请。

从这个意义上讲，排污口设施只是河道管理范围内建设项目的特殊类型之一，只是在对其实施管理时，更加注重于水资源的保护；另外，在实施取水许可管理时，也已经包含了对取水单位的排水和退水影响审查。如果该项目的退水、排水设施设置于河道，则该排污口设施已经纳入了水行政管理的范围。因此，也可以说，在管理的方式和流程关系上，排污口的审批管理服从于河道管理范围内建设项目审批管理和取水许可审批管理。当入河排污口设置审批与河道管理范围内建设项目审批或取水许可审批并存时，排污口审批只是河道审批和取水审批中的一部分内容，可见，这样的整合也是合理的。

如果是依法不需要办理河道管理范围内建设项目审查手续和取水许可手续的情形，排污单位应在设置入河排污口前，向有管辖权的县级以上地方人民政府水行政主管部门或者流域管理机构提出入河排污口设置申请。

二、申请材料

设置入河排污口，申请人应当提交以下材料：

(1)入河排污口设置申请书。

(2)建设项目依据文件。

(3)入河排污口设置论证报告。

(4)其他应当提交的有关文件(主要包括对有利害关系第三方的承诺书等)。

设置入河排污口对水功能区影响明显轻微的，经有管辖权的县级以上地方人民政府水行政主管部门或者流域管理机构同意，可以不编制入河排污口设置论证报告，只提交设置入河排污口对水功能区影响的简要分析材料。

入河排污口设置申请书主要内容包括：

(1)申请单位的基本情况，包括法人代表、详细地址、单位性质以及取用水量等。

(2)入河排污口的设置基本资料，包括排污口设置类型、排污口分类、排放方式、入河方式以及排污口位置等。

(3)入河排污量，主要包括设计排污能力、年排放废污水总量和主要污染物排放浓度及排放总量等。

(4)入河排污口的平面位置示意图。

(5)申请理由，重点叙述入河排污口设置的可行性、重要性和合理性。

(6)审核意见，要突出重点，简明扼要。

三、审批

(一)审批依据

在河道、湖泊任意设置排污口,严重污染了水体,加剧了水资源短缺,又对堤防和行洪河道的安全构成了潜在的威胁。所以,审批机关在审批入河排污口的设置申请时,应当依照相应的审批依据。这些依据主要包括:

(1)应当符合水功能区划。

(2)应当符合水资源保护规划。

(3)应当符合防洪规划。

上述要求分别是从水资源、水生态保护,以及水工程安全和防洪管理的角度提出的,既是审批的依据,也是审查的重点。

(二)审批权限

申请设置的排污口是依法应当办理河道管理范围内建设项目审查手续的,其入河排污口设置由县级以上地方人民政府水行政主管部门和流域管理机构按照河道管理范围内建设项目的管理权限审批。如果是依法不需要办理河道管理范围内建设项目审查手续的,除下列情况外,其他入河排污口设置由入河排污口所在地县级水行政主管部门负责审批。

在总体上,入河排污口的设置审批权限与河道管理权限和取水许可管理权限相一致。具体权限划分情形如下:

(1)在流域管理机构直接管理的河道(河段)、湖泊上设置入河排污口的,由该流域管理机构负责审批。

(2)设置入河排污口需要同时办理取水许可手续的,其入河排污口设置由县级以上地方人民政府水行政主管部门和流域管理机构按照取水许可管理权限审批。

(3)设置入河排污口不需要办理取水许可手续,但是按规定需要编制环境影响报告书的,其入河排污口设置由与负责审批环境影响报告书的环境保护部门同级的水行政主管部门审批。(对于其中环境影响报告书需要报国务院环境保护行政主管部门审批的,其入河排污口设置由所在流域的流域管理机构审批)

(三)合并审批

这里所说的合并审批,是指入河排污口设置的审批与河道管理范围内建设项目的审批、取水许可审批的合并办理和有机衔接,是一种简化、便民的审批方式,也是《行政许可法》的要求,有其内在的合理性。具体要求如下:

(1)当设置入河排污口属依法应当办理河道管理范围内建设项目审查手续时,排污单位提交的河道管理范围内工程建设申请中应当包含入河排污口设置的有关内容,不再单独提交入河排污口设置申请书。审查机关在对该工程建设申请和工程建设对防洪的影响评价进行审查的同时,还应当对入河排污口设置及其论证的内容进行审查,并就入河排污口设置对防洪和水资源保护的影响一并出具审查意见。

(2)当设置入河排污口属需要同时办理取水许可和入河排污口设置申请时,排污单位提交的建设项目水资源论证报告中应当包含入河排污口设置论证报告的有关内容,不

再单独提交入河排污口设置论证报告。在审查机关审批取水许可申请时，就取水许可和入河排污口设置申请一并出具审查意见。

（四）审查流程

入河排污口设置许可审批也遵循申请、受理、审查、决定等一般许可流程。

当审查机关接到申请之后，首先进行初步审查，对申请材料齐全、符合法定形式的入河排污口设置申请，应当予以受理。

如果是申请材料不齐全或者不符合法定形式的，审查机关应当当场或者在5日内一次性告知申请人需要补正的全部内容；若排污单位按照要求提交了全部补正材料，应当受理。对于受理或者不受理入河排污口设置申请，审查机关均应以书面方式告知，即出具加盖印章和注明日期的书面凭证。

对于已经受理的入河排污口设置申请，审批机关要在自受理申请之日起20日内做出决定。

同意设置入河排污口的，应当予以公告，提供公众查询；不同意设置入河排污口的，应当说明理由，并告知排污单位享有依法申请行政复议或者提起行政诉讼的权利。

在审查过程中，审批机关可以根据需要，对入河排污口设置论证报告组织专家评审，排污口设置直接关系他人重大利益的，应当告知该利害关系人。

需要听证或者应当听证的，依法举行听证；排污单位、利害关系人有权进行陈述和申辩。

属上级审批的，审查机关做出决定前，应当征求入河排污口所在地有关水行政主管部门的意见。

需要说明的是，论证报告书的专家评审和组织有关听证所需的时间，是不计算在审批期限之内的。这也是符合《行政许可法》相关规定的。

（五）审查内容和重点

审查机关应依据如下材料对入河排污口设置申请内容进行审核：

（1）建设项目依据文件。

（2）专家出具的入河排污口设置评审意见。

（3）入河排污口设置论证报告书或简要分析材料。

（4）建设项目水资源论证报告书。

（5）河道管理范围内建设项目申请或取水许可申请。

在审查过程中，其审核重点应该包括以下四个方面：

（1）入河排污口设置应符合国家规定的防洪标准和工程安全标准要求。

（2）入河排污量应满足该水功能区水质保护目标和水域限制排污总量要求。

（3）入河排污口设置对有利害关系的第三者权益的影响。

（4）入河排污口设置对水功能区和水生态的影响。

（六）审批决定

经审查，同意设置入河排污口的，审批机关应当做出书面的同意决定，决定应当包括以下内容：

（1）入河排污口设置地点、排污方式和对排污口门的要求。

(2)特别情况下对排污的限制。

(3)水资源保护措施要求。

(4)对建设项目入河排污口投入使用前的验收要求。

(5)其他需要注意的事项。

当然,如果经审查,认为该申请不符合规定和要求,审查机关亦应做出不予同意的书面决定。不予同意设置入河排污口的情形主要有:

(1)在饮用水水源保护区内设置入河排污口的。

(2)在省级以上人民政府要求削减排污总量的水域设置入河排污口的。

(3)入河排污口设置可能使水域水质达不到水功能区要求的。

(4)入河排污口设置直接影响合法取水户用水安全的。

(5)入河排污口设置不符合防洪要求的。

(6)不符合法律法规和国家产业政策规定的。

第二十六章　地下水保护

第一节　地下水保护目标

地下水是宝贵的水资源,地下水的保护对于保障人民群众自身安全、促进社会经济健康和谐发展具有重要的意义。长期以来,由于我国社会经济的快速发展,对地下水重开发轻保护,加之对地表水和地下水之间的关系以及地下水的资源、生态与环境支撑作用等认识不足,产生了水质污染、水量枯竭、生态退化等问题,严重地制约了社会经济的健康发展。

根据全国水资源调查评价结果,2000 年全国平原区地下水有 1/4 左右的面积已经受到不同程度的污染。全国约有一半城市市区地下水污染比较严重,北方 17 个省会城市中 16 个污染严重,南方 14 个省会城市中 3 个污染严重(合肥、武汉、长沙),已成为影响供水安全的重大隐患。很多地区的地下水超采已经产生了地面塌陷、海水入侵等问题,给城市基础设施、防洪安全带来严重影响。地下水资源的保护已经成为各级水行政主管部门必须高度重视的紧迫任务。

地下水资源的保护目标不仅包括水质,使其不受人类社会经济活动的污染,还要保护水量的可持续利用。地下水资源具有多年调节能力,是重要的储备性资源,在日常开发利用的同时,更要兼顾对资源的战略储备,提高抵御极端事件的冲击,维持社会经济的健康稳定发展。因此,地下水水量的保护不仅包括日常开采要控制在可开采量之下,还要预留出应对极端事件的储备量。另外,地下水资源与生态系统也具有密切的关系,在地下水资源开发利用过程中,要兼顾对生态系统的保护。

水资源可持续利用是经济社会全面协调可持续发展的基础支撑条件。根据我国地下水资源的特点、面临的形势和开发利用中存在的问题,新时期的地下水资源保护应把提高地下水资源保障能力、改善人民群众的饮水质量和生存环境质量、保护生态、减轻或避免地下水不合理利用产生的地质灾害等放在重要位置,实现从重开发、轻保护到保护与开发利用并重的战略转变,加强水源保护,减少人为水灾,促进人水和谐。

地下水资源保护的主要工作包括:

(1)法制法规和政策制度建设。以国务院《地下水资源保护条例》为契机,开展一系列的地下水资源保护法律法规和政策制定,全面推动地下水资源保护工作,包括必要的办法、实施细则等。

(2)地下水管理的能力建设。通过技术培训、岗位培训、学术交流、必要的设备购置、信息和决策支持系统建设、监测能力建设、部门协调和信息共享机制等,提高地下水的宏观管理能力。必要的话,可专项开展地下水管理能力建设的行动计划。

(3)科学规划,落实具体的治理工程措施并开展试点示范。地下水管理和保护需要以科学的规划为基础,应编制未来中长期的地下水资源保护和治理专项规划,针对当地地下水存在的问题和根源,规划制定一系列工程和非工程措施,如地下水超采治理等。对于探索性较强的问题,可以通过试点和示范取得经验再全面推广。

(4)科学技术支撑和创新。要依靠科技进步和创新,来提高地下水资源的管理能力和保护水平。针对制约地下水资源管理的科学技术问题,组织开展攻关和研讨,进行实用的技术产品开发,如中文操作环境下的地下水管理模型等。

(5)公众参与和宣传教育。

第二节　地下水监测与评价

一、地下水监测站站网规划与布设

(一)地下水监测站站网规划原则

地下水监测站站网规划应在地下水类型区划分、开采强度分区和监测站分类的基础上进行。基本类型区中的冲洪积平原区、内陆盆地平原区和山间平原区,以及特殊类型区,是站网规划的重点,应全面布设监测站;基本类型区中的山丘区及平原区中的黄土台源区和荒漠区,可根据地下水开发利用情况,选择典型代表区布设监测站。应根据监测目的和精度要求,分别布设基本监测站、统测站和试验站。

地下水监测站站网规划应符合以下布设原则:合理布设监测站,做到平面上点、线、面结合,垂向上层次分明,以浅层地下水监测站规划为重点,尽可能做到一站多用;优先选用符合监测条件的已有井孔;兼顾与水文监测站的统一规划与配套监测;尽可能避免部门间重复布设目的相同或相近的监测站。

地下水自动监测系统规划应符合以下要求:应遵循技术先进、质量可靠、管理方便的原则;应根据自动监测系统当前和长远建设目标、任务,在科学论证的基础上确定地下水自动监测系统功能和建设规模及技术要求;根据地下水预测、预报及各特殊类型区监测的需要,确定地下水自动监测站;地下水自动监测站的监测项目和监测频次应按不同监测目的和要求,由各省级行政区地下水监测主管部门确定。

(二)基本监测站布设

水位基本监测站应分别沿着平行和垂直于地下水流向的监测线布设,各基本类型区、开采强度分区的水位基本监测站布设密度可参照表26-1布设。

各特殊类型区的水位基本监测站布设密度可在表26-1的基础上适当加密;冲洪积平原区中的山前地带,水位监测站布设密度宜采用表26-1相应开采强度分区布设密度的上限值。国家级水位基本监测站要占水位基本监测站总数的20%左右,省级行政区重点水位基本监测站宜占水位基本监测站总数的30%左右。国家级水位基本监测站和省级行政区重点水位基本监测站主要布设在特殊类型区内和三级基本类型区的边界附近。国家级水位基本监测站应采用专用水位监测井并实行自动监测;省级行政区重点水位基本监测站宜采用专用水位监测井,实行自动监测;试验站监测井宜采用自动监测。生产井不宜作为水位基本监测站的监测井。

表 26-1 水位基本监测站布设密度 （单位：眼/10^3 km^2）

基本类型区名称		监测站布设形式	开采强度分区			
			超采区	强开采区	中等开采区	弱开采区
平原区	冲洪积平原区	全面布设	8 ~ 14	6 ~ 12	4 ~ 10	2 ~ 6
	内陆盆地平原区		10 ~ 16	8 ~ 14	6 ~ 12	4 ~ 8
	山间平原区		12 ~ 16	10 ~ 14	8 ~ 12	6 ~ 10
	黄土台塬区	选择典型代表区布设	宜参照冲洪积平原区内弱开采区水位基本监测站布设密度布设			
	荒漠区					
山丘区	一般基岩山丘区					
	容溶山区					
	黄土丘陵区					

开采量基本监测站的布设要符合以下要求：针对各水文地质单元的各地下水开发利用目标含水层组，分别布设开采量基本监测站；在基本类型区内的各开采强度分区，应分别选择 1 组或 2 组有代表性的生产井群，布设开采量基本监测站；每组井群的分布面积宜控制在 5 ~ 10 km^2，开采量基本监测站数不宜少于 5 个；特殊类型区内的生产井，均应作为开采量基本监测站。

泉流量基本监测站的布设应符合以下要求：山丘区流量大于 1.0 m^3/s、平原区流量大于 0.5 m^3/s 的泉，均应布设为泉流量基本监测站；山丘区流量不大于 1.0 m^3/s、平原区流量不大于 0.5 m^3/s 的泉，可选择少数具有较大供水意义者，布设为泉流量基本监测站；具有特殊观赏价值的名泉，宜布设为泉流量基本监测站。

水质基本监测站的布设应符合以下要求：水质基本监测站布设应符合《水环境监测规范》(SL 219—2013)的相关要求；水质基本监测站宜从经常使用的民井、生产井及泉流量基本监测站中选择布设，不足时可从水位基本监测站中选择布设；水质基本监测站的布设密度，宜控制在同一地下水类型区内水位基本监测站布设密度的 10% 左右，地下水水化学成分复杂的区域或地下水污染区应适当加密；国家级水质基本监测站宜占水质基本监测站总数的 20% 左右，省级行政区重点水质基本监测站宜占水质基本监测站总数的 30% 左右。

水温基本监测站的布设应符合以下要求：沿经线方向布设水温基本监测站；水温基本监测站宜从水质基本监测站中选择布设，不足时可从开采量基本监测站或泉流量基本监测站中选择布设；水温基本监测站的布设密度宜控制在同一区域内水位基本监测站布设密度的 5% 左右，地下水水温异常区应适当加密。

（三）监测站维护与管理

国家级监测站和省级行政区重点监测站的设备、设施应有专门技术人员进行维护与管理。普通基本监测站的设施应进行经常性维护，每年末应对水位基本监测站进行一次井深测量，当井内淤积物超过沉淀管或井内水深小于 2 m 时，应及时进行洗井、清淤。水位基本监测站应设立监测站保护标志。国家级监测站应每年进行一次透水灵敏度试验，省级行政区重点监测站应每2年进行一次透水灵敏度试验，普通基本监测站每3～5年进行一次透水灵敏度试验。当向监测井内注入1 m井管容积的水量，水位恢复时间超过15 min时，应进行洗井。井口固定点标志、校核水准点及基本水准点因人为或自然灾害发生位移或损坏时，应及时修复并重新引测高程，并记入该监测站的技术档案。

根据地下水监测资料分析及国民经济发展对地下水监测工作的需要，可提出局部站网调整意见，每5～10年制订一次整体站网调整计划。站网调整计划包括撤销代表性差或已完成监测任务的基本监测站，根据工作需要增设基本监测站及调整监测站的类别，增、减监测项目或更改监测频次。

二、地下水监测

建立随监测、随记载、随整理、随分析的工作制度，各项原始监测数据均应经过记载、校核、复核三道工序。监测人员应掌握有关测具的使用、保护和检测技能，测具应准确、耐用并定期检定。不合格者，应及时校正或更换，否则不得继续使用。现场监测应做到准时监测，用铅笔记载；监测数据准确，记载的字体工整、清晰，不得涂抹、擦拭。应将本次监测的数据与前一次监测的数据进行对照，发现异常应分析原因，同时检查测具和进行复测，并在备注栏内做出说明。

监测数据应及时进行检查和整理，点绘单项和综合监测资料过程线。进行单项和综合监测资料的合理性检查，分析监测数据发生异常的原因，必要时采取补救措施，对原始记载资料进行校核、复核，原始记载资料不得毁坏和丢失，并按时上报。

测站的水准基面采用1985年国家高程基准。基本水准点高程，应从不低于国家三等水准点按三等水准测量标准接测，据以引测的国家水准点，在复测或校测时，不宜更换。校核水准点高程，应从不低于国家三等水准点或基本水准点按四等水准测量标准接测。各水位基本监测站井口固定点高程和监测站附近地面高程，应从不低于国家三等水准点或基本水准点或校核水准点按四等水准测量标准接测；各统测站固定点高程和地面高程，可从不低于四等的水准点按五等水准测量标准接测；监测站附近地面高程，可采用监测站附近不少于四个地面点高程的算术平均值。基本水准点高程，每10年校测一次；校核水准点高程，每5年校测一次；基本监测站固定点高程和地面高程，每1～2年校测一次；统测站固定点高程和地面高程，每3～5年校测一次。各水准点如有变动迹象，应随时校测。

国家级水位基本监测站实行自动监测，每日定时采集6次监测数据，省级行政区重点水位基本监测站每日监测一次，普通水位基本监测站汛期宜每日监测一次，非汛期宜每5日监测一次，水位统测站每年监测3次，试验站的水位监测频次，可根据试验目的自行确定。

自动监测站，每日4时、8时、12时、16时、20时、24时应有监测记录，并记录日内最高水位、最低水位及其发生的时、分。每日监测一次的测站，监测时间为每日的8时。每5日监测一次的测站，监测时间为每月1日、6日、11日、16日、21日、26日的8时。统测站每年监测3次，监测时间为每年汛前、汛后和年末，监测日从每5日监测一次的监测日中选定，统测时间为相应选定监测日的8时。新疆维吾尔自治区、西藏自治区、甘肃省、青

海省、四川省、云南省和内蒙古自治区的阿拉善盟，可根据具体条件将其中规定的8时改成10时。

地下水位监测数值以米为单位，精确到小数点后第二位。人工监测水位，应测量两次，间隔时间不应少于1 min，取两次水位的平均值，两次测量允许偏差为±0.02 m。当两次测量的偏差超过±0.02 m时，应重复测量，水位自动监测仪允许精度误差为±0.01 m。每次测量结果应当场核查，发现反常及时补测，保证监测资料真实、准确、完整、可靠。

自动监测仪器每月检查、校测一次，当校测的水位监测误差的绝对值大于0.01 m时，应对自动监测仪器进行校正。布卷尺、钢卷尺、测绳、导线等测具的精度必须符合国家计量检定规程允许的误差规定，每半年检定一次。

水量监测包括开采量和泉流量两项监测。对建制市城市建成区、大型和特大型地下水水源地、超采区、大型以上矿山和大型以上农业区，应分别进行水量监测。其中，建制市城市建成区水量监测应包括用于生活、生产、生态的水量和基建工程排水量；大型以上矿山水量监测应包括用于矿山生产、生活的水量和矿坑排水量；大型以上农业区水量监测应包括用于农田灌溉、乡镇工业生产和农村生活的水量，均要求按月监测。

开采量监测可采用水表法、水泵出水量统计法和用水定额调查统计法等方法监测。泉流量监测可采用堰槽法或流速流量仪法。水表、水泵、堰槽、流速流量仪等测具需每年检定一次。

水质监测采集水样的频次、分析项目、分析时限、程序、方法、质量控制，水样的存放与运送，水样编号、送样单的填写，分析结果记载表和测具检定要求，均按《水环境监测规范》(SL 219—2013)执行。

水温基本监测站的监测频次为每年4次，分别为每年3月、6月、9月、12月的26日8时。水温监测的同时应监测气温及地下水位，监测水温、气温的测具，最小分度值应不小于0.2 ℃，允许误差为±0.2 ℃。水温监测应符合以下要求：监测水温的测具应放置在地下水水面以下1.0 m处，或放置在泉水、正在开采的生产井出水水流中心处，静置5 min后读数；连续进行两次水温监测，当这两次监测数值之差的绝对值不大于0.4 ℃时，将这两次监测数值及其算术平均值计入相应原始水温监测记载表中；当两次监测数值之差的绝对值大于0.4 ℃时，应重复监测。水温测具和气温测具应每年检定一次，检定测具的允许误差为±0.1 ℃。

三、地下水水质评价方法

科学地选取地下水水质评价方法，对评价区域的地下水水质做出真实客观的评价，对于地下水资源保护和开发利用显得尤为重要。然而，由于评价因子与水质等级间的复杂的非线性关系，以及水体污染的随机性和模糊性，对于地下水水质评价至今仍没有一个被广泛接受的评价模型。目前，常用的地下水水质评价方法主要有单因子评价方法、综合指数法、人工神经网络模型、模糊综合评判法、灰色聚类法等。

（一）单因子评价方法

单因子评价是指分别对单个指标进行分析评价。该方法计算简便，且通过评价结果能直观地反映水质中哪一类或哪几类因子超标，同时可以清晰地判断出主要污染因子和

主要污染区域。但由于此方法是对单个水质指标独立进行评价，因此得到的评价结果不能全面地反映地下水质量的整体状况，可能会导致较大的偏差。

（二）综合指数法

综合指数法是指采用多个指标并赋予各指标不同的权重，经过算术平均、加权平均、连乘及指数等数学运算得到一个综合指数来判定地下水质标准。综合指数法在地下水水质评价中一直被广泛应用，该方法简洁易懂、运算方便、物理概念清晰，决策者和公众可以快捷、明了地通过评价结果掌握水质信息。我国《地下水质量标准》（GB/T 14848—1993）中推荐使用的地下水质量评价方法——内梅罗指数法即是综合指数法的思路。

（三）人工神经网络模型

20 世纪中期兴起的神经网络技术在地下水水质评价领域也被广泛应用。人工神经网络与传统的综合指标评价方法相比，主要具有以下优点：①通过模型的自学习和自适应能力，可自动获得水质参数间的合理权重，无须人为干预，因此评价结果具有客观性；②一旦对标准训练完毕，就可以用训练好的网络对实测样本进行评价，计算简便，可操作性强；③可以通过在训练过程中适当改变输入节点数和输出节点数来修改评价参数和等级，从而使模型的应用具有一定的灵活性；④基于大量成熟的计算机软件的支持，工作效率得到极大的提高。

（四）模糊综合评判法

与传统的评价方法相比，模糊集理论更适应于水质污染级别划分的模糊性，更能客观地反映水质的实际状况。模糊综合评判法最主要的优点就是通过构造隶属函数可以很好地反映水质界限的模糊性。应用模糊综合评判法，最关键的问题是如何构造合理的隶属函数和权重矩阵。

（五）灰色聚类法

灰色系统理论也被广泛应用于地下水水质综合评价中。灰色聚类法处理环境污染评价问题，不必事先给定一个临界判断，而可以直接得到聚类评价结果。灰色聚类法能对水环境进行评价，反映水质的综合状况，因而比指数法更全面直观、更有说服力，同时又比模糊综合评价简便，易于推广。灰色聚类法也存在着一些不足。例如，由于采用了“降半梯形”形式，每一评价级别仅与相邻级别间存在隶属关系，当污染物浓度分布过于离散时，可能会损失较多有用信息。灰色聚类法在地下水水质评价过程中也需要考虑不同评价指标的赋权问题，不同的赋权方法直接影响评价结果。

第三节　地下水超采治理

一、地下水超采区划定

地下水超采区指某一时期地下水开采量超过了其可开采量，造成地下水位持续下降并诱发生态环境问题或资源枯竭的区域。

2003 年颁布的《地下水超采区评价导则》（SL 286—2003）给出了超采区的判定标准。

（一）地下水超采区的判定与边界划定

（1）判定地下水超采和划定地下水超采区的依据是：地下水开采量超过可开采量，地下水位持续下降或开发利用地下水引发了环境地质灾害或生态环境恶化现象。

（2）地下水超采区的区域分布边界线的划定。地下水超采区边界线一般以地下水位持续下降区域的外包线或者因开发利用地下水引发的环境地质灾害或生态环境恶化现象地域的外包线，其中需要保护的名泉发生了泉水流量衰减现象，边界线为该泉水相应的泉域。

（二）超采区的分类

根据地下水开发利用目标含水层组的地下水类型，将地下水超采区划分为裂隙水超采区、岩溶水超采区和孔隙水超采区。根据一般基岩、碳酸盐岩的埋藏特征，可将裂隙水超采区和岩溶水超采区分别划分为裸露型和隐伏型。

（三）超采区分级

1. 按超采范围分级

超采区按照面积（F）大小划分为四级，即特大型超采区：$F \geqslant 5\ 000\ km^2$；大型超采区：$1\ 000\ km^2 \leqslant F < 5\ 000\ km^2$；中型超采区：$100\ km^2 \leqslant F < 1\ 000\ km^2$；小型超采区：$F < 100\ km^2$。

2. 按超采程度分级

根据地下水超采区在开发利用时期的年均地下水位持续下降速率、年均地下水超采系数以及环境地质灾害或生态环境恶化程度可将超采区划分为一般超采区和严重超采区（浅层地下水严重超采区、深层承压水严重超采区）。

1）浅层地下水严重超采区

在各级浅层地下水超采区、裂隙水超采区和岩溶水超采区中，符合下列条件之一的区域为严重超采区。

（1）年均地下水超采系数大于0.3。

（2）孔隙水年均地下水位持续下降速率大于1.0 m，裂隙水或岩溶水年均地下水位持续下降速率大于1.5 m。

（3）需要保护的名泉年均泉水流量衰减率大于0.1。

（4）发生了地面塌陷，且100 km^2面积上的年均地面塌陷点多于2个，或坍塌岩土的体积大于2 m^3 的年均地面塌陷点多于1个。

（5）发生了地裂缝，且100 km^2面积上年均地裂缝多于2条，或同时达到长度大于10 m、地表面撕裂宽度大于5 cm、深度大于0.5 m的年均地裂缝多于1条。

（6）发生了地下水水质污染，且污染后的地下水水质劣于污染前1个类级以上，或污染后的地下水已不能满足生活饮用水的水质要求。

（7）因地下水开发利用引发了海水入侵现象。

（8）因地下水开发利用引发了咸水入侵现象。

（9）因地下水开发利用引发了土地沙化现象。

2）深层承压水严重超采区

在各级深层承压水超采区中，符合下列条件之一的区域为严重超采区。

（1）年均地下水位持续下降速率大于2 m。

(2)年均地面沉降速率大于 10 mm。

(3)发生了地下水水质污染,且污染后的地下水水质劣于污染前 1 个类级以上,或污染后的地下水已不能满足生活饮用水的水质要求。

3)一般超采区

一般超采区指不符合严重超采区条件的其他地下水超采区。

4)未超采区

未超采区可进一步划分为:

(1)补排平衡区,实际开采系数为 0.75 ~ 1.0。

(2)有开采潜力区,实际开采系数小于 0.75。

二、地下水超采区治理措施

地下水超采区产生的根本原因是地下水的开采量小于地下水的可开采量,造成地下水的静储量不断减少,水位持续下降,并诱发了生态环境等问题。因此,治理地下水超采的主要措施是减少地下水的开采量,使其逐步恢复到可开采量以内。这类措施属于节流措施。另外,还有开源类措施,即通过地下水的人工回灌,增加地下水的补给量,提高地下水的可开采量。

地下水超采的原因是地下水开采量大于地下水的多年平均可开采量,但产生这个原因的背后是社会经济用水和可供水量之间的不平衡,即社会经济需水量大于可供水量,缺口部分就依靠超采地下水来实现平衡。因此,控制地下水开采量不是简单封闭开采井就能够解决的问题,涉及当地不同水资源之间以及不同用户之间的水资源科学配置和合理利用。一些地区由于工程条件、水质问题和水价等经济因素的影响,存在着地表水(包括外调水)利用不足,而地下水过量开采的问题。因此,地下水开采量的控制要从工程和管理两方面进行措施的制定。

地下水超采治理一般遵循如下几个步骤:

(1)工作范围核定。根据地下水超采范围,合理核定工作范围。

(2)地下水开发利用现状调查。调查地下水开发利用的主要部门、开采井的地区分布和数量、超采地下水引发的生态环境问题等;整理、核算地下水补给量、地下水资源、地下水开采量和可开采量;分析超采的主要原因和地下水管理面临的主要问题,为压采方案的制订提供依据和基础。

(3)制订不同阶段治理目标。根据超采区地下水开发利用现状评价结果,制订不同阶段地下水压采目标。

(4)替代水源分析。根据有关成果,分析可作为地下水压采替代水源的水量,分析不同阶段当地地表水开发利用量及其他水源开发利用量中可作为地下水压采替代水源的水量,有条件的地区结合已有规划成果,通过供需分析来确定地下水压采的替代水量。

(5)确定地下水压采量。根据替代水源水量或供需分析结果,结合地下水超采区现状评价和工程配套措施情况,确定不同阶段地下水压采量。

(6)落实压采措施。根据地下水压采目标、压采量和已有的工程情况,地下水管理现状,提出压采实施的工程措施和非工程措施。地下水压采的配套工程列入当地有关的规划体系。

(7)建立方案实施的保障体系。地下水压采涉及很多部门,从管理、监测等方面提出系统的方案实施保障措施。技术路线图如图26-1所示。

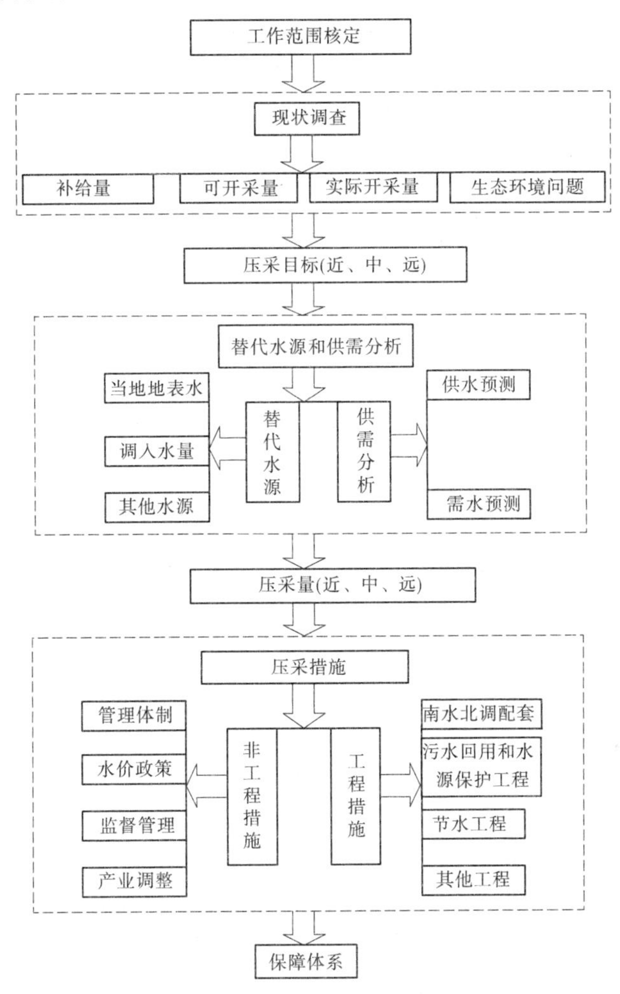

图26-1 地下水超采治理技术路线图

(一)地下水超采治理的工程措施

地下水开采控制的工程措施主要是替代水源的工程建设,即让地下水用户改用地表水,压缩地下水的开采量,从而实现地下水的超采治理。主要的工程措施包括以下几点。

1. 跨流域调水及配套工程

考虑超采区地下水压采,结合已有(或新建)的跨流域调水工程,制订配套的工程建设方案。通过跨流域调水量的替换,压缩当地的地下水开采量。由于很多地区地下水超采的主要原因是当地地表水短缺,因此跨流域调水工程在很多地方是解决地下水超采问题的重要途径,例如我国华北地区。

2. 本地地表水开发利用工程

在地表水开发潜力较大的地区,应优先开发利用当地的地表水资源,减少地下水资源的过度开采，适度增加地表水拦蓄能力和雨洪资源的利用能力。

3. 污水处理回用工程

根据超采区和城市的空间分布以及不同时期的污水处理规划，研究提出作为地下水压采替代水源的污水处理回用量及回用工程建设方案，并将其纳入当地污水处理工程规划中。由于跨流域调水工程一般水价较高，只能重点供应给城市和工业等支付能力较高的用水部门和行业。但我国很多超采区是农业超采区，农业用水要结合城乡水权转换以及城市污水处理和回用等，逐步增加可供水量，压缩优质的地下水开采量。

4. 节水工程

针对地下水开采区的主要用户，开展节水工作，建设节水型社会、节水性工业和节水性农业。压缩水资源的需求量。针对地下水超采区用水效率和节水潜力，考虑地下水压采需要进行的节水工程建设，纳入当地节水规划中。

5. 其他水源工程

除污水处理和回用外，海水、微咸水等劣质水的综合利用也可以作为压采的替代水源，其他水源工程纳入当地供水工程规划中。

6. 地下水人工回灌工程

除压缩地下水开采、替换地下水水源外，在适当的地区以适当的形式开展地下水的人工回灌工程建设。

地下水人工回灌主要有地表回灌和地下井灌两类。地表回灌还可以进一步按照回灌场所进行划分，例如渗坑、渗塘、灌补结合、河（渠）道渗漏等形式，一般适用于包气带渗透性好的潜水分布区。地下井灌一般适用于深层地下水的回补。

（二）地下水超采治理的管理措施

治理地下水超采仅仅建设工程是不够的，管理措施也十分重要，有时是比工程建设的效果更明显。地下水压采目标能否顺利实现，主要受水源（或替代水量）、配套工程建设情况和制度政策环境三方面因素的影响。在具备水源和配套工程的条件下，还要加强管理，完善超采区地下水资源管理的有关政策，确保压采方案的有效实施。

1. 管理体制

在现状地下水管理问题分析的基础上，评价管理体制对压采的制约因素，提出并实施地下水管理的体制改革和政策方案，例如强化地下水取水许可制度、统一管理体制、提高科学管理能力等。应建立涉水事务统一管理的一体化管理体制。

2. 政策措施

通过水资源费调整、补贴、奖励等多种形式，建立起地下水压采的奖惩机制。不同的用水对象宜采取不同类型、不同强度的政策，例如城市和工业开采的地下水要严格控制，农业压采要紧密结合未来水源规划，采取补贴和以灌代补等相关激励政策。

价格是影响地下水管理的重要制约因素。很多地方地下水开采的成本低，导致过度开发，由于地表水和地下水水价倒挂问题，一些用户也优先开采地下水，而将地表水弃之不用，出现配置上的不合理。因此，针对地下水的管理和超采治理，应该制定相应的价格政策，提高地下水的供水价格或开采成本。

超采区治理的重要监管政策是取水管理。对于严重超采区和管网覆盖区，要坚决关闭自备井。一般超采区，要禁止新建工业项目的地下水开采，现有的工业开采要逐步替换为地表水水源。

3. 监测计量

制定超采区地下水监测评估制度，选定地下水压采评估用监测井，建立地下水位动态监测网，提出地下水压采实施的具体监督措施。很多地区的地下水管理经验表明，地下水超采区也存在浪费水的现象。通过开采的计量，结合必要的价格杠杆，能够显著地降低地下水的开采量，提高用水的效率。

4. 产业结构调整

产业政策和结构是影响区域水资源供需的重要方面，要针对当地用水结构，提出产业结构调整建议。农业产业要向高产出、低耗水的产品转变，鼓励旱作、减少水田、适时建立农田休耕制度。

第四节　地下水保护措施

一、地下水水源地保护

地下水是我国城乡居民宝贵的饮用水水源。保护好地下水水源地对于保障城乡居民的身体健康具有重要意义。

地下水水源地的保护包括城市集中式生活饮用水供水水源地和农村分散式生活供水水源地。

（一）城市集中式供水水源地的保护

1. 水源地保护区的划分

根据地下水类型、埋深、承压状况、开采规模，以及水源地傍河和非傍河等因素，进行地下水饮用水水源地分类。根据含水层空隙性质可分为孔隙水、裂隙和岩溶水，根据地下水埋深和承压状况可分为浅层水（包括潜水和弱承压水）和深层承压水，根据开采量大小可将浅层水分为小型、中型和大型。按水源地与河流所处地理位置，可将大型的分为傍河型和非傍河型。

水源地范围的划分按照一级保护区、二级保护区等，具体可参见《饮用水水源保护区划分技术规范》（HJ/T 338—2007）中的有关要求。

2. 保护和治理措施

水源地保护工程是在饮用水水源保护区建立隔离防护、综合整治、修复保护体系。

隔离防护是指通过在保护区边界设立物理或生物隔离设施，防止人类活动等对水源地保护和管理的干扰，拦截污染物直接进入水源保护区。

综合整治是指通过对保护区内现有点源、面源、内源、线源等各类污染源采取综合治理措施，对直接进入保护区的污染源采取分流、截污及入河、入渗控制等工程措施，阻隔污染物直接进入水源地水体。

修复保护是指通过采取生物和生态工程技术，对湖库型水源保护区的湖库周边湿地、环库岸生态和植被进行修复和保护，营造水源地良性生态系统。

鉴于修复保护工程是新兴的技术方法，发展较快，各城市在采用此类工程措施时，应根据水源地的具体特点，选择本大纲提供的生物和生态工程技术，也可借鉴其他有实用基础的生态修复措施，以达到保护水源地的目的。

（二）农村分散式供水水源地的保护

随着我国农村社会经济的快速发展，农村供水也不断改进，目前也逐步开始建设小区集中供水系统。但由于处理能力和技术等方面的因素，农村地区的供水主要受天然水质好坏的影响，因此重在保护水源。

（1）卫生安全。农村分散式供水井周边应禁止垃圾、粪便堆放和畜禽活动。一般地，在井和垃圾堆或者厕所的距离不应小于 50 m，并尽可能保持井在垃圾场上游方向。

（2）井口。注意井口封闭性。井台口应高出地面 50 cm 以上，避免雨季地表受污染水流的流入。对于洪泛区的农村地区，不仅要提高井口高度，还要有井口密封装置，避免洪水导致井水和地下水的污染。

二、矿产资源开发区地下水保护

矿产资源开发一般都涉及排水。排水不仅是一些矿产开发的必要条件，更是矿山安全生产的重要影响因素。同时，矿山排水也对地下水产生了不良的影响，如何协调矿山开采和地下水保护的关系是很多资源依赖型经济区和矿山开采区面临的重要难题。

以河北邯郸邢台地区为例，该地区煤铁资源丰富，矿山排水量大，大量矿坑排水不仅造成地下水资源的严重浪费，而且污染环境。另外，该区工农业用水又十分紧缺，大量的矿山排水使排供矛盾更加突出，加剧了水资源的危机。邯郸邢台地区煤矿、铁矿年总排水量为 2.4 亿 m^3，利用量仅占年总排水量的 34%；剩余水量为 1.66 亿 m^3。

从水质上看，矿坑排水大多含一些污染物质，需要进行净化处理才能利用。处理后的矿坑水可用于工业、农业、生活以及景观绿化用水等。对于目前大量的矿山排水要走排供结合、综合利用、废水资源化的途径。

（一）排水利用

排供结合是指将矿山排水净化处理后，用于城市供水或其他行业的供水，实现矿坑排水资源化。一般情况下，随着矿山开采深度和面积的扩大，排水量也会逐渐增大。另外，随着社会经济的发展，对水的需求量也会愈来愈大，水资源短缺、排水与供水的矛盾将日益突出。如果从系统论的观点出发，全面考虑排水和供水的矛盾，把排水与供水作为水资源的一个整体统一考虑，综合利用矿坑水，不但可以降低矿山排水费用和采矿成本，缓和供水矛盾，实现矿坑水资源的可持续利用，而且对生态环境的保护也具有积极的作用。

排供结合一方面要考虑矿山排水的水量和水质，另一方面还要考虑用水部门对水量和水质的要求，以便有针对性地选择矿坑水净化工艺，满足用水部门的要求。排供结合的主要途径有如下几种：

（1）排水和农田灌溉相结合：如矿坑水中不含特殊有毒物质，常常不经处理或简单处理后即可作为农业供水水源。

（2）排水和工业用水相结合：如作为工业用水，则必须按照工业企业的用水标准，对矿坑水进行必要的处理。有的煤矿将矿坑水用于洗煤。

(3)建立坑口火力发电厂:利用煤矿区的煤、水资源优势,建立坑口电站,矿坑排水经处理后作为电厂的冷却用水。

(4)排水和景观、绿化用水相结合:矿山排水经处理后可用于人工河流、湖泊、喷泉等景观以及园林绿化用水。

(5)排水和生活用水相结合:矿坑水作为生活用水,必须严格按照生活用水卫生标准进行净化和消毒处理,并按照要求定期对水质进行检测。

(二)排水管理

目前,我国矿山排水缺乏统一和严格的管理。从水资源角度来说,矿山排水也是属于水资源利用的性质,没有排水,矿山就难以生产。因此,矿山排水也属于生产性用水,应该作为工业生产用水来征收有关的费用。

(1)监测。目前,我国矿山排水缺乏监测,排水量不清。因此,今后应加强矿山排水的监测和计量。

(2)水资源费征收。矿山排水既然也属于生产性用水,也应该征收水资源费。

(3)排水论证和许可。加强矿山排水的水资源论证工作,将矿山排水对其他用户以及生态环境(如河道基流)的影响作为排水许可的重要依据。

(4)补偿政策。国际上对矿山排水有严格的管理规定,一些排水被要求净化后回补到河道中或者回补地下水。这属于对生态环境的水量补偿。还有一种补偿是对受影响的第三方的补偿。例如,甘肃某矿因为供水和排水,周边农用井干涸,工业部门专门修建了供水工程,使受影响的农民利益得到保护和补偿,实现了工农之间的和谐发展。

(三)水质保护

矿产资源开发不应仅仅考虑排水管理,如何处理好矿产资源开发与地下水保护的方面应有相应的管理措施。如在重要的生态敏感区和生态保护区,应严格控制、禁止或限制地下排水,提出限制性的控制指标,如地下水位标准。

同时,在质的方面,要重点关注如何防止开发中产生的排水污染问题以及矿产品堆放等过程中产生的污染预防问题等。我国很多矿产开发活动集聚区都不同程度地存在排水造成水质污染的问题以及尾矿或者废污水储存库事故垮坝造成突发性污染事故等。

矿山排水也应按照工业污染排放来控制水质的排放标准。在水资源保护和管理中,存在一个错误的倾向,就是矿山排水不属于用水,在水资源费、取水管理、取水许可、排水达标等方面缺乏严格的规定。

第二十七章 水生态系统保护与修复

第一节 河湖健康评估

本节内容主要根据水利部水资源司、河湖健康评估全国技术工作组编制的《河流健康评估指标、标准与方法》和《湖泊健康评估指标、标准与方法》编写，河湖健康评估工作目前正在探索中，缺水地区和水资源较为充沛的地区、水生态系统复杂的地区评价的指标不宜相同，评价时对有关指标的选择应有所侧重。

一、河湖健康的定义与内涵

河湖健康是指河湖自然生态状况良好，同时具有可持续的社会服务功能。自然生态状况包括河湖的物理、化学和生态三个方面，我们用完整性来表述其良好状况；可持续的社会服务功能是指河湖不仅具有良好的自然生态状况，而且具有可以持续为人类社会提供服务的能力。

河湖健康评估是指对河湖系统物理完整性（水文完整性和物理结构完整性）、化学完整性、生物完整性和服务功能完整性以及它们的相互协调性的评价。

河湖健康评估需满足如下技术要求：

(1)评估结果能完整准确地描述和反映某一时段河湖的健康水平和整体状况，能够提供现状代表性图案，以判断其适宜程度，为河湖管理提供综合的现状背景资料。

(2)评估结果可以提供横向比较的基准，对于不同区域的类似河流，评估结果可用于互相参考比较。

(3)评估指标可以长期监测和评估，能够反映河流健康状况随时间的变化趋势，尤其是通过对比，评估管理行为的有效性。

(4)通过河湖评估，能够识别河湖所承受的压力和影响，对河湖内各类生态系统的生物、物理状况和人类胁迫进行监测和评估，寻求自然、人为压力与河流系统健康变化之间的关系，以探求河流健康受损的原因。

(5)能够定期为政府决策、科研及公众要求等提供河湖健康现状、变化及趋势的统计总结和解释报告，以便识别在河湖系统框架下合理的河流综合开发和管理活动。

二、评估指标选择原则

(1)科学认知原则。基于现有的科学认知，可以基本判断其变化驱动成因的评估指标。

(2)数据获得原则。评估数据可以在现有监测统计成果的基础上进行收集整理，或采用合理（时间和经费）的补充监测手段可以获取的指标。

(3)评估标准原则。基于现有成熟或易于接受的方法,可以制定相对严谨的评估标准的评估指标。

(4)相对独立原则。选择评估指标内涵不存在明显的重复。

三、评估指标体系

河湖健康评估指标体系采用目标层(河湖健康状况)、准则层和指标层3级体系。

准则层包括水文完整性、物理结构完整性、化学完整性、生物完整性和服务功能完整性5个方面。

指标层包括全国基本指标和各流域根据流域特点增加的指标。

四、河湖健康评估基准

河湖健康评估需在生态分区和河流分类的基础上先确定基准状况。基准状况分为4类(见表27-1)。

表27-1 河湖健康评估基准情景

参照状况	说明	特征
最小干扰状态(MDC)	无显著人类活动干扰条件下	考虑自然变动,随时间变化小
历史状态(HC)	某一历史状态	有多种可能,可以根据需要选择某个时间节点
最低干扰状态((LDC)	区域范围内现有最佳状态,也即区域内最佳的样板河段	具有区域差异,随着河道退化或生态恢复可能随时间变化
可达到的最佳状态(BAC)	通过合理、有效的管理调控等可达到的最佳状况,也即期望状态	主要取决于人类活动对区域的干扰水平,BAC不应超越MDC,但也不应劣于LDC

五、河湖健康评估方法

河湖健康评估采用分级指标评分法,逐级加权,综合评分,即河湖健康指数(RaLHI, River and Lake Health Index)。河湖健康分为理想状况、健康、亚健康、不健康、病态等5级,河湖健康等级、类型、颜色、赋分范围见表27-2。

表27-2 河湖健康评估分级

等级	类型	颜色	赋分范围	说明
1	理想状况	蓝	80~100	接近参考状况或预期目标
2	健康	绿	60~80	与参考状况和预期目标有较小差异
3	亚健康	黄	40~60	与参考状况和预期目标有中度差异
4	不健康	橙	20~40	与参考状况和预期目标有较大差异
5	病态	红	0~20	与参考状况和预期目标有显著差异

六、河流健康评估

(一)水生态分区

根据土壤、植被、气候、地形地貌等非生物要素确定的生态相似的地理分区,处于同一水生态分区的河流的生物群落及变化过程基本相似。本书采用《水工程规划设计标准中关键生态指标体系研究与应用》(水利部水利水电规划设计总院,2009)中的分区方式。

(二)河流分类

根据监测评估技术需求,将河流按照水深分为三类:溪流(深泓水深小于2 m)、河流(深泓水深大于2 m且小于5 m)、大河(深泓水深大于5 m)。

(三)河流健康评估指标

河流健康评估是指对河湖系统物理完整性(水文完整性和物理结构完整性)、化学完整性、生物完整性和服务功能完整性以及它们的相互协调性的评价。

河流健康评估指标设计包括1个目标层、5个准则层、15个评估指标(其中12个指标为必选指标)以及流域自选指标,见表27-3。

表27-3　河流健康评估指标体系

目标层	准则层	河流指标层	代码	指标选择
河流健康	水文水资源(HD)	流量过程变异程度	FD	必选
		生态流量保障程度	EF	必选
		流域自选指标		
	物理结构(PF)	河岸带状况	RS	必选
		河流连通阻隔状况	RC	必选
		天然湿地保留率	NWL	
		流域自选指标		
	水质(WQ)	水温变异状况	WT	
		DO水质状况	DO	必选
		耗氧有机污染状况	OCP	必选
		重金属污染状况	HMP	
		流域自选指标		
	生物(AL)	大型无脊椎动物生物完整性指数	BMIBI	必选
		鱼类生物损失指数	FOE	必选
		流域自选指标		
	社会服务功能(SS)	水功能区达标指标	WFZ	必选
		水资源开发利用指标	WRU	必选
		防洪指标	FLD	必选
		公众满意度指标	PP	必选
		流域自选指标		

(四)河流纵向分段

依据典型河段(监测河段)调查监测获取的数据对评估河流或者河段的指标赋分、评估。

1. 评估河段

根据河流水文特征、河床及河滨带形态、水质状况、水生生物特征以及流域经济社会发展特征的相同性和差异性将评估河流分为若干评估河段(见图27-1)。

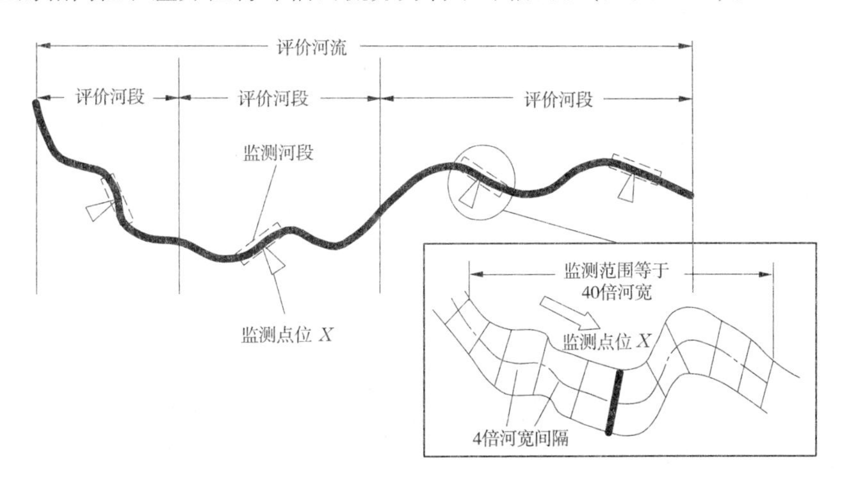

图 27-1 河流健康评估分段示意图

评估河段分段点位置按照以下方式选择:

(1)河道地貌形态变异点,一般根据河流地貌形态差异性进行分段:按照平面形态分段,即按河型分类分段,分为顺直型、弯曲型、分汊型、游荡型河段;按照地区分类,分为山区(包括高原)河流和平原河流两类河段。

(2)河流流域水文分区点,如河流上游、中游、下游等。

(3)水文及水力学状况变异点,如闸坝、大的支流入汇断面、大的支流分叉点。

(4)河岸邻近陆域土地利用状况差异分区点,如城市河段、乡村河段等。

由于全国不同区域,河流水文、地形地貌、生态等方面的特征差异较大,评估河段长度尚不能给出合理的最大长度规定。本技术导则从方法学探索角度,采取先繁后简原则,规定评估河段长度不能超过50 km,且不高于评估河流长度的1/5,即每个评估河流设置的评估河段数量至少不低于5。

2. 监测点位

划定评估河段后,需要对河流健康评估指标进行数据调查和监测,部分指标的评估数据可以从现有监测数据或统计数据中获取,部分指标的评估数据需要开展专项监测。

专项监测调查指标的监测:在评估河段设置1个或多个监测点位进行采用现场勘察或取样监测,获取评估数据,一个评估河段可以设置1个或多个监测点位。基于监测点位获取的数据作为整个评估河段的代表数据。

评估河段监测点位的设置应考虑代表性、监测便利性和取样监测安全保障。监测点位设置应根据相关资料确定多个备选点位,再通过现场勘察,最终确定合适的监测点位。

3. 监测河段

每个监测点位的调查评估范围称为监测河段,可采用两种方法确定其长度,即固定长度方法、河道水面宽度倍数法。对深泓水深小于 5 m 的溪流和河流采用河道水面宽度倍数法确定监测河段长度,其长度为 40 倍水面宽度;对深泓水深大于 5 m 的河流采用固定长度法,规定长度为 1 km。

4. 监测断面

在监测河段内设置评估指标取样监测断面,称为监测断面,监测断面确定为等距离设置。在监测河段内以 4 倍水面宽度等分设置 11 个监测断面。根据河流健康评估指标(如河滨带状况、河道内水生生物)取样要求,在监测断面对应的河道内或河滨带(左右岸)设置取样区,进行取样调查。

(五)河流横向分区

河流健康评估包括河道水面部分及左右河岸带三部分(见图 27-2)。

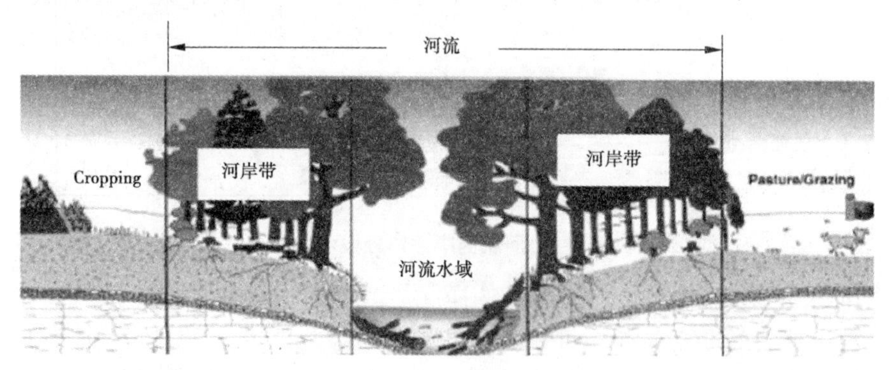

图 27-2　评估河流横向分区

1. 河岸带

河岸带(或河滨带)指河流水域与陆地相邻生态系统之间的过渡带,其特征由相邻生态系统之间的相互作用的空间、时间和强度所确定。

河岸带一般根据植被变化差异进行界定。鉴于河滨带清晰辨认存在一定困难,采用观察地形、土壤结构、沉积物、植被、洪水痕迹和土地利用方式来确定。如上述方法仍然无法明确界定,根据《河道管理条例》的相关规定,其范围根据以下原则确定:

(1)有经地方政府批准划定河道具体管理范围的河流,河岸带为河道管理范围以内除枯水位水域外的区域,以及河道管理范围向两侧延伸 10 m 的陆向区域。

(2)没有划定河道具体管理范围的河流:有堤防的河道,河岸带为两岸堤防之间除枯水位水域外的区域、两岸堤防及护堤地(护堤地宽度不足 10 m 的延伸至 10 m 范围);无堤防的河道,河岸带为历史最高洪水位或者设计洪水位确定的范围除枯水位水域外的区域,外加向两侧延伸 10 m 的陆向区域。

2. 河流断面形态

按照《游荡型河流演变及模拟》,河床由床面和河岸两部分组成,床面即河底部分,河岸为水流所能淹没的河谷、堤防及滩地等的边坡。

山区河流发育过程一般以下切为主,河谷断面呈现 V 形或 U 形,坡面呈直线或曲线,河槽狭窄,中水河槽和洪水河槽无明显分界线(见图 27-3)。平原河流流经地势平坦、土质疏松的平原区,河谷中存在深厚的冲积层,河谷断面形态多样,显著特点是具有较为宽广的河漫滩(见图 27-4)。

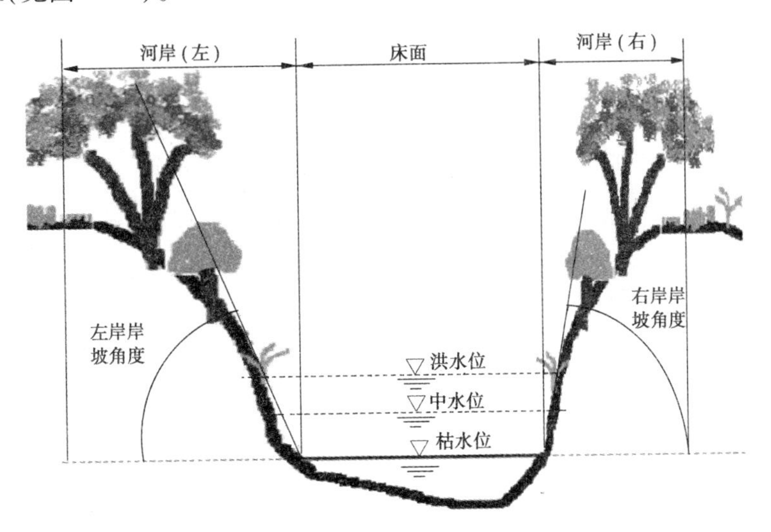

图 27-3 山区河流河谷断面形态

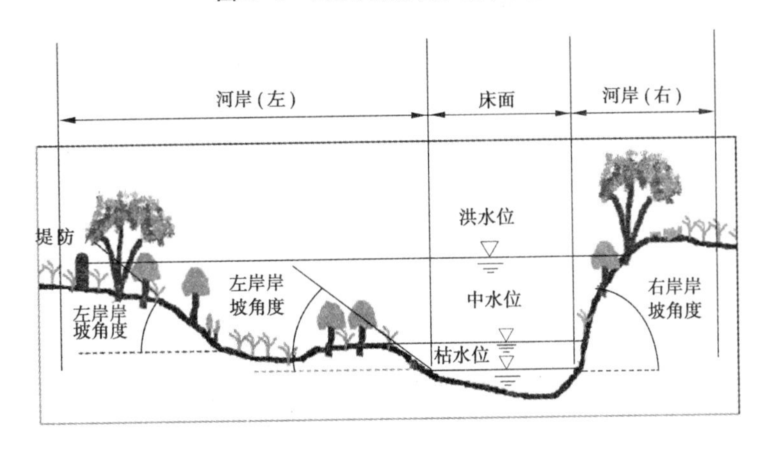

图 27-4 平原河流断面形态

(六)河流健康评估指标数据调查及监测位置

采用评估河段代表性数据评估河流健康状况,其代表性评估数据的获取位置及范围如表 27-4 所示。

河流健康评估指标包括如下 3 种尺度:

(1)断面尺度指标:评估指标数据来自监测断面的取样监测。

(2)河段尺度指标:评估指标数据来自评估河段内的代表站位或评估河段整体情况。

(3)河流尺度指标:评估指标数据来自评估河流及其流域的调查和统计数据。

社会服务功能的指标属于河流尺度指标,其他准则层的指标为河段尺度指标或断面尺度指标。因此,河段健康评估主要是生态意义上的评估,河流的健康评估是全面的河流健康评估。

表 27-4 河流健康评估指标取样调查位置或范围说明

目标层	准则层	指标层	指标尺度	评估数据取样调查监测位置或范围
河流健康	水文水资源	流量过程变异程度	河段尺度	位于评估河段内的水文站
		生态流量保障程度	河段尺度	位于评估河段内的水文站
	物理结构	河岸带状况	断面尺度	监测河段监测断面所在左右岸样方区
		河流连通阻隔状况	河段尺度	评估河段及其下游至河口河段
		天然湿地保留率	河段尺度	评估河段，与评估河段有水力联系、列入名录的天然湿地
	水质	水温变异状况	河段尺度	评估河段上游断面或评估河段内大坝下泄入河断面
		DO 水质状况	断面尺度	评估河段监测点位所在的监测断面
		耗氧有机污染状况	断面尺度	评估河段监测点位所在的监测断面
		重金属污染状况	断面尺度	评估河段监测点位所在的监测断面
	生物	大型无脊椎动物生物完整性指数	断面尺度	监测河段所有监测断面取样区
		鱼类生物损失指数	断面尺度	监测河段所有监测断面取样区
	社会服务功能	水功能区达标指标	河流尺度	评估河流
		水资源开发利用指标	河流尺度	评估河流流域
		防洪指标	河流尺度	评估河流
		公众满意度指标	河流尺度	评估河流

（七）河流健康评估赋分

河流健康评估赋分流程如图 27-5 所示，分以下几个步骤。

1. 评估河段代表值计算方法

1）断面尺度指标

断面尺度指标的评估计算方法包括以下 2 个步骤：

（1）将监测断面取样监测数据转换为监测河段代表值，转换方法包括两种：一是物理结构准则层，河岸带状况指标中的河岸稳定性分指标及河岸植被覆盖度分指标的评估数据采用监测断面调查监测数据算术平均方法计算；二是生物准则层中的大型无脊椎动物生物完整性指数、鱼类生物损失指数和外来物种入侵指数的评估数据，将监测断面的样品综合成一个分析样，其分析数据作为监测河段的评估数据。

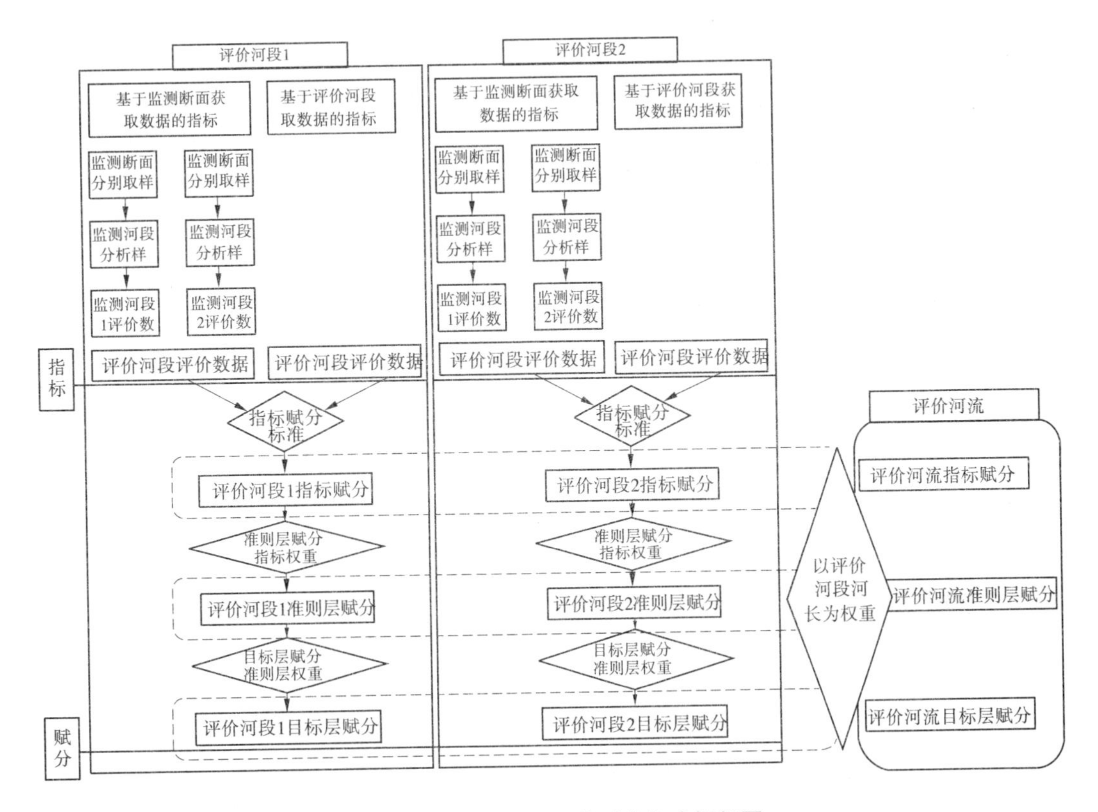

图 27-5 河流健康评估赋分集成框架图

(2)设置多个监测河段的评估河段，在上述工作基础上，对监测河段的分析数据进行算术平均，得到评估河段代表值。

2)河段尺度指标

河段尺度指标的评估计算方法包括：部分河流可以从评估河段内的典型站点获得，如水文水资源准则层的评估指标，可以选用评估河段内现有的水文站监测数据，或根据《水文监测调查技术规程》确定的补充监测站；部分指标要从整个评估河段的统计数据获得，如物理结构准则层中的天然湿地保留率指标，其评估数据是与整个评估河段相关的调查统计数据；部分指标要包括评估河段及其下游河段，如物理结构中的河流连通阻隔状况指标，需要调查评估河段及其至下游河口的河段内的闸坝阻隔情况。

2. 评估河段指标及准则层赋分评估

除河流尺度指标外的评估指标应进行赋分计算。参照各评估指标的赋分标准，根据评估河段代表值，计算评估河段各评估指标赋分；根据准则层赋分体系规定的指标赋分权重，计算评估河段准则层赋分；根据目标层赋分体系规定的准则层赋分权重，计算评估河段目标层赋分。

3. 河流生态完整性状况赋分评估

对水文水资源、物理结构、水质和生物准则层在河段尺度进行综合评估，得到评估河段生态完整性综合状况评估赋分(见表27-5)。

$$REI = HDr \times HDw + PHr \times PHw + WQr \times WQw + AFr \times AFw \tag{27-1}$$

表 27-5 河流生态完整性评估公式变量说明

变量	说明	权重	建议权重
HDr	水文水资源准则层赋分	*HDw*	0.2
PHr	物理结构准则层赋分	*PHw*	0.2
WQr	水质准则层赋分	*WQw*	0.2
AFr	生物准则层赋分	*AFw*	0.4
REI	生态完整性状况赋分		

4. 评估河流赋分

(1)社会服务功能准则层赋分评估。按照河流社会服务功能准则层赋分评估方法计算社会服务功能准则层赋分。

(2)河流生态完整性评估综合。断面尺度及河段尺度的准则层及指标采用下式计算河流赋分：

$$REI = \sum_{n=1}^{Nsects}\left(\frac{REI_n \times SL_n}{RIVL}\right) \tag{27-2}$$

式中：REI 为评估河流赋分；REI_n 为评估河段指标和准则层赋分；SL_n 为评估河段河流长度，km；$RIVL$ 为评估河流总长度，km。

(3)河流健康评估。按照式(27-3)，综合河流生态完整性评估指标赋分和社会服务功能评估赋分见表 27-6。

$$RHI = REI \times REw + SSI \times SSw \tag{27-3}$$

表 27-6 河流健康评估公式变量说明

变量	说明	权重	建议权重
REI	生态完整性状况赋分	*REw*	0.7
SSI	社会服务准则层	*SSw*	0.3
RHI	河流健康目标层		

(八)河流健康评估标准建立方法

河流健康评估指标标准的确定采用以下 5 种方法：

(1)基于评估河流所在生态分区的背景调查，按照频率分析方法确定参考点，根据参考点状况确定评估标准。如生物准则层中的底栖和鱼类指标，按照人类活动强度排序的 5% ~10% 的样点(较少或无人类活动影响)的指标水平作为评估标准。

(2)根据现有标准或在河流管理工作中广泛应用的标准确定评估指标的标准。如水质准则层中的水质指标采用《地表水环境质量标准》(GB 3838—2002)，水文水资源准则

层中的生态流量满足程度指标采用 Tennant 方法中的标准。

(3)基于全国范围典型调查数据及评估成果确定标准。水文水资源准则层的流量变异程度指标评估标准根据 1956 ~ 2000 年全国重点水文站实测径流与天然径流估算数据进行统计分析,确定评估标准;天然湿地保留率指标以水资源综合规划调查数据作为评估标准的重要参考基点。

(4)基于历史调查数据(1980 年以前)确定评估标准。全国在 1980 年曾经开展了全国主要流域的鱼类资源普查,其调查评估成果可以作为鱼类或底栖动物的评估标准。

(5)基于专家判断或管理预期目标确定评估标准。社会服务功能准则层指标一般采用该类方法。

七、河流健康评估案例

某河如图 27-6 所示,全长 320 km,山区河段长度 45 km,平原河段长度 275 km,平原河流段上游为广大农村地区,且开发有农业灌区,下游有 100 万人口大型城市(河段长度 25 km)和大型工业园区(河段长度 15 km)。

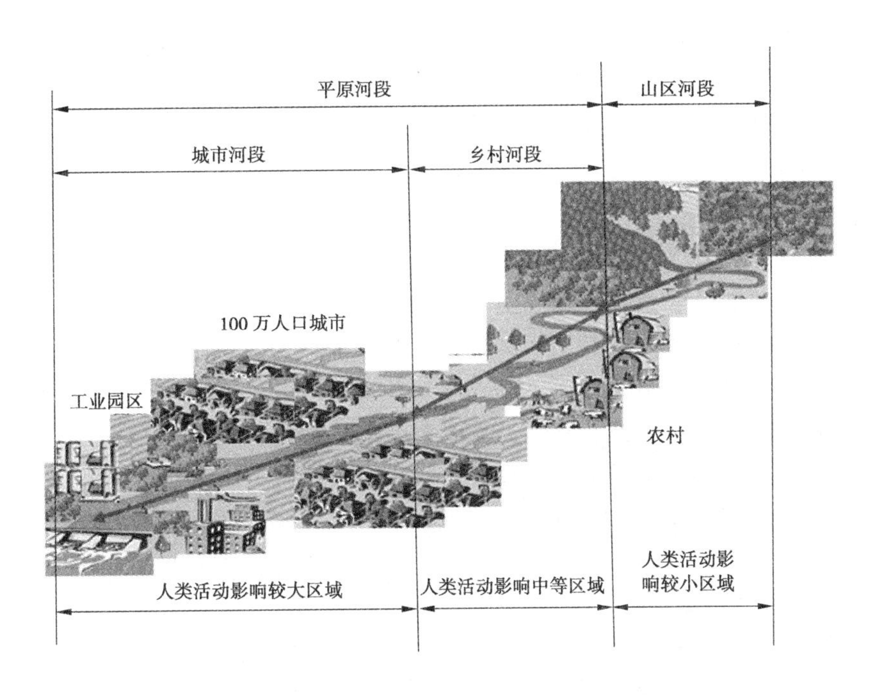

图 27-6 示例评估河流示意图

(一)评估河流分段方案

按照河流分段评估技术规定,将评估河流分为 5 个评估河段,即山区评估河段、乡村评估河段 1、乡村评估河段 2、乡村评估河段 3、城市评估河段。

在每个评估河段设置 1 个监测点位,共计 5 个监测点位。

（二）评估指标代表值获取方案

河流健康评估断面尺度指标：在上述5个监测点位根据《河流健康评估调查监测技术导则》设置取样监测断面和样方区，于平水期的4～5月开展生物准则层指标和物理结构准则层指标的调查监测。同时，开展为期1年，每月1次的水质取样监测，得到水质准则层指标相关数据。

1. 河段尺度指标

（1）水文水资源准则层指标：在评估河流上有2个水文站，1个位于乡村评估河段2，1个位于城市河段，自1956年开始径流监测。因此，上述2个水文站可以初步选作2个评估河段的代表水文站。经过现场勘察，发现山区评估河段的取用水量少，对评估河段的水文情势影响很小，因此可以不设置水文站，可以根据专家判断对山区评估河段的水文水资源准则层评估指标进行赋分。另外2个乡村评估河段没有水文站，需要补充设置水文监测站点，考虑到监测条件和评估时间与经费支持问题，采用水文水动力学模型进行模拟估算的替代方法获取水文水资源准则层评估指标代表值。

（2）河流连通阻隔状况、天然湿地保留率与珍稀水生动物存活指数，可以根据流域现场勘察和资料调查分析相结合方法获取指标数据，天然湿地保留率指标同时采用遥感分析方法获取评估年状况数据。

2. 河流尺度指标

社会服务功能准则层指标采用流域现场勘察、资料调查分析、专家咨询、公众调查等方式获取。

（三）评估指标设置

在流域现场勘察及资料调查分析的基础上，发现评估河流的主要生态环境问题包括：水资源短缺、水污染严重、河岸破坏严重、湿地萎缩、河流生态退化、河流部分功能保障程度不足。根据上述典型问题，结合评估河流生态环境状况，选择本河流评估指标见表27-7。表中同时对指标的选择理由进行了简要说明。

（四）评估标准与评估方法

全国技术导则规定必选指标的评估标准采用全国技术工作组推荐的标准。

灌区供水保证率指标与珍稀水生动物指标评估内涵定义及指标计算公式与赋分标准另文说明。

（五）取样监测与资料调查

根据《河流健康评估调查监测技术细则》编制河流健康评估取样监测与资料调查技术方案。

（六）河流健康评估

根据全国技术导则规定进行指标计算与赋分。各准则层及其指标的计算与赋分参考本技术文件相关示例。将各评估河段及评估指标与准则层赋分计算结果填入表27-8，根据相关公式计算河流生态完整性状况和河流健康状况赋分。

表 27-7　××河流健康指标体系说明简表

<table>
<tr><th>目标层</th><th>准则层</th><th>指标层</th><th>是否参与评估</th><th>说明</th></tr>
<tr><td rowspan="19">河流健康</td><td rowspan="2">水文水资源</td><td>流量过程变异程度</td><td>选择评估</td><td rowspan="2">全国技术文件规定必选，且本河流水文水资源问题严重</td></tr>
<tr><td>生态流量保障程度</td><td>选择评估</td></tr>
<tr><td rowspan="3">物理结构</td><td>河岸带状况</td><td>选择评估</td><td rowspan="2">全国技术文件规定必选，本流域此类问题严重</td></tr>
<tr><td>河流连通阻隔状况</td><td>选择评估</td></tr>
<tr><td>天然湿地保留率</td><td>选择评估</td><td>有一处列入国家名录的湿地与河流有明确的水力联系</td></tr>
<tr><td rowspan="4">水质</td><td>水温变异状况</td><td>不选择</td><td>评估河流无存在低温水下泄问题的水利水电工程</td></tr>
<tr><td>DO 水质状况</td><td>选择评估</td><td rowspan="2">全国技术文件规定必选，本流域此类问题严重</td></tr>
<tr><td>耗氧有机污染状况</td><td>选择评估</td></tr>
<tr><td>重金属污染状况</td><td>选择评估</td><td>本流域存在重金属污染问题</td></tr>
<tr><td rowspan="3">生物</td><td>大型无脊椎动物生物完整性指数</td><td>选择评估</td><td>全国技术文件规定必选</td></tr>
<tr><td>鱼类生物损失指数</td><td>选择评估</td><td>通过调查咨询，存在珍稀水生动物</td></tr>
<tr><td>珍稀水生动物存活指数</td><td>增加</td><td></td></tr>
<tr><td rowspan="5">社会服务功能</td><td>水功能区达标指标</td><td>选择评估</td><td rowspan="4">全国技术文件规定必选</td></tr>
<tr><td>水资源开发利用指标</td><td>选择评估</td></tr>
<tr><td>防洪指标</td><td>选择评估</td></tr>
<tr><td>公众满意度指标</td><td>选择评估</td></tr>
<tr><td>灌区供水保证率指标</td><td>增加</td><td>河流承担大型灌区供水任务</td></tr>
</table>

（七）评估成果分析

评估成果重点包括以下分析任务：

（1）评估河流分段方案是否合理？有哪些改进意见？

（2）评估指标选择是否与本河流生态环境状况协调？

（3）取样监测技术方案是否满足要求？取样监测的优化方案是什么？评估标准存在哪些问题？如何建立河流健康评估标准？

（4）评估方法存在哪些问题？

（5）评估结论与实际情况是否吻合？哪些准则层的评估需要改进？如何改进？

表 27-8　××河流健康评估成果

<table>
<tr><td colspan="3" rowspan="3">评估河段/评估指标</td><td>编码</td><td>RIV01</td><td>RIV02</td><td>RIV03</td><td>RIV04</td><td>RIV05</td><td rowspan="2">河流综合</td></tr>
<tr><td>名称</td><td>山区河段</td><td>乡村河段 1</td><td>乡村河段 2</td><td>乡村河段 3</td><td>城市河段</td></tr>
<tr><td>长度(km)</td><td>45</td><td>45</td><td>55</td><td>35</td><td>40</td><td>220</td></tr>
<tr><td>目标层</td><td>准则层</td><td>指标层</td><td>指标权重</td><td></td><td></td><td></td><td></td><td></td><td></td></tr>
<tr><td rowspan="19">河流健康</td><td rowspan="2">水文水资源</td><td>流域过程变异程度</td><td></td><td></td><td></td><td></td><td></td><td></td><td></td></tr>
<tr><td>生态流量保障程度</td><td></td><td></td><td></td><td></td><td></td><td></td><td></td></tr>
<tr><td rowspan="3">物理结构</td><td>河岸带状况</td><td></td><td></td><td></td><td></td><td></td><td></td><td></td></tr>
<tr><td>河流连通阻隔状况</td><td></td><td></td><td></td><td></td><td></td><td></td><td></td></tr>
<tr><td>天然湿地保留率</td><td></td><td></td><td></td><td></td><td></td><td></td><td></td></tr>
<tr><td rowspan="3">水质</td><td>DO 水质状况</td><td></td><td></td><td></td><td></td><td></td><td></td><td></td></tr>
<tr><td>耗氧有机污染状况</td><td></td><td></td><td></td><td></td><td></td><td></td><td></td></tr>
<tr><td>重金属污染状况</td><td></td><td></td><td></td><td></td><td></td><td></td><td></td></tr>
<tr><td rowspan="3">生物</td><td>大型无脊椎动物生物完整性指数</td><td></td><td></td><td></td><td></td><td></td><td></td><td></td></tr>
<tr><td>鱼类生物损失指数</td><td></td><td></td><td></td><td></td><td></td><td></td><td></td></tr>
<tr><td>珍稀水生动物存活指数</td><td></td><td></td><td></td><td></td><td></td><td></td><td></td></tr>
<tr><td colspan="2">河流生态完整性综合评估</td><td></td><td></td><td></td><td></td><td></td><td></td><td></td></tr>
<tr><td rowspan="5">社会服务功能</td><td>水功能区达标指标</td><td></td><td></td><td></td><td></td><td></td><td></td><td></td></tr>
<tr><td>水资源开发利用指标</td><td></td><td></td><td></td><td></td><td></td><td></td><td></td></tr>
<tr><td>防洪指标</td><td></td><td></td><td></td><td></td><td></td><td></td><td></td></tr>
<tr><td>公众满意度指标</td><td></td><td></td><td></td><td></td><td></td><td></td><td></td></tr>
<tr><td>灌区供水保证率指标</td><td></td><td></td><td></td><td></td><td></td><td></td><td></td></tr>
<tr><td colspan="2">河流健康综合评估</td><td></td><td></td><td></td><td></td><td></td><td></td><td></td></tr>
</table>

（八）编制河流健康评估报告

《河流健康评估报告（一期试点）》框架如下：

1. 评估河流基本情况

2. 评估河流水文水资源、物理结构、水质、生物及其社会服务功能状况

3. 评估河流的主要生态环境问题

4. 河流健康评估技术方案

1）评估指标

2）评估标准

3）评估方法

5. 河流健康评估调查监测技术方案

1）水文水资源完整性指标调查技术方案与数据状况

2）物理结构完整性指标调查监测技术方案与数据状况

3）化学完整性指标调查监测技术方案与数据状况

4）生物完整性指标调查监测技术方案与数据状况

5）社会服务功能指标调查监测技术方案与数据状况

6. 河流健康评估

1）河流水文水资源完整性评估

2）河流物理结构完整性评估

3）河流化学完整性评估

4）河流生物完整性评估

5）河流社会服务功能完整性评估

7. 河流健康评估关键技术问题思考

1）流域层面开展河流健康评估重点关注的生态环境问题

2）流域层面开展河流健康评估的指标体系及对全国指标体系的建议

3）河流健康评估指标标准体系建立方法

4）河流健康评估适用方法

5）流域河流健康评估调查监测能力现状分析与发展方向及建议

6）流域层面建立河湖健康评估定期制度的策略

8. 结论

1）河流健康整体特征

2）河流不健康的主要表征

3）河流不健康的主要压力

4）河流健康保护及修复目标

5）河流健康管理对策

6）河流健康评估定期制度推进对策

八、湖泊健康评估

（一）湖泊健康评估的分区分级与分类体系

1. 湖泊地理分区

全国湖泊划分为六个自然分布区域，包括青藏高原区、东部平原区、蒙新高原区、东北平原与山地区、云贵高原区和东南低山丘陵区。

2. 湖泊分级分类

1）湖泊分级

湖泊按照水面面积分级如表27-9所示。

表 27-9　湖泊分级

湖泊分级	特大型湖泊	大型湖泊	中型湖泊	小型湖泊
湖泊分级面积(km^2)	≥1 000.0	500.0~1 000.0	100.0~500.0	≤100.0

2）湖泊分类

按湖水矿化度，湖泊分为三类：淡水湖，矿化度 <1.0 g/L；咸水湖，矿化度 1.0~50.0 g/L，其中矿化度在 1.0~35.0 g/L 的为微咸水湖；盐湖，矿化度 >50.0 g/L。本书的相关标准主要适用于淡水湖泊。按照水深将湖泊分为浅水湖泊和深水湖泊。浅水湖泊，湖泊平均水深小于 4 m；深水湖泊，湖泊平均水深大于 4 m。

3. 湖泊水域分区

水文、水质及生物分区特征明显的大型及以上湖泊水域应该根据其水文、水动力学特征、水质、生物分区特征，以及湖泊水功能区区划特征进行评价分区。湖泊健康评估应该对每个评价分区进行取样分析和监测评价。

（二）湖滨带及其分区

湖滨带为湖泊流域中水域与陆地相邻生态系统之间的过渡带，其特征由相邻生态系统之间的相互作用的空间、时间和强度所决定。它的空间范围主要取决于周期性水位涨落导致湖滨干湿交替变化的空间结构，以及与之相邻的水域和陆地系统的空间环境。湖滨带分区四个部分，见图 27-7。

（1）陆向辐射带（岸上带）：范围为湖岸堤陆向区（包括岸堤）区域，调查评价范围为 15 m。

（2）岸坡带：最高水位线至岸堤的范围，部分湖泊最高水位线与岸堤平齐，则不存在此条带。

（3）水位变幅带：最高水位至现状水边线之间的区域，或称之为湖滩或消落带。

（4）水向辐射带（近岸带）：现状水边线湖向区域，自水边线向水域延伸至有根植物存活的最大水深处。调查评价范围为 10 m 或可涉水水深区域。

（三）湖泊健康评价指标

湖泊健康评估是指对湖泊系统物理完整性（水文完整性和物理结构完整性）、化学完整性、生物完整性和服务功能完整性以及它们的相互协调性的评价。

湖泊健康评估指标设计包括 1 个目标层、5 个准则层、17 个评估指标（15 个必选）以及流域自选指标，见表 27-10。

（四）生物评价指标标准建立方法

一般采用 5 种方法确定生物评价指标参考状况：专家判断、生物调查（采用本生态分区或地理分区中分类特征基本相近、自然状况或人类活动影响少的湖泊生物调查作为参考状况）、湖沼学调查、历史数据、模型推算。湖泊属于天然水体，其生物评价标准宜采用上述 5 种方法中的几种方法结合制定。

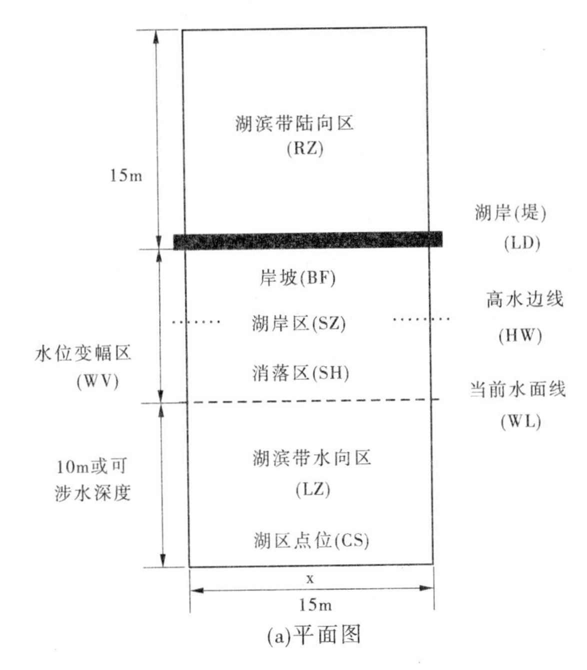

(a)平面图

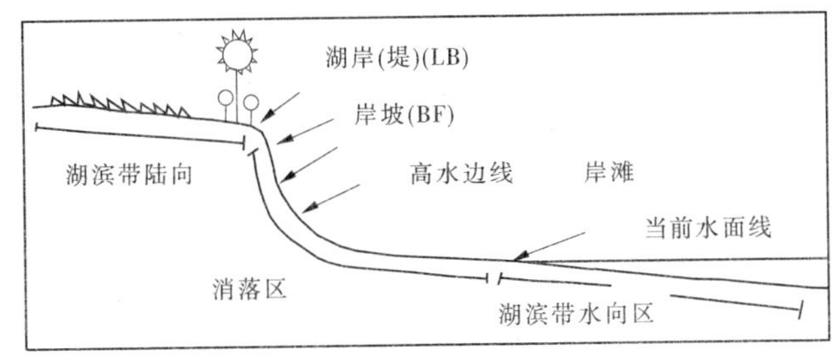

(b)立面图

图 27-7　湖滨带分区示意图

(五)湖泊健康评估分级

湖泊健康评估采用分级指标评分法,逐级加权,综合评分,即湖泊健康指数(LHI, Lake Health Index)。湖泊健康分为 5 级:理想状况、健康、亚健康、不健康、病态,河湖健康等级、类型、颜色代码,见表 27-11。

(六)湖泊健康评估的调查与监测方案

湖泊健康评估调查与监测包括 3 个方面的专项工作。

1. 专项勘察

针对湖泊健康评估技术需求,开展湖泊专项勘察,重点勘察湖泊及流域地形地貌特征、水工程建设及管理状况、常规监测站位监测状况、河湖水系连通特征、湖滨带状况、湖区水生生物状况等。湖泊专项勘察应该编写勘察报告,并拍摄照片存档。

2. 专项调查

根据湖泊健康评估指标评价要求,系统收集以下方面的历史数据及统计数据。

表 27-10　湖泊健康评估指标体系

目标层	准则层	指标层	代码	指标选择
湖库健康	水文水资源（HD）	最低生态水位满足状况	ML	必选
		入湖流量变异程度	IFD	必选
		流域自选指标		
	物理结构（PF）	河湖连通状况	RFC	必选
		湖泊萎缩状况	ASR	必选
		湖滨带状况	RS	必选
		流域自选指标		
	水质（WQ）	溶解氧水质状况	DO	必选
		耗氧有机污染状况	OCP	必选
		富营养状况	EU	必选
		流域自选指标		
	生物（AL）	浮游植物数量	PHP	必选
		浮游动物生物损失指数	ZOE	
		大型水生植物覆盖度	MPC	必选
		大型底栖无脊椎动物生物完整性指数	MIB	
		鱼类生物损失指数	FOE	必选
		流域自选指标		
	社会服务功能（SS）	水功能区达标指标	WFZ	必选
		水资源开发利用指标	WRIJ	必选
		防洪指标	FLD	必选
		公众满意度指标	PP	必选
		流域自选指标		

表 27-11　湖泊健康评估分级

等级	类型	颜色	赋分范围(%)	说明
1	理想状况	蓝	80~100	接近参考状况或预期目标
2	健康	绿	60~80	与参考状况或预期目标有较小差异
3	亚健康	黄	40~60	与参考状况或预期目标有中度差异
4	不健康	橙	20~40	与参考状况或预期目标有较大差异
5	病态	红	0~20	与参考状况或预期目标有显著差异

1）基础图件

根据收集湖泊流域水系图、湖泊地形图、湖泊流域行政区划图、湖泊流域水资源分区图、湖泊流域水功能区区划图、湖泊流域土壤类型图、湖泊流域植被类型图、湖泊流域土地利用图、湖泊流域 DEM 等基础信息图件等，编制湖泊流域基础信息图册。

2）国民经济统计数据

收集整理湖泊流域经济社会统计数据，包括人口、国民生产总值、粮食产量、畜禽养殖、土地利用、废污水及主要污染物排放量等方面的统计数据。

3）水文及水资源数据

系统收集湖泊特征数据，湖泊流域历史水文监测数据系列，流域水资源开发利用统计数据，水工程设计及管理运行、流域水资源规划、流域防洪规划、流域综合规划等方面的数据。

4）水质及生物历史调查监测数据

系统收集湖泊流域水质监测历史数据（尤其是 20 世纪 50～80 年代的监测评价数据），包括水化学特征监测评价数据、水污染监测与评价数据、营养状况监测评价数据等；系统收集湖泊生物监测评价数据（尤其是 20 世纪 50～80 年代的监测评价数据），包括湖滨带陆向范围植物、浮游植物、浮游动物、大型水生植物、底栖动物、鱼类等方面的数据。同时收集属于本地理分区或生态分区湖泊的历史监测数据。

5）遥感数据

系统收集湖泊流域遥感数据，包括 20 世纪 50～80 年代卫片数据和评估基准年卫片数据，遥感数据收集重点收集湖滨带状况方面及湖泊流域植被状况的卫片分析数据。

3. 专项监测

1）水质专项监测

水质监测包括湖泊水域及入湖河流在常规水质监测基础上根据湖泊健康评估要求进行水质补充监测。取样监测分析遵循《水环境监测规范》（SL 219）相关规定。湖泊水质监测按月对评价湖区进行监测，评价湖区的水质监测点位选择在评价湖区中心或评价湖区代表性点位，见图 27-8。

2）湖滨带状况专项监测

湖滨带状况调查采用随机取样方法进行取样点位布设。在湖泊周边随机选择第一个取样点位，然后按照 10 等分湖岸线距离依次设置取样点（见图 27-8），取样点可以根据取样的便利性和安全性等进行适当调整。湖滨带植被覆盖度调查样方湖滨带陆向区域，样方为 10 m×15 m；湖滨带湖岸稳定性调查范围为湖岸区，调查宽度为 10 m，湖岸长度根据湖岸特征确定。

3）水生生物专项监测

水生生物监测包括浮游生物、底栖生物、大型水生植物与鱼类的生物专项监测。浮游植物及浮游动物取样监测点位与水质监测点位一致。大型水生植物调查样方区为湖滨带水向区向湖区中心延伸 10 m 或至最大可涉水深度（水深 2 m）水域（见图 27-8），取样宽度为 10 m。底栖生物取样区为湖滨带水向区向湖区中心延伸 10 m 或至最大可涉水深度（水深 2 m）水域，宽度为 10 m。

鱼类调查按照鱼类调查的相关技术标准进行取样监测。下列标准可供参考：

(1)全国渔业自然资源调查和渔业区划淡水专业组,《内陆水域渔业自然资源调查试行规范》(1980.5)；

(2)张觉民,何志辉,《内陆水域渔业自然资源调查手册》,1991.10；

(3)《水库渔业资源调查规范》(SL167—96)；

(4)《渔业生态环境监测规范第 3 部分:淡水》(SC/T 9102.3—2007)等。

4. 相关指标代表值计算说明

1)水文水资源

最低生态水位满足状况,统计评价基准年湖泊水文站日均水位,监测时期为评价基准年全年;入湖流量变异程度,统计评价基准年入湖月均径流量数据,按照环湖主要河流水文站监测的径流数据及天然径流还原数据确定,没有径流站的主要河流应该根据有关水文分析计算方法进行估算,监测时期为评价基准年全年。

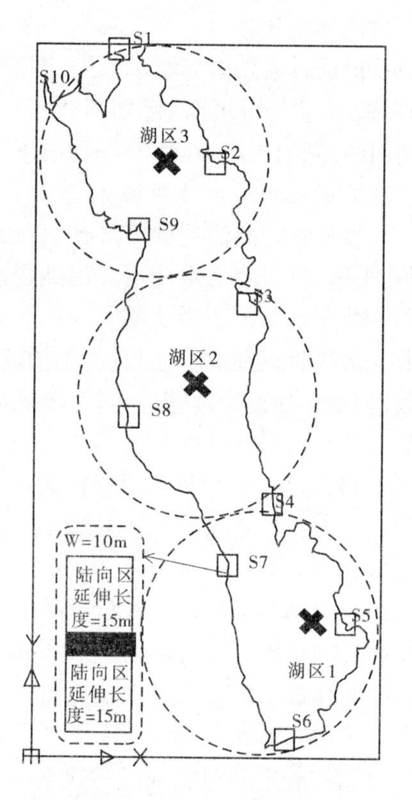

图 27-8　湖泊评价取样点及生物调查位置示意图

2)物理结构

河湖连通状况,重点调查评价基准年主要河流断流持续时间、入湖年径流量减小状况及入湖水质状况年达标率,调查范围为环湖河流自入湖口至呈河相特征的河段,监测时期为评价基准年全年;湖泊萎缩状况,调查评估基准年或近 2 ~ 3 年的湖泊水面数据,按照设计洪水位或湖泊管理条例确定的水域范围数据,监测时期为评价基准年全年;湖滨带状况,采用样方调查方式(10 等分的随机取样方案)或遥感数据进行调查,监测时期为 3 ~ 10 月中植物生长最旺盛月份。

3)水质

溶解氧水质状况,评价基准年按月按湖区监测湖泊 DO 状况,按照汛期和非汛期计算水期平均值,监测时期为评价基准年全年;耗氧有机污染状况,评价基准年按月按湖区监测湖泊耗氧有机污染指标,按照汛期和非汛期计算水期平均值,监测时期为评价基准年全年;富营养状况,评价基准年按月监测营养状况指标,或在重点监测期(4 ~ 10 月,或水华发生期,流域根据本流域水华特征确定重点监测期)按月监测营养状况指标,统计重点监测期测营养状况指标平均值,监测时期为评价基准年全年或重点监测期。

4)生物

浮游植物数量,评价基准年在水质监测点位或营养状况监测点位同步取样监测,监测时期为藻类生长季节,按月监测,不少于 2 次;浮游动物生物损失指数,评价基准年在水质监测点位或营养状况监测点位同步取样监测,监测时期为浮游动物旺盛季节,按月监测,不少于 2 次;大型水生植物覆盖度,采用样方调查方式(10 等分的随机取样方案),必要时

结合遥感数据进行调查。监测时期为3～10月中植物生长最旺盛月份;大型无脊椎动物生物完整性指数,采用样方调查方式(10等分的随机取样方案)进行调查,监测时期为春季和夏季,不少于2次;鱼类生物损失指数,按照鱼类调查技术标准规定的调查方法确定调查点位,监测时间为全年,不少于2次。

5)社会服务功能

水功能区达标指标,调查湖泊流域水功能区,评价时期为全年;水资源开发利用指标,调查湖泊流域水资源开发利用数据,评价时期为全年;防洪指标,调查湖泊堤防与河流口门闸坝,调查湖泊防洪规划目标,评价时期为全年;公众满意度指标,调查对象为湖泊利益相关者,调查时期为全年。

(七)湖泊健康试点评估成果分析技术要求

1.试点技术方案要求

试点湖泊评价重点包括以下分析任务:

(1)评估湖泊分区方案是否合理?有哪些改进意见?

(2)评估指标选择是否与本湖泊生态环境状况协调?建议增加或调整哪些指标?

(3)取样监测技术方案是否满足要求?取样监测的优化方案是什么?

(4)评估标准存在哪些问题?如何建立适宜的湖泊健康评估标准?

(5)评估方法存在哪些问题?

(6)评估结论与实际情况吻合?哪些准则层的评估需要改进?如何改进?

2.湖泊健康评估报告大纲

《湖泊健康评估报告(一期试点)》框架如下:

(1)评估湖泊基本情况

(2)评估湖泊水文水资源、物理结构、水质、生物及其社会服务功能状况

(3)评估湖泊的主要生态环境问题

(4)湖泊健康评估技术方案

1)评估指标

2)评估标准

3)评估方法

(5)湖泊健康评估调查监测技术方案

1)水文水资源完整性指标调查技术方案与数据状况

2)物理结构完整性指标调查监测技术方案与数据状况

3)化学完整性指标调查监测技术方案与数据状况

4)生物完整性指标调查监测技术方案与数据状况

5)社会服务功能指标调查监测技术方案与数据状况

(6)湖泊健康评估

1)湖泊水文水资源完整性评估

2)湖泊物理结构完整性评估

3)湖泊化学完整性评估

4)湖泊生物完整性评估

5）湖泊社会服务功能完整性评估

6）湖泊健康评估

（7）湖泊健康评估关键技术问题思考

1）流域层面开展湖泊健康评估重点关注的生态环境问题

2）流域层面开展健康评估的指标体系及对全国指标体系的建议

3）湖泊健康评估指标标准体系建立方法

4）湖泊健康评估适用方法

5）流域湖泊健康评估调查监测能力现状分析与发展方向及建议

6）流域层面建立河湖健康评估定期制度的策略

（8）结论

1）湖泊健康整体特征

2）湖泊不健康的主要表征

3）湖泊不健康的主要压力

4）湖泊健康保护及修复目标

5）湖泊健康管理对策

6）湖泊健康评估定期制度推进对策

参考文献

3. 湖泊健康评估图册

湖泊健康评估图册包括：

湖泊流域水系图、湖泊流域水资源分区图、湖泊流域水功能区区划图、湖泊流域行政区划图、湖泊流域水工程布置图、湖泊流域土壤类型图、湖泊流域植被类型图、湖泊流域土地利用图、湖泊流域 DEM 图、湖泊健康评估取样监测点位及样方分布图、湖泊流域遥感专题图、湖泊健康评估现场勘察及取样监测照片与说明、其他相关图件或照片。

第二节　生态脆弱性评价

一、生态脆弱性的概念

生态脆弱性概念最早源于美国学者 Clements 提出的生态过渡带概念。对于生态脆弱性的定义，由于不同学者、研究人员的专业方向、理解程度、研究角度等存在差异，至今仍未形成统一的意见。而随着时代的发展，人们对生态脆弱性的理解也有所加深（见表 27-12）。

表 27-12　生态脆弱性的定义

序号	定义	特点	针对问题/区域
1	生态系统的正常功能紊乱，生态稳定性差，对人类活动及突发性灾害反应敏感，自然环境易向不利于人类利用的方向演替	强调生态环境脆弱的表现及其对人类生存、发展的不利影响	喀斯特地区
2	某一地区的生态系统或环境在受到干扰时，易从一种状态转变为另一种状态，而且一经改变，能否恢复初始状态的能力，强调生态脆弱性的地域性以及难逆转性		喀斯特地区
3	具有生态系统不稳定性和对外界干扰敏感的特征，且往往使系统在面对外界干扰时朝着不利于自身和人类开发利用的方向发展	强调对人类利用及环境自身而言，生态系统的不稳定性和对干扰的敏感性	河流流域区
4	生态环境及其组成要素对外界干扰所发生不良反应的灵敏度	偏重强调外界干扰发生时，生态环境反应的速度和程度	盆地、丘陵区
5	景观或生态系统的特定时空尺度上相对于干扰而具有的敏感反应和恢复状态，它是生态系统的固有属性在干扰作用下的表现	强调生态脆弱性的时空性及可恢复性	退化生态系统
6	区域生态系统在人类活动影响下发生变化（退化或改善）的潜在可能性及其程度	强调人类活动影响导致生态环境脆弱的可能性	人类活动影响强烈的区域
7	生态环境受到外界干扰作用超出自身的调节范围，而表现出的对干扰的敏感程度	强调生态环境自身的抗干扰能力	较广泛的生态脆弱问题

综上所述，对生态脆弱性做如下理解："生态脆弱性与生态环境的稳定性相对应，是在特定空间区域内，在自然或人类活动的驱动下，生态环境所表现出的易变性，这种变化往往是向不利于人类生存、发展、利用的方向发展。"

二、生态脆弱性评价指标体系

目前，国内生态脆弱性评价中，主要有以下两大类型指标体系。

（一）单一类型区域的指标体系

针对特定地理背景通常建立单一类型区域的指标体系。这种类型的指标体系结构简单、针对性强，具有较强的区域性，能够根据区域特点确定导致区域环境脆弱的关键因子，其中以朱德明等针对太湖、罗正新网对河北省迁西县山区提出的单一评价指标体系为代表。

(二)综合型指标体系

与针对单一类型区域的指标体系相比,综合型指标体系不仅考虑环境系统的内在功能与结构,同时兼顾环境系统与外界之间的联系。其指标内容较为全面、广泛,一般从自然、社会及经济发展状况等方面反映生态环境的脆弱状况。目前,国内应用较广的可概括为以下3种类型。

1."成因及结果表现"指标体系

"成因及结果表现"指标体系认为,脆弱生态环境是由自然因素和人为因素共同作用而成的,并以一定的特征表现,因此选取脆弱生态环境的水资源、热量资源、干燥度、人均耕地面积、地表植被覆盖度、资源利用率等作为主要成因指标,结合其结果表现指标如退化程度、治理状况、社会经济发展状况等对生态环境进行综合评价。在这种指标体系下进行的生态环境脆弱度评价不仅体现出导致环境脆弱的主要因素,而且其结果表现指标可以修正成因指标之间的地区性差异,使评价结果更具有地区、区域间的可对比性。代表性的研究有陈久和对杭州西溪湿地、陈焕珍对山东大汶河流域生态脆弱做出的评价。

2."压力—状态—响应"(PSR)指标体系

该指标体系是基于"压力—状态—响应"(Press-Situation-Response, PSR)模式建立的一种评价指标体系,认为脆弱生态环境对可持续发展具有阻碍作用,从而选择限制可持续发展的因子构建评价指标,又称为基于"压力—状态—响应"的生态脆弱区可持续发展指标体系。其中,压力与状态指标描述了人类活动对生态环境造成的压力,以及在这种压力下资源与环境的质量状况、社会经济状况;响应指标描述社会各个层次对造成环境脆弱压力的响应,资源的利用率、生态整治的程度、社会进步和经济的发展等都是这一指标体系中的重要组成成分。

3."多系统评价"指标体系

多系统评价指标体系是在生态环境脆弱性评价中应用较多的一个指标体系。它运用系统论的观点,分析环境系统及其子系统的特点,综合水资源、土地资源、生物资源、气候资源、社会经济等子系统脆弱因子,筛选指标,从而最终确定指标体系。其中以陈美球等对鄱阳湖区的生态脆弱性评价较具代表性。

多系统综合评价指标体系反映出的区域生态环境的脆弱性较为系统、全面,但由于各子系统之间复杂的相互作用,指标之间相互重叠,具有一定的关联性。因此,在评价时应尽量选择能够突出反映各子系统脆弱性本质特征的指标,并在适时进行关联性分析。

总之,单一类型区域和综合型两种指标体系各有针对,各具特点。单一类型区域指标体系是基于某区域特定的地理背景条件建立的,具有明显的区域性特征,针对性较强,但由于研究对象单一,研究内容局限,指标体系适用的范围较窄,只适用于特定的如湿地、内河流域、山地等区域,不同类型区域的评价结果之间缺少可比性。综合型评价指标体系包含的指标较多、较全面,考虑范围较广,但是由于数据获取的难易性不同,可操作性较差,同时由于指标之间的关联性较高,且国内外尚无统一的选取方式,因此不同指标体系得出的评价结果之间可比性也较差。

三、生态脆弱性评价方法

在生态脆弱性的评价过程中，具体评价方法的选择十分关键，应根据指标的不同特征，针对不同数据的特点来选择能表现系统特征的评价方法。

模糊综合评判法、生态脆弱性指数(Ecological Frangibility Index，EFI)评价法、层次分析(AHP)评价法、主成分分析法、关联评价法、综合评价法和基于遥感与GIS的评价法等都是目前在国内生态环境脆弱性分析中广泛应用的方法，同时这些方法在其他类型评价过程中也被经常应用。各种评价方法的特点及适用范围见表27-13。

表27-13　生态脆弱性评价方法

评价方法	思路	适用范围	优点	不足
模糊综合评价法	确定指标体系及权重，计算各因子对各评价指标的隶属度，分析结果向量，从而评价出各子区域的脆弱度等级并排序	省、区等大范围，以及县(市)、乡(镇)等小范围均适用	计算方法简单易行	对指标的脆弱度反映不够灵敏
生态脆弱性指数(EFI)评价法	确定指标、权重及其生态阈值，在数值标准化基础上，根据公式计算生态脆弱性指数EFI，划分脆弱度等级	适于某一区域内部生态环境脆弱程度的比较分析	将脆弱度评价与环境质量紧密结合在一起	结果是相对的
层次分析(AHP)评价法	确定评价指标、评分值及权重，将评分值与其权重相乘，加和得到总分值，据总分值确定脆弱生态环境的脆弱度等级	应用范围广，可用于不同脆弱生态环境脆弱度比较	计算过程简单、易操作	指标选取、权重赋值、脆弱度分级等有一定主观性
主成分分析法	计算特征值和特征向量，通过累计贡献率计算得到主成分，最后进行综合分析	适用于基础资料较全面的生态环境脆弱程度评估	保证原始数据信息损失最小，以少数的综合变量取代原有的多维变量	存在一定的信息损失
关联评价法	选定评价因子，计算各区各个因子的相对比重，根据公式计算区域的相对脆弱度	适用于生态系统内部或相邻系统的脆弱性程度比较	可进行相邻生态系统的脆弱性程度比较	计算过程复杂，对数学水平要求较高
综合评价法	包括现状评价、趋势评价及稳定性评价三部分	需较长时期的数据资料	较为全面、宏观，评价结果具有较强的综合性、逻辑性及系统性	复杂，涉及内容多，难应用于大范围
基于遥感、GIS的评价法	利用遥感、GIS软件功能实现对区域生态环境脆弱程度的分析、评价	适用于具有充足基础图件的生态脆弱性评价	可实现对评价结果的空间表达、分析对比	需要空间信息的数据，成本较高

在国内生态脆弱性研究中，以对广西、贵州等喀斯特地区生态环境脆弱程度较为关注，评价力度较大。研究中不同学者分别运用了欧式距离公式法、定性分析法、模糊评价法等。上述方法中，AHP 评价法在国内生态脆弱性评价中应用较多，如对衡阳盆地、杭州西溪湿地、鄱阳湖区以及乌江流域的生态脆弱性评估都采用了此方法。在对山东大汶河流域及吉林省西部生态脆弱性评价中，学者们则选择了 EFI 评价法完成对区域生态脆弱性的评价并提出了相应对策。而运用主成分分析法对全国 26 个省的生态脆弱度做出的评价，得出了西部大开发中需要特别扶持的地区正是国内生态脆弱度较差的几个省份的结论。此外，GIS 实用的空间分析功能及可与多种评价方法实现链接的优势，使得评价过程更简单直观，GIS 软件的应用已成为目前研究方法的一大趋势。

第三节　水生态补偿机制

一、水生态补偿的概念与内涵

生态补偿是以保护和可持续利用生态系统服务为目的，以经济手段为主调节相关者利益关系的制度安排。更详细地说，生态补偿机制是以保护生态环境，促进人与自然和谐发展为目的，根据生态系统服务价值、生态保护成本、发展机会成本，运用政府和市场手段，调节生态保护利益相关者之间利益关系的公共制度。对生态补偿的理解有广义和狭义之分。广义的生态补偿既包括对生态系统和自然资源保护所获得效益的奖励或破坏生态系统和自然资源所造成损失的赔偿，也包括对造成环境污染者的收费。狭义的生态补偿则主要是指前者。从目前我国的实际情况来看，由于在排污收费方面已经有了一套比较完善的法规，急需建立的是基于生态系统服务的生态补偿机制。

生态补偿应包括以下几方面主要内容：一是对生态系统本身保护（恢复）或破坏的成本进行补偿；二是通过经济手段将经济效益的外部性内部化；三是对个人或区域保护生态系统和环境的投入或放弃发展机会的损失的经济补偿；四是对具有重大生态价值的区域或对象进行保护性投入。生态补偿机制的建立是以内化外部成本为原则，对保护行为的外部经济性的补偿依据是保护者为改善生态服务功能所付出的额外的保护与相关建设成本和为此而牺牲的发展机会成本；对破坏行为的外部不经济性的补偿依据是恢复生态服务功能的成本和因破坏行为造成的被补偿者发展机会成本的损失。

水生态补偿机制是国家生态补偿制度的重要组成。建立生态补偿制度，是大力推进生态文明建设的重要举措，是贯彻落实党的十八大精神和 2011 年中央一号文件的重要任务。按照党中央、国务院的有关部署，各部委高度重视并积极推进水生态补偿机制建设。

二、水生态补偿类型的划分

从空间上看，与水有关的生态补偿关系中，既有面的补偿（如功能区补偿），也有线的补偿（如流域上下游），又有点的补偿（如水能资源开发），这使得与水有关的生态补偿类型划分更为复杂和困难，并进一步影响补偿政策的建立。

补偿类型的划分，主要是依据水资源的功能和属性，在水资源开发、利用、保护不同状态以及维护河流生态系统等过程中人类的活动方式对其影响涉及补偿问题以及《国家发展和改革委员会关于建立和完善生态补偿机制有关工作的报告》(发改农经〔2006〕2528号)(简称《报告》)提出生态补偿机制建立中需要解决的四个方面内容“一是针对从事生态环境保护和建设的经济社会主体、地区的补偿制度;二是针对从生态环境保护和建设中受益的经济社会主体、地区的收费制度;三是针对从事损害生态环境活动的经济社会主体的经济制裁制度及生态环境破坏恢复治理制度;四是针对因生态保护和建设而使利益受到负面影响的经济社会主体、地区的补偿制度”的观点,初步将与水有关的生态补偿划分为资源开发补偿、资源有偿使用、重要水功能区补偿、水生态保护补偿和其他资源开发对水资源损害补偿,不同补偿类型中涵盖与水资源开发、利用、保护和维护等有关的补偿内容(见表27-14)。

表27-14　与水有关的生态补偿类型分析

活动方式	补偿内容	补偿类型	补偿关系
水资源开发	跨流域调水; 水能资源开发	资源开发补偿	损害和破坏者负担; 受益和使用者付费
水资源利用	资源占用	资源有偿使用	受益和使用者付费
水资源保护	水源涵养; 水功能区保护; 水土流失防治; 地下水保护; 流域上下游补偿	重要功能区补偿	保护和建设者补偿; 受益和使用者付费; 损害和破坏者负担
维护河流系统	湿地(河湖)保护; 蓄滞洪区	水生态保护补偿	保护和建设者补偿
其他资源开发	矿产资源开发	其他资源开发对 水资源损害补偿	损害和破坏者负担

《报告》提出的生态补偿机制中涉及四个方面的内容,可总结为保护和建设者补偿、受益和使用者付费、损害和破坏者负担三大补偿关系,一种补偿类型中至少包含有一种补偿关系,补偿关系的确立,有利于进一步明晰补偿主、客体关系。

三、水生态补偿的方式和途径

(一)与水有关的生态补偿方式

与水有关的生态补偿方式是生态补偿政策的重要内容。总体上,生态补偿方式涉及以下五大类:

(1)政策补偿。它是一种自上而下的补偿,上级政府利用政策资源使受偿者获益,如流域下游地区为上游地区提供“工业飞地”的发展模式。

(2)资金和项目补偿。包括各种资金方式的补偿,如补偿金、补贴、补助、赔偿、赠款、信用贷款、税费、补贴、财政转移支付、援助、项目专项资金、奖励等。

(3)物质补偿。采用物质、劳动力和土地等方式的补偿,以解决受补偿者部分的生产要素和生活要素,改善受补偿者的生活状况。

(4)市场化补偿。通过交易和反映商品稀缺性和解决外部性问题的补偿,如水权交易、排污权交易、阶梯水价等。

(5)技术补偿。通过无偿技术咨询和指导、劳动技能培训等方式进行的补偿。

这五种方式都与政府有着或多或少的直接关系,有些为直接的补偿,有些为间接的补偿。

(二)与水有关的生态补偿的途径

补偿实施主体和运作机制是确定生态补偿途径的核心。从经济学角度,与水有关的生态保护和建设的效益产出大致可分三类,即经济效益、社会效益和生态效益,按照实施主体和运作机制的差异,大致可以分为政府补偿和市场补偿两大类型,每种产出效益的补偿方式以其中一种为主导(见图 27-9 所示)。

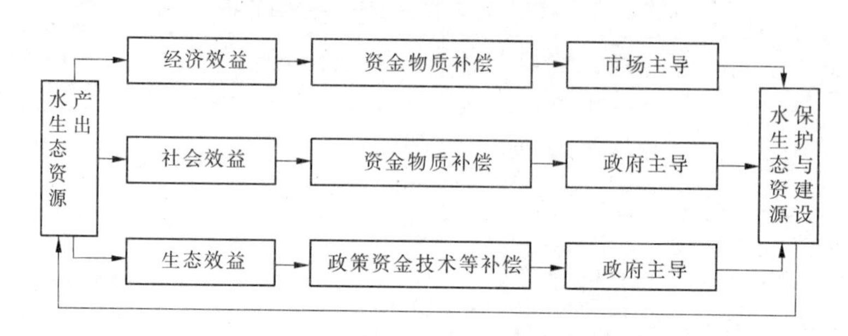

图 27-9 与水有关的生态补偿途径

1. 政府主导方式

理论上,利用市场手段进行的一对一的生态补偿,有利于实现"谁开发谁保护、谁受益谁补偿、谁破坏谁修复"的生态补偿的基本原则,可以规避行政手段的不足,积极调动社会公众的积极性,是富有效率的配置方式,在国外也是比较成熟的补偿方式。但从我国实际情况看,这种补偿方式操作难度较大,同时还会引起不必要的社会问题。从现行财政体制看,地方经济发展增长的税收都按财政体制的规定上缴中央或上级财政。在不重新设计和调整现行财政体制的情况下,要上、下游两级政府协商来实施生态补偿理论上合理而现实不可操作。以新安江流域为例,安徽省黄山市是新安江流域上游的水源涵养区,而浙江省的杭州市是流域下游的受益区,两省在建设和保护者与受益者、欠发达地区与发达地区的关系上关系明确,但在生态补偿问题上双方各有己见,区域间补偿概念提出多年,但一直未成现实。

从现状情况看,由于实际操作中直接补偿和市场交易补偿方式面临的问题复杂而棘手,特别是在补偿者和受偿者的利益关系认识方面多难以达成共识,而大多采用多种补偿方式融合在一起的补偿方式,主要是政府引导下的以项目和增加财政预算的纵向财力转移支付补偿方式。如浙江省对水系源头保护区实施财力转移支付制度,省级财政作为省域范围内进行生态补偿转移支付的主体,所需资金由省级财政统筹解决,确保了市、县政府的既得利益和积极性,激励机制明确,增强了政府的引导作用和支持力度,解决了以往由于补偿责任主体不明,影响上下游之间利益的矛盾,推动了省域内区域间不同利益群体的可持续发展。安徽省财政收入不足浙江省的 1/3,所需解决的问题和财力与浙江省有所不同,其生态补偿主要采用保护和发展的原则,实施的《安徽生态省建设总体规划纲要》安排生态省建设引导资金为2 200万元,主要用于支持生态经济等示范基地建设。

政府主导的生态补偿方式的作用主要体现在制定法律规范和制度、宏观调控、提供政策和资金支持上,解决市场难以自发解决的资源环境保护问题。从国外生态补偿的模式上,政府购买模式仍是支付生态环境服务的主要方式。如法国、马来西亚的林业基金多为国家财政支付,德国政府仍是生态效益的最大"购买者",美国政府采取保护性退耕政策手段来加强生态环境保护建设。总体上,涉及水系源头保护、饮水安全保护、蓄滞洪区、水土流失防治等与水有关生态保护与建设的生态补偿方式,应以政府主导为主,采用纵向补偿方式,有利于化解上、下游间利益冲突,是目前我国较普遍采用的补偿方式。市场交易方式由于现阶段时机尚不成熟,还不具有全面推广的条件,随着生态补偿机制的逐渐完善以及经济较发达的有条件的区域,可采用这种生态补偿方式。

根据中国的实际情况,政府补偿机制是目前开展生态补偿最重要的形式,也是目前比较容易启动的补偿方式。政府补偿机制是以国家或上级政府为实施和补偿主体,以区域、下级政府或农牧民为补偿对象,以国家生态安全、社会稳定、区域协调发展等为目标,以财政补贴、政策倾斜、项目实施、税费改革和人才技术投入等为手段的补偿方式。

政府补偿方式包括下面几种:财政转移支付、差异性的区域政策、生态保护项目实施、环境税费制度等。

2. 市场等其他方式

交易的对象可以是生态环境要素的权属,也可以是生态环境服务功能,或者是环境污染治理的绩效或配额。市场等方式是通过市场交易或支付,兑现水生态功能的价值。典型的市场补偿机制包括公共支付、一对一交易、市场贸易、生态(环境)标记等。

尽管与水有关的生态补偿多为政府主导,但国家的财政投入毕竟有限,面对繁重的生态建设和保护任务,国家财力尚难全方位承担与水有关的生态补偿成本,需要积极探讨具有可操作性的灵活多样的生态补偿方式;另外,生态补偿的最终目标不是单纯的生态管理手段或融资渠道,而是要建立国家和地区间和谐发展能力,培育科学发展观。上述提到的发展援助、一对一的市场交易、配额的市场交易、资源使(取)用权出让、转让和租赁的交易等直接和间接的生态补偿都是可探讨的方式,若在实践中进一步落实,需要地方政府和当地群众发挥创造力和聪明才智,鼓励生态保护者和受益者之间通过自愿协商实现合理的生态补偿,实现在保护中发展、在发展中保护的共赢目标。从调研情况看,调研地区积极探讨和实施了不同的生态补偿方式,取得了良好的效果和生态效益。如浙江省嘉兴市已挂牌成立排污权交易中心,金华的"金磐扶贫经济开发区"的"异地开发"方式;安徽省生态补偿则把脱贫与保护结合起来进行。

四、水生态补偿的标准

与水有关的生态补偿标准测算解决生态补偿政策机制中"补多少"的问题。截至目前,与水有关的生态补偿标准测算都是一个复杂的难题,尚未建立起公认的测算体系,正是因为缺乏科学的计算方法,从近年来的生态补偿案例看,上下游双方或者是补偿方与受补偿方始终难以达成一致目标。以上下游的关系为例,一方面上游生态保护的成果有多

少是上游自身所享受的，有多少又是下游享受到的，这些都没有一个公认的计算方法；另一方面上游开发和发展造成的生态破坏不仅对下游而且对上游自己本身的长期利益都是有害的，当然，特定的下游地区则首当其冲。反过来，上游的生态保护和建设使下游受益的同时，也使自己受益。这就是说，“上游”也需要因为自己对生态资源的效用而造成的危害支付生态补偿。因此，上下游在直接补偿谈判中往往很难成功。

生态补偿标准的测算，也就是将生态价值通过价格的方式表现出来。生态价值在价格化实现时将会反映价值取向的不同，因此价值的价格化通常并不是客观现实的真实反映，而是以特定利益主体的价值取向为基础，它在本质上只是引导社会主体的趋利行为，而不是引导超越利益体的社会合理行为。当整体合理性要求超越了个体要求时，价格体系所能反映的合理性就会失效，而生态补偿机制的建立正是要建立超越个体合理性的要求的更大范围和整体的合理性。因此，生态补偿机制就不能完全仅仅依靠价格机制来进行建构。然而，也正是由于生态补偿标准测算的困难，也就更需建立一个测算依据。

以流域类型的生态补偿为例，从目前研究和实践现状看，可依据以下三个方面：一是以上游地区为水质和水量达标所付出的努力即直接投入为依据，主要包括上游地区涵养水源、环境污染综合整治、农业非点源污染治理、城镇污水处理设施建设、修建水利设施等项目的投资；二是以上游地区为水质和水量达标所丧失的发展机会的损失即间接投入为依据，主要包括节水的投入、移民安置的投入以及限制产业发展的损失等；三是今后上游地区为进一步改善流域水质和水量而新建流域水环境保护设施、水利设施、新上环境污染综合整治项目等方面的延伸投入，也应由下游地区按水量和上下游经济发展水平的差距给予进一步的补偿。

五、水生态补偿管理机制

通过前面的分析，我们知道与水有关的生态补偿作为一项公益性事业，必须坚持政府主导的原则，建立以政府买单为主、其他社会力量补偿为辅的工作机制，确保生态补偿资金的有效持续供给，提高生态补偿机制的运行效率。在这一大思路下，再具体设计各级政府、各职能部门、各利益相关主体在生态补偿中的定位、权利、义务与职责。在不同的管理层面上提出建立和完善生态补偿管理体制机制的政策建议，搭建利益主体的协商平台，满足不同利益方的合理要求，确保生态补偿顺利开展。

（一）国家层面的领导机制

国家层面的公共部门在与水有关的生态补偿中主要起领导作用，承担着建立与水有关的生态补偿的基本制度、制定与水有关的环境生态保护规划、进行国家级的与水有关的生态补偿功能区划的确定、设立与水有关的生态补偿基金以及重大与水有关的生态补偿问题的决策等任务。

对与水有关的生态补偿的领导是通过成立领导委员会的方式实现的（见图 27-10）。委员会成员包括发改委、财政部、环保部、水利部、国土资源部、城乡建设部、税务总局、民政部、工商总局、农业部等国务院部门，还包括与水有关的生态补偿方面的专家。委员会主任一般为环境部或水利部的负责人。

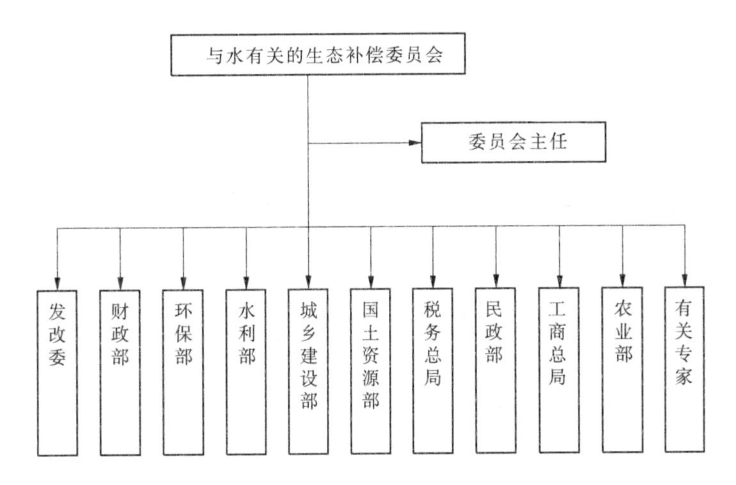

图 27-10　与水有关的生态补偿委员会示意图

(二)流域层面的协商机制

生态补偿实质上是一种利益协调,也是一种矛盾协调。利益协调可以通过经济途径、观念途径、制度途径等多条途径予以实现。与水有关的生态环境影响范围与行政管理范围之间不相匹配,而水资源管理具有流动性,流域上下游的不同区域之间有着生态保护区、建设重点区、生态受益区的复杂关系,尤其是一些跨行政边界的生态补偿,如何理清这些利益关系,确定补偿原则、补偿标准,实行补偿,这些需要不同区域的利益相关者共同协商确定。

对与水有关的生态补偿的协商机制主要是通过联席会议的方式实现的,见图 27-11。跨行政界限的流域补偿中的联席会议可由上一级政府部门或领导机构来担任联席会议主席,主持协商会议,联席会议的参与者包括发改委部门、财政部门、环保部门、水利部门、国土资源部门、城乡建设部门、税务部门、民政部门、工商部门、农业部门,还包括各省(或市、县)政府的代表(依生态补偿跨越的行政边界级别不同而定),以及与水有关的生态补偿利益群体的代表。

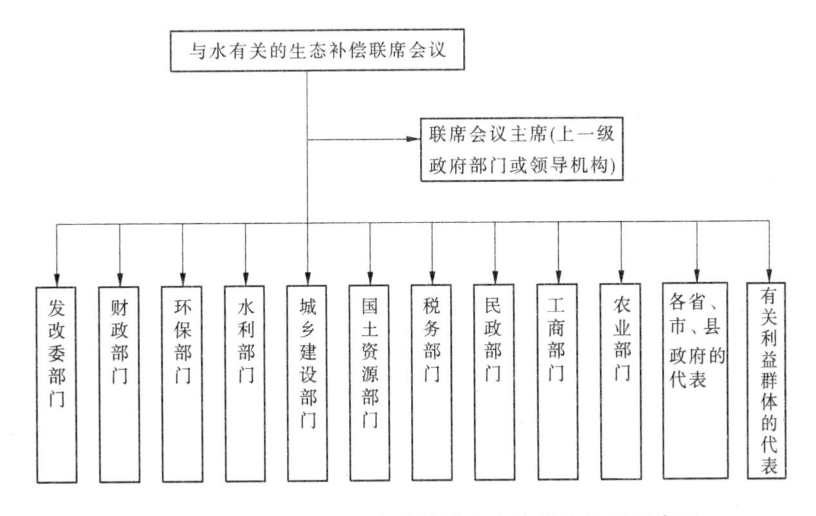

图 27-11　与水有关的生态补偿联席会议协商机制示意图

在流域层面,流域机构在生态补偿中的主要职责如下:

(1)明确流域各地区生态功能的定位。确定流域的重要水源涵养和保护区,明确生态补偿的主体和客体,建立生态服务提供地区获得补偿、生态受益地区支付的生态补偿管理机制。

(2)制定“水量分配方案”,推行省界断面水质考核制度。制定流域内的水量分配方案,为流域生态的补偿提供依据。

(3)实现不同区域之间的补偿。对保护行为的补偿与对破坏行为的赔偿要结合,形成有奖有罚的激励惩罚并行的补偿机制。只有奖罚并行才能在激励环境保护的同时,阻止对环境的破坏。

流域生态补偿方式分为如下三个不同层次。

(1)省际流域生态补偿。省际流域生态补偿的关键在于省与省之间的沟通与协调,由中央政府调节,为跨省流域生态搭建一个平台,明确上下游的责任和义务。下游作为流域生态补偿的主体,上游作为被补偿主体,上下游达成流域生态环境协议。在此环境协议下,确定生态补偿标准,构建省际流域生态补偿机制。

(2)省内跨市流域生态补偿。跨市流域生态补偿多由省级政府来推动,协商各市之间的关系,解决流域区域之间的矛盾,实现生态补偿。省内跨市流域生态补偿也需要建立在流域环境协议的基础上,在协议中确定在流域的行政交界断面的水质、水量标准,如果流域的行政交界断面的水质水量达到流域环境协议要求,则下游必须向上游的生态建设提供补偿;如果未达到流域环境协议的要求,上游必须向下游提供赔偿。

(3)市内跨县流域生态补偿。在上一级环保部门的协调下,建立流域环境协议,明确流域在各行政交界断面的水量水质要求,按照水量水质情况确定补偿或赔偿的额度。市域内跨县流域生态补偿相对而言较易操作,一般可以由市(县)政府提出实施流域生态补偿机制,由上一级环保行政主管部门组织协调,建立流域生态补偿种子基金,专门用于生态补偿。

在不同层次的流域生态补偿中,达成关于水量水质的流域环境协议是流域生态补偿的关键所在,而要达成这一协议,一般是利益相关方通过联席会议协商而形成的。

(三)区域(地方)层面的生态补偿实施机制

建立和完善多部门协调配合、分工明晰、责权统一的管理体制,具体实现生态补偿。地方在生态补偿中的主要职责如下。

1. 实行环境分类管理

按照主体功能区划的要求,对四类主体功能区制定分类管理的环境政策和评价指标体系,逐步实行分类管理。

在优化开发区域,坚持环境优先,优化产业结构和布局,大力发展高新技术,加快传统产业技术升级,实行严格的建设项目环境准入制度,率先完成排污总量削减任务,做到增产减污,解决一批突出的环境问题,改善环境质量。

在重点开发区域,坚持环境与经济协调发展,科学、合理利用环境承载力,推进工业化和城镇化,加快环保基础设施建设,严格控制污染物排放总量,做到增产不增污,基本遏制环境恶化趋势。

在限制开发区域，坚持保护为主，合理选择发展方向，发展特色优势产业，加快建设重点生态功能保护区，确保生态功能的恢复与保育，逐步恢复生态平衡。

在禁止开发区域，坚持强制性保护，依据法律法规和相关规划严格监管，严禁不符合主体功能定位的开发活动，控制人为因素对自然生态的干扰和破坏。

2. 产业结构调整

1）确定产业结构

地方政府应该根据主体功能区的定位，来调整产业结构，确定符合本地生态要求的产业结构。大力推动产业结构优化升级，促进清洁生产，发展循环经济，从源头减少污染，推进建设环境友好型社会。

2）强化环境准入

在确定钢铁、有色、建材、电力、轻工等重点行业准入条件时充分考虑水环境保护要求，新建项目必须符合国家规定的准入条件和排放标准。已无环境容量的区域，禁止新建增加水污染物排放量的项目。

依据国家产业政策和环保法规，加大淘汰污染严重的落后工艺、设备和企业的力度。把淘汰落后作为建设环境友好型社会的重要途径。

3）加强对与水及水环境有关产业和企业的监督和管理

对于那些对水及水环境产生较大影响的行业和企业的生态补偿措施的实施情况进行管理、加强监督，如采矿业实行复垦保证金制度的情况。采矿业对水的污染周期长，因此需要企业缴纳复垦保证金。1997 年开始实施的《中华人民共和国矿产资源法》规定，开采矿山资源，应当节约用地。耕地、草地、林地因采矿受到破坏的，矿山企业应该因地制宜地采取复垦利用、植树种草或者其他利用措施。开采矿产资源给他人造成损失的，应该负责赔偿，并采取必要的补救措施。

3. 区域内不同利益主体之间利益的分配和调节

明确区域内生态补偿各利益相关方即责任主体，按照“谁开发谁保护、谁受益谁补偿、谁破坏谁恢复、谁排污谁付费”的原则，实施生态补偿，维护利益主体之间的公平性。

4. 生态基金的筹措、使用和管理

地方政府既可以直接负责生态补偿基金的使用和管理，也可以委托给专门的基金管理公司——第三方来进行生态补偿的实施。

建立多元的融资途径，为专项资金提供稳定的资金来源。专项基金的筹措可以通过下面一些途径：①中央和地方财政转移支付和国债资金；②直接或间接地分享当地流域的供水、水运、水产等与水有关的收入中的生态建设成本；③向矿产企业等征收的复垦保证金中一定比例；④民间资本；⑤国际环境保护组织的捐赠和优惠贷款。

资金的使用和管理。生态基金的使用除用于一般的与水有关的环境保护项目外，还可以考虑用于限制开发区或重点水源涵养区中的基本公共服务的提供，实现不同生态功能区人民在享有基本公共服务上的公平。因为这些区域由于保护环境放弃了发展的机会，经济和财政收入受到限制，地方政府提供基本公共服务的能力下降，应该给予适当的补偿。另外，生态补偿的形式可以多样，除资金形式外，还可以采用实物补偿、技术指导、教育培训、优惠政策等多种形式，如在对生态移民的生态补偿中，除补偿直接的安置费用外，对移民的就业安排就显得更为重要。

六、与水有关的生态补偿措施

（一）建立有利于生态保护的财政转移支付制度

（1）在财政转移支付项目中增加生态补偿科目，完善垂直的行政转移支付制度。由于跨区域补偿难度高，实行成本高，可操作性差，因此垂直的行政转移支付是我国目前形势下的第一选择。制度上，中国财政部制定的《政府预算收支科目》中，与生态环境保护相关的支出项目约30项，其中具有显著生态补偿特色的支出项目如退耕还林、沙漠化防治、治沙贷款贴息占支出项目的1/3以上，但没有专设生态补偿科目，也没有专门与水有关的生态补偿的项目。有必要在国家财政转移支付项目中增加生态补偿项目，将与水有关的生态补偿支出也涵盖其中，用于国家级自然保护区、国家级生态功能区的建设补偿、对西部生态退化严重区域恢复补偿等，使得生态补偿获得稳定的长期的资金来源，实现生态效应的可持续。

（2）建立横向财政转移支付制度，将横向补偿纵向化。富裕地区直接向贫困地区转移支付，通过横向转移改变地区间既得利益格局，来实现地区间公共服务水平的均衡。建立地方政府间的横向财政转移支付制度，实行下游地区对上游地区、开发地区对保护地区、受益地区对生态保护地区的财政转移支付。让生态受益的优化开发区和重点开发区政府直接向提供生态保护的限制开发区和禁止开发区政府进行财政转移支付，以横向财政转移改变四大功能区之间既得利益格局，实现地区间公共服务水平的均衡，提高限制开发区和禁止开发区人民生活水平，缩小四大功能区之间的经济差距。

在制定横向生态补偿标准时，要根据不同地区的环境条件等因素制定出有差别的区域补偿标准。在“生态功能区区划”基础上科学界定生态效益的提供者和受益者，构建合理的收费机制。转移支付标准应考虑通货膨胀、GDP总量和增长率、原始投资成本和土地价值等因素。

在建立横向财政转移支付制度的初期，需要横向补偿纵向化，即在中央确定横向补偿标准后，将优化开发区和重点开发区向限制开发区和禁止开发区的转移支付统一上缴给中央政府，由中央财政通过纵向转移支付将横向生态补偿资金拨付给限制开发区和禁止开发区政府。这是在当前行政体制下比较切实可行的、操作性强的措施。

就现在行政管理体制而言，资金横向转移实际很困难，资金横向转移补偿机制实际操作起来非常复杂。由Ⅳ、Ⅴ级地区向Ⅰ、Ⅱ级地区进行转移支付的标准、数量都难以确定。这是因为，每级地区都可能涵盖多个同一级别的政府，每个同一级别的政府又下辖多个层级的政府，因此政府之间的财政资金横向转移将形成一个极为复杂的网络，政府行政级别越低，网络越复杂。在这个复杂的网络中，对生态受益的Ⅳ、Ⅴ级地区来说，由于各地经济社会发展差距大、财政收支差异明显，不同地区同一级别、不同地区不同级别、同一地区同一级别、同一地区不同级别的地方政府会计算出不同的横向转移支付标准；对生态保护的Ⅰ、Ⅱ级地区而言，由于各地人口、资源禀赋的差别，不同地区同一级别、不同地区不同级别、同一地区同一级别、同一地区不同级别的地方政府面临的问题大相径庭，所需要的补偿标准也有极大的差异。因此，横向转移极易出现应补未补、补偿过度和补偿不足等不公平和效率低下现象。考虑到横向转向转移支付的复杂性,横向转移纵向化是化复杂为简单的有效方法。

（二）建立与水有关的生态补偿专项资金

目前,我国的生态补偿资金渠道主要是财政转移支付和专项基金两种方式,其中财政转移支付是最主要的资金来源。通过财政转移支付进行生态补偿的从数量上看已经不少,作为生态补偿的各种财政转移支付隐含并分散在财政体制分成和各种专项之中,中央财政用于退耕还林还草、水土保持、天然林保护、防沙治沙、污染治理等方面支付金额应该说是巨大的,只是这些补偿都分散在各个部门,不构成一个相互支撑的补偿体系。项目申请准入门槛低,责任不明确,目标不考核,管理成本趋高,补偿力度不高,资金使用效用低。

因此,可考虑整合与水有关的生态补偿项目,建立与水有关的生态补偿专项资金,用于与水有关各类生态补偿,包括国家级生态功能区的建设补偿、对水土流失严重地区的生态修复补偿、水源涵养区的补偿、调蓄滞洪区的损失补偿等,对重要功能地区的欠发达地区实行基本财政保障制度和生态保护财政专项补助。生态补偿专项资金主要用于生态修复和保护及生态建设项目,由政府主导实施。相关项目按原资金使用渠道并结合生态补偿的理念,制定或调整资金使用管理政策,在资金安排使用中,合理确定实施与水有关生态补偿的资金比例。

生态补偿专项资金来源渠道主要考虑以下几个方面:一是整合现有与生态修复和保护及生态建设项目的专项资金,使用中强调生态补偿的原则,如杭州市整合现有市级财政转移支付和补助资金,将生态市建设、环保补助、城建县(市)补助、工业企业技术改造财政资助、农村改厕经费、财政支农资金、扶贫帮困、造田改地、水利建设、农村改水等10项专项资金纳入到生态补偿专项资金之中,形成聚合效应。二是政府财政新增资金,如浙江省的生态补偿主要以财政转移支付为主,并明确转移支付的资金从省级财政收入“增量”中筹措安排,并逐年加大补偿力度,2007年度各地获得的生态补偿资金达到6亿。其中,1.8亿元用于补偿省级以上公益林(30%),1.2亿元用于补偿大中型水库面积(20%),另分别有1.8亿元和1.2亿元用于水和大气环境质量的补偿。三是建立多渠道的生态补偿资金筹措制度,如德清县的生态补偿资金从6个渠道筹措,进行专户管理。这6个渠道包括:①财政预算内资金;②从全县水资源费中提取10%;③在对河口水库原水资源费中新增0.1元/t;④从每年土地出让金县得部分中提取1%;⑤从每年排污费中提取10%;⑥从每年农业发展基金中提取5%。2005年共筹措生态补偿资金1 000万元。

（三）建立合理的与水有关的生态补偿收费体系

目前,水利部门负责收取水资源费、工程水费和水土流失防治费,其中水资源费征收直接上缴财政非税账户,由当地财政部门按一定比例调控后纳入水利部门年度预算,主要用于宣传、水资源管理等经常性开支;工程水费主要用于水管单位正常性的生产支出;水土流失防治费也主要用于水土流失防治工作,这些费用一方面存在收费标准低的问题,与快速发展的社会经济水平不相应;另一方面在实际操作中难以全面收取,如浙江省的水土流失防治费按工程标准可收2亿元,但实际上仅收到5 000多万元,这些费用用于自身建设和发展尚且不足,更难以用于生态补偿。

在加大政府主导的、增加财力转移支付力度的同时,应从生态保护的受益者和破坏者

那里收取一定的费用来补偿保护者的利益。拓宽资金来源渠道,建立市场机制,完善与水有关的资源费的征收使用管理,适当提高水费、水资源费、水土流失防治费等与水有关的生态补偿标准,从提高的收费增量中收取一定比例的费用用于与水有关的生态补偿所需资金,加大对重要生态功能区、水系源头地区的水土资源保护的资金投入。

具体做法有:一是按地区经济的发展水平和水资源状况,适当提高各类用水的水资源费征收标准,加大水资源费的征收力度和拓宽水资源费的使用办法,增加与水有关的生态补偿活动的可用资金。对急需开展的河道整治、城市水源地保护、重要功能区保护等水利工程的所需资金,可考虑利用水资源费,以弥补资金缺口。如浙江省在2007年较大幅度地提高了水资源费的征收标准,浙江省德清县从全县水资源费中提取10%用于生态补偿资金。二是提高水利工程供水水费。水利工程供水水费为经营性收费,按照补偿成本、合理收益、优质优价、公平负担的原则核定,进一步完善水费计收机制。对农业用水和非农业用水要区别对待,分类定价。按照《水利工程供水价格管理办法》的规定,合理调整农业用水价格,逐步达到保本水平,非农业用水价格应调整到补偿供水成本、计提合理利润和依法计税的基础上确定。三是调整和完善城市供水水价,综合考虑上游地区的水资源量、改善水质等情况,以及供水企业正常运行和合理盈利等因素,加快推进城镇各用水户阶梯式计量水价体系,在确保基本生活用水的同时,适当拉大各级水量间的差价,促进用水的公平性、合理性和节约用水。

此外,根据中央的"消费立税"精神,可以考虑对现行生态保护收费制度进行税收化改造,提升其立法层次,开征专门水生态保护税,保证补偿资金有长期稳定的来源。由于与水相关的生态补偿中涉及的部门繁多,因此可以通过对水资源开征新的统一的生态环境保护税,建立以保护环境为目的的专门税种,消除部门交叉、重叠收费现象,完善现行保护环境的税收支出政策。

(四)建立责、权、利明晰的与水有关的生态补偿管理机制

根据生态保护的事、权、责关系建立生态补偿融资渠道,建立责任与激励明确的生态补偿管理模式。与市场方式的生态补偿相比,政府主导的财政转移支付生态补偿方式由于多缺乏明确的生态建设和保护目标与责任主体,往往会导致难以达到预期的效果和降低有限资金的使用效率。

因此,生态补偿中的责、权、利关系应十分明晰,建立明确的责任管理体系和信用管理体系,加强对专项资金的规范管理、核算和监督,提高资金的使用效益,确保资金安全十分重要。如浙江省的《浙江省生态建设财政激励机制暂行办法》,将财力补贴政策、环境整治与保护、生态公益林补助和生态省建设目标责任考核奖励政策等作为主要激励政策;围绕国家对水环境功能区所规定的标准,进一步具体明确和落实上游和中下游地区保护生态环境所应承担的责任和义务,明确了"谁保护,谁得益""谁改善,谁得益""谁贡献大,谁多得益"的转移支付原则。杭州市的生态补偿专项资金,按照"权责一致、突出重点、统筹安排、滚存使用"的原则使用,其中"权责一致"是指对保护者、损害者、受益者区别对待,结合市政府对区、县(市)政府生态环境目标责任书考核结果,建立责、权、利相统一的行政激励机制和责任追究制度,使生态效益与经济效益、社会效益相互统一。福建省政府在处理设区市与设区市之间的生态补偿问题时,重协调跨设区市的闽江、九龙江两条江河流域的上游地区与下游地区的生态补偿责任问题等。

(五)建立生态补偿支撑体系

一是完善与水有关的生态补偿基础制度建设。水生态补偿的隐含前提是建立初始水权分配制度,否则很难界定补偿主、客体间的责、权、利关系。如对流域进行相关的保护是上游地区的义务,对义务的履行则不可能获得相关补偿。上游地区有权利使用水体、行使水权,但为了保证下游地区水权的实现,实现更大的社会利益和生态利益,放弃了行使其水权的权利,对于受益的下游地区,是应当给予相应的补偿的。因此,对国家的政策需求,国家和有关部门需要在目前取水许可证制度的基础上,进一步建立和完善水权初始分配制度和水权交易制度;完善水环境功能区划管理制度,考核流域交界断面水质;为流域利益相关者提供磋商渠道、平台和政策依据,鼓励流域上下游自由协商,按照市场补偿的办法达成协议。

二是建立与水有关的生态保护目标标准体系。如可根据出入境水量和水质状况确定赔偿和补偿标准,重点流域跨省界断面水质标准,依据国家《"十一五"水污染物总量削减目标责任书》确定;其他流域跨界断面水质标准,参照有关区域发展规划和重点流域跨界断面水质标准,并结合区域生态用水需求评估确定。补偿标准应当依照实际水质与目标水质标准的差距,根据环境治理成本并结合当地经济社会发展状况确定。积极维护饮水安全,研究各类饮用水源区建设项目和水电开发项目对区域生态环境和当地群众生产、生活用水质量的影响,开展饮用水源区生态补偿标准研究。

三是建立生态环境补偿基金使用效益评价体系,提高补偿资金使用效率和效益。在限制开发区和禁止开发区,要明确当地政府和管理部门得到生态补偿资金后,应该履行的职能和应负的责任。以生态环境补偿基金使用效益评价体系评估地方政府和管理部门履行职能的状况、生态补偿资金使用的效率及经济、社会效益,奖优罚劣,实现生态保护职责和生态补偿收益对称。以生态补偿资金的有效使用实现生态环境保护目标,促进当地经济社会发展,切实提高当地民众生活水平。

(六)部分地调整行政区划以适应流域管理

行政区划是国家行政管理制度的最基本功能单元,是国家权益的地方配置。由行政区划所确定的行政区及其伴生的行政管理体制构成国家政局稳定的政治基础。然而,水生态保护和建设却是以流域为单元进行的,流域边界和行政区域边界不吻合造成两个管理单元的管理脱节问题还较为突出。虽然《水法》规定国家对水资源实行流域管理与行政区域管理相结合的管理体制,但就目前现状来看,显然尚未建立两者有效衔接机制。跨省区的流域问题冲突较大,流域上游多为欠发达地区,一些流域的上游通常远离其行政区域的政治文化中心,相比之下与发达的下游地区行政区域的政治文化中心距离较近,在这种情况下,为减少跨省区流域补偿问题的复杂性,可将这部分地区调整到下游行政区管辖,可以减少行政区域间对水生态保护补偿中的摩擦,提高行政管理效率和环保资金的使用效率,有效地改变补偿效率低、补偿力度不高等问题。

七、水生态补偿案例

（一）新安江流域水环境补偿试点实施方案

加快建立健全生态补偿机制是进一步完善有利于科学发展的体制机制的重要任务，也是党的十七大提出实行有利于科学发展的财税制度的重要内容。考虑到建立生态补偿机制涉及面广，影响较大，财政部、环境保护部决定，在结合全国主体功能区划，加快完善财政转移支付制度的同时，选择跨安徽和浙江两省的新安江流域开展跨省流域水环境补偿试点工作。为此，现提出如下实施方案。

1. 指导思想

以科学发展观为指导，以统筹新安江流域上下游地区经济社会协调可持续发展为主线，以保护和改善新安江水质为目标，以流域跨省界断面水质考核为依据，通过财政部、环境保护部组织协调，流域上下游省份以协议方式明确各自职责和义务，积极推动流域上下游省份开展水环境补偿，促进流域水资源的可持续利用。

2. 基本原则

(1)保护优先，合理补偿。上游省份妥善处理经济社会发展和环境保护的关系，在发展的过程中充分考虑上下游共同利益，坚持保护优先的原则；下游省份充分尊重上游省份为保护水环境所付出的努力，并在财政部、环境保护部的组织协调下，对上游省份予以合理的资金补偿。

(2)保持水质，力争改善。通过实施上下游省份的合理补偿，推进流域生态环境综合整治，消除流域环境安全隐患，确保现状水质基本稳定，并力争有所改善。

(3)地方为主，中央监管。流域上下游省份作为责任主体，建立"环境责任协议制度"，通过签订协议明确各自的责任和义务。财政部、环境保护部作为第三方，对协议的编制和签订给予指导，并对协议履行情况实施监管。

(4)监测为据，以补促治。以环境保护部公布的省界断面监测水质为依据，确定流域上下游补偿责任主体，补偿资金专项用于流域水污染防治。

3. 具体措施

(1)加强安徽、浙江两省跨界断面水质监测，科学合理认定监测数据。具体办法和要求详见《新安江流域水环境补偿试点监测方案》(见附件1)。环境保护部会同财政部于每年3月底前公布上一年水质监测数据。

(2)设立新安江流域水环境补偿资金，以街口断面水污染综合指数作为上下游补偿依据。

①设立新安江流域水环境补偿资金。补偿资金额度为每年5亿元，其中中央财政出资3亿元，安徽、浙江两省均出资1亿元。

②明确纳入补偿范围的水质项目。补偿项目为《地表水环境质量标准》(GB 3838—2002)表1中高锰酸盐指数、氨氮、总氮、总磷4项指标。

③确定上下游资金补偿办法。按照《地表水环境质量标准》(GB 3838—2002)，以四项指标常年年平均浓度值(2008～2010年3年平均值)为基本限值，测算补偿指数，核算补偿资金。补偿指数测算为

$$P = k_0 \sum_{i=1}^{4} k_i \frac{C_i}{C_{i0}} \qquad (27\text{-}4)$$

式中：P 为街口断面的补偿指数；k_0 为水质稳定系数，考虑降雨径流等自然条件变化因素，取 0.85；k_i 为指标权重系数，按四项指标平均，取 0.25；C_i 为某项指标的年均浓度值；C_{i0} 为某项指标的基本限值。

若 $P \leqslant 1$，浙江省 1 亿元资金拨付给安徽省；

若 $P > 1$，或新安江流域安徽省界内出现重大水污染事故（以环境保护部界定为准），安徽省 1 亿元资金拨付给浙江省。

不论上述何种情况，中央财政资金全部拨付给安徽省。

补偿资金专项用于新安江流域产业结构调整和产业布局优化、流域综合治理、水环境保护和水污染治理、生态保护等方面。具体包括上游地区涵养水源、水环境综合整治、农业非点源污染治理、重点工业企业污染防治、农村污水垃圾治理、城镇污水处理设施建设、船舶污染治理、漂浮物清理以及下游地区污水处理设施建设和水环境综合整治等。

（3）安徽和浙江两省签订新安江流域水环境补偿协议文本，明确各自责任和义务。安徽和浙江两省根据本实施方案确定的原则，结合本地区实施情况，双方共同研究起草新安江流域水环境补偿协议文本，经财政部、环境保护部审定后，正式签订补偿协议。补偿协议期限暂定 3 年。

（4）明确分工，加强试点工作的协调和监管。财政部负责新安江流域水环境补偿资金的监管（见附件 2《安徽省新安江流域生态环境补偿资金管理（暂行）办法》）。环境保护部负责组织安徽和浙江两省对跨界断面水质进行监测。安徽省和浙江省人民政府负责各自补偿资金的落实，并按照监测数据认定的结果及相关规定及时将补偿资金拨付给对方。财政部、环境保护部共同指导新安江流域水环境补充协议文本的编制和签订；共同监管安徽、浙江两省对协议的落实情况；及时研究解决试点工作中发现的问题。

附件 1：

新安江流域水环境补偿试点监测方案

一、监测断面及采样要求

（1）监测断面。以安徽和浙江两省跨界的街口国控断面作为考核监测断面，由中国环境监测总站组织安徽和浙江两省开展联合监测。以鸠坑口国家水质自动监测站（与街口断面位置相同）的监测数据作为参考。

（2）采样要求。安徽和浙江两省监测人员须在采样断面同时采集水样，进行相同的前处理，然后分成两份样品，双方各取一份样品进行测试分析。如发生水污染事故，经一方提议，双方应及时进行应急监测。如果自动监测站数据出现明显异常，经一方提议，双方应进行加密监测。

（3）监测时间及频次。手工监测每月一次，自动监测每日六次。两省监测数据实现共享，按规定时间报送中国环境监测总站。

二、质量保证

承担监测任务的单位需明确职责，严格执行《地表水和污水监测技术规范》（HJ/T 91—2002）及《环境水质监测质量保证手册》（第2版）的有关要求，对水质监测的全过程进行质量控制和质量保证。监测断面采样要求执行《地表水和污水监测技术规范》（HJ/T 91—2002）。监测分析方法采用《地表水环境质量标准》（GB 3838—2002）规定的方法。双方应尽可能统一分析方法，如果采用其他监测方法需报中国环境监测总站备案，通过适用性检验并认可后才能使用。采用的试剂、分析仪器等必须能够满足监测工作的需要，原则上双方采用的监测分析仪器需满足该方案所需的方法检测限和试验精度要求。安徽和浙江两省环境监测中心站要加强对相关地市站的技术指导，定期开展质量控制工作，保证监测数据质量。

三、评价方法

手工监测数据采用安徽和浙江两省监测数据平均值进行评价。当一方无监测数据时则采用另一方的监测数据进行评价。当两省对监测数据发生异议时，则由中国环境监测总站于当月月底前组织仲裁监测，当月数据认定以仲裁监测的监测结果为准。当两省对监测数据长期存在争议时，则采用双方现场采样第三方监测方式。

四、承担单位

中国环境监测总站组织安徽和浙江两省开展联合监测。鸠坑口国家水质自动监测站由杭州市环境监测站进行日常运行维护。

五、保障措施

（1）为确保监测活动科学严谨，中国环境监测总站将以不定期组织现场抽测和标准样品考核相结合方式进行核查。

（2）为了保证安徽和浙江两省新安江流域水环境监测补偿试点监测工作的顺利开展，安徽省和浙江省应加强新安江流域各级环境监测站的水环境监测能力建设，适当增加日常监测运行经费。

（3）负责街口断面监测任务的黄山市环境监测中心站和杭州市环境监测中心站应在规定的时间内通过计量认证复审，监测人员须持证上岗。

附件2：

安徽省新安江流域生态环境补偿资金管理（暂行）办法

第一章 总 则

第一条 为加快推进新安江流域生态环境保护工作，规范和加强新安江流域水环境补偿资金（以下简称补偿资金）的管理，提高资金使用效益，促进流域经济社会和谐发展，确保流域环境整治及保护项目的顺利实施，根据《新安江流域水环境补偿试点实施方案》的要求及国家有关规定，结合安徽省实际制定本办法。

第二条　本办法所称安徽省新安江流域是指新安江干流及其在安徽境内的流域。包括经流黄山市的屯溪区、徽州区、黄山区、歙县、休宁县、黟县、祁门县和宣城市绩溪县区域。

第二章　资金来源和使用范围

第三条　补偿资金来源

1. 中央财政专项转移支付资金；

2. 浙江省补偿资金。

浙江省补偿资金，按国家有关规定执行。

第四条　补偿资金使用范围：补偿资金专项用于新安江流域水环境保护和水污染治理。具体包括：流域生态保护规划编制、环保能力建设、上游地区涵养水源、环境污染综合整治、工业企业污染治理、农村面源污染治理（含规模化畜禽养殖污染治理）、城镇污水处理设施建设、工业经济园区建设补助、关停并转企业补助、生态修复工程及其他污染整治项目等。

1. 流域生态保护和发展规划编制

新安江流域水资源保护和发展规划。

2. 环境保护能力建设

（1）新安江流域水环境监管体系建设。

（2）新安江流域水环境自动监测系统建设。

（3）新安江流域水污染预警监测系统建设。

3. 农村面源污染防治

（1）农村环境污染治理（含保洁队、打捞队设备）。

（2）乡镇垃圾及污水处理设施建设。

（3）规模化畜禽养殖污染治理。

（4）土壤污染治理。

（5）重点区域网箱养殖整治。

4. 城镇污水处理及垃圾处置设施

（1）城镇污水处理设施以及配套管网建设。

（2）城镇无害化生活垃圾处理设施建设。

5. 点源污染治理项目

（1）新安江流域工业企业污染治理及清洁生产。

（2）关停并转企业补助。

（3）工业园区污水处理设施建设。

6. 生态修复工程

（1）新安江河道整治工程。

（2）新安江重点区域生态恢复工程。

（3）生态移民工程。

(4)水土保持治理。

第五条 补偿资金重点用于流域综合治理等项目建设和补助,补偿资金的使用必须符合为保护优质水源和生态环保工作发展的要求。

第三章 项目申报和资金下达

第六条 安徽省财政厅、安徽省环保厅按照补偿资金使用方向和安徽省政府确定的新安江流域水污染防治重点,每年3月底前根据本办法规定组织申报工作。

第七条 申报程序。黄山市和宣城市绩溪县要按照省财政厅、环保厅联合下发的年度补偿资金申报要求,结合本地生态环境建设重点,组织项目初审和申报工作。黄山市由所辖县(区)财政局、环保局联合申报至市新安江流域生态建设保护局(以下简称新保局),经新保局组织财政、环保部门及有关专家论证并签署意见后,上报安徽省环保厅、安徽省财政厅。

绩溪县由县财政局、环保局共同组织申报,经县人民政府审核同意后上报安徽省环保厅、安徽省财政厅。

第八条 申报材料要求。申报材料包括正文和附件两个部分。正文为市、县(区)环保局、财政局联合汇总上报的申请资金补助文件和生态环境保护项目申报汇总表,附件为申报项目的有关资料(可行性研究报告),及按安徽省环保厅、安徽省财政厅要求上报的其他资料。

第九条 安徽省环保厅、安徽省财政厅对上报的项目进行审核并组织专家评审,对经评审符合本办法要求的项目,安徽省财政厅、安徽环保厅及时下达项目补助资金。

第十条 补偿资金下达至流域所在市(绩溪县单独下达),由流域所在市财政部门按经审定的项自,下达至县(区)财政部门。县(区)财政部门要对补偿资金实行分账核算,专款专用。

第十一条 补偿资金实施的项目实行绩效考评制度,安徽省财政厅、安徽省环保厅共同对已建成项目进行检查,选择重点项目予以考评。

第四章 监督管理

第十二条 专项资金下达后,相关市、县(区)应加强专项资金拨付管理,对项目建设情况及时进行监督检查,严格按项目建设进度拨付资金,确保项目按计划完成。项目所在地环保、财政部门负责组织项目的验收并出具验收报告,确保项目顺利实施并建成投入使用。

第十三条 每年市、县(区)环保、财政部门要会同有关部门,对正在实施的补助项目进行全面监督检查,对重点项目要建立跟踪问效制度。黄山市新保局和绩溪县人民政府于下一年度1月20日前将上年度工作实施情况报安徽省财政厅、安徽省环保厅。

第十四条 补偿资金计划下达后,因客观情况确需变更或需要暂缓实施的项目,应及时按程序向安徽省财政厅、安徽省环保厅提出变更或暂缓实施申请,经批准后执行。

第十五条 安徽省环保厅和安徽省财政厅对补助项目实行不定期抽查。对进度缓慢和逾期未完成整治任务的,责成项目所在地有关部门限期整改,并暂缓拨付所在县(区)的专项补助资金。

第十六条 对项目单位有以下情况之一的,视情况采取通报批评、停止拨款或收回资金、取消申报资格等措施予以处理。情节严重的，按法律法规追究有关单位和人员责任。

1. 弄虚作假，虚报项目和补助资金的。

2. 骗取、挪用、挤占、侵吞补偿资金的。

3. 不按规定使用补偿资金的。

4. 补偿资金补助计划下达后，3 个月内不动工，且未向省财政厅、省环保厅报告的。

5. 项目管理不善，造成项目资金损失浪费严重的。

6. 项目建设进展缓慢，建设期限到期半年后仍不能竣工投入使用的。

7. 不按规定报送项目工程进展情况的。

8. 不按规定进行项目验收的。

第五章　附　则

第十七条　本办法由安徽省财政厅、安徽省环保厅负责解释。

第十八条　本办法自下发之日起施行。

（二）安徽省大别山区水环境生态补偿办法

安徽省大别山区水环境生态补偿办法如下：

第一条　为统筹大别山区上下游地区经济社会协调可持续发展，保持和改善大别山区水环境质量，根据安徽省《生态强省建设实施纲要》要求，结合安徽省实际，制定本办法。

第二条　水环境生态补偿是指按照“谁受益、谁补偿，谁破坏、谁承担”的原则，以保护水质为目的，以水质监测结果为依据，通过设立补偿资金，对流域上下游地区经济利益关系进行调节。

第三条　本办法的水环境生态补偿范围包括合肥市、六安市及岳西县，其中上游地区为对饮用水源环境保护做出贡献的六安市和岳西县，下游地区为饮用水受益地区合肥市。

第四条　流域上下游各市（县）是水环境保护的责任主体。上游地区应妥善处理经济社会发展和环境保护的关系，在发展的过程中充分考虑上下游共同利益，坚持保护优先的原则，建立大别山水环境生态保护机制，统筹水系内自然资源保护与利用，产业发展与布局，原则上每年向下游地区提供不低于 3.2 亿 m^3 的供水量；下游地区充分尊重上游地区为保护环境所付出的努力，并在安徽省财政厅、安徽环境保护厅的组织协调下，对上游地区予以合理的资金补偿。通过实施上下游地区的合理补偿，推进流域生态环境综合整治，消除流域环境安全隐患，确保现状水质基本稳定，并力争有所改善。

第五条　确定淠河总干渠罗管闸为跨市界考核断面，安徽省环境保护厅负责组织断面水质监测，实施统一监督管理，安徽省环境保护厅会同安徽省财政厅于每年 3 月底前公布上一年水质监测数据，具体监测方案另行制定。

第六条　以安徽省环境保护厅公布的跨市界考核断面监测水质为依据，确定流域上下游补偿责任主体，并根据补偿标准测算补偿资金，补偿资金专项用于流域水污染防治等方面支出。

第七条　设立大别山区水环境生态补偿资金，其中：省财政出资 12 000 万元，上游六安市出资 4 000 万元，下游合肥市出资 4 000 万元。

第八条　确定补偿考核的依据为《地表水环境质量标准》（GB 3838—2002）表 1 中

高锰酸盐指数、氨氮、总氮、总磷 4 项指标。

第九条 按照《地表水环境质量标准》(GB 3838—2002),以四项指标常年年平均浓度值(2011 ~2013 年 3 年平均值)为基本限值,测算补偿指数,确定补偿对象。补偿指数测算如下

$$P = k_0 \sum_{i=1}^{4} k_i \frac{C_i}{C_{i0}}$$

式中:P 为罗管闸断面的补偿指数;k_0 为水质稳定系数,考虑降雨径流等自然条件变化因素,取值 0.85;k_i 为指标权重系数,按四项指标平均,取值 0.25;C_i 为某项指标的年均浓度值;C_{i0}为某项指标的基本限值。

若 $P \leqslant 1$,下游合肥市资金全部拨付给六安市;

若 $P > 1$,或大别山区水系上游地区出现重大水污染事故(以安徽省环境保护厅界定为准),上游六安市资金全部拨付给下游合肥市。

不论上述何种情况,安徽省财政资金全部拨付给上游六安市和岳西县,并按照流域面积因素进行分配。以上资金均由省财政通过结算办理。

第十条 补偿资金专项用于上游地区涵养水源、水环境综合整治、农业非点源污染治理、重点工业企业污染防治、农村污水垃圾治理、城镇污水处理设施建设、船舶污染治理、漂浮物清理、生态保护直接补偿以及下游地区污水处理设施建设和水环境综合整治等。获得补偿资金的市(县)可根据流域等因素,将资金分解用于本级及流域范围内县(区)水污染防治工作。具体资金管理办法由安徽省财政厅会同安徽省环境保护厅另行制定。

第十一条 六安、合肥市要根据生态补偿工作要求,细化工作措施、工作职责和分工任务,落实补偿资金,及时开展总结,于每年一季度前将上年工作进展情况,包括补偿机制运行情况、水质情况、具体项目建设情况、补偿资金安排使用情况等综合绩效评估报告,报安徽省财政厅、安徽省环境保护厅。岳西县应加强大别山区淮河流域上游生态保护,将省级补偿资金专项用于保证流域水质稳定的项目,安徽省环境保护厅将定期对岳西县生态及水源地保护情况进行督查和考核。

第十二条 安徽省财政厅负责大别山区水环境生态补偿资金的监管,组织开展资金绩效评价。安徽省环境保护厅负责根据水质监测结果核算补偿指数。安徽省环境保护厅、安徽财政厅共同监管上下游各市(县)对水环境生态补偿的落实情况,及时解决工作中出现的问题。

第十三条 本办法自 2014 年起施行,由安徽省财政厅会同安徽省环保厅负责解释。

参考文献

[1] 安徽省水利厅,安徽省环境保护局.安徽省水环境功能区划[M].北京:中国水利水电出版社,2004.
[2] 周嘉慧,黄晓霞.生态脆弱性评价方法评述[J].云南环境地理研究,2008(1):55-60.
[3] 水利部发展研究中心.与水有关的生态补偿政策与管理机制研究[R].北京:水利部水利水电规划设计总院,2008.
[4] 中国环境与发展国际合作委员会.生态补偿机制与政策研究[R].北京:水利部水利水电规划设计总院,2006.
[5] 行政许可法新解读[M].北京:中国法制出版社,2010.
[6] 中华人民共和国水利部.SL 322—2013 建设项目水资源论证导则[S].北京:中国水利水电出版社,2014.
[7] 中华人民共和国水利部.SL 532—2011 入河排污口管理技术导则[S].北京:中国水利水电出版社,2011.
[8] 程晟.水资源论证制度的实施困境与完善对策研究[J].西南农业大学学报:社会科学版,2013,11(3):38-43.
[9] 李薇,宋国君,杨靖然.中国取水许可制度和水资源费政策分析[J].水资源保护,2011,27(4):83-89.
[10] 王孟,叶闽,杨芳.对长江流域入河排污口设置论证的思考[J].人民长江,2011,42(2):21-23.
[11] 高建峰,丁峰,等.工程水文与水资源评价管理[M].北京:北京大学出版社,2006.
[12] 拜存有,高建峰.城市水文学[M].郑州:黄河水利出版社,2011.
[13] 李广贺.水资源利用与保护[M].北京:中国建筑工业出版社,2006.
[14] 赵宝章.水资源管理[M].北京:中国水利水电出版社,2000.
[15] 张尧旺.水质监测与评价[M].郑州:黄河水利出版社,2008.
[16] 陈南洋.地下水利用[M].北京:中国广播电视大学出版社,2004.
[17] 解决中国水资源问题的重要举措——水利部副部长胡四一解读《国务院关于实行最严格水资源管理制度的意见[J].中国水利,2012(7):4-8.
[18] 李宗尧.节水灌溉技术[M].北京:中国水利水电出版社,2010.
[19] 陈莹,赵勇,刘昌明.节水型社会的内涵及评价指标体系研究初探[J].干旱区研究,2004,21(2):125-129.
[20] 张凯.水资源循环经济理论与技术[M].北京:科学出版社,2011.
[21] 郭强.中国资源节约报告(2007)[M].北京:中国时代经济出版社,2008.
[22] 丁圣彦,等.中国中西部地区集水节水农业发展问题研究[M].郑州:河南大学出版社,2007.
[23] 辽宁省水利厅.辽宁水资源管理[M].沈阳:辽宁科学技术出版社,2006.
[24] 王建华,陈明.中国节水型社会建设理论技术体系及其实践应用[M].北京:科学出版社,2013.
[25] 吴存荣.安徽省节水型社会建设的战略思考[J].中国水利,2005(13):200-203.
[26] 合肥市人民政府.合肥市节水型社会建设规划[R].合肥:合肥市水务局,2009.
[27] 合肥市人民政府.合肥市节水型社会建设试点自评估报告[R].合肥:合肥市水务局,2013.
[28] 王浩,王建华,陈明.我国北方干旱地区节水型社会建设的实践探索[J].中国水利,2002(10):140-144.
[29] 张掖市节水型社会试点建设领导小组办公室.节水型社会建设百题[M].北京:中国水利水电出版

社,2004.

[30] 成红. 中国节水立法研究[M]. 北京:中国方正出版社,2010.

[31] 刘红. 城市节水[M]. 北京:中国建筑工业出版社,2009.

[32] 刘建林. 城市用户群节水理论与实践[M]. 西安:西北大学出版社,2007.

[33] 陈鸿起. 水安全保障系统的研究与实践[M]. 南宁:广西人民出版社,2007.

[34] 北京市建设委员会. 节水、节地与节材措施[M]. 北京:冶金工业出版社,2006.

[35] 郭培章. 中外节水技术与政策案例研究[M]. 北京:中国计划出版社,2003.

[36] 吴季松. 现代水资源管理概论[M]. 北京:中国水利水电出版社,2002.

[37] 马履一. 北京市主要园林绿化植物耗水性及节水灌溉制度研究[M]. 北京:中国林业出版社,2009.

[38] 李贵宝,叶伊兵. 第四讲 节水与节水型社会建设的法规与政策[J]. 中国标准化,2008(4):72-73.

[39] 逄焕成. 我国节水灌溉技术现状与发展趋势分析[J]. 中国土壤与肥料,2006(5):1-6.

[40] 陈大雕. 我国节水灌溉技术推广与发展状况综述[J]. 节水灌溉,1997(4):21-26.

[41] 王小萍. 节水型社会建设的法律制度研究[OL]. 法律教育网 http://www.chinalawedu.com,2010-04-29.

[42] 陈红卫,陈蓉. 我国节水立法的现状分析与对策[J]. 水利发展研究,2012(9):93-97.

[43] 王文革. 论完善我国节水法律制度的对策[OL]. 法律教育网 http://www.chinalawedu.com,2010-04-29.

[44] 胡四一. 水利部解读《实行最严格水资源管理制度考核办法》[OL]. 新华网,2013-01-06.

[45] 刘小勇. "三条红线"与"四项制度"[J]. 环境保护与循环经济 2012(3):8-9

[46] 张肖. 如何破解安徽经济发展的水利制约[J]. 中国水利,2013(19):32-35.

[47] 樊万辉. 实用水法学[M]. 郑州:黄河水利出版社,2008.

[48] 安徽省质量技术监督局. DB34/T 732—2007 安徽省水功能区划技术规范[S]. 北京:中国电力出版社. 2007.